Ein roter Faden hält das Flickwerk zusammen, das die Physiker «Quantenkosmologie» nennen: die Zeit. Sie beginnt irgendwo im Nichts und webt sich, einen «Big Bang» hinterlassend, zu einer raum-zeitlichen Organisation des Universums. Wenn geklärt werden könnte, wie die Zeit entstand, hätte man die Geburt des Universums im Grunde geklärt. Am Webstuhl der Zeit sitzt auch die Philosophie und fragt zum Beispiel, wie denn die Zeit entstehen kann, da doch nur etwas in der Zeit entsteht? Peter Eisenhardt unternimmt eine Reise an den Nullpunkt der Zeit. Er legt verständlich und informativ die außergewöhnlichen Ergebnisse und Probleme der Quantenkosmologen dar, zeigt, wie sie sich in philosophischen Labyrinthen verirren und doch manchmal einen verblüffenden Ausweg finden.

Peter Eisenhardt lehrt am Institut für Geschichte der Naturwissenschaften der Universität Frankfurt. In seinen Büchern und Aufsätzen beschäftigt er sich auch mit der philosophischen Kosmologie.

Peter Eisenhardt

DER WEBSTUHL DER ZEIT

Warum es die Welt gibt

Rowohlt Taschenbuch Verlag

rororo science

Lektorat Ludwig Moos

Originalausgabe

Veröffentlicht im Rowohlt Taschenbuch Verlag,

Reinbek bei Hamburg, September 2006

Copyright © 2006 by Rowohlt Verlag GmbH,

Reinbek bei Hamburg

Umschlaggestaltung any.way, Barbara Hanke

(Illustrationen: getty images/Masao Mukai und SPL/Agentur Focus)

Satz Swift PostScript, InDesign,

bei Pinkuin Satz und Datentechnik, Berlin

Druck und Bindung Clausen & Bosse, Leck

Printed in Germany

ISBN 13: 978 3 499 60884 1

ISBN 10: 3 499 60884 7

EINLEITUNG

In diesem Buch soll es um die Frage gehen, wie (und warum) das Universum entstanden ist. Es soll darum gehen, ob die «Bühne», bestehend aus Raum und Zeit, auf der sich die Ereignisse in der Welt abspielen, nicht eine tiefere Struktur hat, die erklären könnte, was Raum und Zeit ihrem Wesen nach eigentlich sind. Könnten nicht Raum und Zeit aus etwas Fundamentalerem entstanden sein? Was heißt dann aber «entstehen»? Seit einigen Jahrzehnten hat sich die Physik so weit entwickelt, daß sie bis zu diesen eigentlich philosophischen Fragen vorgedrungen ist und sie den Philosophen und Theologen abgenommen hat.

Dr. Faust beklagt sich bitter: «Habe nun, ach! Philosophie, Juristerei und Medizin und leider auch Theologie durchaus studiert, mit heißem Bemühn. Da steh ich nun, ich armer Tor, und bin so klug als wie zuvor!» Vielleicht hätte er auch Physik studieren sollen. Aber diese Wissenschaft hat Faust sicher nur am Rande wahrgenommen, als er sämtliche Fakultäten durchlief, mit heißem Bemühn, zu erkennen, was die *Welt im Innersten zusammenhält*. Dabei ist er gescheitert. Nun hat er sich der Magie ergeben. Wir wissen: Das wird ein böses Ende nehmen.

Was die Welt im Innersten zusammenhält, weiß die Physik bis heute nicht. Aber sie bemüht sich redlich, in Form mathematischer Modelle in die Tiefenstruktur der Natur einzudringen. Dabei stößt sie an ihre Grenzen in Raum und Zeit. Fausten ungleich, verzweifelt die Physik jedoch nicht und ruft Geister an, sondern sie versucht, nüchtern ihre Modelle immer weiter zu verfeinern und auszubauen und sich auf diese Weise auch heute noch unlösbar scheinenden Problemen zu nähern. Wie wird das enden? Wird es denn überhaupt ein Ende nehmen? Wird es eine letzte Theorie, eine fundamentale Theorie, eine Theorie von allem geben? Eine Theorie, die erklärt, warum die Natur so beschaffen ist und nicht anders? Die erklärt, warum aus einfachen «Bestandteilen» komplexe Zusammenfügungen entstehen? (Zum Beispiel wir!?) Sind wir fähig, eine Theorie zu erstellen, die sogar die Frage «Warum ist überhaupt etwas und nicht vielmehr nichts?» beantwortet? Darüber werden wir uns Gedanken machen. Aber erst einmal bleiben wir bescheidener und klären einige Eigenheiten der Physik.

Die Physiker sehen von der Kompliziertheit und von den qualitativen Aspekten der Lebenswelt, von unserem alltäglichen Leben, ab. Sie schaffen sich eine «reine» Welt von Objekten, die es so in unserer Welt nicht gibt. Diese reine, idealisierte Welt erschaffen sie in ihren Modellen. Dann hoffen sie, daß diese reine Welt in irgendeinem Zusammenhang mit bestimmten Aspekten unserer Welt steht, welcher diese Modelle «wahr» macht. Denn im Gegensatz zu den Mathematikern können sich die Physiker ihre Modelle nicht einfach «zurechtdefinieren» und behaupten, daß alle widerspruchsfreien Modelle schon «wahr» seien. In irgendeiner Weise (wie genau, darüber streiten sich die Philosophen) muß die «Natur» darüber mitentscheiden, ob ein Modell (oder eine Theorie als gesetzmäßiger Zusammenhang von Modellen) «wahr» ist. Hier kommt die Technik ins Spiel, oder das, was man gemeinhin «Experiment» nennt – das meint mindestens die Benutzung von Instrumenten. Außerdem behaupten die Physiker, daß sie die *grundlegendsten* und *allgemeinsten* – nicht unbedingt die *einfachsten* – Eigenschaften der Natur beschreiben. Den «Rest» überlassen sie den Chemikern, Biologen, Geologen und anderen weniger wichtigen Gestalten. (Das ist nur leicht karikiert!)

Die «Natur» als Gegenstand der Physik besteht also aus den grundlegendsten und allgemeinsten Eigenschaften bestimmter Aspekte unserer Welt, die man in mathematischen Modellen abbilden kann. Die Modelle und die letztlich aus ihnen erwachsenden Theorien sind wahr, also gültig, solange sie einem «Widerstand von außen» standhalten, der meist durch künstliche Mittel (Instrumente) erzeugt wird, der aber in seiner speziellen widerlegenden Kraft nie vorhersehbar ist. Die Physiker nennen diese Kraft «Erfahrung» oder «Empirie». Außerdem sollten physikalische Theorien natürlich auch widerspruchsfrei, irgendwie (die Vagheit ist kaum zu beseitigen) kohärent und kompakt sein und einen Teil der «Wahrheit» anderer Theorien mitnehmen und bewahren, die von der Kraft der Empirie verworfen wurden. Die physikalische Wahrheit ist nämlich in der *Zeit*, denn die Naturwissenschaft hat eine *Geschichte*. Beispielsweise wird Newtons klassische Mechanik sowohl von der Relativitätstheorie als auch von der Quantentheorie strenggenommen widerlegt. Allerdings – so gut wie – nur in den Grenzbereichen größter Geschwindigkeiten und kleinster Entfernungen, so daß die Physiker von einem eingeschränkten Gültigkeitsbereich der klassischen Theorie sprechen. Früher – bis Ende des 19. Jahrhunderts – wurde diese Theorie jedoch noch als universal gültig erachtet. Die Formulierungen «größte Geschwindigkeiten» und «kleinste Entfernungen» beziehen sich freilich auf Messungen, bezüglich deren Theorien vergleichbar sind. Die Gegenstandsbereiche selbst sind jeweils andere, sie *können* aber auch kommensurabel, also vergleichbar sein. Wir müssen uns also mühsam durcharbeiten, von der Verwerfung einer «Wahrheit» zur Annahme der nächsten Wahrheit und so fort bis ... zur letzten Theorie?

Faust hatte es leichter auf seinem magischen Weg, der uns verbarrikadiert ist, wenn wir den rationalen Pfad der Physik und Philosophie begehen wollen. «Die Kräfte der Natur rings um mich her enthüllen? Bin ich ein Gott? Mir wird so licht! Ich schau in diesen reinen Zügen die wirkende Natur vor meiner Seele liegen.» Die wirkende Natur? Nicht in all ihrer wahrnehmbaren Pracht! Ja, die Natur wirkt, aber wie nüchtern klingt der kalte Satz, daß die

Wirkung in der Dimension Energie mal Zeit ausgedrückt werden muß.

Werner Heisenberg bemerkte einmal scherzhaft: «Ein ruhig stehender Elefant wäre im Zustand mit Drehimpuls 0, aber dann wäre er kugelsymmetrisch.» Wir werden in diesem Buch eine im Wesentlichen «kugelsymmetrische» Welt behandeln. Es handelt sich um die Welt der Modelle, aber sie wird bunt und interessant genug sein. Wir wollen die Modelle untersuchen, die uns einen Einblick hinter die Bühne von Raum und Zeit geben. Es soll sich uns ein Anblick enthüllen, welcher der «Grundzustand» der Natur und des Universums genannt werden könnte. Nennen wir ihn doch so. Aber wir werden nicht persönlich dahintersteigen. Wir müssen die Brillen verschiedener Theorien aufsetzen. Wird sich vor uns eine Landschaft auftun, die raum- und zeitlos ist, aber nicht statisch und strukturlos? Das ist die Frage. Wird sich nicht unsere Sprache verwirren und verknoten, wenn wir davon sprechen, wie das Universum und damit die Zeit entstanden ist? Entstanden? Die Zeit? Alles hängt davon ab, ob physikalische Modelle imstande sind, diese Verknotungen zu lösen, und ob wir schließlich die losen Fäden wieder zu einer begrifflichen Einheit zusammenschießen lassen können. Wenn wir die physikalischen Modelle nicht wieder philosophisch kohärent reflektieren können, werden wir blind bleiben.

Trotz aller Nüchternheit: Lassen wir uns inspirieren vom Geist, den Faust rief und der sprach: «In Lebensfluten, im Tatensturm wall' ich auf und ab, webe hin und her! Geburt und Grab, ein ewiges Meer, ein wechselnd Weben, ein glühend Leben: So schaff' ich am sausenden Webstuhl der Zeit und wirke der Gottheit lebendiges Kleid.» Das Gewebe des Universums, zusammengewirkt aus den Fäden von Raum und Zeit, von Materie und Energie, immer komplexere Muster formend, bildet unseren Stoff. Begleiten Sie mich auf die Reise zum Webstuhl der Zeit.

Danksagung

Ich möchte mich erst einmal ganz herzlich bei Herrn Dipl.-Phys. Gerhard Schmidt bedanken, der den gesamten Text durchlas und dessen durchdachte stilistische und inhaltliche Änderungsvorschläge ich zu einem großen Teil übernahm. Das Glossar ist von uns beiden gemeinsam verfaßt worden. Ebenfalls einen herzlichen Dank an Herrn Prof. Dr. Claus Kiefer, der den gesamten Text durchsah. Selbstverständlich bin allein ich für den Text und für alle Fehler und Ungereimtheiten verantwortlich; ich hoffe, daß sich nur sehr wenige finden lassen. Kein Text ist vollkommen. Außerdem bedanke ich mich für viele fruchtbare Diskussionen über und Hinweise auf die Probleme von Zeit, Kosmologie, Komplexität und Emergenz bei Prof. Dr. Dr. Rainer Zimmermann, Prof. Dr. Thomas Görnitz und Dan Kurth, MA. Außerdem waren die zahlreichen Seminare, die ich am Institut für Geschichte der Naturwissenschaften der Johann Wolfgang Goethe Universität mit Dan Kurth, Dipl.-Phys. Wolfgang Trageser, Dr. Frank Linhard und Thomas Görnitz (Institut für Didaktik der Physik der Johann Wolfgang Goethe Universität) durchführte, für mich sehr hilfreich. Leider wird jenes Institut, welches das erste seiner Art in Deutschland war, im Zuge der betriebswirtschaftlichen «Rationalisierung» der Universitäten (manche nennen diesen Vorgang «Universitätsreform»), wahrscheinlich 2007 geschlossen. Last but not least bedanke ich mich sehr herzlich bei Prof. Dr. Bernulf Kanitscheider, Universität Gießen, Zentrum für Philosophie und Grundlagen der Wissenschaft, für die Gelegenheit, am Zentrum Vorlesungen und Seminare abhalten zu dürfen, die mich sehr angeregt haben. Zu guter Letzt meinen Dank an den Rowohlt Verlag und den Lektor der Science Reihe Dr. Ludwig Moos für die hervorragende und problemlose Zusammenarbeit.

Dr. Noyes

Dr. Noyes, der berühmte Entdecker und Erfinder, war der Auffassung, daß es keine Zeit gibt. Er argumentierte so: «Die Vergangenheit ist nicht mehr, die Zukunft ist noch nicht, und die Gegenwart ist einfach nur die Grenze von Vergangenheit und Zukunft. Da aber weder Vergangenheit noch Zukunft existieren, kann auch ihre Grenze nicht existieren. Also gibt es keine Zeit.» Sein Gedankengang verblüffte ihn. Er fragte einen Bekannten, dem er öfter im Park begegnete, ob die Gedankenfolge schlüssig sei. Der fragte zurück: «Wie lange haben Sie gebraucht, diesen Gedanken zu fassen?» Noyes antwortete: «Nicht lange. Vielleicht ein paar Minuten.» Da sagte der Bekannte nur: «Sehen Sie.»

1▨▨▨▨▨ Was ist Zeit? (Ein Versuch)

1 Einschränkung der Fragestellung und «klassische Antwort».

Es wäre vermessen, eine Antwort auf die allgemeine und fundamentale Frage «Was ist Zeit?» geben zu wollen. Wir könnten es versuchen, aber wir würden scheitern. Der Physiker Paul Davies stellt den Stand der Dinge so dar: «Um ehrlich zu sein, weder die Wissenschaftler noch die Philosophen wissen wirklich, was die Zeit ist oder warum es sie gibt.» Wir müssen uns also etwas beschränken. Wir fragen erst einmal nach der Zeit der Physik. Was also ist die Zeit? «Für den Physiker ist die Zeit einfach das, was genaue Uhren messen; mathematisch ist sie ein eindimensionaler Raum, der normalerweise als kontinuierlich angesehen wird ...» Eine Art Strecke also ist die Zeit, beliebig unterteilbar. Wir müssen etwas tiefer graben.

Zentral für die Physik seit Aristoteles ist der Begriff der «Bewegung». Dies zeigt sich darin, daß die Mechanik als die grundlegendste Disziplin der Physik angesehen wird – Teilchen bewegen sich gesetzmäßig in Raum und Zeit. Bewegung findet also «in» der Zeit statt. Die Physiker drücken sich sehr abstrakt aus und sagen folgendes: In einem Raum liege eine Bahn vor (sagen wir die «Spur» eines Teilchens) – dann lege man von außen an den Raum einen «Parameter» (der durch eine Kurve symbolisiert werden soll) an, welcher etwas über den Bewegungsverlauf dieses Teilchens aussagen soll. Das ist die Strecke. Außerdem vergeht die Zeit, sie ist mit Bewegung verknüpft. Gute Uhren sind nötig. An jedem Punkt dieser Kurve soll sich also eine absolut regelmäßig gehende Uhr befinden. Man kann jeden Punkt mit einer Uhr gleichsetzen. (Die

Punkte könnten beispielsweise regelmäßig «blinken».) Alle Uhren zeigen dieselbe Zeit an. Das ist die *Zeit*?

Eine einfache Veranschaulichung: Ein Teich wie auf einer Landkarte, also «von oben» betrachtet – der Raum. Ein Boot zieht eine Rechtskurve, man sieht seine «Spur» im Wasser – die Bahn. Der Fußweg, am linken Teichufer sich entlangwindend, bildet den Parameter «Zeit». Die Wegkurve wird der Bahnkurve zugeordnet. Die Physiker sagen, daß der Weg auf die Bahn abgebildet wird. Dadurch enthält er eine Information über diese Bahn: Der Zeitparameter bildet eine abstrakte Uhr, die den Bewegungsverlauf des Teilchens mißt. Diese «Uhr» wird auf die Bahn projiziert, als ob das Teilchen eine Uhr mit sich führen würde. So einfach ist das mit der Zeit.

Nicht ganz so einfach. Erstens einmal wird der Zeitparameter von außen an den Raum angebracht, in welchem die Bewegung stattfindet. Zweitens hat diese Zeit einen merkwürdig statischen Charakter, der in keiner Weise unserer Erfahrung und Intuition von Zeit und Bewegung als Prozessen entspricht. Auch die vorgestellten idealen Uhren bleiben ja an ihrem Ort. Diese Zeit ist mit einem Wort eine theoretische Hilfsgröße, die wir keinesfalls beobachten können. Wir betrachten vielmehr die schon gezogene Bahn und bilden den vorliegenden Zeitparameter auf sie ab, so daß Abstände des Zeitparameters Abständen der Bahn entsprechen.

Aber das Teilchen hat sich doch *bewegt*. Sollten wir nicht diese kinematische Eigenschaft auf den Zeitparameter übertragen? Ja, das ist möglich, aber wir müssen uns diesen Schritt genau überlegen. Jedes Teilchen bewegt sich anders: schnell, langsam, regelmäßig, unregelmäßig (immer bezogen auf den «Raum», in dem es sich bewegt). Wenn wir diese Eigenschaften jeweils direkt der Zeit zuordnen würden, dann würde sich ja auch die Zeit mal schneller, mal langsamer «bewegen» oder, wie man besser sagt: «vergehen». Wir möchten jedoch ein objektives Maß erhalten, nach dem wir beurteilen können, ob sich ein Teilchen zum Beispiel gleichförmig «in der Zeit» bewegt. Würde sich die Zeit selbst nicht völlig gleichförmig «bewegen», könnten wir das nicht feststellen. Wir haben ja auch den Eindruck, daß die Zeit unabhängig von konkreten Bewegungen vergeht, denn wir messen ganz verschiedene Bewegungen in einer einheitlichen Zeit.

2 Newtons absolute Zeit. Wenn wir diesen Überlegungen folgen, sind wir gezwungen, einen abstrakten, das heißt von den Vorgängen losgelösten Zeitparameter anzunehmen, der sozusagen «für sich» fließt. Dies hat Isaac Newton getan. Er nannte diesen Parameter die «absolute Zeit», im Gegensatz zu den relativen Zeiten, die wir nie losgelöst von Bewegungen beobachten. Wie wir gesehen haben, gehen verschiedene zusammenhängende Eigenschaften in eine solche absolute Zeit ein: Sie ist unabhängig von Bewegungen und konkreten Vorgängen; sie vergeht gleichmäßig; sie ist universal und einheitlich. Der ganze Raum befindet sich in derselben Zeit. Sie wird also am besten durch einen äußeren Parameter symbolisiert, der für sich bestehend auf den Raum «geworfen» wird, in dem sich Bewegungen von Teilchen abspielen. Die Zeit in diesem Sinne besteht also nicht einfach aus einer zusätzlichen Koordinate, die den Raumkoordinaten angefügt wird, so daß wir ein einheitliches Gebilde, eine Raum-Zeit, hätten. In unserem Beispiel hatten wir einen *zwei*dimensionalen Raum angenommen (die Teichoberfläche). Der (absolute) Zeitparameter wurde von außen angelegt, um klarzumachen, daß er vom Raum unabhängig besteht und *nicht* einen Teil eines dreidimensionalen Gebildes darstellt, das aus einer Zeitdimension und zwei Raumdimensionen zusammengesetzt wäre. (Wenn wir noch eine

Raumdimension hinzufügen, haben wir einen dreidimensionalen Raum und eine eindimensionale, von ihm unabhängige Zeit.)

Ist das «die Zeit»? Newton glaubte, das Wesen der Zeit, wie sie an sich beschaffen ist, enthüllt zu haben – die «absolute, wahre und mathematische Zeit verfließt an sich und vermöge ihrer Natur gleichförmig und ohne Beziehung auf irgendeinen äußeren Gegenstand. Sie wird auch ‹Dauer› genannt.» Drei zentrale Gedanken stecken hinter dieser Konzeption:

1. Alle Prozesse in der Natur verlaufen ungleichförmig. Aber es gibt *fundamentale gesetzliche* Vorgänge in der Natur, die eine gleichmäßige Bewegung beinhalten, wie zum Beispiel das Trägheitsgesetz: «Es verharrt jeder Körper, soweit es nur ihn betrifft, im Zustand der Ruhe oder der gradlinig gerichteten gleichförmigen Bewegung.» Um solchen Gesetzen Geltung zu verschaffen, muß man nach Newton einen Grenzprozeß voraussetzen, der *absolut gleichförmig* vonstatten geht. Jede relative Zeit, die an ungleichförmige Prozesse gekoppelt wäre, würde selbst ungleichförmig sein. Mit ihrer Hilfe könnte man diese fundamentalen Gesetze aber nicht formulieren. Die wahre Zeit muß also die Zeit eines absolut gleichförmigen Vorgangs sein, damit absolut gleichförmige Bewegungen erkannt werden können. Newtons relative Zeit, die er von der absoluten abhebt und die an reale Bewegungen gebunden ist, setzt aber die absolute Zeit voraus, da sie nichts anderes als das Maß der Dauer, also der absoluten Zeit, bedeutet.

2. Ob ein absolut gleichförmiger Vorgang existiert, ist fraglich, denn das Trägheitsgesetz gilt ja nur für einen Körper, «soweit es ihn (allein) betrifft». Er müßte also total isoliert sein, denn schon ein zusätzlicher Körper würde die Trägheitsbewegung stören. Es handelt sich also um eine Idealisierung. Und so steht es auch um die absolute Zeit: Sie ist nach Newton eine Idealisierung, aber eine existierende, nicht bloß eine Hilfsgröße. Sie ist der *existierende* Grenzübergang der Zeiten von immer gleichförmigeren

Vorgängen. Sie muß nach Newton existieren, da sie eine physikalische, wenn auch ideale Größe ist, denn sie geht in fundamentale Gesetze ein und übt so (indirekt) eine Wirkung aus. Die absolute Zeit besteht für sich als Voraussetzung von gesetzmäßigen Vorgängen. Das klingt sehr metaphysisch, hat aber eine physikalische Komponente. Wenn die Dauer von Gegenständen und Vorgängen unabhängig ist, dann wäre es doch im Prinzip möglich, sinnvoll zu fragen, was *vor* der Entstehung des Universums gewesen ist. Denn es kann ja ein «Davor» geben, wenn die absolute Zeit sozusagen «leer» für sich abläuft und nicht an Vorgänge im Universum gekoppelt ist.

3. Allein dadurch, daß ein Gegenstand existiert, dauert er in der (absoluten) Zeit. Existenz und Dauer sind gleichbedeutend. Wenn jede Bewegung im Universum eingefroren wäre, würde trotzdem die absolute Zeit verfließen. Es würde zwar nichts Wahrnehmbares geschehen, aber das Universum würde, sagen wir: «älter» werden, indem es einfach bloß in der absoluten Zeit dauert. Formulieren wir es so: Wenn etwas existiert, muß es seine Existenz *fortsetzen*. Diese Existenzfortsetzung ist die Dauer.

Nicht alle diese Gedanken gehen unverändert in die Parameterzeit t ein, wie sie heute in der Physik verwendet wird. Vor den Aussagen über ihre «Existenz» würden viele Physiker zurückschrecken und sie vielleicht eher als Hilfsgröße betrachten. Zudem würde ihr «Fließen» als eher metaphorische Formulierung angesehen werden. Uhren simulieren das «Fließen» oder Vergehen der Zeit. Trotzdem kommen sich Newtons absolute Zeit und die Parameterzeit sehr nahe. Wir beschreiben den Verlauf der Veränderung eines Systems, indem wir von außen einen Parameter anlegen, der eine Art *ideale Uhr* verkörpert, welche Uhren, die *nicht* im System vorhanden sind, ersetzt. Im System gibt es nur mehr oder weniger *unregelmäßige Vorgänge*. Die externe «Uhr» soll die Vorgänge messen. Das System kann etwa als eine «black box» vorgestellt werden, so daß wir seinen Verlauf gar nicht vollständig verfolgen können. Das ist auch nicht nötig für das «Anlegen» der Parameterzeit. Nehmen wir eine chemische Reaktion, deren Geschwindigkeit gemessen werden soll. Lassen wir uns durch Einzelheiten nicht ablenken: Stoffe A und B werden in ein Gefäß gefüllt, dasselbe geschlossen und die Reaktion in Gang gesetzt. Nach einer gewissen Zeit schauen wir nach und finden das Endprodukt C. «Nach einer gewissen Zeit»? Natürlich haben wir auf eine *Uhr* geschaut, auch wenn wir dies in unserem Laborbericht («Zehn Millisekunden Reaktionszeit») und dem Diagramm darin (Wir tragen A + B und C gegen t auf) nicht erwähnen. Die chemische Reaktion fand «in der Zeit» statt, die wir mit einer dem Reaktionsverlauf äußerlichen Uhr gemessen haben. Der Verlauf selbst ist nicht die Uhr. Wir haben nur eine Uhr auf ihn «abgebildet». Diese Uhr hat «die Zeit» gemessen – anscheinend etwas Abstraktes –, in der sich das System befand. Denn ist nicht die Zeit etwas auch der Uhr Äußerliches? Nicht *jeder* Vorgang kann doch «die Zeit» messen!? Was zeichnet denn eine Uhr aus? Warum ist die chemische Reaktion nicht die Uhr? Hat Newton schon die Antwort gegeben?

3 Raum-Zeit.
Hier müssen einige Worte über die *Raum-Zeit* fallen. Wir sollten uns darüber erst einmal keine schwerwiegenden Gedanken machen. Die ein wenig überzogenen Worte von Hermann Minkowski, einem Lehrer von Albert Einstein, daß nur noch die Raumzeit für sich bestehe, nicht aber Raum und Zeit getrennt, haben keineswegs zur Konsequenz, daß die Zeit nicht vor dem Raum ausgezeichnet ist. Aus der Relativitätstheorie folgt nur, daß die Zeit bewegungs- oder wegabhängig ist. Man nennt das in der Physik «Relativierung der Zeit». Eine relativ zu einem Beobachter A sich bewegende Uhr geht langsamer als eine Uhr,

die relativ zu A ruht (spezielle Relativitätstheorie), eine beschleunigte Uhr geht langsamer als eine weniger beschleunigte (allgemeine Relativitätstheorie).

Uhren sind hier nichts anderes als periodisch schwingende Dinge, wie zum Beispiel Photonen, die zwischen zwei Spiegeln immer hin und her reflektiert werden. Der Weg eines Photons zwischen zwei sich bewegenden Spiegeln ist länger, denn das Photon muß ja die Spiegel einholen, wenn sie sich bewegen; somit sind die «Tickabstände» länger: Die Uhr geht langsamer. Die Zeit ist nicht einfach die vierte Raumdimension, sondern sie behält ihren eigenen Charakter, sie hängt aber eng mit den Raumdimensionen zusammen.

Weil die Zeit vom Raum abhängt und der Raum von der Zeit – beide sind bewegungsabhängig –, ist es sinnvoll, Raum und Zeit zu einer Raum-Zeit zu vereinen. Wenn zwei Beobachter A und B sich relativ zueinander bewegen, messen sie je verschiedene Raum- und Zeitabstände bezüglich derselben Ereignisse, die sie beobachten. Sie haben nicht denselben Raum und dieselbe Zeit, aber dieselbe Raum-Zeit. Sie sehen denselben Stab verschieden lang gestreckt oder hören dieselbe Uhr verschieden schnell ticken: Die Länge des Stabes ist anders in A's Raum als in B's, das Ticken der Uhr ist anders in A's Zeit als in B's. Aber die *Differenz* von A's Zeit und Raum ist gleich der *Differenz* von B's Zeit und Raum. Was heißt das? Es ist im Grunde ganz einfach. Wir messen die Zeit in Lichteinheiten, sagen wir Lichtsekunden. Dann betrachten wir den Raum, den das Licht in einer gewählten Zeiteinheit zurücklegt. Das tun wir nur, damit Zeitabstände mit Raumabständen verglichen werden können. Die Zeit unterscheidet sich immer noch vom Raum, aber jetzt ist es möglich, einen Abstand in der Raum-Zeit oder besser einen Raum-Zeit-Abstand zu bekommen. Durch dieses Zusammenfügen von Raum und Zeit ergibt sich keine übliche euklidische Geometrie, wie sie in den Schulen gelehrt wird, in der man zum Beispiel den Satz des Pythagoras beweist oder ähnliche schlimme Dinge, denn die Zeit ist raumabhängig und umgekehrt.

Was ist nun diese Raum-Zeit? Ich werde das hier nur begrifflich, nicht mathematisch erklären – den entscheidenden Punkt bekommt man mit. Zuerst einmal wird die Raum-Zeit durch vier Achsen aufgespannt, drei räumliche und eine zeitliche. Für die letztere wird die Zeit t mit der Lichtgeschwindigkeit c multipliziert, das ergibt eine *Länge*. (Aus Darstellungsgründen werden meistens zwei Raumachsen weggelassen.) Die Raum-Zeit ist in zwei Bereiche aufgeteilt: den Bereich, von dem aus ein Ereignis hätte verursacht werden können (Vergangenheit), mit dem Bereich, auf den dasselbe Ereignis wirken könnte (Zukunft), *und* den Bereich, den dieses Ereignis niemals beeinflussen kann und von dem es nie beeinflußt werden kann. Den schnellsten Wirkungsübertrag hat die Lichtgeschwindigkeit, die nicht überschritten werden kann. Sie zieht die Grenze beider Bereiche und bildet bei Berücksichtigung einer Raumdimension die Form einer aufgeklappten Schere, bei zwei Dimensionen formen sich zwei Kegel, die an den Spitzen aufeinandergestellt sind, mit allen drei Raumdimensionen haben wir eine zusammenschnurrende (Vergangenheit) und eine sich ausdehnende Kugel(oberfläche). Das ganze Konstrukt wird im Zweidimensionalen Lichtkegel genannt.

Nehmen wir ein einfaches Beispiel in zwei Raum-Zeit-Dimensionen. Eine Spielzeugrakete fliegt mit konstanter Geschwindigkeit durch ein Zimmer. Sie rast nahe an der Türklinke vorbei und sprüht von ihrer Antenne einen Funken auf die Klinke (Ereignis E1), fliegt weiter und besprüht eine Lampe (Ereignis E2). Zwischen E1 und E2 vergehen 6 Lichteinheiten (in Nanosekunden = Tausendmillionstel einer Sekunde) für die Rakete. Da die Antenne im Raketenbezugssystem am selben Ort bleibt, ist die räumliche Entfernung zwischen E1 (Klinke) und E2 (Lampe) für die Rakete 0.

(zwei Blitze am selben Ort, der Antenne). Anders sieht das für einen Beobachter aus, der im Zimmer steht. Die Entfernung zwischen Lampe und Klinke beträgt, sagen wir, 8 Meter, zwischen E1 und E2 vergehen 10 Nanosekunden, nicht 6. (Zeit ist wegabhängig!) Rakete und Zimmerbeobachter bemerken also eine jeweils andere Raum- und Zeitdifferenz. Aber: Ihr Raum-Zeit-Abstand hat denselben Betrag, nämlich 36.

Wir können das auch so sehen: Rakete und Zimmerbeobachter haben die Raum-Zeit auf je verschiedene Weise aufgespalten. Die Rakete hat aus dem Raum-Zeit-Abstand 36 (der für beide Bezugssysteme Rakete und Zimmer gleichermaßen gilt) den Raumabstand (0)2 und den Zeitabstand (6)2, der Zimmerbeobachter den Raumabstand (8)2 und den Zeitabstand (10)2 ausgefällt.

Wie steht es mit der Gleichzeitigkeit? Wenn die Zeit wegabhängig ist, verfliegt die Intuition einer Welt, in der gleichzeitige Ereignisse im Prinzip festgelegt sind, höchstens manchmal nur nicht festgestellt werden können. Das ist die Welt des Prinzen, der sein Reich erforschen wollte. Da seine Boten nicht unendlich schnell ritten, konnte er nicht feststellen, was denn gleichzeitig mit seiner Ortszeit in der Hauptstadt geschah. Aber er hatte zu Recht die Intuition, daß Ereignisse in der Hauptstadt geschehen, die mit seinen Ortsereignissen gleichzeitig sind. Wir leben aber in einer Welt sich bewegender Uhren, die je nach ihrem Bewegungszustand eine andere Zeit anzeigen. Zwei gleichzeitige Ereignisse für einen Beobachter, der relativ zu ihnen ruht, sind für einen anderen Beobachter, der sich relativ zu diesen Ereignissen bewegt, nicht mehr gleichzeitig. Das sahen wir am Raketenbeispiel oben.

«Was passiert jetzt gleichzeitig auf dem Sirius?» fragen wir uns als Erdbewohner. Schicken wir einen Boten. Keinen berittenen, sondern einen Lichtstrahl, den wir am Sirius reflektieren lassen. In circa 17,6 Jahren kommt der Bote wieder auf der Erde an. Wir gehen davon aus, daß die Lichtgeschwindigkeit konstant ist, sich also auf dem Rückweg nicht plötzlich ändert. Dann haben wir eine 8,8 Jahre alte Botschaft vom Sirius erhalten. Wir erinnern uns an den Zeitpunkt vor 8,8 Jahren auf der Erde. Dieser Zeitpunkt war gleichzeitig mit einem Ereignis auf dem Sirius, von dem wir jetzt erfahren, das heißt 8,8 Jahre nachdem es geschah. Mehr ist nicht drin, es sei denn, wir könnten unendlich schnelle Signale übertragen. Wir können es nicht.

Aber Vorsicht. Die beiden Ereignisse auf der Erde und auf dem Sirius vor 8,8 Jahren sind zwar für uns gleichzeitig *gewesen*, nicht aber für einen Beobachter, der sich relativ zur Erde und zum Sirius bewegt, deren Abstand wir als unverändert angenommen haben.

Was also ist die Zeit?

Der Unterschied zwischen Raum und Zeit bleibt bestehen. Veränderungen geschehen in der Zeit, nicht in der Raum-Zeit. In ihr ist alles gegeben, sie liegt vor wie ein gefrorener Block, denn wir betrachten in ihr nicht den zeitlichen Ablauf von Ereignissen, sondern das, was passiert ist, wird als gegebene Gesamtheit angesehen. Es geschieht nicht erst E1, dann E2, sondern E1 und E2 liegen in der aufgespannten Raum-Zeit vor mit ihrem Raum-Zeit-Intervall. Aber es geschehen Ereignisse in der Welt.

Außerdem kann die Raum-Zeit nicht in beliebiger Weise aufgespalten werden, denn die beiden Bereiche mit ihrer Grenze können sich nicht ineinander umwandeln. Ein erreichbares Ereignis in Zukunft oder Vergangenheit wird niemals zu einem nicht erreichbaren Ereignis oder umgekehrt. Diese Aufteilung der Ereignisse bleibt bei jeder Spaltung der Raum-Zeit in Raum und Zeit erhalten. Sie haben oben folgendes gesehen: (Raum-Zeit-Intervall)2 = (Zeit-Intervall)2 − (Raum-Intervall)2. Es unterscheidet sich von der «normalen» Entfernung im (hier zweidimensionalen) Raum (Raum-Intervall)2 = (x-Intervall)2 + (y-Intervall)2 (Satz des Pythagoras) durch das Minuszeichen. Dieses Minuszeichen repräsentiert den Unterschied von Raum und Zeit, denn niemals bekommen wirkliche räumliche und zeitliche Abstände dasselbe Vorzeichen.

Sofort muß eine Einschränkung vorgebracht werden. Wir sehen, daß die Zeit in gewisser Weise verräumlicht worden ist, denn die ihr eigene Dimension, über welche noch einiges gesagt werden muß, ist auf eine geometrisch-räumliche Achse abgebildet worden. Diese Achse wird dann als ein Bild der Zeit behandelt. Wir müssen uns einmal ganz naiv fragen, was wohl ein geometrischer Zahlenstrahl mit der Zeit zu tun hat. Vergangenheit und Zukunft liegen nicht vor wie eine räumliche Achse. Wir lesen die Zeit von einer Uhr ab, also von einer in sich zurückgebogenen Strecke, ein Gebilde, das in seiner einfachsten und symmetrischsten Form ein Kreis ist. Was sagt dieser Zahlenkreis über die Zeit aus? Eine Uhr stellt nur eine räumliche Position dar, verfehlt also die Dimension der Zeit.

Die Raum-Zeit der speziellen Relativitätstheorie können wir uns mit äußeren Uhren besetzt denken, mit welcher die «Entfernung» von Ereignissen gemessen werden soll, Uhren auf räumlichen Maßstäben. Die Raum-Zeit der allgemeinen Relativitätstheorie läßt das nicht mehr zu, da sie selbst eine Uhr darstellt – sie ist dynamisch, sie schwingt, der Raum krümmt sich in der Zeit. Das ist der entscheidende Unterschied zwischen diesen beiden Theorien.

In der allgemeinen Relativitätstheorie bleibt die Struktur der Raum-Zeit erhalten, nur daß sie jetzt nicht mehr flach, sondern gekrümmt ist. Dies hat eine Kippung des Lichtkegels oder der Lichtkegel zur Folge, wodurch eine Beschleunigung zustande kommt. Die Anwesenheit eines Sternes oder eines anderen Objektes aus Materie/Energie krümmt die Raum-Zeit, die wieder auf dieses Objekt zurückwirkt. Auch hier ist die Zeit wegabhängig. Wenn wir die Raum-Zeit auf eine der vielen möglichen Weisen, von denen keine vorgegeben ist, in Raum und Zeit spalten, zeigt sich eine Veränderung des Raumes in der Zeit.

4 Zeit ohne Bewegung?

Isaac Newton behauptete, daß die absolute Zeit ohne konkrete Bewegung im Universum «fluit», also fließt, verfließt oder verrinnt. Dem einen Sinn abzugewinnen ist schwer. Zeit ist in dieser Konzeption vollständig von physikalischer Bewegung abgekoppelt. Lassen Sie uns diese (Ab)Kopplung an einem fiktiven Beispiel näher betrachten. Wenn alle Bewegung im Universum eingefroren wäre (und auch das Universum sich nicht «bewegte»), würde trotzdem die (absolute) Zeit verfließen. Oder ist es eher so, daß die Zeit eng mit Bewegung verflochten ist? Nehmen wir einmal an, es würde unter diesen Umständen immer wieder ein (jeweils anderer) *Teil* des Universums einfrieren. Für den Rest würde die Zeit vergehen, da er in Bewegung wäre. Wir könnten uns nun zu der Meinung versteigen, in gewisser Hinsicht würde auch der eingefrorene Teil «in der Zeit» sein, da eben der Rest in der Zeit ist und der eingefrorene Teil als *räumlicher* Teil des Restes irgendwie auch ein *zeitlicher* Teil des Restes sein müßte. Aber das klingt nicht überzeugend. Nun gut, wir können noch weiter gehen: Irgendwie könnten wir feststellen, daß sich die Einfrierperioden gesetzmäßig ereignen. Wir sind in der Lage, vorherzusagen, daß zu t-irgendwann nicht nur ein Teil, sondern das *ganze* Universum einfriert. Würde dann noch die Zeit vergehen? Wohl kaum, denn die Lage hat sich ja entscheidend geändert, da jetzt (?) alles eingefroren ist – nichts kann nur indirekt «in der Zeit» sein. Aber es ist vorhergesagt, daß alles wieder auftaut, so daß im eingefrorenen Zustand keine *faktische* Bewegung stattfindet, aber die *Möglichkeit* besteht, daß sich wieder etwas ereignet. Reicht eine *mögliche* Bewegung aus, um Zeit vergehen zu lassen? Das kommt darauf an, was man unter «möglich» versteht. Die *logische* Möglichkeit läßt zuviel zu, denn sie bedeutet bloß, daß ein eingefrorener Zustand widerspruchsfrei angenommen werden kann. Die logische Möglichkeit von Bewegung schließt nur ein, daß es Zeit geben möge oder auch nicht. Es ist auch noch mehr möglich; eben alles, was widerspruchsfrei ist. Das ist zuviel. Die *physikalische* Möglichkeit von Bewegung beinhaltet sicherlich so etwas wie eine *virtuelle* Bewegung im eingefrorenen Zustand, also die *Wirkung* einer Art Kraft oder eines Kraftfeldes. Eine Wirkung hat aber die Dimension Energie mal Zeit. Die physikalische Möglichkeit von Bewegung setzt voraus, daß sich irgend etwas bewegt, zum Beispiel als Energiefluktuation. Denn wäre etwas total eingefroren, gäbe es keinen Grund, daß es sich doch wieder bewegte – absolute Ruhe scheint vollkommen stabil zu sein. Gut, beenden wir die Diskussion mit folgendem Gedanken. Selbst wenn es eine absolute Zeit ohne Bewegung gäbe, was nach den eben vorgebrachten Argumenten extrem unplausibel ist, würden sich die «Abschnitte» dieser Zeit in nichts voneinander unterscheiden. Eine leere Zeit, in der nichts passiert, ist also gar nicht identifizierbar – ein Abschnitt wie ein anderer, ein Punkt wie ein anderer. Sie würde nicht «fortschreiten», weil nichts Konkretes, immer wieder anderes, Neues geschähe. In diesem Sinne *gäbe* es sie dann auch nicht. Eine leere Zeit vor der Entstehung des Universums wäre sinnlos.

Wir müssen das Problem noch ein wenig genauer analysieren.

Wir stellen uns vor, das Universum bestehe aus drei Abschnitten A, B und C, die periodisch jeweils einzeln oder zu zweit «einfrieren», das heißt, daß jede Bewegung erstarrt. Dieses Einfrieren kündigt sich durch gewisse Vorzeichen an, zum Beispiel durch ein heftiges Vibrieren aller Dinge. Sofort nach dem Auftauen vibrieren die Dinge ebenfalls, nur weniger. Das ist ein Naturgesetz dieser Teile A, B und C. Die Bewohner der Welten beobachten nicht nur die eigenen Vibrationen, sondern sind in der Lage, auch die Vibrationen der anderen Welten zu erfahren und sich mit ihren Bewohnern auszutauschen – natürlich nur, wenn gerade keine Eiszeit stattfindet. Die Welten haben also einen Kontakt untereinander, denn sie gehören zu einem gemeinsamen Universum. Dadurch gewinnen sie die Einsicht, daß es ein Gesetz der Aufeinanderfolge und des Zusammenfallens der Einfrierperioden gibt.

Zum Beispiel: Welt A vibriert heftiger, friert ein, vibriert weniger, ist aufgetaut. Natürlich beobachten die Bewohner von Welt A nur das erste und das zweite Vibrieren. Aber die Leute in B und C sehen das anders, sie beobachten das erste Vibrieren von A, dann erfahren sie die Einfrierperiode, schließlich bemerken sie das zweite Vibrieren. Alles dies geschieht in der Zeit von B und C. Wenn die Bewohner von A auftauen, ist eine Zeitspanne in B und C, aber auch im gesamten Universum, das aus A, B und C besteht, vergangen – und auch für A. Genauso ist es natürlich, wenn zum Beispiel B einfriert, nicht aber A und C erstarren, oder wenn B und C einfrieren, nicht jedoch A. Nun kommt der entscheidende Punkt: Irgendwann, und das wurde von den Bewohnern aller drei Welten ausgerechnet, frieren A, B und C gleichzeitig ein. In A, B und C vibrieren alle Dinge lang ... und kurz. Was geschah ... dazwischen? Verging nicht eine leere Zeit?

Bedenken Sie, daß während der Einfrierperiode von einer oder zwei Welten Zeit verging: Die Eiszeit, welcher Welt auch immer, war in der Zeit. Warum sollte plötzlich die Zeit verschwinden, weil alle drei Welten erstarren und keine Bewegung mehr existiert? Das würde ja bedeuten, daß sich das Einfrieren eines völlig anderen Teils der Welt auf den Zeitablauf in diesem auswirken würde. Die physikalisch Gebildeten unter Ihnen mögen sich gedulden. Stellen Sie die Einwände erst einmal zurück und hören Sie sich eine andere Version der gleichen Geschichte an.

Stellen Sie sich ein Universum vor, in dem manche Dinge manchmal einfach eine Zeitlang verschwinden, einige Zeit lang ins Nichts tauchen, eine kurze Zeit lang schlichtweg nicht mehr existieren. Den Zeitpunkt, zu dem die Objekte verschwinden, und die Zeitspanne, wie lange sie verschwunden sind, kennen die Bewohner dieses Universums. Die Bewohner selbst verschwinden ebenfalls periodisch – alles in diesem Universum unterliegt einer solchen seltsamen Gesetzmäßigkeit, aber es sind noch nicht alle Dinge auf einmal weggetreten, sondern immer nur ein paar. Fünf Minuten, bevor ein Ding (oder eine Person) in die Nichtexistenz abtaucht, wird es langsam weiß, und wenn diese fünf Minuten vergangen sind, ist es völlig weiß. Dann ist eine Zeitspanne verlorengegangen, deren Länge vom Objekt abhängt. (Sagen wir zwanzig Minuten für Ihren PC, fünfundzwanzig Minuten für das Auto Ihrer Schwiegermutter und ein halbes Jahr für Ihre Schwiegermutter selbst.) Taucht es wieder auf, ist es total weiß und nimmt seine normale Farbe nach fünf Minuten wieder an. Das ist schon des öfteren mit Ihrem PC, dem Auto Ihrer Schwiegermutter, Ihrer Schwiegermutter, dem gelben Kuli Ihres Nachbarn, dem Eiffelturm (der ist eine halbe Stunde lang weg) und so weiter, und so fort mit allen möglichen Dingen geschehen.

Was jetzt kommt, wissen Sie. Die Bewohner haben ausgerechnet, daß sich zu einem bestimmten Zeitpunkt, sagen wir am 24. Dezember 2002 um 18.00, *alle* Dinge auflösen werden. Man weiß auch, daß Ihr PC als erstes Objekt wieder erscheinen wird, gesetzmäßig nach genau zwanzig Minuten. Er ist das Objekt mit der kürzesten Zeitspanne der vorübergehenden Nichtexistenz. Und siehe, so geschieht es. Am 24. Dezember 2002, um 17.55 beginnen alle Dinge weiß zu werden, und plop, weg sind sie. Nach genau zwanzig Minuten emergiert Ihr PC weiß aus dem Nichts, hat nach fünf Minuten seine übliche Farbe angenommen, nach genau weiteren fünf Minuten erscheint das Auto Ihrer Schwiegermutter, fünf Minuten später der Eiffelturm ... und so weiter.

Was ist passiert? Verfloß eine leere Zeit von genau zwanzig Minuten, während deren Ihr PC verschwunden war? Scheint das nicht naheliegend und plausibel, gesetzt den Fall, die Theorie der

Bewohner dieser ungewöhnlichen Welt ist universell gültig und durch Beobachtung gut bestätigt. Bedenken Sie noch einmal, daß alle Dinge dieses Universums ihre Zeitspanne des Verschwunden-seins «durchlebten»; man konnte beobachten, wie sie verschwan-den und wieder auftauchten, man hat die Gesetze dieses Ver-schwindens entdeckt und sie sogar mathematisch formulieren können.

Nehmen wir eine große Zahl von Glühbirnen an, die lange Zeit leuchten. Manchmal aber flackern einige von ihnen, erlö-schen eine Zeitlang, flackern nochmals und brennen wieder. Jede Lampe hat ihre eigene «Dunkelzeit», eine fünf Minuten lang alle sieben Stunden, eine andere erlischt jedes Jahr für zehn Minuten und so weiter. Wir kennen die Gesetze des Erlöschens und haben alles sorgfältig beobachtet. So wissen wir auch, daß nach einiger Zeit, sagen wir zwei Jahre nach dem anfänglichen Einschalten, *alle Glühbirnen auf einmal* dunkel werden. Genau so geschieht es. Nach zwei Jahren flackern alle zusammen und gehen aus. Nach fünf Minuten flackert die Glühbirne mit der kürzesten Dunkel-zeit und brennt wieder, dann folgt die nächste ... bis wir wieder das alte Spiel beobachten.

Was sagt uns das? Nun, die Gesetzlichkeit in diesem Spiel än-dert sich nicht im geringsten, nur weil plötzlich die Ereignisse zusammentreffen, weil plötzlich *alle* Glühbirnen erlöschen. Die Zeitspanne der Dunkelheit – alle Glühbirnen sind fünf Minuten lang dunkel – bleibt erhalten. Und das muß auch so sein, denn es gehört ja zur Gesetzlichkeit dieser Welt! Warum sollte sich etwas ändern durch dieses Zusammentreffen, das doch vorhergesagt war. Sollte diese Argumentation nicht auch für die Welt gelten, in der die Dinge gesetzmäßig verschwinden, und natürlich auch für die Weltteile A, B und C, die einfrieren?

So, damit ist das Argument der Seite, die behauptet, daß es Zeit ohne Bewegung gebe, stark gemacht worden. Schreiten wir zur Gegenargumentation und fangen von vorne an, das heißt bei den eingefrorenen Welten A, B und C. Welchen Grund könnte es denn geben, die

> Hypothese 1: Nach dem Zusammenfall der Einfrierperioden von A, B und C folgt *sofort* das Auftauen aller drei Welten

zu akzeptieren und die

> Hypothese 2: Zusammenfall der Einfrierperioden von A, B und C bedeutet Zeit ohne Veränderung

fallenzulassen? Der Unterschied, einen Teil des Universums (in der Theorie) einfrieren zu lassen oder das gesamte Universum, ist ein Unterschied, bei dem es ums Ganze geht. Es handelt sich um den Unterschied von *Lokalität* und *Globalität*. Auch in diesem möglichen Universum gibt es einen Unterschied zwischen Gesetzen, die *im* Universum an jedem Ort in Kraft sind, und Gesetzen, die *für das gesamte* Universum gelten. Zum Beispiel gelten in der Physik viele Erhaltungssätze zwar lokal, nicht jedoch für das Universum als Ganzes. Die Energieerhaltung beispielsweise muß keineswegs global für das gesamte Universum gelten; wir wissen nicht, ob das Universum ein abgeschlossenes System bildet, zudem hängt ein globaler Energieerhaltungssatz von der Form des Universums ab, die wir nicht kennen. Und wie steht es um den sogenannten Urknall in seiner klassischen Version? Alle Energie (auch die Raum-Zeit hat Energie) ist einfach so – entstanden. Das ist das genaue Gegenteil eines Erhaltungssatzes.

Aber diese Beispiele sollen den wesentlichen Unterschied zwischen lokal und global für die Physik nicht verdecken, da ich Gegenbeispiele in der Ferne schon sehe. Sie heben diesen fundamentalen Unterschied nicht auf. Wenn plötzlich *alle* Welten A, B und C in unserem möglichen Universum eingefroren sind, hat sich die Situation entscheidend geändert, nämlich von lokal zu global. Das heißt – entgegen der Argumentation oben –, der Rang der Gesetzlichkeit in diesem Spiel ändert sich sehr wohl. Zuerst ist das Universum von lokalen Einfrierperioden durchzogen, dann aber kommt *eine* globale Einfrierperiode für das gesamte Universum in Gang. Das ist ein völlig anderer Zustand. Passen Sie genau auf. Das Argument besteht nicht darin, zu sagen, daß lokales Einfrieren (etwa von B) nur deswegen zeitlich sein kann, weil andere Teile des Universums (A und C) nicht eingefroren sind und deswegen das globale Einfrieren unzeitlich sein muß, da sich nun nichts mehr bewegt. Wir bewegen uns nicht auf der Ebene der Vorgänge, sondern auf der der Gesetze. Denn auf der Ebene der Vorgänge hat sich nichts Wesentliches geändert, wenn alles einfriert. Sofort würde der Befürworter einer leeren Zeit entgegnen: «Aber wir haben doch die Gesetze des Einfrierens festgestellt. Warum sollte sich etwas ändern, wenn die Einfrierperioden zusammenfallen?»

Es ist jedenfalls keineswegs ausgemacht, daß in einer globalen Einfrierperiode Zeit vergeht. Hypothese 1 ist einfacher und sinnvoller als Hypothese 2. Die letztere bezieht sich auf einen neuen globalen Zustand des Universums, in dem die Gesetze des lokalen Einfrierens nicht im geringsten gelten müssen. Da wir nicht erfahren, was denn nun gilt, ist es plausibel, anzunehmen, daß Hypothese 1 richtig ist.

Wie steht es nun um die Welt, in der die Dinge und Personen eine Zeitspanne lang *verschwinden*? Es gilt das gleiche Argument. An dieser Stelle müssen wir auf einen Punkt zu sprechen kommen, der Sie sicher schon länger bedrängt: Was veranlaßt die Dinge eigentlich, wieder aufzutauen oder in die Existenz zu treten, wobei wir einmal zugeben wollen, daß sie einfrieren oder einfach verschwinden können? Kraß rätselhaft scheint das Wiederauftauchen, wenn alles verschwunden ist, denn in diesem Fall würde die *leere Zeit* eine Wirkung ausüben. Gesetzt den Fall, dies wäre möglich, stünden wir vor einem weiteren Rätsel. Da diese Zeit total homogen und symmetrisch wäre, gäbe es nichts, was sie veranlassen könnte, eine Veränderung zu bewirken – ein absolut symmetrischer Zustand ist in sich völlig stabil. Er würde sich nie ändern, sondern immer in seinem «Gleichgewicht» verharren.

Wir ziehen also die

Hypothese 1: Nach dem Zusammenfall der Einfrierperioden von A, B und C folgt *sofort* das Auftauen aller drei Welten

vor. Daraus folgt, daß Zeit immer von Bewegung (oder Veränderung) begleitet ist.

Wir wollen also festhalten: *Keine Zeit ohne Bewegung.* Wir werden diesen Satz noch brauchen, denn wir müssen uns fragen, welche *Art von Bewegung* Zeit «erzeugt». Kommen vielleicht Bewegungen vor, die zeitlos sind?

5 Die Zeit und die «Uhren».

Was also ist die Zeit? Das, was wir mit einer Uhr messen? Aber auch Uhren gehen ungleichförmig. Also ist die Zeit das, was wir mit einer *idealen* Uhr messen: die Parameterzeit. Aber wie kann eine ideale Uhr etwas messen? Wir brauchen also einen *realen* Stellvertreter in realer Bewegung. Unsere bisherige Diskussion hat eines gezeigt: Es gibt einen engen Zusammenhang von Zeit und Bewegung. Dieser Zusammenhang wird uns das ganze Buch hindurch begleiten. Isaac Newton war der Auffassung, daß die wahre Zeit ohne reale Bewegung (gleichmäßig) verfließt – die Zeit bewegt sich selbst. Dieses

Verfließen soll eine objektive Eigenschaft der Zeit sein, hat aber keinen realen, wahrnehmbaren, dinglichen Stellvertreter. Die Trägheitsbewegung zeigt dieses gleichmäßige Fließen nicht *wirklich* an, denn sie bewegt sich im Bereich der Idealisierung und ist nicht «getaktet» – um zählen zu können, brauchen wir wiederkehrende Phasen, Perioden, wie der Physiker sie nennt. Zudem setzt die Trägheitsbewegung die absolute Zeit voraus, von der wir bisher nicht wissen, ob sie überhaupt existiert.

Wir müssen auf eine andere Art der gleichmäßigen Bewegung zurückgreifen, die eine reale Uhr ausmacht: die periodische Bewegung. Uhren sind periodisch schwingende Systeme. Diese Systeme werden in der Physik außerdem als theoretische Größen erfaßt, nämlich als sogenannte harmonische Oszillatoren, also schwingungsfähige Systeme. Ein reibungsfrei aufgehängtes Pendel ist ein solcher harmonischer Oszillator, ein schwingender Kristall oder auch die periodische Bewegung der Erde um die Sonne. Die Bewegung der Zeiger einer Analoguhr kann zwanglos als die Abbildung dieser Bewegung interpretiert werden. In einer solchen Uhr befindet sich entweder eine Unruh, welche die Spannkraft einer Metallfeder harmonisiert, indem sie die Kraft gleichförmig entlädt, oder die Bewegung der Zeiger steht in Korrelation zu einem schwingenden Kristall, einem Schwingquarz.

6 Aristoteles' «relative» Zeit. Im Gegensatz zu monotonen Vorgängen wie der Trägheitsbewegung durchlaufen periodische Vorgänge immer wieder dieselbe Abfolge von Zuständen (so formuliert es der Physiker Peter Mittelstaedt). Diese Charakterisierung führt uns zu einer alternativen vorläufigen Beantwortung der Frage «Was ist Zeit?». Sie lautet: *Zeit ist Zahl der Bewegung.* Im Rahmen dieser Erklärung, die vom griechischen Phi-

losophen und Naturforscher Aristoteles stammt, haben wir kein absolutes Maß mehr zur Verfügung wie bei Newton, sondern nur die relativen Maße der je verschiedenen Schwingungen. Natürlich muß man hierbei bedenken, daß es keine absolut regelmäßige Bewegung gibt – jedenfalls dann, wenn man nicht eine absolut regelmäßige Zeit unabhängig von Bewegungen voraussetzt. Regelmäßig ist eine Bewegung immer nur bezüglich einer anderen Bewegung: Der Herzschlag ist unregelmäßig, relativ zum Ticken einer alten Penduluhr, aber die Penduluhr regelmäßiger als der Herzschlag; der Gang der Penduluhr ist unregelmäßig, bezogen auf das Flackern einer neueren Digitaluhr, aber die Digitaluhr regelmäßiger als die Penduluhr; das Aufleuchten der Digitaluhr ist unregelmäßig bezüglich der Schwingungen von Cäsium 133 ... Und auch diese Schwingung ist nicht absolut regelmäßig, sondern nur regelmäßiger als alle anderen Schwingungen.

Der Zeitbegriff des Aristoteles wird somit aus der Bewegung abstrahiert und ist damit von ihr abhängig. Zeit ist also demnach nicht mit Bewegung identisch, sondern etwas *an der Bewegung*, nämlich ihre meßbare Ordnung. Aristoteles überlegte sich, daß diese Ordnung und Zählbarkeit nicht von aperiodischen oder unregelmäßigen Prozessen geliefert wird, wie zum Beispiel dem Wachstum von Organismen. Natürlich wäre es im Prinzip möglich, zu sagen: «Zeit ist die Zahl des Wachsens eines Organismus.» Zum Beispiel eines Kindes. Wir alle kennen die immer höher zu zeichnenden Striche an Türrahmen, die im Grunde einen Kalender darstellen. Aber hier greift die Unregelmäßigkeit (wie die des Herzschlages, der ja vom Körper- und Gemütszustand abhängig ist), und so lassen wir diesen Vorschlag fallen. Aristoteles wählte als beste Uhr die Umdrehung des Himmels, also eine Fixstern- oder auch Planeten-/Sonnenuhr, da er sie erstens als die regelmäßigste ansah (zu seiner Zeit sehr plausibel) und da sie zweitens gut zählbar ist: Alles befindet sich in der kosmischen Zeit, wie sich auch alle Dinge im Kosmos befinden. Dieser enge Zusammenhang von (kosmischer) Zeit und Bewegung wird uns noch in Atem halten. Wir halten fest, daß für Aristoteles jedes getaktete System, jedes System, das im Prinzip zählbar ist, zeitlich ist und daß die Zeit vom Bewegungszustand abhängt. Ohne Bewegung keine Zeit. Insoweit ist die Zeit der Bewegung inhärent, also innewohnend. Freilich folgt daraus für Aristoteles nicht, daß jedes System im Kosmos seine eigene Zeit hat, denn nicht alle Systeme sind Uhren. Nur der Kosmos als Ganzes ist eine Uhr. Die aristotelische Zeit ist universell. Der Kosmos als umfassendstes System hat seine eigene, regelmäßige Zeit, die für alles gilt und die regelmäßiger als alle anderen Zeiten ist.

7 Die Modernität des Gegensatzes der Zeitbegriffe von Newton und Aristoteles.
Die von Newton abgeleitete Parameterzeit ist die paradigmatische Zeit der klassischen Mechanik und der Quantenmechanik – die oben angesprochene chemische Reaktion könnte auch ein quantenmechanisches System sein, ohne daß sich unser Zeitbegriff wesentlich ändern müßte. (Ja selbst für die spezielle Relativitätstheorie ist die Parameterzeit als Teil der «starren» Raum-Zeit noch wesentlich.) Die Quantenmechanik hat jedoch die Besonderheit, daß sie in erster Linie nicht von wirklichen, sondern von Systementwicklungen handelt, die als mögliche Verläufe interpretiert werden können. Sie bezieht sich nicht direkt auf das physikalische System, sondern sagt etwas darüber aus, wie wahrscheinlich bestimmte zukünftige Zustände des Systems sind. Diese Wahrscheinlichkeiten haben es jedoch in sich. Wenn wir eine Münze werfen, ordnen wir der schwebenden Münze Wahrscheinlichkeitsmaße zu: Kopf *oder* Zahl mit jeweils 50%. (Wenn

wir einmal davon ausgehen, daß wir sie auffangen, so daß sie auf der Handfläche liegen wird und das Stehen auf der Kante ausgeschlossen ist.) Liegt sie auf der Hand, wird mit Sicherheit (100%) Kopf oder Zahl erscheinen. Die quantenmechanische Wahrscheinlichkeit ist wesentlich anders. Hier besteht die Möglichkeit eines Maßes von zum Beispiel 50% Kopf *und* 50% Zahl! Die Münze als quantenmechanisches System kann sich also in einem sogenannten überlagerten Zustand von Kopf und Zahl befinden, der «klassisch» ausgeschlossen ist. Eine «klassische» Münze hat, während sie rotierend schwebt, immer entweder Kopf oder Zahl oben. Nicht so die quantenmechanisch betrachtete Münze. Sie kann in sehr merkwürdigen Zuständen sein, bis «gemessen» wird – dann tritt irgendein klassischer Zustand ein. Die Quantenmechanik besitzt zwei verschiedene, nicht auseinander ableitbare Verläufe: den Übergang von einer Messung (oder Präparation) zu einer anderen Messung und den Zustand dazwischen. Wir können nun ihren Zeitbegriff näher charakterisieren. Zum Zeitpunkt t1 führen wir eine Versuchspräparation durch (Hochwerfen der Münze), dann haben wir eine merkwürdige Überlagerung von Zuständen, bis schließlich zum Zeitpunkt t2 gemessen wird (Münze liegt auf). Diese Zustandsüberlagerung kann auch eine Art «Entwicklung» sein, wenn wir etwa die räumliche Bewegung der Münze mit einbeziehen, aber sie ist dann die Entwicklung von nichtklassischen Wahrscheinlichkeiten oder sogenannten Wahrscheinlichkeitsdichten. In der Quantenmechanik wird somit die externe Zeit der Messung eines Systems abgelesen (t1 und t2) – zwischen den Messungen gehen wir davon aus, daß sich eine Art «Entwicklung» vollzieht, und zwar die Entwicklung einer Wahrscheinlichkeit selbst.

Die klassische Münze hat während des Wurfes immer einen bestimmtem klassischen Zustand; nicht so die quantenmechanische Münze. Auf jeden Fall brauchen wir eine externe Uhr, mit der wir die gesamte Zustandsentwicklung messen und deren Zeit wir in das quantenmechanische System projizieren. Denn eines ist klar: Wollten wir eine quantenmechanische Uhr benutzen, würden wir in Schwierigkeiten kommen, denn eine solche Uhr wäre ja auch in merkwürdig überlagerten Zuständen. Sie könnte unter Umständen vorwärts *und* rückwärts laufen! Wir benötigten eine zweite, klassische Uhr, um die quantenmechanische zu messen. Also: Die Zeit der Quantenmechanik ist extern und statisch. Sie ist extern, weil die Zeit von außen angelegt werden muß, und sie ist statisch, weil diese Parameterzeit nur mit feststehenden, idealen klassischen Uhren gemessen werden kann. Sie hat direkt nichts mit der inneren Bewegung des Systems zu tun. Insofern ähnelt sie der Newtonschen Parameterzeit.

Mit der allgemeinen Relativitätstheorie liegt ein ganz anderer Zeitbegriff vor. Zwar hat die allgemeine Relativitätstheorie (wie die spezielle) auch eine Parameterzeit, Eigenzeit genannt, jedoch wandelt sich der Charakter des Zeitbegriffs wesentlich – er bekommt jetzt eine dynamische Eigenschaft. In diese Theorie ist der enge Zusammenhang von Zeit und Bewegung eingebaut. Nicht nur, daß hier die Zeit (als Teil der Raum-Zeit) von Materie/Energie dynamisch beeinflußt wird und auf Materie/Energie zurückwirkt, sondern die Zeit ist selbst eine inhärent dynamische Größe. Es ist nicht mehr ohne weiteres möglich, Zeit von Bewegung zu trennen und einen äußeren Zeitparameter anzulegen, insbesondere da die (Raum-)Zeit selbst das physikalische Objekt, System oder Agens, die tätige Kraft geworden ist. Wenn die (Raum-)Zeit eine dynamische Größe wird, «in» welcher Zeit soll sie sich entwickeln? Die Zeit ist doch schon «verbraucht». Welchen Sinn sollte es denn haben, eine «zweite» Parameterzeit von außen anzulegen?

Was bedeutet es, daß die Zeit eine inhärent dynamische Größe ist? Wir haben vorausgesetzt, daß wir Uhren brauchen, wenn wir von Zeit sprechen. Eine Atomuhr, die in einer bestimmten

Frequenz sendet, soll genügen. Diese einfache paradigmatische Uhr verändert ihr «Ticken» in Abhängigkeit von der «Krümmung des Raumes». Der Raum «krümmt» sich, wenn sich Materie/Energie in ihm befindet, und diese Krümmung leitet wiederum die Bewegung der Materie/Energie; denn die Krümmung des Raumes entspricht der Gravitationskraft. Man kann sich das vorstellen, als ob beispielsweise die Sonne eine Gummihaut eindrückt, also krümmt, und dadurch die auf der Haut umlaufende Erde angezogen wird. Aber auch die Zeit «krümmt» sich. Genauso, wie wir Raumkrümmungen feststellen durch «krumme» Bahnen von Körpern (gleich «Materie/Energie»), so erkennen wir «Zeitkrümmungen» durch «krummes» Ticken von Uhren: Die Bahnen werden (nicht lokal) verzerrt, und das Ticken wird (nicht lokal) verzerrt. Wenn wir unsere Atomuhr in die Nähe eines Körpers bringen, der den Raum durch seine Gravitation verbiegt, wird die Zeit mitverbogen, denn die Uhr geht immer langsamer, je näher sie dem Körper kommt und je stärker damit die Krümmung wird. Es ist so, als würde die Zeit immer stärker beschleunigt werden, und zwar vom Körper weg. Wie das? Albert Einstein ersann ein erhellendes Beispiel. Wir sind nicht in der Lage, zu unterscheiden, ob wir uns in einem Aufzug befinden, der in Richtung der Decke mit einer bestimmten Stärke beschleunigt wird, oder in einem Aufzug, der auf der Erde ruht – im ersten Fall wirkt die Trägheit, im zweiten die Schwere. Trägheit und Schwere sind ein und dasselbe. Die Physiker nennen dies die Einheit von träger und schwerer Masse – ein wichtiges Ergebnis der allgemeinen Relativitätstheorie. Bei der Uhr liegt der Fall genauso. Nähert sie sich der Erde, kann man nicht unterscheiden, ob ein Schwerefeld wirkt oder ob die Zeit sich beschleunigt. Welche Wirkung hätte die Beschleunigung? Nehmen wir der Anschaulichkeit halber an, daß sich die Uhr in einem Kasten (Aufzug) befindet. Da sich die Decke im Falle der Beschleunigung immer weiter vom Boden und damit von der

Atomuhr, welche die Frequenz aussendet, entfernt, erscheint das Ticken an der Decke immer langsamer – die Uhr geht wirklich langsamer. Und damit die Zeit. Je nach Änderung der Beschleunigung ändert sich die Zeit. Dies bedeutet, daß die Zeit inhärent oder intrinsisch dynamisch ist. Sie ist dynamisch, weil sie von der Krümmung des Raumes abhängig und damit veränderlich ist, die ja wiederum korreliert ist mit der Bewegung von Materie/Energie, und dies ist intrinsisch, weil die Zeit nicht von außen, sondern von innen gemessen wird, weil sie direkt von der Bewegung der Materie/Energie abhängt. Zeit ist in der relativistischen Sichtweise also Maß oder Zahl der Bewegung genau so, wie sie Aristoteles definierte.

Wir stehen vor dem großen Problem, daß die Zeitbegriffe der Quantenmechanik und der allgemeinen Relativitätstheorie nicht vereinbar sind. Es stehen sich eine letztlich statische äußere Zeit als eine bloße «Früher/Später-Ordnungsrelation» auf einer äußeren Strecke und eine inhärente «dynamische» Zeit unversöhnlich gegenüber. («Statisch»: wenn wir annehmen, daß die Bahn und der zugeordnete Parameter vorliegen, die Bahn also nicht «jetzt» gezogen wird, sondern mit feststehenden idealen Uhren besetzt ist; zudem: wie «schnell» fließt die Zeit? Das werden wir gleich sehen.) Dieses Problem kann im Augenblick nur vorläufig und auf höchst künstliche Weise gelöst werden. Dies ist auch einer der Hauptgründe für die großen theoretischen Probleme bei dem Versuch, beide Theorien zu vereinigen. Es fehlt also eine Theorie, welche Quantenmechanik und allgemeine Relativitätstheorie vereinigt. Die Physiker haben die Hoffnung, daß aus einer solchen Theorie ein neuer Zeitbegriff hervorgeht. Und andersherum: Sie hegen auch die Hoffnung, daß die Einführung eines einheitlichen Zeitbegriffs ein Weg sein könnte, der zu einer Vereinigung von Quantenmechanik und allgemeiner Relativitätstheorie führt. Ein Versuchsfeld bildet die Quantenkosmologie, das heißt die physikalische Behandlung des Universums als quantenmechanisches «Objekt». In der Quantenkosmologie kommen beide Theorien zur Anwendung, aber das führt in große Schwierigkeiten, denn es ist nicht klar, wie man die Raum-Zeit quantenmechanisch beschreiben kann. Nicht nur die Zeit der Quantenmechanik ist eine andere als die der allgemeinen Relativitätstheorie, sondern auch ihr «Raum», in welchem die vielfältigen «Wahrscheinlichkeitsüberlagerungen» der Objekte der Quantenmechanik erfaßt werden. Eine solche Überlagerung müsste auch für die Raum-Zeit durchgeführt werden. Was aber bedeutet «Überlagerung der Raum-Zeit»? Die Quantenmechanik ist jedenfalls auch für die Raum-Zeit zuständig, da sie für *alle* physikalischen Objekte zuständig ist. Sie ist eine universale Theorie, und sie ist keineswegs nur für «kleine» Objekte zugeschnitten. Die Größe der Objekte spielt in der Quantentheorie überhaupt keine Rolle. Sie muß also auch für die Raum-Zeit insgesamt gelten, und kosmologisch für das gesamte Universum. Sie muß weiterhin für alle bekannten Wechselwirkungen gelten, nämlich für die Gravitation, für die elektromagnetische Wechselwirkung sowie die starke und schwache Wechselwirkung. (Eine fundamentale Theorie müßte alle *vier* Wechselwirkungen vereint erklären können, uns interessiert hier jedoch im wesentlichen nur die Gravitation als Raum-Zeit-Struktur.) Aber eine *befriedigende* Antwort auf die Frage, was denn die Wahrscheinlichkeitsdichte für Raum-Zeiten sei, hat noch niemand gegeben. Außerdem wäre es der Quantenmechanik angemessen, in die Tiefenstruktur der Raum-Zeit einzudringen und damit die «glatte» Struktur der Raum-Zeit der allgemeinen Relativitätstheorie aufzubrechen. Sie also in der Weise zu unterlaufen, daß die bestimmten Relationen des «Vorher/Nachher» und des eindeutigen «Nebeneinander» nicht mehr zutreffen, da sie sich überlagern und «dynamisch» betrachtet «fluktuieren». Auch hier liegen bisher nur erste Versuche vor. Zerfällt die Natur also in verschiedene Bereiche, die jeweils mit anderen Theorien behandelt werden, ohne daß eine Einheit der Natur über die Einheit der Physik in Sicht wäre?

8 Einheit der Zeit(en). Zerfällt die Zeit in Stücke?

Nicht ganz. Halten wir uns noch einmal die periodischen Vorgänge vor Augen. «Zeit ist Zahl der Bewegung», genauer: der gleichmäßigen Bewegung. Was zählen wir? Zeit*abschnitte*. Am besten gleich lange Zeitabschnitte. Wir versuchen die Zeit auf dieselbe Art zu messen wie die räumliche Länge, ohne jedoch ein (Zeit-)Lineal anlegen zu können. Denn so ein Zeitlineal liegt überhaupt nicht vor, da die Zeit vergeht («fließt») und nicht stehenbleibt, obwohl wir dieses «Fließen» physikalisch nicht fassen können. Trotzdem sind wir in der Lage, diese «vergängliche» Größe zu messen, und vermuten, daß sie ohne ein Maß gar nicht wäre. Nicht nur Zeit und Bewegung, sondern auch Zeit und Maß sind eng verbunden. Wir messen die Zeit, als wäre sie eine kontinuierliche Größe, eine Größe, die immer wieder unterteilt werden kann, von der jeder Teil wieder kontinuierlich ist. Also kann man auch sagen: «Zeit ist Maß der Bewegung.» (Aristoteles bot auch diese Erklärung an.)

Nun haben wir gesehen, daß es in der von der Bewegung abhängigen Zeit keine absolut gleich langen Zeitabschnitte gibt, die von in sich regelmäßigen periodischen Vorgängen erzeugt würden. Ob die «beste» und «letzte» Uhr, die wir benutzen, «an sich» regelmäßig tickt, wissen wir nicht. Trotzdem stoßen wir auf ein erstaunliches Phänomen, für das erst einmal keine Erklärung zu finden ist. Vergleichen wir die periodischen Vorgänge von ganz verschiedenen physikalischen Systemen, so stellen wir fest, daß die Perioden «ineinander aufgehen». Was heißt das? Betrachten wir einen elektrischen Schwingkreis, eine Atomuhr und ein Pendel. Wir können erwarten, daß mit hinreichender Genauigkeit eine bestimmte *ganze Zahl* von Schwingungen eines Systems einer *ganzen Zahl* von Schwingungen des anderen Systems entspricht, wenn auch meist nicht derselben Zahl. Das gilt für alle drei Systeme, bleibt aber keineswegs auf die erwähnten drei beschränkt. Der Wissenschaftsphilosoph Rudolph Carnap nannte solche «ineinander aufgehenden» Schwingungen «periodisch äquivalent» und stellte die These auf, daß nur eine große Klasse periodisch äquivalenter Schwingungen in der Natur vorkommt. Die Herzschläge und Wachstumsgeschwindigkeiten von Lebewesen gehören wohl nicht dazu, da sie ja nicht wirklich streng periodisch sind.

Aber das ist mehr als erstaunlich. Warum sollten die Perioden von völlig verschiedenen Systemen äquivalent sein – und damit zum selben Zeitmaß führen, wie sich Peter Mittelstaedt in der Diskussion des Problems ausdrückt? Sollten wir nicht eher vermuten, daß verschiedene Systeme auch verschiedene Maße zeitigen? (Nun, Herzschläge erzeugen andere Maße, aber woran liegt das genau? Hängt es vielleicht mit der Komplexität des Systems «Organismus» zusammen? Wir werden darauf zurückkommen, wenn wir über die Ebenen der Zeit nachdenken.) Sind die Perioden von Atomuhren, Pendeln, elektrischen Schwingkreisen, Doppelsternen, Unruh-Rädern, Kreiseln der Bahn der Erde um die Sonne wirklich äquivalent? Wir sagten oben, daß dies nur mit hinreichender Genauigkeit zu erwarten ist. Ob diese Äquivalenz präzise gilt, wissen wir nach dem heutigen Stand der Physik nicht. Und was unter hinreichender Genauigkeit zu verstehen ist, letztlich ebensowenig. Es ist zudem nicht möglich, die Klasse der periodisch äquivalenten Systeme vollständig zu bestimmen. Was liefert uns des Rätsels Lösung?

9 Die fundamentale Theorie und das Universum.

Wir müssen bedenken, daß für das Verständnis periodisch schwingender Systeme immer eine Hintergrundtheorie vorausgesetzt werden muß. Die Hintergrundtheorie einer Atomuhr ist die Quantenmechanik; um die Bewegung von Doppelsternen zu analysieren, benötigt man die klassische Mechanik oder besser – weil genauer – die allgemeine Relativitätstheorie; für elektrische Schwingkreise ist die Elektrodynamik zuständig. Die periodische Bewegung der verschiedenen Systeme soll *erklärt* werden – also warum sie überhaupt und auf welche Weise sie schwingen. Doppelsterne und Pendel unterliegen innerer und äußerer Reibung; ihre Bewegung wird im Laufe der Zeit (!) langsamer, unter Umständen auch unregelmäßiger. An dieser Stelle kann man Idealisierungen einführen, etwa reibungsfreie Pendel. Aber um so dringender benötigt man dann eine Hintergrundtheorie, welche die idealen Systeme exakt charakterisiert. Um eine Cäsiumuhr zu verstehen, ist es nötig, etwas über den Spin (Eigendrehimpuls) von Elektronen und Atomkernen, einiges über Grundzustände und angeregte Zustände von Atomen und ihre Einbettung in ein Schwerefeld zu wissen. Die Quantenmechanik und die allgemeine Relativitätstheorie spielen entscheidende Rollen, denn sie werden als die beiden im Augenblick *fundamentalen* Theorien angesehen, die aber leider nicht vereinbar sind. Wir haben diese Unvereinbarkeit an den verschiedenen Zeitbegriffen dieser Theorien kennengelernt. Zerfällt die Zeit doch? Ein wichtiger Gedanke von Mittelstaedt lautet in diesem Zusammenhang:

> *Zeitmaße hängen von (Hintergrund-)Theorien ab, die Einheit der Zeit(maße) von der Einheit der Physik, und die Konzeption eines fundamentalen Zeitmaßes von einer fundamentalen physikalischen Theorie.*

Das fundamentale Zeitmaß würde sich aus den elementaren Prozessen ergeben, auf welche sich die fundamentale Theorie beziehen würde. Natürlich gibt es keine Garantie, daß eine solche Theorie jemals gefunden wird und daß die entsprechenden Elementarprozesse auch existieren. Es ist im Augenblick noch vollkommen unklar, wie diese Theorie aussehen könnte und welche Eigenschaften ihre Elementarprozesse haben. Mittelstaedt erwähnt nur die vergeblichen Versuche Einsteins und Heisenbergs (er hätte auch Schrödinger nennen können), eine fundamentale allgemeine Feldtheorie zu erarbeiten, die Quantenmechanik und allgemeine Relativitätstheorie als Spezialfälle enthalten müßte. Heutzutage werden andere, mehr oder weniger ausgearbeitete Entwürfe diskutiert, von denen ich an dieser Stelle nur die Superstringtheorie erwähnen möchte. In dieser Theorie müßte das fundamentale Zeitmaß durch die Klasse der minimalsten Schwingungen von (meist) eindimensionalen «Saiten» bestimmt sein, aus deren Anregung sich alle anderen Elementarteilchen wie etwa Quarks und Elektronen bildeten. Aber hier stoßen wir auf eine Schwierigkeit, die schwer zu bewältigen sein wird. Quarks und Elektronen befinden sich in Raum und Zeit. Und was ist mit Raum und Zeit? Sollen nicht auch diese «Anregungszustände» von Strings sein? Sind nicht die wirklich fundamentalen Elementarprozesse diejenigen, die zu Raum und Zeit führen? Dann jedoch sind diese Prozesse nicht in Raum und Zeit. Was bedeutet das für das Verhältnis von Zeit und Bewegung? Was bedeutet hier noch «Zeit»?

Bleiben wir erst einmal noch bei unseren periodischen Vorgängen und der Einheit des Zeitmaßes. Periodische Vorgänge sind im Universum lokalisiert. Stiftet diese Einbettung in das Universum einen Zusammenhang aller (physikalischen) periodischen Vorgänge? Gibt es eine globale Rhythmisierung aller lokalen periodischen Vorgänge? Folgende Vermutung wäre zu erwägen:

*Die «Bewegung» des Universums steht in Zusammenhang mit den
l lokalen Zeitmaßen und definiert dabei ein letztes globales Zeitmaß.*

Was aber ist mit der «Bewegung des Universums» gemeint? Wenn
wir dem einen Sinn abgewinnen könnten, würden wir dann nicht
die Zeitexplikation von Aristoteles in etwas veränderter Form –
vorläufig – übernehmen können? Wir könnten dann sagen, daß
die Zeit nichts anderes ist als das Maß der Ausdehnung des Universums. Denn dies wäre seine Bewegung: die Ausdehnung. Das
Universum stellte die letzte Uhr dar, welche die Zeitmaße bestimmt. Das ist aber nicht völlig unumstritten, denn in welcher
Weise vollzieht sich diese Zusammenstimmung der letzten Uhr
und aller anderen lokalen Uhren im Universum? Eines ist auf
jeden Fall klar: Wenn es nichts außerhalb des Universums gibt,
dann auch keine äußere Uhr, mit der die «Bewegung» des Universums gemessen werden kann. Der Begriff der «Bewegung des
Universums» führt uns zur Kosmologie und der Zusammenklang
der Bewegungen *im* Universum mit der Bewegung *des* Universums
selbst zur fundamentalen Theorie der Physik sowie der von ihr
beschriebenen Elementarprozesse.

Die Verschiedenheit der periodischen Vorgänge, mit der das
Problem der Einheit des Zeitmaßes aufgeworfen wurde, zeigt sich
eben auch in ihrer «Zerstreuung» im Universum. Die Lokalisierung
im Raum sondert die Systeme voneinander ab. Trotzdem vermuten wir, daß überall im Universum periodisch äquivalente Vorgänge ablaufen. Wir fragen also nach der Einheit der Zeit(en) im
Universum. (Diese Frage ist eng verbunden mit dem Problem der
Geltung der Naturgesetze und der Naturprozesse für das gesamte
Universum, die wir unterstellen, obwohl wir ja auf der Erde nur
lokalisiert Physik treiben können.) Hat das Universum ein universelles Zeitmaß – ist es «in einer Zeit» –, und wie stehen die verschiedenen Zeitmaße im Universum zu diesem vermuteten Zeitmaß?

Die Frage «Was ist Zeit?» (in ihrer Einschränkung auf die Physik) führte uns zum Problem des Verhältnisses von Zeit und Bewegung sowie weiter auf die Frage nach dem Zeitmaß; dieser Problemkomplex kann nur im Rahmen einer fundamentalen Theorie der Physik und in einer kosmologischen Perspektive aufgelöst werden. Und nur eine fundamentale Theorie der Physik wird die Unvereinbarkeit der Zeit der Quantenmechanik mit der Zeit der allgemeinen Relativitätstheorie überwinden können, indem sie einen neuen Begriff der Zeit einführt. An dieser Stelle zeigt sich deutlich, in welchen Schwierigkeiten die Physik heute mit ihren zwei «fundamentalen» Theorien steckt. In einer kosmologischen Perspektive haben wir keine externe Zeit zur Verfügung, denn «außerhalb» des Universums gibt es weder Raum noch Zeit, wie es übrigens schon Aristoteles formulierte. Wenn wir das Universum als quantenmechanisches Objekt betrachten wollen – und das ist die Pointe der Quantenkosmologie –, werden wir nicht einfach einen äußeren Zeitparameter anlegen können. Und wir dürfen auch nicht bloß die interne Zeit der allgemeinen Relativitätstheorie benutzen, da wir in diesem Falle den wesentlichen quantenmechanischen Aspekt außer acht lassen würden.

Zudem ist die Lage nicht eindeutig: Das Universum im Fokus der Quantentheorie befindet sich in überlagerten Zuständen wie jedes quantenmechanische System, so daß wir es im theoretischen Sinne mit vielen – einander überlagerten – Universen zu tun haben. Es wird nicht auf natürliche Weise eines «herausgepickt», sondern wir haben viele mögliche Verläufe vorliegen, von denen nur einer auf unser wirkliches Universum verweist. Man muß versuchen, den wirklichen Verlauf «herauszumitteln». Weiter: Das Universum im Blickwinkel der allgemeinen Relativitätstheorie liegt als ein einheitliches raum-zeitliches Gebilde vor, aus dem wir «eine» Zeit erst «herausklauben» müssen. Die Raum-Zeit läßt sich auf ganz verschiedene Weisen in Raum und Zeit aufspalten, von denen keine natürlich vorgegeben ist. Um ein Beispiel aus der Gastronomie zu verwenden: Auch eine Wurst kann auf ganz verschiedene Weise geschnitten werden. Setzt man mit dem Messer gerade an, erhält man «Kreisscheiben», setzt man schräg an, «ovale» längliche Scheiben. Wenn es erlaubt ist, die ganze Raum-Zeit mit der ganzen Wurst zu identifizieren, so werden verschiedene «Räume» (Scheiben) herausgeschnitten, wobei die je verschiedene «Stapelung» der Räume zu einer ganzen Wurst die je verschiedenen Zeiten versinnbildlichen soll. (Die Stapelung bedeutet ja nur den «umgekehrten» Schnittprozeß.) Andere Räume, andere Zeiten, denn es ergibt einen Unterschied für die Zeit, ob die Räume schräg oder gerade aufeinandergesetzt werden. Die Zeit in der Raum-Zeit ist nichts anderes als die Stapelung der Räume, wobei die Form der Räume nicht in eindeutiger Weise bestimmt ist. Nur die ganze «Wurst» als Raum-Zeit liegt vor. Wir können uns die Wurst als eine «Geschichte» eines zweidimensionalen Universums vorstellen. Eine statische Geschichte, denn die Raum-Zeit liegt vor wie ein Raum, den wir quasi «von außen» betrachten können, sie liegt vor wie ein starrer gefrorener Eisblock. Aber «fließt» die Zeit nicht, indem sie «vergeht»?

10 Die «Bewegung» der Zeit.
Zwei wirkungsmächtige Metaphern strukturieren unser Denken über die Zeit: «Der Pfeil der Zeit» und «Der Fluß der Zeit». Die Zeit ist gerichtet und sie bewegt sich. Beide Bilder sagen in erster Linie etwas über die Zeit aus, nicht über Vorgänge, Prozesse oder Dinge *in* der Zeit. Uns wird hier nur die Frage beschäftigen, ob «die Zeit» diese Eigenschaften besitzt: Bewegt sich die Zeit (in einer Richtung)? Denn falls sich die Zeit bewegt, dann sicher in einer Richtung – sie wäre also eine vektorielle Größe. Natürlich *muß* sich ein Vektor (= Pfeil)

nicht bewegen, er braucht nur eine Richtung anzuzeigen, in die sich etwas bewegt. Die Richtung kann zum Beispiel die statische Ordnungsrelation «früher/später» bedeuten, eine Art kalendarische Ordnung (Cäsar lebte immer früher als Napoleon, das ändert sich nicht), die nicht auf einen ausgezeichneten «Jetztpunkt» angewiesen ist, der den Fluß der Zeit aus der Zukunft in die Vergangenheit (ist das die korrekte Richtung?) durch seine Gegenwart schleust (mein sechzigster Geburtstag ist jetzt zukünftig, wird gegenwärtig und sinkt dann in die Vergangenheit). Dann würde der Fluß der Zeit durch die Bewegung des Jetztpunktes relativ zur Zukunft und Vergangenheit ausgedrückt. Relativ, denn wir können entweder sagen, daß der Jetztpunkt «steht» und sich Zukunft und Vergangenheit bewegen oder daß die letzteren fixiert sind und der Jetztpunkt durch sie «hindurchfährt». Das «Vergehen» der Zeit ist nichts anderes als diese «Bewegung» des Jetzt.

Die Physik muß auf den Jetztpunkt und damit konsequenterweise auch auf die Begriffe «Vergangenheit, Gegenwart, Zukunft» verzichten, da sie weder bestimmte Zeiten noch bestimmte Orte bevorzugt. Das Fallgesetz zum Beispiel gilt nicht nur jetzt und hier, sondern immer und überall. Alle Erhaltungsgesetze setzen die Homogenität von Zeit und Raum voraus, während ein «Jetztpunkt» diese Homogenität auf unzulässige Weise bricht. Denn es darf nicht ein einziges Mal ein kalendarisches Datum wesentlich in die Naturgesetze eingehen. Es wird freilich Ausnahmen geben, wenn wir das Universum als Ganzes in Betracht ziehen, so daß ein anderes Argument, das in eine ähnliche Richtung zielt, entscheidend ist: Was «jetzt» geschieht, ist davon abhängig, daß «ich» es jetzt wahrnehme. Der Jetztpunkt bezieht sich also auf Personen und ist damit subjektiv. Die Physik möchte aber, daß ihre Beschreibungsweise nicht von Personen abhängig ist; auf jeden Fall nicht so, daß diese in die *Beschreibungsweise* eingehen. Jeder beliebige Zeitpunkt auch der Anwendung des Gesetzes muß möglich sein, keiner darf «jetzt» von einer Person hervorgehoben werden.

Die Physik erhebt den Anspruch, objektiv zu sein. Dies war auch die Haltung von Einstein. Rudolf Carnap berichtet von einem Gespräch, das er mit Einstein über das «Jetzt» führte: «Einstein sagte, daß ihn das Problem des ‹Jetzt› ernsthaft quälte. Er erklärte, daß die Erfahrung des ‹Jetzt› etwas Besonderes für den Menschen bedeutet, etwas wesentlich Verschiedenes von Vergangenheit und Zukunft, aber daß diese wesentliche Verschiedenheit nicht in der Physik vorkommt und auch nicht vorkommen kann. Daß diese Erfahrung nicht durch die Wissenschaft erfaßt werden kann, schien für ihn eine Sache schmerzlicher, aber unvermeidlicher Resignation.» Wenn wir sachlich bleiben, geht es hier nur darum, daß wir keinen ausgezeichneten, subjektiven Bezugspunkt in die Wissenschaft einführen können, denn das Jetzt ist nicht wesentlich von Vergangenheit und Zukunft *verschieden*. (In der Vergangenheit *war* auch «jetzt», und in der Zukunft *wird* «jetzt» *sein*.) Die Wissenschaft hat die Tendenz, aus der Zeit zu «springen» und die Welt vom Standpunkt «Gottes» anzusehen, jedenfalls wenn wir die Ausrichtung zur Objektivität einmal bis zur letzten Konsequenz durchdenken. Wenn wir glauben, die Zeit «von außen» betrachten zu können, erscheint die Welt insofern zeitlos, als die Zeit nicht vergeht. Wir werden sehen, daß dieses Problem wieder in der Kosmologie auftritt, nämlich wenn die Physik versucht, das Universum «von außen» und seine Entstehung zu erkennen.

Die Metapher vom «Fluß der Zeit» hat zwei Bedeutungen, die wir präzisieren wollen: Bezeichnen wir sie als das «Vergehen» im Sinne von «vorbeiziehen» und als das «Verschwinden» im Sinne von «unwiderruflich vorbei sein». Newton hatte beide Bedeutungen im Sinn, als er schrieb, daß die (absolute) Zeit «fluit». Der Philosoph Tim Maudlin formulierte kürzlich eine Behauptung, welche diese Metapher verständlich machen soll, folgendermaßen:

«... ich glaube in der Tat, daß Newton in einem Punkt recht hatte: Es ist ein fundamentales, irreduzibles Faktum der Struktur der Welt, daß die Zeit vergeht.» Das bedeutet, daß das Vergehen der Zeit ein objektives Faktum der Welt ist, unabhängig davon, ob in dieser Welt Personen existieren, die bestimmte «Jetztpunkte» auswählen. Veränderung und Bewegung setzen nach dieser These das Vergehen der Zeit voraus. (Da dieses Vergehen eine Richtung hat, ist die Welt zeitlich asymmetrisch oder heterogen strukturiert.) Verginge die Zeit auch dann, wenn es keine Bewegung oder Veränderung gäbe? Ja, auch in einer eingefrorenen Welt würde die Zeit nach der neo-newtonschen Auffassung von Maudlin vergehen. Dies scheint kontraintuitiv, denn nur wenn wir uns in dieser Welt einen Beobachter vorstellen, für den eine Zeit vergeht, weil er selbst sich auf irgendeine Weise verändert – also bewegt –, können wir uns ein Vergehen der Zeit dieser Welt vorstellen.

Außerdem: Greift hier nicht das alte Argument, daß die Zeit in einer zweiten Zeit vergehen müßte? Körper *bewegen* sich in der Zeit, ein Fußgänger läuft 5 Kilometer in der Stunde. Gut. Die Zeit *vergeht*, aber wie schnell? Eine Sekunde in einer Sekunde? Hat das Vergehen keine Geschwindigkeit, weil es keine normale Bewegung ist? Was ist es dann? Eine Art Bewegung doch schon. Das gibt Maudlin zu: «So vergeht die Zeit sehr wohl im Verhältnis von einer Stunde zu einer Stunde, oder einer Sekunde zu einer Sekunde, oder zu 3600 Sekunden pro Stunde ...» Aber welche Information erhalten wir? Sicher keine über eine Geschwindigkeit, welche in verschiedenen Dimensionen (Wegeinheit zu Zeiteinheit) ausgedrückt werden muß. Das Vergehen der Zeit aber würde sich in immer derselben dimensionslosen konstanten Zahl ausdrücken, nämlich 1, ähnlich wie die Kreiszahl Pi als das Verhältnis einer Länge (Kreisumfang) zu einer Länge (Kreisdurchmesser) immer 3,14... beträgt.

Trotzdem verweist die vermeintliche Fundamentalität dieses Vergehens auf ein Problem, nämlich auf die (vermeintliche?) Zirkularität von Bewegung und Zeit: Zeit scheint Bewegung, aber Bewegung wiederum Zeit vorauszusetzen. Um zu verstehen, was Zeit ist, brauchen wir eine Konzeption von Bewegung, die nicht von der Zeit abhängig ist. Diese «Tiefenstruktur» der Zeit soll in diesem Buch enthüllt werden.

11 Wiederum: Zeit als Maß der Veränderung.
Muß die Physik also völlig auf die «Intuition» des Vergehens der Zeit verzichten? Ja, soweit Personalität, Subjektivität oder Wahrnehmung für die Zeit der Natur nicht berücksichtigt werden sollen. Trotzdem weist dieses «Vergehen» als eine Eigenschaft der Zeit, nicht des Zeitlichen (dessen, was in der Zeit ist), auf ein zentrales Problem hin, dem wir schon bei der Gegenüberstellung Newton–Aristoteles begegnet sind. Ist die Zeit ein reines Ordnungsschema für Dinge oder Bewegungen in der Natur (Aristoteles und Gottfried Wilhelm Leibniz), oder ist sie eine für sich bestehende Größe (Newton), die «vergehen» kann? Eine «bloße» Abstraktion oder eine «existierende» Abstraktion? Nähern wir uns dem Problem über eine Äußerung des englischen Physikers Julian Barbour, der bei Peter Mittelstaedt promoviert hat: «Wie Mittelstaedt sagt, *die Zeit ist nicht wahrnehmbar*. Wenn Astronomen durch Teleskope schauen, *sehen* sie wirklich die Separation von Körpern. Sie sehen nicht die Zeit ... In der realen Welt gibt es nur relative Lagen von Körpern, und das ist ziemlich verschieden von einer heterogenen und unsichtbaren Zeit, und so sehe ich es als eine Herausforderung an, eine Theorie aufzustellen, die nur Dinge zum Inhalt hat, die wir wirklich sehen.»

Das kommt als eine sehr radikale Sicht der Zeit daher. Wir «sehen» keine Zeit, ja eigentlich «sehen» wir auch keine Bewegung, sondern nur «relative Lagen von Körpern». Und was wir nicht «sehen», gibt es nicht. (Barbour möge mir die starke Vereinfachung seiner Argumentation verzeihen.) Also «gibt» es keine Zeit, auf jeden Fall nicht so, wie es Körper gibt. Zeit ist eine bloße Abstraktion. Diese Auffassung ist von dem Physiker und Philosophen Ernst Mach beeinflußt. Ich denke, daß es sich lohnt, eine längere Passage von ihm zu zitieren, die wichtige Aspekte unserer Diskussion zusammenfaßt: «Wir sind ganz außerstande, die Veränderungen der Dinge an der *Zeit zu messen*. Die Zeit ist vielmehr eine Abstraktion, zu der wir durch die Veränderung der Dinge gelangen, weil wir auf kein *bestimmtes* Maß angewiesen sind, da eben alle untereinander zusammenhängen. Wir nennen eine Bewegung gleichförmig, in welcher gleiche Wegzuwächse gleichen Wegzuwächsen einer Vergleichsbewegung [...] entsprechen. Eine Bewegung kann gleichförmig sein in Bezug auf eine andere. Die Frage, ob eine Bewegung *an sich* gleichförmig sei, hat *gar keinen Sinn*. Ebensowenig können wir von einer ‹absoluten Zeit› (unabhängig von jeder Veränderung) sprechen. Diese absolute Zeit kann an gar keiner Bewegung abgemessen werden, sie hat also auch gar keinen praktischen und auch keinen wissenschaftlichen Wert, niemand ist berechtigt zu sagen, daß er von derselben etwas wisse, sie ist ein müßiger ‹metaphysischer› Begriff.»

Zeit ist demnach Maß der Veränderung. Grundlegend kommt nur Veränderung vor, Zeit ist abgeleitet und faßt das Sprechen über Veränderungen einfach zusammen. «Zur Vorstellung der Zeit gelangen wir durch den Zusammenhang des Inhalts unseres Erinnerungsfeldes mit dem Inhalt unseres Wahrnehmungsfeldes», versucht Mach dies zu erklären.

12 Zeit als «Bewegung» von Standbildern.

Julian Barbour geht noch weiter und sagt: Grundlegend sind relative Lagen von Körpern (Konfigurationen), Bewegung und Zeit sind *abgeleitet* und kommen nur vor, wenn wir diese relativen Lagen vergleichen. Im einfachsten Fall besteht unser Universum nur aus verstreuten Teilchen, von denen je verschiedene «Standbilder» geschossen werden: Dann haben wir eine feste Konfiguration der Teilchen. Diese Standbilder sind alles, was wir in der Theorie haben. Bestimmte «passende» Stapelungen der Standbilder ergeben eine «Geschichte», das heißt einen «Zeitablauf». Es geht darum, die Standbilder in die «richtige» Reihenfolge einzuordnen. (Sie kennen vielleicht die Aufgabenstellung in Tests, verschiedene durcheinandergebrachte Bilder in der richtigen Reihenfolge zu ordnen.) Aber was ist die richtige Ordnung? Hier führt Barbour den Begriff der «Zeitkapsel» ein. Beispiele für Zeitkapseln finden wir, wenn wir unseren Blick auf etwas komplexere («Vielteilchen»-) Systeme lenken wie beispielsweise geologische Formationen, Eisschichten oder Baumringe. Gerade geologische Formationen scheinen eine Reihenfolge nahezulegen, unter Umständen vom Einfachen zum Komplexen. Aber meist ist die Reihenfolge nicht eindeutig, und viele mögliche Geschichten können «aufgeschichtet» werden, insbesondere wenn wir bedenken, daß schließlich das gesamte Universum aus Standbildern ins Laufen gebracht werden soll, nicht nur die kleinen Spielzeuguniversen oder Welten aus wenigen Teilchen.

Welche Geschichte ist die «wahre»? Oder bleibt es bei vielen Möglichkeiten? Zwar scheinen manche Konfigurationen die Voraussetzung für andere zu sein, so daß eine Umkehrung mehrerer Bilder zu einer unsinnigen oder gar widersprüchlichen Geschichte führt, aber oft existieren viele verschiedene Voraussetzungen für eine einzige Abfolge. Wenn wir uns hier weitertasten, sehen wir, daß eine Art «Einfachheitsprinzip» benötigt wird.

Der Gegensatz zu Newtons absoluter Zeit kann nicht klarer sein: «Newton nahm an, daß die verschiedenen Konfigurationen der Welt zu verschiedenen Zeitpunkten realisiert sind. Das, glaube ich, ist eine schädliche Fehlkonzeption. Die Bilder befinden sich nicht *an* Zeitpunkten. Sie *sind* die Zeitpunkte.» Trotzdem bleibt ein Problem. Wie lernen die Bilder laufen? Wie wandelt sich die Statik der Bilder zur zeitlichen Kinematik? Es hilft nicht viel, zu sagen, daß diese Bewegung irgendwie im Hirn oder Bewußtsein realisiert wird, welches Zeit durch Vergleich passender Bilder erzeugt, denn erstens entsteht die Frage, wie denn diese Bewegung (der Neuronen des Hirns oder der Gedanken) stattfindet ohne Zeit, und zweitens möchten wir doch eine objektive Kinematik beschreiben, Zeit, ohne ein Bewußtsein annehmen zu müssen. Oder gibt es Zeit nur, wenn eine bestimmte *Komplexitätsschwelle der Welt* überwunden worden ist, die dann aber mit der Existenz von Hirnen oder Bewußtsein sehr hoch angesetzt wäre? (Daß es einen spezifischen Zusammenhang von Zeit und Komplexität gibt, werden wir später im Buch noch sehen!) Wie dem auch immer sei, das Hauptproblem besteht doch in folgendem:

Ist es denn möglich, aus reiner Statik eine Kinematik abzuleiten?
Kann ein rein zeitloser statischer Zustand Bewegung und Zeit quasi gebären?

Ich halte das für ausgeschlossen. Wir werden sehen, warum das so ist und welche anderen Hypothesen man ansetzen muß. Gemeinhin wird (mit wenigen Ausnahmen) akzeptiert, daß der Grundzustand des Universums, der Zustand, «in» dem nur die Elementarprozesse «ablaufen», die eine fundamentale Theorie der Physik beschreibt, zeitlos ist. Oder anders ausgedrückt: Die fundamentale Beschreibungsebene der Physik ist zeitlos. (Wir werden die fundamentale Beschreibungsebene der Physik mit dem Grundzustand des Universums in Zusammenhang bringen.) Auch Barbour macht diese Annahme – in sehr radikaler Weise. *Aber muß ein zeitloser Zustand – auch – statisch sein?* Um zu verstehen, was Zeit ist, werden wir jedenfalls sehr tief graben müssen.

13 Die Zirkularität von Zeit und Bewegung.
Wir haben ein wenig vorgegriffen. Auch die Theorie von Ernst Mach, die Julian Barbour radikalisiert, scheint problematisch. Zwar ist es gut möglich, herauszufinden, wie wir zum Begriff der Zeit gelangen, nämlich indem wir ihn aus Veränderungen abstrahieren. Das klingt einleuchtend. Aber auch Mach wollte mehr. Auch er wollte eine (vorläufige) Antwort auf die systematische Frage geben: Was ist Zeit? Wenn wir nun antworten: Zeit ist das Maß (oder die Zahl) der Veränderung, ist es nötig, zwei Ebenen zu unterscheiden: die Ebene der Zeit (Maß oder Zahl) und die des Zeitlichen (Veränderung), dessen, was in der Zeit ist. Zeit soll Zeitliches bestimmen, aber Zeitliches ist schon immer in der Zeit. Zeit wird durch Zeitliches und Zeitliches durch Zeit erklärt! So wird also überhaupt nichts erklärt. Wir geraten wieder in den schon erwähnten Zirkelschluß von Zeit und Bewegung (oder Veränderung). Zeit ist Maß der Veränderung, aber Veränderung setzt Zeit voraus. Zeit setzt also Zeit voraus. Dieselbe Zeit?

Der Ausweg «Veränderungszeit setzt absolute Zeit voraus» ist schwer gangbar, weil wir sofort in alle Probleme der absoluten Zeit geraten. Zugegeben, es wäre möglich, sich auf den Begriff der «absoluten» Zeit einzulassen, wenn es möglich wäre, dem «Vergehen» der Zeit einen physikalischen Sinn abzugewinnen, was nicht möglich ist, wie wir gesehen haben. Wir verfolgen hier den Weg, einen neuen Zeitbegriff in den Fundamenten der Physik zu suchen, aus welchen der Begriff der absoluten Zeit verbannt worden ist. Der Begriff des «Vergehens» führt in die Sackgasse einer «konstanten» dimensionslosen «Geschwindigkeit» und ist letztlich zu subjektiv. Seine Verdienste bestehen eher in dem Verweis auf ein Problem statt in einer Lösung desselben.

Ein anderer Ausweg besteht darin, eine «statische» von einer «kinematischen» Zeit zu unterscheiden. Kommen wir noch einmal auf die Definition von Aristoteles zurück. Sie lautet vollständig: «Zeit ist Zahl der Bewegung *bezüglich früher und später.*» Das klingt hoffnungslos zirkulär. Aber «früher/später» kann auch eine abstrakte Ordnungsrelation bedeuten, die sozusagen auf eine zu «taktende» Kinematik projiziert wird. Vielleicht hat es Aristoteles so gemeint. Trotzdem ist der Ausbruch aus dem Zirkelschluß offensichtlich nicht vollständig gelungen. «Früher/später» bedeutet nun einmal etwas Zeitliches und nicht irgendeine allgemeine Ordnungsrelation. Der zeitliche Aspekt wird zudem auf eine extrem statische Weise ausgedrückt. Der statischen Zeitordnung fehlt die kinematische Zutat. Die wiederum kann zwar ohne weiteres der Bewegung zugeschrieben werden, aber leider geraten wir dann sofort wieder in den Zirkelschluß. Auch dieser Ausweg ist verbaut.

14 Der Kern der relationalen (nicht-absoluten) Zeitbegriffe. Wenn Zeit in der (Ordnungs-)Relation von irgendwelchen «Dingen» besteht, dann sollten diese «Dinge» nicht zeitlich sein. Sonst entkommen wir nicht dem Zirkelschluß. «Veränderung» oder «Bewegung» taugen daher eigentlich nicht, den Platz der «Dinge» einzunehmen. Sehr deutlich wird dieses Argument noch einmal am Beispiel des Raumes. Newton führte auch den Begriff des absoluten Raumes ein, der unabhängig von den Gegenständen in ihm bestehen sollte. Wären alle Gegenstände vernichtet, gäbe es noch den Raum. (Das ist

natürlich genauso problematisch wie die absolute Zeit.) Ein relationaler Gegenbegriff zum absoluten Raum hat zur Konsequenz, daß der Raum einzig und allein durch Gegenstände aufgespannt wird – keine Gegenstände, kein Raum. Der Raum ist nichts anderes als die Relation der Gegenstände. Aber die Gegenstände selbst dürften dann eigentlich nicht räumlich sein, sonst würden wir wieder in einem Zirkelschluß gefangen sein. Denn wenn die Gegenstände, die den Raum aufspannen, beispielsweise *ausgedehnte* Teilchen wären, könnten sie nicht als Grundbestandteile dienen, da *in* ihnen ja wiederum ein Raum aufgespannt wäre, der aus *anderen* unausgedehnten (?) Grundbestandteilen bestehen müßte. Wir könnten Punkte als Grundbestandteile annehmen, aber auch sie sind nulldimensionale Bestandteile des Raumes und setzen ihn im Grunde genommen voraus. Abgesehen davon sind Punkte zumindest als physikalische Größen schwer zu identifizieren, da sie alle «gleich aussehen». So können also auch Punkte keinen Raum aufspannen.

Wie der relationale Raum eigentlich aus Nichträumlichem aufgespannt werden müßte, so sollte die relationale Zeit aus Nichtzeitlichem «aufgespannt» werden. (Außer wir neigen dazu, absolute Größen zu akzeptieren.) Dieses Nichtzeitliche würde aber eine «kinematische» Eigenschaft haben müssen. Ein solcher Zeitbegriff würde es auch möglich machen, die Entstehung des Universums und damit der Zeit sinnvoll zu beschreiben.

15 Die Elementarprozesse und das Universum. Insbesondere muß es gelingen, die Elementarprozesse einer fundamentalen Theorie der Physik zu erfassen. Diese Elementarprozesse sind nicht nur die Taktgeber des Zeitmaßes, sondern sie konstituieren die Zeit selbst. Sie sind letztendlich

nicht einfach Prozesse *im* Universum, sondern die erzeugenden Prozesse *des* Universums. Diesen Gedanken können wir nur verfolgen, wenn wir uns der Kosmologie zuwenden. Das werden wir im nächsten Kapitel tun. Wir denken, daß alle Bewegungsformen im Universum und die Bewegung des Universums selbst in einem engen Zusammenhang stehen. Dieser Zusammenhang wird sicher durch die elementaren erzeugenden Prozesse gestiftet, welche das Universum – die Raum-Zeit und die Materie/Energie – hervorbringen. Wie diese Prozesse gestaltet sind, kann im Augenblick nur vermutet werden. Eines wissen wir aber: Um diesen Anfangszustand zu verstehen, benötigen wir eine fundamentale Theorie der Physik, die noch nicht aufgestellt worden ist. Ist sie vielleicht bisher nicht aufgestellt worden, weil wir an diesem Punkt an die Grenzen unserer Begrifflichkeit oder unseres Erkenntnisvermögens gestoßen sind? Ist es uns denn möglich, einen Zustand zu beschreiben, der Raum und Zeit bedingt, ja «hervorbringt»? Ein Zustand, der nicht räumlich und nicht zeitlich gestaltet ist, aber weder statisch noch strukturlos ist? Ist es überhaupt physikalisch sinnvoll, einen solchen Zustand anzunehmen?

16 Was also ist die Zeit? Wissen wir es? Ist sie das

Maß der Ausdehnung des Universums? Oder allgemeiner, da «Ausdehnung» schon eine Richtung anzeigt, die ja erst einmal ausgewählt werden muß, das Maß der (räumlichen) Veränderung des Universums? Wie aber steht es mit den vielen «kleinen» Prozessen *im* Universum? Inwieweit und auf welche Weise stimmen sich die vielen kleinen Uhren untereinander und mit der großen Uhr ab? Wir müssen uns quasi mit einer Uhr an den Nullpunkt der Zeit begeben, um mehr darüber zu erfahren. Am Ursprung der Zeit werden wir der Antwort näher sein.

Aber wir haben etwas gelernt. Die Frage: «Was ist Zeit?» kann nicht direkt beantwortet werden, indem wir einfach auf unsere Wahrnehmung achten und intuitiv bemerken, wie «die Zeit vergeht». Das Vergehen der Zeit kann physikalisch nicht weiter erklärt werden, sondern bleibt bestehen als Gegebenheit der Lebenswelt, verankert in unserer Sprache und unserem Denken. Aber die Wissenschaft überschreitet die Lebenswelt in ihren Theorien und versucht mit ihren Modellen und Begriffen, die Grenzen unserer Sprache und unseres Denkens beziehungsweise die unserer Wahrnehmung und der daraus sich ergebenden Weltanschauung zu überlisten. Diese Strategie werden wir verfolgen, wenn wir uns mit der «Entstehung der Zeit» befassen. Stellt hier nicht die Sprache eine Blockade auf? Kann die Zeit «entstehen»? In welcher Zeit? Kann die Zeit «vergehen»? In welcher Zeit? Es ist auch nicht ausreichend, das Verhältnis von Zeit und Bewegung in bestimmten Vorgängen und Prozessen zu verfolgen und zu analysieren. Jeder Prozeß kann nur im Lichte einer Theorie verstanden und analysiert werden. Und Elementarprozesse eben nur im Lichte einer Fundamentaltheorie. Jeder Prozess und jedes «Teilchen» sind in ihrer Fundamentalstruktur nur die Folge der Transformationseigenschaften von bestimmten Gesetzen. Diese Gesetze sind wiederum Theorien zugeordnet. Die physikalischen Prozesse und «Teilchen» scheinen nur auf, wenn wir sie sozusagen «theoretisch bestrahlen». Es «gibt» sie nicht unabhängig von Theorien. Denn sie sind vollständig bestimmt durch deren grundlegende Strukturen.

Ein Teilchen ist keine «Substanz im Kleinen», wie die Physikphilosophin Brigitte Falkenburg zu Recht bemerkt. Es ist kein Atom im Sinne der modernen Atomisten: ein kleines hartes Stück Materie. Ein Teilchen gleicht eher einem Atom der antiken Atomisten. Demokrit nannte die Atome auch «Schemata» oder «Formen». Pointiert ausgedrückt: Ein *fundamentales* Teilchen ist reine

Form, denn wir müssen sagen, daß die Materie aus fundamentalen Teilchen «zusammengesetzt» ist, die Teilchen aber keineswegs aus Materie bestehen. Modern ausgedrückt sind Teilchen Darstellungen von Gruppen, das heißt bestimmten mathematischen Transformationen, die dann eine *physikalische* Interpretation – ein Modell – erhalten. Daß lokalisierte «Teilchen» (zum Beispiel in Nebelkammern, Photodetektoren und Geigerzählern) überhaupt gemessen werden, ist das Rätsel, nicht die Lösung. Rein quantenmechanisch existieren keine «Teilchen» dort «draußen». Ein Teilchen scheint sich eher als das Artefakt eines klassischen Meßgerätes zu entpuppen, setzt also die klassische Welt schon voraus, deren Entstehung erst erklärt werden muß. Und damit auch die Entstehung der Zeit.

Diese Transformationen bilden Bewegungen im Raum ab, wobei man den Raum (mit dem Physiker und Weizsäckerschüler Thomas Görnitz) als «diejenige Mannigfaltigkeit, mit der die Stärke der Wechselwirkung parametrisiert wird», fassen kann. Gemeint ist die Wechselwirkung, also die Relation zwischen den Teilchen. Beispielsweise gilt für die Gravitation: Der Raum ergibt sich als die Relation zwischen den Teilchen, und die Teilchen sind Eigenschaften von Bewegungen, wenn man so will. Aber Bewegungen von was? Dieselbe Frage bezüglich der antiken Atome liegt nahe: Form von was? Das werden wir in diesem Kapitel nicht beantworten können. Ein Hinweis soll jetzt genügen. Wenn wir sagen «reine Form», warum nicht weitergehen und sagen «Information»? Und zwar reine Information und nicht Information von etwas. Wir sollten uns von dem Gedanken frei machen, daß der Materie etwas «Substantielles» zugrunde liegt oder daß sie aus «substantiellen» Teilchen besteht. Der Grundzustand der Materie ist anders als ihr angeregter *klassischer* Zustand, so wie der Grundzustand des Universums von seinem angeregten Zustand verschieden ist. Im Grundzustand kann es reine Form geben, nicht im angeregten

Zustand. Was jedoch dieser Grundzustand ist und wie er aussieht, diesem Problem wollen wir uns in diesem Buch nähern.

Zudem sind die Gegenstände der Wissenschaft von den Gegenständen unserer *Lebenswelt* unterschieden, mit denen wir täglich umgehen und die noch einmal vom sogenannten klassischen Zustand der Physik unterschieden werden müssen, der ein *Modell* der Newtonschen Mechanik oder der allgemeinen Relativitätstheorie ist. (Oder auch der Elektrodynamik.) Alle diese Modelle und Theorien, die nicht der Quantentheorie angehören, werden als «klassisch» bezeichnet. Aber unsere Lebenswelt ist *kein Modell einer Theorie*. Sie ist keine Abstraktion, sondern wird unmittelbar gelebt und erlebt.

Ein Elektron zum Beispiel «steht» nicht vor uns wie ein Tisch, auch wenn wir glauben, daß der Tisch aus Elektronen (unter anderem) «zusammengesetzt» ist. Wir müssen umdenken. Es gibt *drei* Tische, nicht einen: Der Tisch, an dem wir sitzen, mit seiner Festigkeit, Farbe, seiner Glätte und seinem Geruch, seiner, wie der Physiker Arthur Eddington einmal sagte, «Substanz» ist verschieden von dem klassischen «Tisch» der Physik, der ein Festkörper ist, aber aus, ja aus was eigentlich besteht? Aus Atomen, aus Elektronen und Quarks, aus Strings oder «Schleifen» (loops)? Und wie besteht er aus welchen «Teilchen»? Sind es nicht eher Prozesse oder Bewegungen? Und muß der Tisch nicht eigentlich aus quantenmechanischen überlagerten Zuständen bestehen? Allein schon diese sinnvollen Fragen machen klar, daß der Tisch der Physik in seiner nichtklassischen Tiefenstruktur ein etwas rätselhafter Gegenstand ist.

Um so mehr die Zeit. Auch unsere alltägliche Zeit ist von der Zeit der Wissenschaft, hier speziell der Physik, verschieden. Sie «vergeht», während die Zeit der Physik ..., – ja, auch hier stocken wir. Denn wir haben gesehen, *die* Zeit der Physik gibt es nicht. Zwar können wir Prozesse vergleichen und beschreiben, aber letztlich doch nur im Fokus von Theorien. Daß es Prozesse gibt, die vorgehen, wissen wir. Sie kommen permanent in unserer Lebenswelt vor. Aber die Prozesse der Physik, und besonders krass kommt dies an den Elementarprozessen zum Vorschein, kommen nicht einfach vor. Oder haben Sie die ersten drei Minuten des Universums erlebt? Sind Sie dabeigewesen? Und was heißt eigentlich «die ersten drei Minuten»? Nach welcher Zeit? Von welchen Prozessen erzeugt? Welches Maß müssen wir benutzen? Denn ein Maß der Prozesse oder Bewegungen brauchen wir. Auch dies haben wir gelernt: Keine Zeit ohne Bewegung – eine absolute Zeit ist nicht akzeptabel. Aber vielleicht Bewegung ohne Zeit? Form ohne Materie?

Eine genaue Differenzierung zwischen verschiedenen Zeitebenen, auf die wir noch einmal zurückkommen werden, ist nun am Platze: die Ebene der Lebenswelt, welcher die erlebte Zeit des Jetzt zugeordnet ist; die Ebene der klassischen Physik in Form der Zeit der allgemeinen Relativitätstheorie; die Ebene der *klassischen* Parameterzeit der *nichtklassischen* Quantentheorie und schließlich die vollständig nichtklassische Ebene des Zeitbegriffs einer zukünftigen fundamentalen Theorie der Physik. Die fundamentale Theorie wird noch einmal in zwei Zwischenebenen aufgespalten. Auf der einen Seite sollte sie etwas über die fundamentalen physikalischen Felder aussagen, wie das elektromagnetische Feld oder das Gravitationsfeld. Das letztere hängt eng mit der raumzeitlichen Struktur der Natur zusammen. Diese Felder befinden sich im Universum. Auf der anderen Seite sollte die fundamentale Theorie auch das Universum als Ganzes im Blick haben. (Damit ist der kosmologische Aspekt der fundamentalen Theorie angesprochen.) Die Zeit der Lebenswelt fällt nicht in den Bereich der Physik, ja überhaupt nicht in den Bereich der Wissenschaft. Die anderen drei Ebenen stehen noch in keinem kohärenten Zusammenhang. Insbesondere ist genau zu klären, in welchem Sinne der Grundzustand (der Natur oder des Universums) zeitlos ist (falls er es denn ist!) und wie er mit dem zeitlichen Zustand der angeregten Natur zusammenhängt, ihn gar gebiert. Und genauer: Ab welcher Komplexitätsstufe der klassischen Welt kann man von einer zeitlichen Welt sprechen? Ist denn eine einfache klassische Welt schon zeitlich? Alle diese Probleme können nur gelöst werden, wenn wir die Frage «Was ist Zeit?» hinreichend beantwortet haben. Das kennzeichnet den momentanen Stand der Physik.

Wir haben uns in diesem Kapitel mit dem Verhältnis von Zeit und Bewegung im Rahmen der Physik befaßt. Dabei ist uns aufgefallen, daß die (Newtonsche) Parameterzeit der Quantenmechanik nicht mit der (Aristotelischen) Zeit der allgemeinen Relativitätstheorie zusammenpaßt. Trotzdem vermuten wir, daß es eine einheitliche Struktur der Prozesse der Natur gibt und daß Prozesse nötig sind, damit es Zeit gibt. Wir wollen, daß sich die Einheit der Natur in dem einheitlichen Charakter der das Universum erzeugenden Prozesse zeigt. Wir hoffen nun weiter, daß eine fundamentale Theorie der Natur erstellt werden kann, deren Elementarprozesse eine neue, einheitliche Zeit erzeugen. Insbesondere vermuten wir, daß der Anfangszustand des Universums ein einheitlicher Zustand ist, der adäquat nur im Lichte dieser fundamentalen Theorie beschrieben werden kann. Es ist naheliegend, diese fundamentale Theorie auf das ganze Universum anzuwenden, nicht nur auf Teilbereiche desselben, obwohl das möglich wäre, denn weder die Quantenmechanik noch die allgemeine Relativitätstheorie je für sich betrachtet sind kosmologische Theorien. Sie sagen erst einmal nur etwas über Zustände *im* Universum aus. Im Zusammenhang mit dem Problem der Zeit aber können sie sehr schnell zu kosmologischen Theorien werden. In diesem Zusammenhang stießen wir auf das Problem der *kosmologischen* Entstehung der Zeit, auf deren Klärung wir das Hauptgewicht legen wollen. Die Zeit könnte aus einem zeitlosen Grundzustand des Universums entstanden sein. Wie ist dieser Zustand beschaffen? Er wird sicher nicht *statisch* sein können.

Wir werden nicht nur eine Uhr auf unsere Reise an den Nullpunkt der Zeit mitnehmen müssen, sondern verschiedene Uhren mit den jeweils dazugehörigen Theorien. Zunächst jedoch müssen wir uns einmal ansehen, welche Art von Wissenschaft die *Kosmologie* eigentlich ist.

Schußfäden.

Die physikalische Zeit ist das *Maß* der Veränderung; ohne Bewegung keine Zeit. Die Zeit ist demnach etwas *an* der Bewegung und nicht mit ihr identisch. Sie ist keine absolute Größe, kein *bloßer* abstrakter *Parameter*, der von außen an ein System gelegt wird, aber doch eine *abstrakte Größe*, da sie etwas an der Bewegung ist. Sie ist zudem eine intrinsische Größe. Jedoch muß die Veränderung, die der Zeit zugrunde liegt, zeitlos sein, weil wir sonst in einen Zirkel geraten, wenn wir Zeit als Maß der Veränderung explizieren. Es wird also Bewegung ohne Zeit geben, da nicht *jede* Bewegung zeitlich ist; nur geordnete, getaktete Bewegung, periodische Schwingungen sind eine notwendige, wenn auch nicht hinreichende Bedingung für Zeit. Und kein Zeitbegriff ohne *Theorie*. Nur die existentielle Zeit des Lebensvollzuges kann atheoretisch und fundamental sein, nur die subjektive Zeit «fließt» selbst. Die objektive Zeit ist etwas an Prozessen, also nicht statisch, aber sie «bewegt» sich nicht selbst. Eine fundamentale objektive Theorie der Natur hat den fundamentalen Zustand der Natur zum Gegenstand. Die *externe* Zeit der Quantenmechanik und die *interne* Zeit der allgemeinen Relativitätstheorie passen nicht zusammen; eine wirklich fundamentale Theorie steht noch aus, welche diese Zeitbegriffe so vereinigt, daß ein neuer Begriff zum Vorschein kommt. Der fundamentale

Zustand der Natur wird wahrscheinlich zeitlos, aber nicht statisch sein – er wird die Zeit gebären, die sich selbst wieder in verschiedene Zeiten ausdifferenziert. Vorläufig kann die Zeit als das Maß der Veränderung des Universums bestimmt werden, wobei die lokalen Elementarprozesse des Universums an dieses Maß gekoppelt sein müßten.

▓2▓▓▓▓ DIE GRENZEN DER KOSMOLOGIE (DAS UNIVERSUM ALS OBJEKT?)

1 Wie ist Kosmologie möglich? Wir sind

winzige Wesen. Wie Ameisen kriechen wir auf der Erdoberfläche dahin, manchmal erheben wir uns ein paar Meter in die Luft oder kratzen ein wenig am Boden. Die Erde erscheint uns fast flach. Immerhin: Einige von uns sind auf dem Mond gelandet oder leben und arbeiten kurze Zeit in «Raumstationen». Gut, diese «Raumfahrer» sehen die Lichter der Städte. Sie sehen die Spuren der Zurückgebliebenen. Winzige Lichtflecken. Wir sind kurzatmige Wesen. Kaum geboren, sterben wir schon, und unsere Erinnerung ist lückenhaft und meist blaß. Mühsam rekonstruieren wir unsere Geschichte; einige tausend Jahre glauben wir zurückblicken zu können. Wir sind fragile Wesen. Ein stärkerer Windstoß fegt uns über die Erde und läßt unsere Häuser einstürzen. Viren, noch winziger als wir, raffen uns hinweg. Aber wir nennen uns *Homo sapiens sapiens* und glauben, daß wir in der Lage sind, das Universum zu verstehen. Im Grunde genommen sind wir größenwahnsinnig.

Unsere sinnliche Wahrnehmung von der Welt ist also eingeschränkt – die Erde erscheint uns flach, obwohl sie rund ist. Genauso ergeht es uns bei der Wahrnehmung sehr kleiner Dinge sowie sehr schneller oder langsamer Prozesse. Man kann beispielsweise Atome nicht sehen, man bemerkt nicht, daß ein Film aus 24 Einzelbildern pro Sekunde besteht, und man nimmt schleichende

Umweltveränderungen wie die Verschmutzung eines Gewässers oder die globale Erwärmung nicht direkt wahr. Wir benötigen für die Wahrnehmung dieser Dinge technische Hilfsmittel, hier Mikroskop, Hochgeschwindigkeitskamera und Meßdaten aus früheren Jahrzehnten oder gar Jahrhunderten.

Warum können wir unter diesen Voraussetzungen überhaupt Kosmologie treiben? (Denn wir können es.) Wir sind lokale Wesen, aber die Kosmologie ist die Wissenschaft der Entlokalisierung. Wir sind in der Lage, mit unseren *wissenschaftlichen Theorien* unsere spezielle Situation zu überschreiten und uns auf das Universum als Ganzes zu beziehen. Theorien sind wie Denksonden, mit denen wir Entfernungen von Milliarden von Lichtjahren und Zeitspannen von Milliarden von Jahren «erspüren» können. So winzig wir auch sein mögen, Theorien machen uns groß. Aber wahnsinnig? Vor ungefähr 2500 Jahren behauptete ein gewisser Thales aus Milet, Wasser wäre die Substanz der Welt (das berichtet uns Aristoteles), und das war durch nichts gedeckt. Etwas später phantasierten die griechischen Atomisten, es gäbe eigentlich nur Atome und leeren Raum und unzählige Welten, die sich aus diesen Atomen im leeren Raum zusammenklumpten. Und das war auch durch nichts gedeckt. So ging es aber immer weiter mit unseren verrückten Hypothesen, und einige von ihnen erwiesen sich sehr wohl als gedeckt. Immer wieder versuchten wir, die Tiefenstruktur der Welt zu ergründen und Urteile über das gesamte Universum zu fällen. Ist das verrückt? Machen wir uns die Merkwürdigkeit dieses Unterfangens an einem Extremfall klar.

Der spätantike Aristoteles-Kommentator Simplicius berichtet uns über die Atomisten: «Leukipp und Demokrit behaupten, daß sich unzählige Welten in dem unendlichen Leeren aus zahllosen Atomen bildeten.» Das atomistische Universum ist also unendlich groß oder grenzenlos. Warum glaubten denn die Atomisten, über eine unendlich große Welt Aussagen machen zu können? Ist das nicht ausgeschlossen? Überlegen wir einmal: Das winzige Wesen Mensch beobachtet nur einen endlichen Teil des Universums, nämlich nur den Teil, dessen Licht uns seit der Entstehung des Universums erreichen konnte. Es wird aber angenommen, daß das Universum unendlich groß sei. Dann kennen wir also einen endlichen Teil eines unendlich großen «Objektes». Und dies bedeutet, daß wir *null Prozent* des Objektes erfassen, denn jeder endliche Teil des Unendlichen besitzt keine Größe, *gemessen am Unendlichen*. In diesem Fall besitzen wir überhaupt keine Information über das Objekt als Ganzes: Kosmologie als empirische Wissenschaft ist unmöglich! (Es handelt sich hierbei um eine Argumentation von Thomas Görnitz.)

Wie gehen wir mit diesem Argument um? Nun, *ist* das Universum denn unendlich groß? Das wissen wir nicht genau, aber wenn wir vermuten, es könnte flach sein – also großräumig nicht gekrümmt –, dann müßte es unendlich groß sein, denn das Universum wird nicht irgendwo aufhören und mit Brettern vernagelt sein.

Prinzipiell könnte das Universum lokal flach, aber endlich sein. Es würde in diesem Fall zum Beispiel die Form eines (flachen) dreidimensionalen Torus haben. Gut veranschaulichen kann man sich die Oberfläche eines zweidimensionalen Torus, der wie ein Rettungsring oder ein Doughnut aussieht. Seine Oberfläche ist lokal, das heißt an jeder beliebigen Stelle, flach, obwohl er sich global, das heißt in seiner gesamten Form, natürlich von einem flachen Raum und einer Kugeloberfläche unterscheidet. Das sieht man daran, daß Dreiecke auf einer flachen Fläche und einem Torus eine Winkelsumme von 180 Grad besitzen, auf einer Kugeloberfläche aber mehr als 180 Grad. Wahrscheinlich hat das Universum keine Torusgestalt oder eine andere komplizierte, nicht zusammenhängende Form, aber das ist letztlich offen. Wir wollen in der folgenden Diskussion nur die einfachsten zusammenhängenden Formen des Universums in Betracht ziehen.

Falls es (global) flach ist, kann es sich nicht in sich «zurückbiegen» wie die zweidimensionale Oberfläche einer Kugel, die positiv in sich gekrümmt ist und damit problemlos als endlich, aber ohne Grenzen angesehen werden kann. Das zweidimensionale Analogon eines flachen (immer dreidimensionalen) Universums besteht in einer ungekrümmten Fläche wie etwa die Oberfläche eines Tisches. Ein dreidimensionaler ungekrümmter Raum wäre nichts anderes als der Inhalt eines Kastens, ein dreidimensionaler (positiv) gekrümmter Raum ist leider nicht vorstellbar. (Machen Sie nicht den Fehler, sich einen solchen gekrümmten Raum als den Inhalt einer Kugel vorzustellen, denn das ist falsch – die *Oberfläche* der Kugel ist eine zweidimensionale gekrümmte Fläche, der *Inhalt* einer Kugel ist nichts anderes als der Inhalt eines kugelförmigen dreidimensionalen «Kastens» und völlig ungekrümmt.) Die «Wände» des «Kastens» werden von den Kosmologen als unendlich weit voneinander entfernt betrachtet, was darauf hinausläuft, daß der Kasten keine Wände hat. (Wir kommen darauf zurück.) Also: Ein flaches Universum muß somit nach den Voraussetzungen der Kosmologie unendlich groß sein, wenn man ausschließen kann, daß es nur lokal flach ist. Aber dann könnte es ja keine Kosmologie geben!? Bevor wir gänzlich verwirrt werden, sollten wir die naheliegende Frage beantworten: *Ist* das Universum denn flach? Wiederum werde ich Sie enttäuschen müssen, denn das weiß man auch nicht ganz genau, jedoch können wir davon ausgehen, daß der (endliche) Teil, den wir beobachten, so gut wie flach ist. Und jetzt? Versuchen wir, diese Problemverschlingung zu entwirren.

Kehren wir zu den Atomisten zurück. Sie verwenden den griechischen Ausdruck *a-peiros*, was wörtlich übersetzt «ohne Grenze» bedeutet. Zwei Interpretationen des Begriffs sind möglich, die auch für die moderne Kosmologie wichtig sind: «Man stößt nie an eine Grenze, wie weit man auch immer voranschreitet», oder: «Es gibt das Grenzenlose.» Wenn Ihnen dieser Unterschied ein wenig subtil vorkommt, überlegen Sie folgendes. Nach der ersten Interpretation verharren wir aktual, das heißt wirklich und nicht nur möglich, völlig im Endlichen, denn wir sprechen nur von einer endlichen Schrittfolge, die man als endliches Wesen immer weiter fortsetzen *kann*. Keine endliche Schrittfolge führt an eine Grenze. (Vielleicht würde ja eine unendliche Schrittfolge eine Grenze erreichen?) Wir haben eine *potentielle* Unendlichkeit. Im unendlichen Bereich der natürlichen Zahlen drückt sich diese potentielle Unendlichkeit durch drei Punkte aus: 1, 2, 3, 4, 5, ... Anders die zweite Interpretation. Die behauptet, daß aktual keine Grenze vorliegt, egal, ob wir eine Schrittfolge vollziehen oder nicht. Hier wird eine *aktuale* Unendlichkeit angenommen: das fertige (!) Grenzenlose. Im Bereich der natürlichen Zahlen bezeichnen wir die aktuale Unendlichkeit als die (abstrakt) vorliegende gesamte Menge dieser Zahlen. Sie werden einwenden, daß diese *Menge selbst* doch irgendwie begrenzt sein muß, denn sonst könnten wir gar nicht von ihr sprechen. Ja, diese begriffliche Grenze zweiter Stufe gibt es natürlich, aber wir werden nicht in der Lage sein, eine letzte größte natürliche Zahl zu finden, die sozusagen eine innere Grenze erster Stufe als Abschluß der Folge 1, 2, 3, ... bildet. Wir sind fähig, die «Mächtigkeit» dieser Unendlichkeit selbst zu bezeichnen, quasi «von außen» auf zweiter Stufe, obwohl wir «von innen» nie an eine Grenze stoßen. So ist in der Mathematik beispielsweise die Menge der reellen Zahlen (Kommazahlen) mächtiger als die der natürlichen; bereits zwischen den Zahlen 1 und 2 findet sich eine unendliche Menge reeller Zahlen.

Falls das Universum unendlich ist, zu welcher Interpretation gehört diese Unendlichkeit? Könnte diese Unterscheidung unser Problem der Unmöglichkeit der Kosmologie unter der Voraussetzung der Unendlichkeit des Universums lösen? Eines ist klar: Die

Rede von einem aktual unendlichen Universum sollte tunlichst vermieden werden, solange wir von der Kosmologie verlangen, sie möge eine empirische Wissenschaft sein. Bleibt Interpretation Nummer eins. In ihrem Rahmen gehen wir erst einmal vom endlichen beobachtbaren Teil des Universums aus. Das ist unproblematisch, aber ein endlicher Teil des Universums ist nicht das ganze Universum. Blieben wir dabei stehen, würden wir uns bloß mit – drücken wir es ein bißchen polemisch aus – «Erdumgebungswissenschaft» befassen, nicht mit Kosmologie. Das (physikalische) Universum umfaßt alles, was es (physikalisch) gibt, nicht bloß einen Teil dieser Gesamtheit. Also werden wir nicht auf der Stelle treten wollen, sondern Schritt für Schritt voranschreiten, wie es endlichen Wesen geziemt. Unsere Basis besteht aus dem System, das die Kosmologen manchmal «Metagalaxis» nennen. Dieses System gilt es nun mit Hilfe theoretischer Kriterien zu erweitern, bis wir alles, was es (physikalisch) gibt, im Griff haben: das Universum. Nach welchen Kriterien könnte diese hypothetische Erweiterung vonstatten gehen? Wir sollten annehmen, daß die Metagalaxis ein *repräsentativer* Ausschnitt des Universums ist. Das gilt zum Beispiel genau dann, wenn wir das Universum als – im großen und ganzen – *homogenes* Gebilde charakterisieren. (Um die Darlegung zu vereinfachen, meine ich mit «homogen» auch immer «in jeder Richtung homogen», also «isotrop», richtungsunabhängig – ein Getreidefeld, das vom Wind in einer Richtung niedergedrückt wurde, wäre nach üblicher Sprechweise homogen, aber nicht isotrop.) Diese Charakterisierung ist jedoch ein zweifelhaftes Unterfangen, denn wir beobachten viele inhomogene Strukturen. Aber schön und gut, akzeptieren wir diese Voraussetzung einmal.

Jeder Erweiterungsschritt gelingt somit, weil wir von einer homogenen Substruktur zu einer anderen, größeren gelangen. Dann denken wir uns drei Punkte: Metagalaxis, größeres System 1, noch größeres System 2, ... Das Universum könnten wir als die

«Grenzfolge» dieser Schritte definieren. Einen Rand würden wir nicht erreichen, und zwar nicht in erster Linie, weil wir endliche Wesen sind, die unfähig sind, eine unendliche Folge faktisch zu durchlaufen (auch wenn sie konvergiert), sondern einfach, weil ein Rand etwas Inhomogenes darstellt, nämlich eine plötzliche und totale Veränderung des Raumes. Das widerspricht unserer Voraussetzung. Der «Kasten» Universum darf keine Wände (Grenzen) besitzen, denn er muß ja nach Voraussetzung durchgängig homogen sein. Haben wir die Unendlichkeit nach der Interpretation zwei in den Griff bekommen? Nein. Wir sind auf keinen Fall berechtigt, anzunehmen, daß die Metagalaxis ein repräsentativer Ausschnitt des Universums ist. Die Annahme der Homogenität scheint völlig willkürlich, denn jeder Schritt auch der *potentiell* unendlichen Schrittfolge könnte uns eine Inhomogenität eröffnen – oder auch nicht. Noch schlimmer: Wir können *alles* erwarten und wissen nichts. «Alles», heißt das nicht eigentlich «mit *Sicherheit* Inhomogenität»? Auch die Interpretation zwei läßt uns im Stich, weil sie sich im Ergebnis nicht von Interpretation eins unterscheidet. Kosmologie ist einfach nicht möglich, wenn das Universum unendlich groß sein sollte.

2 Das kosmologische Prinzip. Müssen wir das

Universum also als endlich ansetzen, damit die Kosmologie einen Sinn ergibt? Wir sprachen oben davon, daß das beobachtbare Universum als *fast* flach angesehen werden kann. Für alle praktischen Zwecke ergibt sich kein Unterschied, ob das Universum flach oder fast flach ist. Trotzdem erscheint ein Licht am Ende des Tunnels. Rein theoretisch bedeutet «fast flach» nun einmal nicht «ganz und gar flach», und das könnte doch der Ausweg sein!? Das Universum sollte *minimal* (positiv) gekrümmt sein und damit – endlich, wenn auch immens groß. Aber endlich. Wir befinden uns auf dem richtigen Weg. Zwar kann niemand künftige Beobachtungen vorhersagen, trotzdem dürfen wir ausschließen, daß absolute Flachheit auf irgendeine Weise beobachtbar ist. Immer bleibt uns ein theoretischer Spielraum zwischen «flach» und «fast flach». Wenn wir diesen Spielraum nutzen, scheinen wir gerettet. Aber ganz so einfach stellt sich die Sache doch nicht dar.

Erstens einmal könnte das Universum auch *negativ* gekrümmt sein. Das zweidimensionale Analogon dazu besteht in einer Satteloberfläche, und das Problem besteht darin, daß ein solches Universum unendlich groß sein müßte. (Rein mathematisch kann ein solches Universum auch endlich sein, aber unser Universum scheint physikalisch solchen Bedingungen nicht zu genügen.) Wir stecken wieder in der Falle. Außerdem: Selbst ein endliches Universum, wie groß es auch sein mag, könnte inhomogen sein. Zum Beispiel wäre es sehr wohl möglich, daß Teile des Universums eine andere Dimension haben oder von völlig anderen Materiestrukturen besiedelt sind. Selbst der beobachtbare Teil des Universums, die Metagalaxis, erscheint als ziemlich inhomogen, wenn wir genau hingucken. Ich möchte hier nur die sogenannte Große Mauer erwähnen, eine Zusammenballung von Sternen, die eine relativ hohe Dichtekonzentration aufweist und damit eine Inhomogenität darstellen könnte.

Sind wir also verloren? Nicht ganz. Worauf lief denn der Gang unserer bisherigen Argumentation hinaus? Kosmologie ist unmöglich, zumindest kaum möglich oder schwer zu betreiben, wenn sie als Wissenschaft verstanden wird, deren Objekt im Prinzip empirisch erfaßt werden kann. Dieses Verständnis muß radikal eingeschränkt werden, und genau das tun auch die Kosmologen. Leider macht man sich die Radikalität dieser Einschränkung meist nicht klar. Alles, aber auch wirklich alles in der Kosmologie hängt von einem theoretischen, man möchte sogar eher sagen:

philosophischen Prinzip ab, das «kosmologisches Prinzip» getauft worden ist. Kosmologie ist überhaupt nur möglich und wirklich, weil man das kosmologische Prinzip als fundamental gültig annimmt. Ich möchte es wie folgt formulieren:

Wie das Universum für uns aussieht, so sieht es im Prinzip überall aus.

Eine etwas andere Formulierung schlägt der Physiker und Kosmologe Dirk-Ekkehard Liebscher vor, die ich etwas gestrafft wiedergebe: «Die Metagalaxis ist homogen und repräsentiert das Universum.» Zu diesem Prinzip fällt mir sofort der von den Griechen gefürchtete Wegelagerer Prokrustes ein, der alle vorbeiziehenden Wanderer so streckte oder verkürzte, bis sie in seine Betten paßten, nur daß die Kosmologen das gesamte Universum dieser Tortur unterwerfen, wobei sie verschiedene Modelle, sprich Betten, vorzuweisen haben, in die das kosmologische Prinzip eingebaut ist. Da wir gerade bei den Griechen sind: Die erwähnten Atomisten benutzten implizit auch eine Art kosmologisches Prinzip, denn für sie sieht der Kosmos (*kosmos*: Einteilung, Ordnung, Schmuck, geordnetes Weltall) im Prinzip überall gleich aus, weil er an jedem Ort dieselbe *Tiefenstruktur* aufweist, nämlich aus Atomen und leerem Raum aufgebaut zu sein. Trotzdem kommen überall Atomverklumpungen vor, die ja doch Inhomogenitäten bilden. Wir müssen also dieses kosmologische Prinzip genauer unter die Lupe nehmen.

Fangen wir gleich mit dem eben angesprochenen Problem an. Worauf genau bezieht sich «homogen» oder «sieht überall gleich aus»? Naheliegend scheint es zu sein, diese Adjektive auf die Verteilung der Materie/Energie im Universum und damit natürlich auch auf seine Raum-(Zeit)-Struktur anzuwenden. Man kann freilich weitergehen und auch die physikalische Tiefenstruktur des

Universums einbeziehen, was wir gerade angedeutet haben. Dann müßte man ein Universum, das je zur Hälfte aus Materie und Antimaterie bestünde (nehmen wir an, dies wäre möglich), die insgesamt gleich verteilt sein sollen, als inhomogen bezeichnen. Zudem scheint es sinnvoll, auch die Dimensionalität der Raum-Zeit und die Gültigkeit der (bekannten) Naturgesetze zu extrapolieren – das kosmologische Prinzip gilt dann also nicht für ein Universum mit von unserem verschiedenen Dimensionen oder Naturgesetzen. An dieser Stelle liegt mir eine leicht bösartige Formulierung auf der Zunge: Das kosmologische Prinzip ist nichts anderes als das Prinzip einer gepflegten Langeweile. Ja, warum denn um aller Götter willen muß das Universum überall so strukturiert sein wie bei uns zu Hause! Sollen alle diese interessanten Spekulationen über Paralleluniversen, andere Dimensionen, dunkle Materie/Energie und so fort für die Katz gewesen sein und von der kalten Dusche nüchterner Erdlingswissenschaft weggespült werden? Dieser Ausbruch ist nicht ganz unberechtigt, erhellt er doch unsere weitere Diskussion. «Das bezweifele ich!» Wo bleibt das Fremde, Unerwartete, Überraschende? Keine Sorge, «Sie sollten sich sehr wohl ...», das alles wird uns begegnen, wenn wir versuchen, direkt und aktiv – wenn auch nur theoretisch aktiv – in der Zeit «rückwärts» zu gehen, und so eine kurze Reise zum Nullpunkt der Zeit antreten und durchführen. «... Sorgen machen.» Behalten wir erst einmal die räumliche Version im Auge und bedenken, daß wir immer die «himmlischen» Konfigurationen der Vergangenheit beobachten, denn die Lichtgeschwindigkeit ist endlich, wir sehen also «altes» Licht, wenn wir die Sterne erblicken – und mithin die Vergangenheit des Universums ...

Verzeihung, liebe Leserin und lieber Leser, ich muß meinen Textfluß unterbrechen, weil hier irgend jemand dazwischenredet ... «Nicht irgend jemand, ich bin es, Noyes, haben Sie meine Stimme etwa nicht erkannt, Sie Ignorant?» Es ist Noyes, auch das noch. «Noyes, machen Sie es kurz, die Leser warten.» – «Kurz? Das müssen Sie gerade sagen! Und überhaupt: Ich zitiere nach den neuesten Arbeiten von Steinberg und Bergstein sowie von Steinhardt und Hardtstein, erschienen, ich weiß nicht genau wann, auf jeden Fall nach ihrer langen Reise zur Lichtung, an der sich die, ich weiß nicht wer, gute Nacht sagen, ergibt es sich zwingend auch, weil es so sein muß und wie ich bewiesen habe in einer Arbeit, erschienen in was weiß ich, ich zitiere, daß die Erdoberfläche die Welt ein, denn auch Steinberg, Bergstein, Steinhardt und Hardtstein sahen nur die Bäume, Metatann großer Wald ist, genauer bedeckt, ist rein numerisch, um nur eine Zahl zu nennen, exakt, wer kann das wissen, gelichtete Waldungen, auf der anderen Seite wird die Meinung vertreten, ich zitiere, daß die Erdoberfläche bedeckt ist von Wasser, Hanstein und Steinhan, Cramer et al., wobei wiederum Seeberg und Bergsee die Auffassung bevorzugen, daß Wüsten und Steppen, auf der anderen Seite sprechen Leibowitz, Heller und Godot von Städten und Häuserschluchten, wer kann das wissen, sehen Sie sich um und Sie werden ...» Das hat mir gerade noch gefehlt. «Noyes, hören Sie ...» – «... begreifen, daß es so sein muß und nicht anders ...» – «... könnten Sie nicht später, wenn es am Platze und an der Zeit ist, weiterdenken. Wir treffen uns im dritten Kapitel. Ich hoffe, daß Sie bis dahin etwas klarer sehen.» – «... sein kann, wie Steinberg und Bergstein, ich zitiere ...» – «Noyes, Sie zitieren nicht, Sie karikieren, und hören Sie jetzt endlich auf damit!» – «Na gut, ich hoffe, Sie haben verstanden. Wir sprechen uns noch!» – «Was gibt es da zu verstehen ...» Einen Augenblick ... Ich glaube, er ist weg. Liebe Leser, ich komme wieder zum Text. Bitte verzeihen Sie die Unterbrechung.

Verdeutlichen wir uns die Situation des Kosmologen, der brav seinem Prinzip folgt. Gleicht sie nicht dem Zustand eines Waldspaziergängers, der lauter Bäume sieht und sich sagt: «Na schön, anscheinend ist die Welt ein großer Wald»? Der gute Mann könnte ja recht haben, würde er in die «irdische» Vergangenheit blicken! Aber dann hätte er sagen müssen: «Anscheinend war die Welt ein großer Wald.» Das kosmologische Prinzip, welches wir oben formuliert haben, gilt aber nur für bestimmte Zeitabschnitte oder Epochen des Universums, nicht für alle Zeiten. Es gilt die relativ unbestrittene Standardauffassung in der Kosmologie, die besagt, daß das Universum früher wesentlich anders gestaltet war als heute und sich auch künftig noch wesentlich verändern wird.

Analysieren wir das kosmologische Prinzip weiter. Was heißt «im Prinzip» oder «repräsentiert»? Ein Blick auf den nächtlichen Himmel – beispielsweise auf die Milchstraße – genügt, um festzustellen, daß die Sterne ungleichmäßig verteilt waren und es wohl noch immer sind. Mit Hilfe von Instrumenten sind wir in der Lage, uns ein genaueres Bild der Sternanhäufungen und der Galaxienfilamente zu verschaffen. Starke Inhomogenitäten sind nicht aus der Welt zu schaffen. Wie gehen die Kosmologen dieses Problem an? Sie verwenden die Methode der Grobkörnung. Das (beobachtbare) Universum erscheint homogen, wenn man einen groben oder großräumigen Maßstab anlegt. Nehmen wir uns ein Metermaß vor und verteilen die Millimeterstriche in einem Zentimeter willkürlich, so daß manche Zentimeter längere Leerstellen und andere «fette» Anhäufungen von «überlagerten» Millimeterstrichen aufweisen. Sicher müßten wir die interne Struktur der Zentimeter als extrem inhomogen charakterisieren, aber der Meter bleibt homogen, wenn wir ihn nicht feiner als zentimeterweise beschreiben. Wer tiefer blickt, ist selbst schuld. Blasen wir den Zentimeter ein paar Millionen Mal auf, haben wir in etwa eine Vorstellung von der kosmischen Größenordnung der Grobkörnung. Im Prinzip, das heißt grob betrachtet, sollte das Universum demnach homogen sein. Der nächste Schritt besteht darin, diese durch Grobkörnung erreichte Homogenität zu extrapolieren. Weiterhin bildlich gesprochen: Der Meter steht für das beobachtbare

Universum und möge für das gesamte Universum repräsentativ sein. Wir hoffen, daß wir nicht nach, sagen wir, drei oder fünf Metern auf eine stark ungleiche Verteilung der *Zentimeter im Meter* stoßen, sondern daß es bei der ungleichgewichtigen Anhäufung der Millimeter in den Zentimetern bleibt oder daß zumindest die Inhomogenität, wenn sie über die Zentimeter hinausreicht, selbst wieder auf zweiter oder dritter ... Stufe homogen verteilt ist. Auf dieser Hoffnung beruht die Kosmologie. Deswegen kann Kosmologie wirklich sein.

Aber Hoffnungen können enttäuscht werden. Manchmal drängt sich der Eindruck auf, daß die Kosmologen emsig an dem Ast sägen, auf dem sie sitzen. Müßten sie nicht alle Hoffnung fahrenlassen, wenn sie feststellen, daß das Universum großräumig äußerst inhomogen strukturiert ist? Recht genaue «Karten», die in den letzten Jahren erstellt wurden, scheinen eine solche Struktur zumindest nahezulegen. Außerdem werden Sätze formuliert, die einem Overkill gleichkommen: «Alle Anzeichen deuten auf ein unendliches Universum hin, das sich für immer ausdehnen wird.» Und ohne Zweifel ist der letzte Absatz des Artikels (*Nature* 410 [2001]), aus dem ich eben gerade zitiert habe und in dem geradezu ein wenig selbstzerstörerisch auch über großräumige Inhomogenitäten berichtet wird, durchaus berechtigt: «... unser Bild der Urknallkosmologie ist immer bizarrer geworden. Ein vereinheitlichendes Prinzip ist deutlich erforderlich, um die vielen ungleichartigen Bestandteile des Universums zu erklären, die wir bisher entdeckt haben.» Damit wird auch auf das Problem der dunklen Materie Bezug genommen, auf das wir hier nicht näher eingehen können. Und bedenken Sie folgendes: Wäre das Universum wirklich unendlich groß, würde es zu allen Zeiten unendlich groß sein, auch «in der Nähe» von t0, ja auch «genau» zu t0. Kommt Ihnen das bizarr genug vor? Wir werden uns darüber noch unterhalten müssen.

Das kosmologische Prinzip soll völlig unabhängig von der Größe des Universums gelten. Die Kosmologen können sich nicht aussuchen, wie groß das Universum ist, wenn sie auch mit ihren theoretischen Modellen eine Art Werkstatt besitzen, die man ruhig «Maßschneiderei» nennen darf – mit dem kosmologischen Prinzip als dem Hauptschnittmuster. Auch wenn das Universum als aktual unendlich groß angenommen werden müßte, betrachtete man immer nur bestimmte endliche, abgeschlossene räumliche Abschnitte. Die Kosmologen täten jedoch gut daran, ein aktual unendlich großes Universum zu verabscheuen wie der Teufel das Weihwasser. Dürfen wir also nur finite Größen in der Natur zulassen, wie es der Mathematiker David Hilbert 1925 in einem Vortrag «Über das Unendliche» forderte? Nur endliche Größen, denen freilich ideale Größen (oder «Elemente», wie Hilbert sagt) beigeordnet werden müssen, die aber «nichts bedeuten», sondern nur als Hilfsgrößen fungieren, und die das betreffende System nur «einfach und übersichtlich» machen? Ja, wie könnten wir uns das denn aussuchen?! Hilbert vertritt diesen sogenannten finitistischen Standpunkt auch für die Physik. Das unendlich Kleine verschwindet aus der Natur durch die Einführung unteilbarer Größen in der Quantentheorie, gleichzeitig muß das unendlich Große seinen Platz räumen durch die Hypothese eines endlichen, jedoch unbegrenzten Raumes in der Kosmologie, denn «alle von den Astronomen gefundenen Resultate sind auch mit der Annahme der elliptischen Welt durchaus verträglich». Was aber, wenn diese Resultate auch mit der Annahme einer hyperbolischen unendlichen Welt – also mit negativer Krümmung – «durchaus verträglich» wären? Müßte man dann nicht in der Kosmologie eine ideale unendliche Größe akzeptieren, ähnlich den idealen unendlich fernen Elementen in der Geometrie (unendlich ferner Punkt, Parallelen schneiden sich im Unendlichen) oder in der Zahlentheorie (unendlich ferne Punkte auf dem Zahlenstrahl)?

Treffen wir eine weitere Unterscheidung: Ein aktual unendlich großes Universum sollte als eine *negative* ideale Größe angesehen werden, da sie jegliche Theoriebildung verhindert. Eine *positive* ideale Größe, wie zum Beispiel das Trägheitsgesetz, zeigt Früchte: «Jeder Körper beharrt in seinem Zustande der Ruhe oder der gleichförmigen geradlinigen Bewegung, wenn er nicht durch einwirkende Kräfte gezwungen wird, seinen Zustand zu ändern» – dieser Satz, das erste Newtonsche Axiom der Mechanik, bedeutet einen sinnvollen und fruchtbaren Basisbaustein für die klassische Mechanik, obwohl er natürlich durch andere Formulierungen ersetzt werden muß und auch ersetzt wurde. Das Trägheitsgesetz ist eine *ideale* Größe, weil Gravitationskräfte nicht abgeschirmt werden können und somit ein kräftefreier Zustand eigentlich niemals wirklich vorkommt. Jeder Beobachter eines solchen Zustandes müßte versuchen, sich einerseits von ihm abzuschirmen und andererseits mit ihm in Wechselwirkung zu treten, um ihn messen zu können, was offensichtlich unmöglich ist. Aber wie gesagt: Ein solches ideales Gesetz hat empirische und theoretische Konsequenzen, die uns Informationen über Zustände der Natur liefern. Anders steht es mit der Annahme eines aktual unendlich großen Universums. Sie vernichtet von vornherein jegliche Information über die Natur beziehungsweise den Kosmos, da sie alle möglichen Zustände zuläßt und keinen einzigen auswählt. Alle möglichen Zustände sind jedoch vollkommen informationsfrei, denn wo nichts ausgeschlossen werden kann, kann man auch keine Aussagen machen.

Das kosmologische Prinzip selbst sollte als positive ideale Größe eingeordnet werden, da es uns überhaupt erst ermöglicht, Informationen über das Universum zu erhalten. Aber es erschließt und *verdeckt* gleichzeitig! Es erschließt, weil es uns überhaupt erst ein sinnvolles und gesetzmäßiges Modell des Universums liefert, es verdeckt, weil ... nun, weil es gerade doch eigentlich nicht «maßschneidert», sondern Standardware von der Stange anbieten muß, nämlich einfache und (fast) homogene Modelle. Ohne diese Modelle jedoch gelänge uns die Wissenschaft nicht. Damit hat die erschließende Funktion des kosmologischen Prinzips den Vorrang vor seiner verdeckenden. Die Brille der Modelle vereinfacht zwar stark, aber ohne Brille sehen wir nur verschwommene Flecken.

3 Warum ist eigentlich Kosmologie wirklich?

Diese Frage ist nicht einfach zu beantworten. Was wir noch besser sehen, wenn wir sie ein wenig ausführlicher formulieren: Wie ist eigentlich Kosmologie als empirische Wissenschaft wirklich? Denn als philosophische Spekulation war Kosmologie schon 2500 Jahre lang wirklich, aber dies ist keineswegs das Problem, nein, das Problem wird nach guter Physikerweise komprimiert in den ersten beiden Sätzen des schon zitierten *Nature*-Artikels vorgeführt: «Kosmologie wurde historisch eher als ein Zweig der Philosophie denn der Physik betrachtet, und zwar weil es ihr an Daten mangelte. Aber in den letzten Jahren gab es einen dramatischen Fortschritt, und die Kosmologie betritt nun eine Ära des Studiums großräumiger Strukturen und genauer Messungen.» Aber langsam. Haben wir nicht gerade gesehen, daß genau diese Fortschritte im Empirischen, welche die Kosmologie endgültig von philosophischen Spekulationen emanzipieren sollte, ebendieselbe in arge Schwierigkeiten führten? Ich denke, wir sollten die wissenschaftsphilosophischen Voraussetzungen der Kosmologie noch etwas ausführlicher unter die Lupe nehmen, bevor wir später eine Reise zum Nullpunkt der Zeit antreten, denn es wird eine Reise im Zug der Kosmologie sein.

Ich möchte einige wesentliche und fundamentale Punkte anreißen und sie auf das Problem der Zeit beziehen, nachdem wir die universale Voraussetzung der Kosmologie überhaupt, nämlich das kosmologische Prinzip, einigermaßen ausführlich besprochen haben. Ich darf mich etwas kürzer fassen.

4 Wir müssen Endophysik betreiben.

Wir befinden uns *im* Universum. Dieser Satz klingt trivial. Aber bedenken Sie folgendes: Da wir das Universum von innen beobachten müssen, gelingt es uns nicht, den Kosmos insgesamt als empirisches Objekt zu betrachten. Denn dies setzte eine Außenperspektive voraus. Alle anderen Objekte der Physik können im Prinzip von außen angesehen werden, indem wir in Wechselwirkung mit ihnen treten; sie sind in diesem Sinne offene Systeme, während das Universum «abgeschlossen» ist. Die Physik hat im wesentlichen de facto mit diesen offenen Systemen zu tun, deren Verlauf sie von außen beobachtet, was ihre Arbeitsweise und ihre Inhalte bestimmt: Physik ist Exophysik! Doch die Kosmologie muß Endophysik sein, wodurch sie in ihrer Vorgehensweise, in ihren Methoden, eingeschränkt ist. Schon aus diesem prinzipiellen Grund kann niemals das ganze Universum beobachtet werden. An dieser Stelle kommen wir an eine Wegscheide. Wenn wir diese Einschränkung ernst nehmen, scheint Kosmologie als physikalische Wissenschaft nicht möglich zu sein, sobald wir davon ausgehen, daß alle Physik Exophysik sein muß. Auch liegen viele Systeme im Universum empirisch nicht vollständig vor und müssen theoretisch ergänzt werden. (Zum Beispiel kann das Innere der Sonne nicht beobachtet werden; manchen physikalischen Systemen werden *unendlich* viele Freiheitsgrade zugeordnet etc.) Trotzdem: Diese Systeme *könnten* zumindest prinzipiell mit einem äußeren Beobachter in Wechselwirkung treten, während wir absolut nicht in der Lage sind, aus dem Universum herauszutreten.

Oder doch? Praktisch nicht, aber theoretisch schon. So sieht der andere Weg aus: Insbesondere die Quantenkosmologie beruht auf der extremen exophysikalischen Annahme, daß das Universum wie ein «Teilchen» behandelt werden kann. Die Quantenkosmologen nehmen auf der einen Seite eine theoretische Außenperspektive an, auf der anderen Seite sind sie sich darüber im klaren, daß sie den endophysikalischen Standpunkt nicht wirklich verlassen können, solange sie Physik als empirische Wissenschaft ernst nehmen. In dieser und von dieser Spannung lebt die Kosmologie, ohne daß diese Spannung aufgelöst werden kann. Eine andere Version dieses Problems lautet: Wie können Fakten (siehe unten) endophysikalisch aus reinen Möglichkeiten entstehen, das heißt, ohne Fakten exophysikalisch vorauszusetzen? Die einfachste «Lösung» besteht darin, eine bestimmte Menge von Möglichkeiten als Fakten zu interpretieren und den Rest zu ignorieren.

Das Universum als reines «Quantenereignis» befindet sich nicht in der Zeit. Ein reines Quantenereignis besteht in nichts anderem als der unteilbaren Überlagerung von Möglichkeiten. Der Weizsäckerschüler Thomas Görnitz drückt dies treffend so aus: «Zur Quantentheorie gehört eine Zeitbeschreibung, die auf den Möglichkeitscharakter der Quantenprozesse verweist, die Bohr als ‹individuelle Prozesse› bezeichnet hat. ‹Divide› meint ‹teile!›, und ‹in-dividuell› ist unteilbar. Solange nichts geteilt wird, ist noch alles möglich, und noch nichts ist tatsächlich passiert. Ein solcher ungeteilter Quantenprozess kennt daher keine ‹innere Uhr›, er findet in einem gleichsam ‹zeitlosen Zustand› statt, da kein Ereignis geschieht. Die Quantentheorie begründet damit eine Naturbeschreibung ohne einen eigentlichen Zeitablauf, denn es entstehen keine Fakten.» Diese Beschreibung bezieht sich auf den einfachsten und fundamentalsten Zustand der Zeitlosigkeit der Natur oder des Universums. Wir nehmen hier kontrafaktisch an (in der Theorie), es würde ein exophysikalischer Beobachter das

Universum betrachten können, ohne in Wechselwirkung mit ihm zu treten. Dann eben wäre das Universum zeitlos, so wie ein ungeteiltes Quantenereignis *im* Universum zeitlos ist. Der endophysikalische Beobachter jedoch wird immer Teil des Universums sein, in Wechselwirkung mit ihm stehen, es «teilen» und ihm einen Zeitablauf zuordnen. Es ist freilich noch lange nicht ausgemacht, welche Art von Zeit eigentlich gemeint ist. Wir befinden uns hier auf einer ganz fundamentalen Ebene. Also: Wird das Universum im Lichte der universalen Quantentheorie als reines globales ungeteiltes Quantenereignis beschrieben (Überlegen Sie: Was ereignet sich eigentlich?!), dann erscheint es zeitlos. Als theoretische Hilfsgröße haben wir einen exophysikalischen Beobachter eingeführt, um diese Unteilbarkeit, Globalität (Nichtlokalität) und Zeitlosigkeit überhaupt «feststellen» zu können und ihr einen Sinn abzugewinnen. Bedenken Sie bitte, daß dieser Beobachter nicht real sein kann – es sei denn, es ist Gott –, sondern nur eine ideale Größe darstellt. Ein realer Beobachter, der übrigens keine Person sein muß, sondern letztlich nur ein «Faktum», nimmt endophysikalisch betrachtet (in diesem fundamentalen Sinn) immer an der Zeitentwicklung des Universums teil. Er muß als Teil (des Universums) gesehen werden, er ist also in der Zeit und lokal. Wie können diese beiden Sichtweisen in Einklang gebracht werden? Müssen wir die exophysikalische Sichtweise in der Kosmologie vollständig aufgeben? Auf welche Weise bleibt dann die fundamentale Beschreibungsweise des Universums zeitlos? Welche theoretischen Möglichkeiten stehen uns noch zur Verfügung? Ist die Zeit vielleicht doch kosmologisch fundamental? Gibt es noch andere Weisen der Zeitlosigkeit, so daß die «Entstehung der Zeit» nicht einfach an den Übergang von der exophysikalischen zur endophysikalischen Sichtweise gekoppelt ist, sondern in dem Problem verborgen liegt, wie aus Nichtlokalität Lokalität entsteht? Eine quantentheoretische Beschreibung des Universums zeigt uns vielleicht einen Weg aus dem Universum «heraus» (siehe weiter unten) in die Tiefenstruktur der Raum-Zeit. Wäre es so vielleicht möglich, Kosmologie «exophysikalisch» zu konzipieren?

5 Das Universum liegt nur einmal vor.

Die Naturwissenschaft befaßt sich meist mit statistischen Gesamtheiten oder mit Mengen gleichartiger Objekte (Äquivalenzklassen), um naturgesetzliche Abläufe oder Invarianzen (etwas Gleichbleibendes) zu beschreiben. Anfangs- oder Randbedingungen sind zwar im Gegensatz zu diesen Gesetzen singulär, aber meist nicht das *Objekt* der Naturwissenschaft. Die Frage drängt sich auf, ob überhaupt *Natur*wissenschaft von Einmaligem möglich ist. Schließlich ist die Reproduzierbarkeit, also die erfolgreiche Wiederholbarkeit, von Experimenten an unterschiedlichen Objekten ein entscheidendes Kriterium wissenschaftlichen Arbeitens. Die Geschichte behandelt einmalige Vorgänge, erzählt und interpretiert sie, aber die Geschichtswissenschaft ist keine Naturwissenschaft; sie besitzt eine völlig andere Methodik (*Verstehen* eines letztlich geistigen Prozesses). Die Evolutionstheorie scheint ebenfalls vom Singulären zu handeln, jedoch sind ihre Objekte zumindest im Prinzip reproduzierbar, oder sie erzählt einfach eine Geschichte. Die Geologie bezieht sich auf genau ein Objekt, nämlich die Erde, trotzdem ist sie eigentlich eine Sonderdisziplin der Planetologie. Zwar scheint es so, als würde auch die Physik manchmal ein Objekt zum Gegenstand haben, wenn man zum Beispiel ein Elektron einfängt und bestimmte Werte mißt. Gegen diese Interpretation spricht, daß die «Feststellung» eines Elektrons über eine statistische Vorgehensweise durchgeführt wird – «ein» Elektron muß als «eine» Erregung eines Quantenfeldes aufgefaßt werden und kann von anderen Elektronen letztlich nicht unterschieden werden. Plausibel scheint dann folgende Alternative für die Kosmologie: Entweder wir teilen das Universum auf und betrachten (gesetzmäßige?) Verläufe von Teilabschnitten, die aber weder reproduzierbar sind noch auf andere Weise experimentell behandelt werden können (eine teilweise theoretisch gesättigte *Geschichte* der Natur beziehungsweise des Universums), oder wir unterstützen die Hypothese vom Multiversum (siehe unten). Dann bekommen wir eine statistische Gesamtheit (von Kosmen) als Danaergeschenk, denn wir haben keine sinnvoll berechenbare Statistik über die Universen in der Hand. Wir entkommen diesem Dilemma nicht, es kann nur pragmatisch gelöst werden.

Auf der fundamentalen Beschreibungsebene der Quantenkosmologie muß jedenfalls eine Gesamtheit von überlagerten Universen angenommen werden, die nicht in der Zeit ist. Eine solche Gesamtheit unterscheidet sich jedoch von «realen» Kosmen eines Multiversums, sollte sie denn existieren. Dies bitte ich im Auge zu behalten. Aber: Falls die zeitliche «Rückentwicklung» unseres Universums *durch die fundamentale Beschreibungsebene hindurch* theoretisch aus dem Universum «herausführt» ... wohin würden wir dann geführt? Könnten wir zum Beispiel auf ein anderes «Universum» treffen? Wenn aber unser (singuläres?) Universum entstanden ist (woraus?), ist dann auch das mögliche andere Universum entstanden? Oder hat es «schon immer» existiert? In welcher Zeit? Hat ein mögliches Multiversum schon immer existiert, oder ist es entstanden? Woraus? Existiert eine kosmische Zeit für unser Universum, und existieren viele kosmische Zeiten für die vielen Kosmen eines Multiversums? Oder «lebt» das Multiversum gar «in» einer «umgreifenden» Zeit?

6 Die theoretische Ergänzung des beobachtbaren Universums.

Dieses Problem haben wir im vorigen Punkt schon angeschnitten, es soll aber knapp unter einem gesonderten Aspekt behandelt werden. Das mit jetzigen Instrumenten beobachtbare Universum, die «Metagalaxis», deckt nur einen Ausschnitt des gesamten Universums ab, denn später und mit besseren Instrumenten beobachten wir entferntere und damit ältere Teile des Universums mit besserer Auflösung. Wir glauben, daß sich das Universum ausdehnt (exophysikalische Formulierung) oder daß sich ein globaler Maßstab vergrößert (der sogenannte Radius), wobei lokale Maßstäbe (die Galaxien) unverändert bleiben (endophysikalische Formulierung). Wenn wir nach draußen blicken, sehen wir gleichzeitig nach innen, haben das Auge auf den Ursprung gerichtet! Das weist auf eine (positive) Krümmung des beobachtbaren Universums hin – die «Sehstrahlen» nach außen zurück in die Vergangenheit krümmen sich, bis sie sich in einem Punkt treffen. In der Kosmologie möchten wir wissen, wie sich diese Form des Universums global – seine Gesamtstruktur betreffend – großräumig fortsetzt, über das beobachtbare Universum hinaus. Dies gelingt nur mit einer theoretischen Projektion. Die Kosmologen sprechen in diesem Fall von der topologischen Struktur des Universums, die sich von der Form des beobachtbaren Universums unterscheiden kann. Die genaue topologische Struktur des Universums kennen wir nicht. Aber ohne sie wissen wir nichts über alles, was es physikalisch *gibt* – das Universum –, sondern nur etwas über das, was wir *beobachten*. Das ist nicht das Ziel der Kosmologie. Eine theoretische Ergänzung des beobachtbaren Universums ist notwendig, aber noch fehlt uns der theoretische Rahmen, um ein Modell auszuwählen.

Das beobachtbare Universum «dehnt» sich aus, und es scheint mit dieser «Bewegung» eine Art Zeit einherzugehen, weil das «Wachsen» des Abstandes der Galaxien eine Uhr bildet. Welche globale Zeit genau gilt für das gesamte theoretisch ergänzte Universum? Die kosmische Zeit? Aber welche «Veränderung» (der Punkte?) des Raumes definiert eine Zeit? Welchen Einfluß hat die topologische Struktur des Raumes auf die Zeit?

7 Das Problem der Initialsingularität.

An der globalen Singularität, vulgo dem «Urknall», brechen die klassischen Gesetze zusammen; sie bedeutet damit bloß eine Konsequenz der klassischen Theorien, die nicht in der Lage sind, eine adäquate Beschreibung zu liefern. Die Singularität – der Urknall – liegt außerhalb der Beschreibungsmöglichkeiten der klassischen Physik. Es besteht jedoch die Hoffnung, daß die Singularität durch eine quantenmechanische Erklärung des kosmischen Anfangszustandes vermieden werden kann. Zu diesem Zweck benötigten wir eine Theorie der Quantengravitation. Alle bisherigen Vermeidungsstrategien für die Singularität erwiesen sich als vorläufig.

Entstanden an der Initialsingularität Raum und Zeit oder nur die Zeit (welche?), oder erweisen sich Raum und Zeit als grundlegend? Wie wäre ein raum- und/oder zeitloser Zustand beschaffen?

8 Die Abschirmung des Anfangszustandes.

Der Anfangszustand des Universums kann nicht beobachtet werden, da der «Urknall» durch die Hintergrundstrahlung abgeschirmt wird. Sie bildet eine Art «Vorhang», durch dessen globale Struktur und «Fältelung» wir jedoch immerhin einen indirekten Zugang zum Anfangszustand erhalten. Wir vermuten, daß die Hintergrundstrahlung nicht von einzelnen lokalen Ereignissen im Universum erzeugt worden ist, sondern das Relikt eines globalen, das ganze Universum betreffenden Ereignisses ist, sozusagen das «Echo» des Urknalls. Sie weist auf einen heißen, räumlich «engeren» Frühzustand hin, den man weiter glaubt zurückverfolgen zu können und zu dem eine Entkopplung von Materie und Strahlung stattfand. Aber nichts Genaues weiß man nicht. Nur eine starke Theorie möchte es vielleicht schaffen, hinter diesen Vorhang zu blicken. Sie haben schon erraten, wie diese ersehnte Theorie wohl heißt – Quantengravitation.

Kann der Vorhang jemals gelüftet werden? Wir vermuten, daß hinter ihm Raum und Zeit «langsam» ihren Sinn verlieren und diese Begriffe nicht mehr anwendbar sind. Was heißt das? Wenn es weder Raum noch Zeit gibt (als Endstation dieser «zunehmenden» Nichtanwendbarkeit), gibt es dann gar nichts mehr? Erscheint «irgendwann» das «Nichts» hinter diesem Vorhang? Oder existiert wenigstens eine Art Raum? Eine Struktur? Denn völlige Strukturlosigkeit wäre doch wohl dem «Nichts» gleichzusetzen. Hinter dem Vorhang: Wie geht dem «zeitlichen Zurückdrehen» (in der Theorie) die Zeit aus? Andersherum: Wie «entstand» die Zeit aus dem Zeitlosen? Hinter dem Vorhang liegt die Grenze, an der sich empirische Naturwissenschaft von philosophischer Spekulation trennt. Wo genau? Wie weit kämen wir mit einer Quantengravitationstheorie?

9 Die Übertragung von lokalen Gesetzen, Randbedingungen und Modellen auf das Universum als Ganzes.

Physik wird lokal im Universum betrieben. Die Kosmologie muß sich jedoch «entlokalisieren», um etwas Sinnvolles und Wesentliches über ihren eigentlichen Gegenstandsbereich, nämlich über das theoretisch ergänzte Universum, aussagen zu können. Dabei handelt es sich um einen extrem nichttrivialen Vorgang, der keineswegs völlig verstanden ist. Beispiel: Welche theoretische Berechtigung gibt es, die Entstehung des *Universums* als das quantenmechanische «Tunneln» eines «Teilchens» (des «Universums»!) vom «Nichts» in einen definierten Energiezustand zu beschreiben? Üblicherweise tunneln Teilchen durch Barrieren, die innerhalb des Universums errichtet sind, und daran sind die physikalischen Theorien auch ausgerichtet. Physikalische Theorien erklären Vorgänge im Universum, nicht das Universum. Wenn wir es dabei belassen, sollten wir nach Hause gehen und das Spiel allein den Philosophen oder gar den Theologen überlassen. Aber die Physiker denken nicht daran. Sie nehmen, was sie haben, extrapolieren so weit wie möglich und sehen, wie weit sie kommen. Das hat bisher recht gut geklappt. Und wenn es doch nicht weitergeht? Ceterum censeo ... Quantengravitation!

Wäre eine mit einer Quantengravitationstheorie unterfütterte Quantenkosmologie eine von vornherein «entlokalisierte» Theorie im oben angedeuteten Sinn und würde damit ein neues *Prinzip* konzipiert sein, in dem der Zeitbegriff eine zentrale Rolle spielte? Oder bleibt die Besonderheit der Kosmologie als «fragwürdige» Naturwissenschaft bestehen? Eine kosmische Zeit gilt letztlich für das gesamte Universum, dessen topologische – vielleicht unendliche oder inhomogene – Struktur wir nicht kennen. Der Zeitbegriff muß tiefer «gelegt» und enger an die mögliche topologische Struktur geknüpft werden.

10 Das Universum als Geltungsbereich zweier unvereinbarer Theorien: Allgemeine Relativitätstheorie und Quantentheorie.

Dazu hatten wir im ersten Kapitel schon einiges dargelegt. Wir treffen auf ein fundamentales Problem. Sowohl die Quantentheorie als auch die allgemeine Relativitätstheorie beziehen sich auf das Universum als ihren jeweiligen universalen Geltungsbereich. Die Quantentheorie gilt keineswegs nur für «kleine» Objekte, sondern für das Universum als Ganzes. Beide – unvereinbaren – Theorien haben jedoch zudem Probleme, *für sich* diesen Gültigkeitsanspruch einzulösen. *Beide* Theorien sagen wenig bis nichts über die Topologie des Universums und über den Anfangszustand aus. Wiederum: Eine Quantengravitationstheorie muß zur Lösung des Problems erstellt werden.

Mit der Unvereinbarkeit der Zeitbegriffe der allgemeinen Relativitätstheorie und der Quantentheorie haben wir uns im ersten Kapitel befaßt. Vielleicht erweist sich dieses Problem als fruchtbarer Ausgangspunkt bei der Erstellung einer Quantengravitationstheorie.

11 Der Begriff des «Faktums» im reinen Quantenzustand.

Eine Tatsache besteht in einem «geronnenen» vergangenen Vorgang; sie kann nicht mehr rückgängig gemacht werden (factum: das Geschehene, Gemachte; Tatsache: gebildet nach «matter of fact», gebildet nach «res facti»). Ein reiner Quantenzustand aber besteht aus «überlagerten» Möglichkeiten, die keineswegs «eingefroren» oder «geronnen» sind. Aus der Perspektive der Quantentheorie betrachtet, existieren keine Tatsachen im eben charakterisierten Sinn. Wenn aber empirische Wissenschaft auf Tatsachen beruht, dann kann ein rein quantenkosmologischer Zustand keinen Bestand haben, sollte denn (berechtigterweise) die Kosmologie (siehe den letzten Punkt: die Quantenkosmologie) eine empirische Wissenschaft sein. Das Problem wird manchmal auch so ausgedrückt: Der Anfangszustand des Universums muß als reiner Quantenzustand angesehen werden, in dem keine Fakten vorkommen. Also ist dieser Zustand wissenschaftlich unzugänglich. Fakten setzen einen klassischen Zustand voraus. Ein Ausweg liegt darin, «theoretische» Fakten im Unterschied zu «beobachtbaren» Fakten zu akzeptieren. Eine beobachtbare Tatsache wäre zum Beispiel die Verteilung der Galaxien, eine theoretische Tatsache der sogenannte Urknall.

Der reine Quantenzustand ist zeitlos, ein Faktum ist in der Zeit. Wie steht es um das Verhältnis von theoretischem Faktum und Zeit?

12 Unklarheit der Gültigkeit der Thermodynamik.
Die Anwendung zentraler Begriffe der Thermodynamik wie «Energie» oder «Entropie» auf das Universum erweist sich als prekär. Darf das Universum beispielsweise als abgeschlossenes System konzipiert werden, das keinen Energie- und Informationsaustausch mit einer doch zumindest als möglich angesehenen Umgebung durchführt? Außerdem gerät man in einen begrifflichen Sumpf bei dem Versuch, eine Thermodynamik der Gravitation zu erstellen. Um nur eine Schwierigkeit zu nennen: Im Gegensatz zur «Standardthermodynamik» muß für gravitierende Körper der Zustand höchster Entropie (ungefähr = Unordnung) einer «Verklumpung» (statt einer «Zerstreuung» wie in der üblichen Thermodynamik/Gastheorie) zugewiesen werden.

Mit der «Ausdehnung» des Universums entsteht lokal Ordnung. Wie ist die Richtung der Zeit an diese Prozesse geknüpft?

Wie verhalten sich lokale Zeiten zu einer möglichen globalen Zeit des Universums? Liefe die Zeit in einem kollabierenden Universum rückwärts?

Ein thermodynamischer Ansatz erweist sich vor diesem Hintergrund nicht als wirklich geeigneter Kandidat für die Grundstruktur einer Quantengravitationstheorie.

13 Die großräumige Zusammenhangsstruktur des Universums.

Sollte das Universum unzusammenhängend sein, wären wir berechtigt, von einem «Multiversum» zu sprechen – das Universum spaltete sich in mehrere (wie viele?) «Universen» auf und soll dann «Multiversum» heißen. (Aus terminologischen Gründen wäre es in diesem Fall besser, den Begriff «Universum» überhaupt nicht mehr zu verwenden.) Aber wie könnten wir das feststellen? In welchen *physikalischen* Relationen stehen die Kosmen des Multiversums zueinander? Die Quantenkosmologie vermutet zwar, daß es im «reinen Quantenzustand» viele überlagerte mögliche Universen gibt, aber dies wird eher als ein zu überwindender Zustand im Modell angesehen denn als ein «echtes» Multiversum.

In welchen *zeitlichen* Relationen stünden die Kosmen des Multiversums zueinander?

14 Die kosmische Zeit.

Jetzt verharren wir leicht verwirrt in einem dunklen Begriffsdickicht. Nur in stark vereinfachten Modellen erhalten wir eine kosmische Zeit, die wir aber benötigen, um Theorien über die Entstehung des Universums aufzustellen, das heißt, uns in der Theorie dem Punkt Null der kosmischen Zeit zu nähern. Damit eine kosmische Zeit unterstellt werden kann, muß das Universum homogen strukturiert sein und sich gleichmäßig «ausdehnen». Welche Art von «Bewegung» aber mag «Ausdehnung» meinen? Die Physiker einigen sich auf die Formulierung «Der Raum dehnt sich aus», was eine vereinfachte Version des Satzes «Der Skalenfaktor des Universums wird größer» ist. Die gastronomische Metapher dieses Gedankens lautet: «Das Universum dehnt sich aus, wie ein Rosinenkuchen im Backofen aufgeht, wobei die Rosinen, deren Größe unverändert bleibt, die Galaxien symbolisieren.» Also: Der Abstand zwischen den Galaxien verändert sich gleichmäßig, während der interne Abstand der Teile der Galaxien gleichbleibt. Unklar bleibt dabei, welche «Bewegung» die Galaxien eigentlich ausführen (und damit der «Raum», der sie ja «mitführt»). Keine? Denn sie unterliegen weder einer Relativbewegung (die *auch* vorkommt, aber hier nicht gemeint ist) zueinander, noch bewegen sie sich absolut, also im absoluten Raum, weil es ihn nicht gibt und sich die Galaxien zudem nicht *im* Raum (welchem auch immer) bewegen, sondern *mit* ihm. In welchem Sinn kann sich der «Raum» bewegen? In welchem Sinn dürfen wir Punkte in diesem Raum identifizieren, an denen wir eine Bewegung «festmachen» können? Sind diese Punkte nicht ununterscheidbar?

Sollte der Begriff «Ausdehnung des Universums» fallengelassen werden, weil er eine in der Physik undefinierte Bewegungsart unterstellt? Aber wie steht es um den Zusammenhang zwischen der Ausdehnung des Universums als *Bewegung* und der kosmischen *Zeit*? Und garantiert uns eine solche kosmische Zeit nicht die Einheit des Universums? Wenn es denn ein Universum gibt und nicht ein Multiversum. Der (selbsterzeugte?) Schlamassel ist noch größer, was sich an folgender Frage zeigt, die wir oben schon aufgeworfen haben: In welchen zeitlichen Relationen zueinander befänden sich die Kosmen eines Multiversums?

Und selbst wenn es uns gelänge, eine kosmische Zeit zu definieren, wäre noch das Problem zu lösen, in welchem Zusammenhang diese Zeit mit Uhren stünde, mit denen wir diese Zeit zu messen versuchten. Vielleicht müssen wir akzeptieren, daß die kosmische Zeit eine rein theoretische Größe ist, die gar nicht gemessen werden kann. Eine Uhr freilich sollte schon ein empirisches Objekt sein, weil sie sonst völlig nutzlos ist. Was aber bedeutet «Empirie» bezogen auf Theorien? Sollte sich herausstellen, daß die Antwort auf diese Frage nicht wie aus der Pistole geschossen kommen kann? Das sehen wir gleich.

15 Das Universum als einheitliches Objekt.

Besteht das vornehmste Ziel der Kosmologie nicht in der Erklärung der Entstehung und der Zusammenhangsstruktur des Universums als einheitliches Objekt? Zerrinnt dieses Objekt nicht unter unseren Fingern? Scheint es doch räumlich und zeitlich auseinandergerissen.

16 Prinzipienphysik, universelle Theorien und empirischer Gehalt.

Die Einheit des Universums suchen wir in seinem Ursprung. Unser Wissen über das Universum scheint dürftig. Im wesentlichen steht und fällt es mit zweifelhaften, aber extrem starken theoretischen Voraussetzungen, ohne die Kosmologie überhaupt nicht möglich wäre – höchstens lokale Astrophysik. Wir haben sie diskutiert. Die wichtigen Dinge sind uns nicht bekannt: wie das Universum entstand und aus welchem «Zustand» es emergierte, welche genaue großräumige und topologische Form es besitzt, aus welcher Materie/Energie es insgesamt besteht, auf welche präzise Weise sich Strukturen in ihm organisierten, wie sein «Schicksal» aussieht, ob es singulär vorkommt oder als Teil eines «Ensembles» existiert ... Gewisse empirische Informationen werden wir vielleicht niemals aufnehmen können, weil sie uns prinzipiell unzugänglich sind. Was tun? Als Naturwissenschaftler gibt man nicht auf und läuft nicht auf die Seite der Skeptiker über (das dürfen sich nur die Philosophen erlauben, denn die haben weniger zu verlieren), sondern baut emsig das wenige aus, das man hat. Vereinzelte basteln an einer fundamentalen Theorie, von deren Prinzipien her – so hoffen sie – alles in neuem Lichte erscheinen möge. Eine neue Theorie soll als eine «Denksonde» dienen und arkane, also verborgene, geheime Bereiche erhellen. Wenn wir beispielsweise wüßten, wie die Tiefenstruktur von Raum und Zeit beschaffen ist, dann wären wir in der Lage, gut gedeckte Vermutungen über den Ursprung des Universums anzustellen.

Aber wir sollten uns keine Illusionen machen: Die Grenze empirischer Wissenschaft, ja die Grenze der Begriffsbildung überhaupt ist erreicht, weil wir die Grenzen von Raum, Zeit und «Dingen», die in Raum und Zeit wechselwirken, überschreiten. Eine neue fundamentale Theorie soll uns aber neues *Prinzipienwissen* liefern, das uns diesen «jenseitigen» nichtempirischen Bereich erschließt. Wie wird dieses Wissen gestaltet sein? Schon heute spielt die innere Kohärenz, der innere Zusammenhang der vorgeschlagenen fundamentalen Theorien die entscheidende Rolle (etwa in der Stringtheorie), und keineswegs der (kaum vorhandene) empirische Gehalt. Dieser Umstand wird meist als ein Defekt angesehen, der so schnell wie möglich behoben werden sollte. Das stimmt insofern, als innere Kohärenz allein (und Anschlußfähigkeit an schon vorhandene empirisch gesättigte Theorien – denn auch Wahnsysteme oder mathematische Theorien können *bloß* kohärent sein) nicht ausreicht. Hinzu kommen muß ein neues

Prinzip im Sinne einer Prinzipienphysik. Das läßt sich am besten durch einige Beispiele klarmachen. Die Relativitätstheorien und die Quantentheorie basieren auf Prinzipien, aus denen (mit einigen Zusatzannahmen, die hier keine Rolle spielen) der wesentliche Gehalt dieser Theorien folgt. (Das kosmologische Prinzip nimmt eine Sonderstellung als eine bloße *Voraussetzung* der Theorienbildung ein und sollte richtiger «universale kosmologische Hypothese» heißen.) Das Prinzip der speziellen Relativitätstheorie besteht in den Behauptungen: «Die Lichtgeschwindigkeit ist endlich, und die Naturgesetze gelten in allen Trägheitssystemen» (ein Prinzip kann eine Menge von Sätzen sein), das Prinzip der allgemeinen Relativitätstheorie lautet: «Schwere und träge Masse sind identisch», und das Prinzip der Quantentheorie mag (Sie bemerken eine gewisse Unsicherheit) der Welle-/Teilchendualismus sein, der allgemeiner als die Unbestimmtheitsrelation (auch: «Heisenbergsches Unbestimmtheitsprinzip» genannt) formuliert ist. Wohlgemerkt, es geht nicht um die Grundgleichungen der betreffenden Theorien, sondern um den wesentlichen begrifflichen Gehalt, der die neue fundamentale Kernaussage der Theorie beinhaltet und sie scharf von anderen Theorien abgrenzt. Die «Welt» wird dann im Lichte dieses Prinzips neu gesehen und interpretiert; die Grundgleichungen geben «nur» an, wie die «neue Welt» berechnet werden kann. Das Grundgesetz einer Theorie steht in der Mitte zwischen dem Prinzip und den Grundgleichungen; oft kann es von den Grundgleichungen nicht genau unterschieden werden. Als Grundgleichung der Quantenmechanik kann man sicher die Schrödingergleichung ansehen, während das Grundgesetz dieser universellen Theorie der Natur in der Unbestimmtheitsrelation besteht. Prinzipien besitzen einen sehr allgemeinen Charakter, wie etwa das Prinzip der Ununterscheidbarkeit von Elementarteilchen: Elektronen sind beispielsweise keine individuellen Teilchen, sie können nicht markiert und damit voneinander unterschieden werden. Prinzipien haben somit einen starken philosophischen Gehalt. Eine Stufe höher als der Welle-/Teilchendualismus, den wir als das Prinzip der Quantentheorie identifiziert haben, steht das Bohrsche Komplementaritätsprinzip, das für eine ganze Klasse von Theorien mit ganz verschiedenen Gegenstandsbereichen gelten soll. Das Prinzip der Ununterscheidbarkeit hat schon Gottfried Wilhelm Leibniz formuliert. Es kann als der philosophische Gehalt des physikalischen Prinzips der Ununterscheidbarkeit von Fermionen expliziert werden, das «Pauli-Prinzip» genannt wird. (Frank Linhard hat versucht zu zeigen, daß das Pauli-Prinzip «formal eine indirekte Folge der [Leibnizschen] Ununterscheidbarkeit» ist.) Oft scheint es schwierig, allgemeine von spezielleren Prinzipien zu sondern.

Aber wir stehen nach Linhard vor einem Problem. «Nämlich, daß ein philosophisches Prinzip für die Physik generell *belanglos* sein muß, weil es viel zu allgemein ist.» Ein fundamentales Prinzip muß also physikalisch «gesättigt» sein. Ich bemerkte eben, daß uns eine neue fundamentale Theorie mit neuem Prinzipienwissen versehen wird. Nun besitzen wir diese Theorie noch nicht, aber alle bisherigen Versuche, eine solche Theorie aufzustellen, bewegen sich auf einer sehr hohen philosophischen Allgemeinheitsstufe. Was diesen Vorschlägen fehlt, ist ein Prinzip. Wir könnten den auf den ersten Blick etwas merkwürdigen Satz aufstellen, daß alle diese vorläufigen Theorien als Prinzipienphysik ohne Prinzip charakterisiert werden müßten, wenn man denn nicht das sogenannte holographische Prinzip als einen akzeptablen Vorschlag betrachtet. Vereinfacht gesprochen besagt dieses Prinzip der Informationskompression und Dimensionsreduktion, daß jede Information über den Inhalt eines Raumes auf seinem Rand angesiedelt ist. Beispiel: Alles, was in einem Zimmer geschieht, kann an den Wänden abgelesen werden. Manchmal wird die Meinung geäußert, dieses holographische Prinzip sei das Prinzip einer noch nicht erarbeiteten fundamentalen Theorie, die sich deswegen wesentlich auf den Begriff der Information beziehen muß.

Wir stoßen hier auf den Kern eines ungelösten Problems. Universelle Theorien, meist durch ein Prinzip fundiert, gelten für eine Klasse von Welten oder Universen «und nicht nur in der üblichen Weise für eine Klasse von Phänomenen unserer Welt». Die Allgemeinheit eines solchen Prinzips und des damit verbundenen Theoriendesiderats sowie aller bisherigen Versuche hat zur Folge, daß diesen physikalischen Überlegungen der empirische Gehalt fehlt, da «eine solchermaßen aufgefaßte Prinzipienphysik leicht zu Aussagen führt, die mit unseren derzeitigen Mitteln nicht testbar – d. h. experimentell überprüfbar – sind. Solche Aussagen – wie sie beispielsweise in der Superstringtheorie oder einigen kosmologischen Theorien auftreten – sind im strengen Sinne einer ‹hart›-empiristischen Physik *unphysikalisch*.» Auf der einen Seite bestehen wir darauf, daß eine fundamentale Theorie eine naturwissenschaftliche, im engeren Sinne physikalische, Theorie sein soll und nicht bloße mathematische Metaphysik oder bloße Prinzipienphysik. Sie möge gefälligst etwas über die Natur oder «unser» Universum aussagen. Solche Aussagen hängen «irgendwie» mit der Erfahrung von der Natur zusammen und erzwingen, daß eine Theorie einen empirischen Gehalt zu besitzen hat. Auf der anderen Seite führen alle Wege zu einer fundamentalen Theorie auf die eben skizzierte Weise zu einem Verlust der Empirie oder der experimentellen Überprüfbarkeit.

Beispiel Kosmologie: Das beobachtbare Universum zeigt sich als eine empirische Größe – der Astrophysik kann ein empirischer Gehalt zugesprochen werden. Aber das lokal beobachtbare Universum muß theoretisch global ergänzt werden, damit wir eine Theorie über das gesamte Universum erstellen können, die Kosmologie. Ihr «metaphysischer» Gegenstandsbereich besteht nun nicht nur in einem nichtempirisch ergänzten Universum, sondern – zumindest im Falle einer Quantenkosmologie – in vielen Kosmen eines Multiversums, wenn wir darauf bestehen, daß der eigentliche Gegenstandsbereich einer physikalischen Theorie immer eine Äquivalenzklasse sein sollte. Die Empirie ist vollkommen verschwunden, aber die Theorie angemessen grundlegend konzipiert.

Aber haben wir nicht den Fehler begangen, den Ausdruck «eine Klasse von Welten oder Universen» zu wörtlich zu nehmen? Schließlich handelt es sich doch nur um theoretisch *mögliche Welten* und nicht um *wirkliche Universen*. Dieser Einwand scheint nicht ganz unberechtigt, greift aber zu kurz, weil schon ein einziges Universum empirisch nicht erfaßbar ist. Nein, es geht um den Begriff des «Empirischen» überhaupt.

17 Der Verlust der Empirie. Ein Ergebnis der

modernen Debatte in der Wissenschaftsphilosophie über die Struktur von Theorien, ausgehend vom Wiener Kreis über Karl Popper, Imre Lakatos, Thomas Kuhn, Paul Feyerabend und Willard van Orman Quine (um nur die bekanntesten Namen zu nennen, zu erwähnen wäre noch der Sprachphilosoph Donald Davidson), kann in einem Satz zusammengefaßt werden: *Die Wissenschaft hat keine empirische Basis.* Der Empirismus ist ein Holzweg. Theorien sind ganzheitliche Gebilde, die weder auf eine empirische Basis zurückgeführt werden können noch falsifizierbar sind, in denen keine klare Unterscheidung zwischen rein logisch-mathematischen und erfahrungsgesättigten Sätzen getroffen werden kann, es sind Gebilde, die nicht mit der «Wirklichkeit» übereinstimmen und die keinen positiven Informationsfluß von der Realität aufnehmen. Wir können hier nur ein Argument andeuten.

Der Satz «Alle Schwäne sind weiß» wird durch den Basissatz

«Es gibt einen schwarzen Schwan» falsifiziert. Aber bei dem Satz «Alle Schwäne sind weiß» handelt es sich nicht um eine wissenschaftliche Theorie, nicht einmal um die Minimalversion einer solchen. Wir setzen voraus, abgesehen von der schlichten Einfachheit des (einen) Satzes, daß «Schwäne» so einfach zu beobachten und zu identifizieren sind wie ein paar Eier im Kühlschrank, daß «weiß» ein simpel anzuwendendes Prädikat ist, daß wirklich «alle» Schwäne gemeint sind und daß keinerlei statistische Aussagen in die «Theorie» eingehen ... Bereits die Aussage (Theorie?) «Alle Elektronen haben eine Elementarladung» würden wir ein wenig kritischer betrachten, insbesondere da man Elektronen nicht wie Eier behandeln kann. Also mit einem Wort: Für die «Theorie» (wie für den Basissatz) gilt, daß alle verwendeten Begriffe theoretische sind. Was ist ein Schwan? Das sagt uns die Biologie, nicht ein «Blick in den Kühlschrank». Basissätze können verworfen werden. Zudem ist eine wirkliche Theorie so komplex, daß wir immer in der Lage sind, sie so umzubilden, daß sie gegen Basissätze, die die Theorie widerlegen, immun wird. Nun war das alles im wesentlichen auch schon Popper bekannt, der die Forderung der Falsifikation aufstellte: Theorien werden niemals in irgendeiner Weise positiv bestätigt, sondern sollten nur durch Basissätze, die Theorien widersprechen, verworfen werden können. Hier setzte eine Debatte ein, die noch nicht abgeschlossen ist. Einige an der Debatte beteiligte Philosophen habe ich oben genannt, einige weitere negative Resultate der Debatte ebenfalls.

Eine absolute Unterscheidung zwischen empirischen und theoretischen Sätzen kann nicht getroffen werden. Im Grunde genommen sind alle Sätze einer Theorie «theoretisch». (Reine Beobachtungen kommen nicht vor oder sind für eine Theorie irrelevant.) Genauer: Es gibt nur mehr oder weniger theoretische Sätze, je nachdem, zu welcher Theorie man sie in Bezug setzt. Für eine Theorie mag ein Begriff theoretisch sein, für eine andere im Extremfall nichttheoretisch. Wohlgemerkt «nichttheoretisch», aber noch nicht unbedingt «beobachtungsgetränkt»! Zwei Dichotomien spielen eine Rolle: beobachtbar – nichtbeobachtbar und theoretisch – nichttheoretisch. Beide Dichotomien müssen immer wesentlich auf eine Theorie bezogen werden, dürfen aber nicht durcheinandergeworfen werden. Personen oder Subjekte (unter Umständen auch Maschinen oder Organismen im allgemeinen) *beobachten* etwas im Lichte einer Theorie; wir haben also im ersten Fall einen erkenntnistheoretischen Begriff vor uns, während die Dichotomie «theoretisch – nichttheoretisch» eine semantisch-wissenschaftstheoretische ist. Subjekte kommen in ihr nicht wesentlich vor. Die «Reichweite und Sprache der (Natur-)Wissenschaft» – so lautet der Titel eines Aufsatzes des amerikanischen Philosophen und Logikers Quine – kann überhaupt nicht ausgemessen und ermessen werden, wenn man vom auf sich reflektierenden und wahrnehmenden Subjekt wie René Descartes oder – naturalistisch wie Quine – vom Organismus ausgeht: «Ich bin ein stoffliches Objekt in einer stofflichen Welt. Einige der Kräfte dieser stofflichen Welt nehmen Einfluß auf meine körperliche Oberfläche. Lichtstrahlen treffen auf meine Retina. Moleküle bombardieren meine Trommelfelle und Fingerspitzen. Ich schlage zurück, indem ich konzentrische Luftwellen aussende. Diese Wellen nehmen die Form eines flutartigen Diskurses über Tische, Leute, Moleküle, Lichtstrahlen, Retinas, Luftwellen, Primzahlen, unendliche Klassen, Freude und Leid, Gutes und Böses an.» Und auch über das Universum und seine Tiefenstruktur. Aber wie kommt man von mir als stofflichem Objekt (!) zur, sagen wir, Stringtheorie? Niemals. Was Quine eigentlich sagen will, besteht darin, daß wir wesentlich theorienproduzierende Wesen sind, die aus kargen Informationen unfaßbar weitreichende Schlüsse ziehen, welche durch diese Informationen nicht gedeckt sind. Was er zudem sagen will, ist dies: Wir haben keine von den Wissenschaften unabhängige, sichere Erkenntnisbasis, sondern müssen schon immer in und mit Theorien denken und erkennen. Im Gegensatz zu Descartes, der eine sichere, unbezweifelbare Erkenntnis suchte, welche die Wissenschaften erst begründen sollte, meint Quine, daß wir aus dem Zirkelschluß der theoretischen Erkenntnisse, die einander voraussetzen, nicht ausbrechen können. Trotzdem muß er scheitern, ähnlich wie Descartes, der von der unzweifelhaften Erkenntnis, daß er sei und Vorstellungen habe, letztlich nicht sicher weiterdenken konnte, dieses Wissen nicht unzweifelhaft überschreiten konnte. Der Ausgang vom Objekt (nicht Subjekt wie bei Descartes), das mit seiner Welt in Wechselwirkung tritt, führt nicht zum Gehalt von weitreichenden Theorien über die Welt und ihre Tiefenstruktur. Um zu verstehen, wie weit Theorien reichen, müssen wir erst einmal von den Produzenten dieser Theorien abstrahieren, weil sie nicht wesentlich in den Gehalt dieser Theorien eingehen. Später dann können wir diese «Produzenten» wieder berücksichtigen. Anders ausgedrückt: Die erkenntnistheoretische Reflexion, mag sie auch noch so nüchtern, naturalistisch und nichtfundamental ausgeführt werden, erreicht nicht den weiten Raum und das Ausmaß eines wissenschaftstheoretischen Zugangs zum theoretischen Wissen. Weder das beobachtende und denkende Subjekt noch das wechselwirkende Objekt bilden eine sinnvolle Ausgangsbasis, um den Umfang und die Grenzen weitreichender Theorien zu erfassen. Wir sind winzige Wesen, und nur mittels unserer Theorien transzendieren wir uns.

Wenn wir nun «nichttheoretisch» als «empirisch» interpretieren, dann muß Empirie immer auf (mindestens zwei) *Theorien* bezogen sein (und nicht wesentlich auf Subjekte oder Organismen). Empirie ist nichts Absolutes, sondern wesentlich theorienrelativ und hat nichts mit Beobachtung zu tun. Der Münchner Philosoph und Wissenschaftstheoretiker Wolfgang Stegmüller formuliert dies folgendermaßen: «Eine Größe ist [...] genau dann theoretisch relativ auf eine Theorie T, wenn die Ermittlung ihrer Werte nur unter der Verwendung von Gesetzen dieser Theorie möglich ist, insbesondere nur unter Heranziehung des Grundgesetzes dieser Theorie. [So] sind in der newtonschen Theorie N [...] die beiden Größen *Kraft* und *Masse* N-theoretisch, während die Zeit und die Ortsfunktion N-nichttheoretische Größen darstellen.» In einer anderen (einfacheren?) Theorie, zum Beispiel einer Meßtheorie M, können freilich Ort und Zeit M-theoretische Größen sein. Natürlich tritt an dieser Stelle das Problem auf, wie man denn eine Theorie überprüfen kann, wenn für die Bestimmung ihrer theoretischen Größen diese Theorie selbst vorausgesetzt werden muß. Es liegen verschiedene Lösungsvorschläge vor, die alle ihren Preis haben. Im Grunde ist eine Theorie separiert genommen überhaupt nicht überprüfbar. Man scheint mindestens eine andere (höherstufige) Theorie zu benötigen, deren nichttheoretische Terme, das heißt Begriffe, mit den theoretischen der zu überprüfenden zusammenfallen. Aber dann stehen wir bezüglich dieser höherstufigen Theorie vor derselben Schwierigkeit. Es ergibt auch keinen Sinn, «tiefer» zu steigen und sozusagen eine letzte Meßtheorie zu suchen. Alle diese und andere Auswege fallen in einen nichtakzeptablen Empirismus zurück. Wir werden uns damit abzufinden haben, daß es keine empirische Basis der Wissenschaft gibt – wir verbleiben im Netz der Theorien. Nennen wir diese Position ruhig «Theorienidealismus». Trotzdem – «draußen» wirkt noch etwas, über das keine Theorie verfügt, eine Kontingenz, die schwer zu fassen ist. Siehe weiter unten.

Zudem scheint es nicht sehr sinnvoll, Theorien mit der «Realität» zu vergleichen. Welcher Realität? Wie soll diese denn ohne Theorien erfaßt werden? Was soll denn unter einer «Übereinstimmung» von Theorie(n) und Realität verstanden werden? Sollten wir außerhalb aller Theorien treten? Dann gelangen wir höchstens in die Lebenswelt, die nun gar nichts mehr mit wissenschaftlichen

Theorien zu tun hat und auch nicht mit ihnen «übereinstimmen» oder «nicht übereinstimmen» kann. Davon abgesehen: Es existiert keine Strukturähnlichkeit von Theorie und Realität. Die «Realität» macht keine Theorie wahr als Resultat einer Korrespondenz von Theorie und Realität, außer in dem völlig trivialen Sinn, daß da irgendetwas Unspezifiziertes ist, mit dem eine Theorie «übereinstimmen» könnte.

Man versuchte nun, weitere rationale Kriterien aufzustellen, wann eine Theorie beizubehalten oder zu verwerfen sei. Auch an dieser Stelle traten unlösbare Probleme auf. Ist aber damit der Willkür Tür und Tor geöffnet? Was gibt es Positives zu berichten?

Kurz gesagt: Wir sollten uns folgendes Bild vor Augen halten, das ich in dieser Klarheit das erste Mal in einem Aufsatz meines Kollegen Dan Kurth gesehen habe. Wissenschaftliche Theorien sind wie Organismen, die an der Struktur der Umwelt scheitern können (wobei auch andere Organismen zur Umwelt gehören). Aber ein Organismus bildet die Umwelt nicht ab, wie zum Beispiel die evolutionäre Erkenntnistheorie behauptete, die von Konrad Lorenz begründet wurde. Organismen sind zwar angepaßt, jedoch darf man «Anpassung» nicht mit «Passung» im Sinne einer «Angleichungs- oder Abbildungsrelation» verwechseln. Eine Flosse bildet nicht das Meer ab und ein Huf nicht die Steppe. Das ist Unsinn. Natürlich findet irgendeine *kausale* Wechselwirkung zwischen Umwelt und Organismus statt, aber es fließt keineswegs Information als «Einprägung» von der Umwelt in den Organismus. Die Umwelt hat eine rein *negative* Funktion: sie selektiert. Manche Organismen pflanzen sich fort, weil die Struktur der Umwelt für sie förderlich ist, andere sterben aus. Das ist alles. Und so steht es auch mit Theorien (in diesem Bild). Die Umwelt spielt die Rolle der, sagen wir es auf englisch, *evidence*, der Beweiskraft. Evidence selektiert Theorien. Wie das genau geschieht, ist noch keineswegs völlig geklärt. Ich möchte hier nur den rein *negativen* Charakter der evidence noch einmal betonen und allgemeiner formulieren. Die Empirie, die Wirklichkeit, die Erfahrung, die Tatsachen – wie wir es auch immer nennen möchten – gehen niemals *positiv* in eine Theorie ein, so als könnte sie aus der Realität ihre empirische Kraft «saugen». Taufen wir diese negative Instanz einfach einmal «nevidence». Sie besteht in der Kontingenz da «draußen», außerhalb einer Theorie. Sie kann eine andere Theorie sein, an die ich die erstere «anpassen» oder «andocken» muß, eine experimentelle Anordnung (ebenfalls «theoriengetränkt») oder eine «Beobachtung» (im Lichte einer wiederum anderen Theorie). Nevidence ist das, was nicht auf irgendeine Weise erzwungen oder hingebogen werden kann. Es widerfährt einer Theorie, so wie mir als Person Ereignisse widerfahren, die ich nicht im Griff habe. Hier ein schöner Satz des Wissenschaftsphilosophen Alan F. Chalmers, der sich auf eine experimentelle Anordnung bezieht: «Ist die experimentelle Apparatur einmal aufgestellt, der Stromkreis aufgebaut, der Schalter geschlossen – dann wird ein Signal auf dem Bildschirm erscheinen oder nicht, wird ein Strahl abgelenkt oder nicht, wird die Anzeige des Amperemeters ansteigen oder nicht. Wir können es nicht erzwingen, dass die Ergebnisse den Theorien entsprechen.» Natürlich sind wir fähig, ein wenig herumzubasteln und ein bißchen hinzubiegen (abgesehen davon, daß wir Ergebnisse *interpretieren* und die Mechanik von Apparaten *verstehen* müssen), aber in letzter Instanz geschieht etwas Unverfügbares, Kontingentes, das wir nicht mehr hinzubiegen oder umzubasteln in der Lage sind. Aber dies ist nichts Empirisches, das positiv in unsere Theorien einfließt, mit denen wir relativ frei schalten und walten können. Die empirische Basis in diesem Sinne existiert nicht.

Allerdings nehmen Physiker an, daß sich wissenschaftliche Theorien dann falsifizieren lassen, wenn ihre Vorhersagen nicht mit Messungen übereinstimmen. Die Quantentheorie war den Physikern beispielsweise ein Dorn im Auge wegen ihres grundlegenden statistischen Charakters und der damit einhergehenden Nichtvorhersagbarkeit des Verhaltens von Einzelprozessen. Das waren die Physiker nicht gewohnt, das hat ihnen überhaupt nicht gefallen. Wir erinnern uns an Albert Einstein und seinen Ausspruch hierzu: «Gott würfelt nicht!» Also wurden extrem viele Experimente durchgeführt, die die Quantentheorie widerlegen sollten – auch Gedankenexperimente, wenn Messungen aus technischen oder prinzipiellen Gründen nicht durchgeführt werden konnten. Kein einziges dieser Experimente führte zu einem Widerspruch mit der Quantentheorie – und das über nunmehr 80 Jahre. Wenn eine Theorie derart lange «durchhält», obwohl sie ungeliebt ist, kann man mit großer Sicherheit davon ausgehen, daß an ihr zumindest «etwas dran ist». Die Quantentheorie ist heutzutage sogar die am genauesten untersuchte und mit der höchsten Präzision immer wieder bestätigte wissenschaftliche Theorie. Am präsisesten bestätigt werden konnte dabei die Quantenelektrodynamik, also die quantisierte Theorie elektromagnetischer Erscheinungen wie Licht, Elektrizität und Magnetismus.

18 Nichtempirische Kosmologie? Auf drei

Weisen gehen wir der Empirie (in einem absoluten Sinn) verlustig: 1. Die Wissenschaft insgesamt besitzt keine empirische Basis; 2. Die Prinzipienphysik insbesondere verliert die Anbindung an eine (vermeintliche) Empirie; 3. Eine fundamentale Theorie überschreitet die Grenzen von Raum, Zeit und Wechselwirkung, in denen eingeschlossen überhaupt nur vom Empirischen die Rede sein kann, falls überhaupt davon die Rede sein kann. Zur Rede gestellt, wird die Empirie keine positiven Antworten geben: nicht «ja, ja», sondern höchstens «nein, nein». Und selbst dieses «Nein» kann noch abgewiesen werden.

Die Kosmologie besitzt also keine empirische Basis wie jede Wissenschaft. Speziell für sie gilt das starke Symmetrieprinzip in Form des kosmologischen Prinzips, das aber nur mit Vorbehalt als ein echtes Prinzip angesehen werden kann. Zudem erfordert die Kosmologie eine theoretische Unterfütterung in Gestalt einer fundamentalen Theorie, wobei es aus theoretischen Gründen zwingend sein könnte, ein empirisch nicht zugängliches Multiversum anzunehmen. Wie wir gesehen haben, liegt das Universum nicht als Objekt («Teilchen») vor, wird aber in der Quantenkosmologie behandelt, als ob es eines wäre. An dieser Stelle drängt sich eine tiefgehende philosophische Frage auf, die da lautet:

Was ist eigentlich ein Objekt?

Diese Frage stellt sich *zwingend* aus mehreren Gründen. «Philosophisch» bedeutet keineswegs, daß diese Fragestellung ein Feld eröffnet für wilde Spekulationen, sondern daß die Physik philosophisch werden muß, um voranzukommen. Die Gründe:

1. Wenn wir nicht genau wissen, was eigentlich an der Naturwissenschaft empirisch sein soll, wir aber trotzdem weiterhin *Natur*wissenschaft treiben wollen, müssen wir den Gegenstand der Naturwissenschaft neu reflexiv konzipieren.

2. Die Quantentheorie (genauer: die Quantenfeldtheorien) sagt uns, daß es keine separierten Teilchen gibt. Was aber gibt es? Ja, was heißt es, daß etwas ist? Was ist ein (Materie-)Feld? Was sind «Messung» und Empirie für die Quantentheorie? Wie entstehen klassische separierte Teilchen aus einem (welchem?) Grundzustand, ohne daß dieser klassische Zustand schon vorausgesetzt wird?

3. Die Kosmologie (Quantenkosmologie) veranlaßt uns, den Objektbegriff neu zu durchdenken. In Verbindung mit einer zu erstellenden Quantengravitationstheorie oder einer «Theorie von

allem» wird das Problem des echten Grundzustandes des Universums offengelegt. Ist dieser Grundzustand noch als ein physikalischer anzusehen? Wenn alles das, was man bisher ein wenig naiv und abgreifbar, aber wirkungsmächtig, als «empirisches Objekt» angesehen hat, in Raum und Zeit angesiedelt sein muß, was bedeutet dies für den Objektbegriff einer Theorie, welche die Grenzen von Raum und Zeit überschreitet? Was befindet sich «hinter der Bühne» von Raum, Zeit und Wechselwirkung? Kann die *Natur*wissenschaft diesen Bereich, so er existiert, überhaupt behandeln?

4. Welchen ontologischen Status haben Raum und Zeit selbst? In welchem Sinn sind sie Objekte? Erweist sich der Zeitbegriff als der rote Faden, der alle diese Fragen verbindet und dessen Klärung eine Antwort auf sie mindestens vorbereitet?

5. Warum gibt es Objekte und: Warum gibt es überhaupt etwas? Denn diese ontologische Frage stellt sich im Zusammenhang mit der Kosmologie, wenn sie die Entstehung des Universums zu beschreiben oder gar zu erklären versucht. Woraus ist das Universum emergiert? Aus Nichts?

Kettfaden.
Das Universum und sein möglicher Grundzustand liegen nicht als empirische Objekte vor, sondern nur als in der Wolle gefärbte theoretische Objekte. Empirisch müssen wir in der Kosmologie endophysikalisch, theoretisch exophysikalisch vorgehen. In der Kosmologie muß man physikalische Methoden, die für Vorgänge *im* Universum gelten, auf das gesamte Universum übertragen. Das ist notwendig, aber immer zweifelhaft. Im Grunde liegt das Universum nicht als adäquates Objekt der Physik vor, höchstens als das einer «nichtempirischen» Physik. Das kosmologische Prinzip ist ein ideales Element der Kosmologie, das nicht

empirisch bestätigt werden kann. Noch unempirischer ist der Begriff des Multiversums, der aus drei (zusammenhängenden, aber nicht gleichen) Gründen eingeführt wird: 1. Wir benötigen als Gegenstand der Wissenschaft immer eine Gesamtheit von Entitäten; 2. Die Quantenkosmologie betrachtet eine (abstrakte) Gesamtheit von überlagerten Universen; 3. Bestimmte Kandidaten für eine fundamentale Theorie – so die Stringtheorie – legen die Akzeptanz eines Multiversums nahe. Daß die Kosmologie nichtempirisch ist, bedeutet keineswegs ihre Verwandlung in reine Mathematik oder Spekulation. Nur der Begriff des «Empirischen» und des «Objektes» ändert sich: Das Empirische wird reine, negative atheoretische Kontingenz, die nicht im Objekt komprimiert ist wie in der Mathematik. Auch die Primzahlen sind «zufällig» verteilt, aber nur für uns. In den mathematischen Axiomen der Zahlentheorie ist die Information über die Verteilung der Primzahlen schon enthalten. Für die Physik im Gegensatz zur Mathematik gibt es «etwas draußen», das nicht schon in der Theorie komprimiert enthalten ist, aber nicht positiv bestimmt werden kann, auch nicht als Informationsfluß von «draußen» in die Theorie. In der Kosmogonie stoßen wir endgültig an Grenzen unserer Begriffsbildung, wenn wir einen zeitlosen (und raumlosen) Grundzustand annehmen, der die Raum-Zeit gebiert. Wenn wir dies einbeziehen, ändert sich der Begriff des Objektes in einer fundamentalen Theorie, hin zu einer nichtlokalen Bewegung selbst ohne echte lokale Träger derselben. Aber das überschauen wir jetzt noch nicht.

▓▓3▓▓ Warum gibt es etwas und nicht nichts? (Eine sehr grundlegende Frage)

1 Der Sinn dieser Frage. Warum gibt es etwas?

Warum auch nicht? Was für eine Frage! Sie gilt als die grundlegende Frage der Metaphysik und konnte bisher nicht zufriedenstellend beantwortet werden. Vielleicht liegt das einfach daran, daß die Frage sinnlos ist, weil sie einen zu allgemeinen Bedeutungsspielraum eröffnet. Wenn ich frage «Warum ist der Himmel blau und nicht grün?», dann habe ich den Raum der Farben aufgespannt, vor dessen Hintergrund ich versuchen kann, eine Antwort zu finden: Rot oder Grün oder Blau oder ... (Hintergrund: Farben). Vor welchem «Hintergrund» formuliert man die Frage «Warum gibt es überhaupt etwas und nicht nichts?»? Eine gute Frage. Etwas oder nichts. (Hintergrund: ?). Was könnte denn allgemeiner als «etwas» und «nichts» sein? Diese Dichotomie erweist sich doch wohl als die letztmögliche, nach der nichts mehr kommen kann. Worauf zielt diese Frage? Gibt es einen Grund, der den Zustand, «daß es etwas gibt», oder den Zustand, «daß es nichts gibt», ermöglicht oder erzeugt? Liegt dieser Grund außerhalb dieser Zustände?

Stellen Sie sich folgende einfache Zeichnung vor: Ein Rechteck (es könnte auch ein Quadrat oder ein Kreis oder eine andere einfache Figur sein), durch eine Strecke in zwei Hälften geteilt. Diese Strecke symbolisiert die Grenze, welche alles, was es gibt (erste Hälfte), von allem, was es nicht gibt (zweite Hälfte), trennt. In welchen «Raum» (Fläche) ist das Rechteck eingebettet? «Gibt» es noch «etwas», das weder existiert noch nicht existiert? Besitzt dieser «Bereich» Grenzen wie das ganze Rechteck? Oder stellt sich die Lage so dar: Das (ungeteilte) Rechteck selbst bedeutet alles, was es gibt; und der (unendliche) Raum (Fläche) außerhalb des Rechtecks repräsentiert alles, was es nicht gibt. – Das Sein wäre dann ins Nichts eingebettet. Welche Alternative sollen wir bevorzugen? (Der genannte Spielraum muß nicht unbedingt erschöpfend sein.) Ich denke, daß wir zur ersten Version neigen müssen. Wenn denn die Frage «Warum gibt es überhaupt etwas und nicht vielmehr nichts?» überhaupt einen Sinn ergeben soll, dann zeigt sich in ihr eine Strukturähnlichkeit mit Fragestellungen, die auf die Existenz oder Nichtexistenz von besonderem Seienden zielen (siehe das Farbenbeispiel oben). Es scheint nötig, daß wir einen Standpunkt «außerhalb» der erfragten Alternative einzunehmen haben. Wir brauchen also den Hintergrund.

Gottfried Wilhelm Leibniz war meines Wissens der erste, der diese Frage «... warum es eher etwas als nichts gibt» explizit gestellt hat. Eine Voraussetzung dieser Frage besteht nach Leibniz im Satz vom zureichenden Grund, nämlich «daß sich nichts ereignet, ohne daß es dem, der die Dinge hinlänglich kennte, möglich wäre, einen zureichenden Bestimmungsgrund anzugeben, weshalb es so ist und durchaus nicht anders». Spezielle Ereignisse mögen dem Satz vom Grund, der Kausalität, unterliegen, außer wir akzeptieren eine radikale Zufälligkeit bestimmter Ereignisse. Aber setzen wir einmal voraus, der Satz vom Grund gelte für alle Ereignisse *im* Universum. Würde ihm auch das Universum selbst unterliegen? Leibniz bejaht diese Frage. Der zureichende Grund des Universums liegt dann natürlich nicht im Universum. Aber im Grunde gelangen wir, wenn wir so weiterfragen, in einen spezielleren Bereich als denjenigen, der von der sehr allgemeinen Ausgangsfrage erfordert wird. Verbleiben wir auf dem sehr allgemeinen und abstrakten Niveau des vorigen Absatzes und schauen wir uns einen sehr interessanten Satz von Leibniz an, den man als eine *Voraussetzung* für die Antwort auf unsere Frage «Warum gibt es etwas und nicht nichts?» interpretieren könnte: «Denn das Nichts ist einfacher und leichter als irgendetwas.» Nach Leibniz besteht also eine Asymmetrie zwischen den beiden Aussagen «daß etwas ist» und «daß nichts ist». Man muß leichter eine Erklärung der ersten Aussage finden denn der zweiten. Das kann vorsichtig ausgebaut werden. Vorsichtig müssen wir sein mit der «Zustandsbeschreibung». Leibniz spricht plötzlich vom «Nichts» – großgeschrieben. «Gibt» es das nichts? An dieser Stelle taucht wieder das Problem des «Hintergrundes» auf, denn das Nichts scheint nicht zu existieren, aber doch irgendwie zu … ja, was eigentlich? Vor welchem «Hintergrund» stehen die «Zustände» «Sein» und «Nichts»? Wir benötigen jetzt ein neues Wort (das natürlich für einen Begriff stehen sollte), ein Wort, welches in der deutschen Sprache nicht vorkommt. Es muß eine allgemeinere Bedeutung als «existieren» haben! Nennen wir es vorläufig «ixistieren». Wir formulieren die Frage nun so: «Warum existiert Etwas und ixistiert nicht Nichts?» (Natürlich «ixistiert» Etwas auch, da ja «existieren» einen Spezialfall von «ixistieren» bezeichnet.) Vielleicht bedeutet «ixistieren» so etwas wie eine vage *Möglichkeit* zu existieren? Möglichkeiten «gibt» es doch irgendwie, aber sie scheinen doch nicht denselben «Seinsgrad» zu besitzen wie etwas, das wirklich ist. Sie «schweben» zwischen Sein und Nichts. Wohin führt das?

Wir geraten in einen Sumpf. Wir können dem Satz, daß das Nichts einfacher und leichter als das Sein ist, keinen Sinn abgewinnen. Das «Nichts» beschreibt keinen einfacheren und leichteren Zustand als das «Sein», weil das Nichts kein Zustand ist. Etwas entsteht nicht aus Nichts, das Universum emergierte nicht aus Nichts. Wäre das nicht schön gewesen? Wir hätten den *einfachsten* Zustand angenommen, der überhaupt «ixistiert», und versuchten zu zeigen, wie Etwas aus ihm in die Existenz tritt, insbesondere das Universum. Aber langsam. Vielleicht argumentieren wir vorschnell. Sprechen nicht Physiker von der «Geburt des Universums aus dem Nichts»? Was verstehen sie unter «Nichts»? Sie müssen einen *Zustand* meinen, in dem nichts (Nichts?) existiert. Denn eine physikalische Beschreibung eines Entstehungsprozesses sollte doch auf einem Anfangs*zustand* basieren. Oder nicht? Wohlgemerkt, nicht daß ein einfaches Mißverständnis auftritt, das leicht zu beseitigen ist. Wir meinen keineswegs den Zustand eines leeren Raumes, der noch mit den Naturgesetzen vereinbar ist, gemeinhin «Vakuum» genannt. Nein, wir und natürlich auch die radikal denkenden Physiker meinen einfach – Nichts. Versuchen wir es.

2 Das *Nichts* und der Annihilator. Nehmen wir einmal an, es gäbe nichts. Keine Zahlen, keine Gedanken, keine Götter, keine Menschen, kein Universum ... wirklich nichts. Auch keinen schwarzen undurchdringlichen Schlund, keine gähnende Leere, keinen totenstillen Abgrund. Einfach nichts. Die Nihilation alles Seienden, nicht nur aller seienden Dinge, Eigenschaften oder Ereignisse, sondern auch des verbleibenden «Restes», sei es der Raum, irgendeine Energie, ein Vakuum oder was auch immer. Nennen wir diesen «Zustand» *Nichts*. Dieser Zustand ist weder hell noch dunkel, weder groß noch klein. Er ist weder gesetzlos, noch ist er Gesetzen unterworfen. Er ist weder zeitlos noch in der Zeit. Denn falls es *Nichts* gäbe, würden weder Licht noch Größe, weder Gesetze noch Zeit existieren. *Nichts* ist nicht der

Zustand der geringsten Energie, nicht einmal ein Zustand mit keiner Energie, weil der Begriff «Energie» nicht auf *Nichts* anwendbar ist: Ein Zustand mit Energie Null könnte angeregt werden und energetisch werden. *Nichts* hat keine Möglichkeiten, nicht einmal diese. *Nichts* ist absolut, nicht relativ: Nihilum absolutum. Was die Buddhisten mit «Nirvana» bezeichnen und was Arthur Schopenhauer als das Resultat des Verneinens allen Wollens und der Welt benennt, das ist immer das relative Nichts. (Wie natürlich auch das Vakuum der Physik und das Nichts der Schöpfung aus dem Nichts.) Nach Schopenhauer gibt es kein absolutes Nichts (*Nichts*), sondern nur ein relatives Nichts, das von einem «höheren Standpunkte» wieder ein Etwas ist, da jedes Nichts immer die Verneinung von etwas voraussetzt – es bedeutet durchgängig die «Seinsberaubung» eines bestimmten Etwas und damit immer eine Potentialität dieses Seins. Es kann an unserer beschränkten Perspektive liegen, daß wir etwas als Nichts ansehen, was «an und für sich» doch Etwas sein könnte. Das *Nichts*, welches wir meinen, wäre dann das Nichts von jedem möglichen Standpunkt aus betrachtet – auch von einem «höheren» –, oder besser gesagt, das Nichts wie es «an und für sich ixistiert». Also noch einmal: Nehmen wir an, daß alles Mögliche existiert – alles, was möglich ist. Die «volle» Ontologie: Einhörner, Engel, Zwerge, leere Universen, grüne Feuerwehrautos … alle möglichen Welten. Dann lassen wir alles verschwinden. Auch uns natürlich. Was bleibt? *Nichts*.

Kann *Nichts* – entstehen? War jemals *Nichts*? Lassen Sie mich eine Geschichte erzählen, die – wie die meisten Geschichten – völlig glaubwürdig ist. Sie erinnern sich ohne Zweifel an den Störenfried Noyes, der mir im zweiten Kapitel dazwischenfunkte. Ich habe inzwischen mit ihm gesprochen. Dr. Noyes ist übrigens Ingenieur und Erfinder. Ich begegnete ihm an einem warmen Samstagnachmittag im Grüneburgpark. Wir setzten uns auf eine Bank und plauderten. In der Ferne spielten ein paar Basisligisten

Fußball, Frauen mit windschnittigen Kinderwagen zogen an uns vorbei, ein Scotchterrier, ein Yorkshire Terrier und ein Schäferhund rasten um die Wette.

«Lieber Noyes», fragte ich neugierig, «haben Sie etwas Neues erfunden?»

Noyes starrte mich grimmig an. «Zuerst einmal, Eisenhardt, habe ich meinen Namen geändert. Er klang mir zu unentschieden. Ich heiße jetzt nur noch ‹No›. Nun zu Ihrer Frage. Ich beantworte sie – *damit!*» Und *damit* zog er ein kleines Gerät aus seiner großen Manteltasche, das aussah wie ein Notebook.

«Aha», brachte ich hervor und wollte es in die Hand nehmen.

«Vorsicht», rief er, «nicht anfassen!»

Ich ärgerte mich ein wenig: «Glauben Sie, ich würde es beschädigen? Was zum Teufel ist das eigentlich?»

Nos Gesicht wurde noch grimmiger. «Das, mein Bester, ist ein Annihilator.»

«Mmh», brummte ich und beäugte das Ding mißtrauisch. Es sah schlichtweg aus wie ein Notebook. ‹Vielleicht ist No verrückt geworden›, überlegte ich, ‹ich sollte ihn hier sitzen lassen, schnurstracks nach Hause gehen und an meinem Buch *Der Webstuhl der Zeit* weiterschreiben.› Dann geschah etwas, das ich nie für möglich gehalten hätte: Nos Gesichtszüge wurden *noch* eine Spur grimmiger. Ein kleines Mädchen wollte gerade vorbeihüpfen, mußte aber erschrocken weglaufen, als es Dr. Nos ansichtig wurde. Ich blieb.

«Na schön» – ich ließ mich auf das Spiel ein –, «es ist ein Annihilator. Was ist ein Annihilator?»

«Ich wollte meine Erfindung ursprünglich ‹Nihilator› nennen, aber das Patentamt fand diesen Namen zu metaphysisch. Wahrscheinlich war der zuständige Beamte ein Physiker. Wie Sie wissen, bedeutet ‹Annihilation› die Paarvernichtung von Teilchen und Antiteilchen, zum Beispiel zerstrahlen ein Elektron und ein Positron, wenn sie aufeinandertreffen. Mein Gerät ist wirkungsvoller: Es läßt Dinge ins Nichts verschwinden. Keine Strahlung bleibt übrig. Puff, weg. Das ist alles.»

Ich brauchte einige Sekunden, um mich zu erholen. «Hören Sie, No, ich meine ... haben Sie schon mal etwas von der Erhaltung der Energie gehört, 1. Hauptsatz der Thermodynamik und so?»

Ich möchte fast sagen: No grinste *höhnisch*. «Energieerhaltung, papperlapapp! Mein alter Freund Herman Bondi hat vor langer Zeit ein kosmologisches Modell vorgeschlagen, welches dem *Vollkommenen* Kosmologischen Prinzip gehorcht: Alle Orte des Universums sind in Raum *und* Zeit gleich. Wohlgemerkt ...»

«Ich kenne ...»

«... nicht nur im Raum, sondern auch in der Zeit ...»

Mir riß der Geduldsfaden: «Ich kenne die Theorie des stationären Universums, Dr. No. Das Universum ist unendlich groß in Raum und Zeit, das heißt: Es hat keinen Anfang, es existierte immer, denn ein zeitlicher Anfang wäre ein ausgezeichneter ‹Ort› ...»

«Ausgezeichnet», kalauerte No, «da es aber expandiert, kann die Materiedichte nur konstant bleiben durch die immerwährende Erzeugung neuer Materie aus dem *Nichts*! Materie ist nach der Einsteinschen Formel $E = mc^2$ mit Energie verknüpft. Wenn Materie einfach so entstehen kann, dann ist es auch möglich, daß sie ins Nichts verpufft. Da haben Sie Ihre Energieerhaltung!»

«Kommen Sie, jedes Schulkind weiß inzwischen, daß die Steady-State-Theorie ein ausgelaufenes Modell ist. Die Hintergrundstrahlung als Resultat eines sogenannten Urknalls, ihre genau zur Galaxienbildung passende Inhomogenität, die Entwicklung bestimmter Sterne – alles das widerspricht diesem Modell. Es ist nicht mehr aktuell.»

No replizierte: «Mag sein, aber nicht wegen der Verletzung des 1. Hauptsatzes ... Lassen wir das. Ich zeige es Ihnen!» No schaltete sein Gerät ein. Das Display leuchtete grün auf. Die Fußballspieler kickten fanatisch, wenn auch nicht fantastisch. Eine windschnittige Mutter mit windschnittigem Helm raste vorbei, einen windschnittigen, tiefer gelegten Kinderwagen vor sich herstoßend, in dem ein Baby mit windschnittigem Helm kreischte. Ein Paar diskutierte laut und heftig. Ich starrte auf die Anzeige des kleinen Bildschirms. Folgendes erschien:

$$[\text{nicht}]\ E_x\ a(x)\ (\ ),\ (\ ),\ (\ )$$

Ich erstarrte. «Was zum Teufel ...»

«Es ist ganz einfach», begann No zu erklären. «Sie geben den Gegenstand ein, den Sie verschwinden lassen möchten, und drücken danach diese rote Taste. Das ist alles.»

Ist es zwar Wahnsinn, hat es doch Methode. (Wie lautet das Zitat genau?) Ein Flaneur steckt sich eine Zigarette an. Explodiert sie? Jetzt? Ein Zwerg mit Zylinderhut schwingt ein rostiges Beil. Der Fußball ist eigentlich eine Bombe. No verwandelt sich in einen Löwen. Alles ist möglich.

Ich kam zur Besinnung. «Augenblick», fragte ich verdutzt, «wie wird denn der Gegenstand identifiziert? Ich meine, wie ...»

«Ziemlich simple Sache», unterbrach No ungerührt. «Im Universum ist ein feinmaschiges Koordinatennetz aufgespannt. Sie geben die Koordinaten des Gegenstandes ein. Fertig. Im Augenblick ist der Annihilator nur für die Erde eingestellt.»

Alles ist möglich.

«Passen Sie auf», fuhr No fort. «Ich lasse jetzt diesen Stein verschwinden.» Er zeigte auf einen grauen, kleinen, flachen Stein, der vor unseren Füßen lag, und richtete den Annihilator auf ihn. Dann tippte No *das* ein:

$$[\text{nicht}]\ E_{\text{Stein}}\ \text{flach, grau, klein}(\text{Stein})\ (50),\ (8),\ (90)$$

Mein Hirn schien sich langsam in Blumenkohl zu verwandeln. Das *durfte* nicht wahr sein. Warum sitze ich nicht friedlich zu Hause und schreibe ... Niemals sich auf solche Dinge einlassen! Niemals! Aus der Ferne hörte ich No mit seiner Erklärung fortfahren.

«Also, noch einmal: Die Kurzbeschreibung des Gegenstandes, der sich auflösen soll, in die vorgegebene Formel ‹Es gibt keinen Gegenstand x, für den gilt a(x)› einsetzen, dann kommt der Breitengrad, der Längengrad und die Höhe über dem Meeresspiegel in Metern. Grobe Angaben genügen, der Annihilator präzisiert sie von selbst. Rote Taste drücken. Aufgepaßt!»

No drückt. Der Stein verschwindet. Der Stein verschwindet! Der ...

No richtete den Annihilator auf die Gruppe der Fußballer. Ehe ich ihm in den Arm greifen konnte, hatte er das gefährliche Gerät schon weggelegt.

No lachte. «Keine Sorge, ich wollte nur erproben, ob Sie überzeugt sind. Sind Sie es?»

Ich weiß nicht mehr, was ich antwortete oder ob ich überhaupt eine Antwort gab. Das Ganze war mir unverständlich und unheimlich. No gab einige Erklärungen über die Funktionsweise des Annihilators ab, die ich mir erspare. (Lesen Sie einen Science-fiction-Roman.) No annihilierte noch einen Papierkorb und steckte daraufhin seine bemerkenswerte Maschine weg. Ich steckte mir eine Zigarette an und sprach – wieder ruhigen Sinnes – die folgenden Worte:

«Vermag Ihr Annihilator das Universum zu vernichten?»

«Im Prinzip schon. Die Eingabe ist ein wenig aufwendiger ...»

«Kann er *alles* vernichten?»

No sah mich fragend an. «Ist das Universum nicht alles, was es gibt?»

«Keineswegs», warf ich hin. «Sind die Naturgesetze *im* Universum? Wie steht es um Zahlen? Oder andere abstrakte Größen, wie

Tatsachen: *daß es etwas gibt*? Nehmen wir einmal an, Ihr Annihilator hätte nach und nach oder auf einmal alles vernichtet. Würde dann nicht die Tatsache bestehen bleiben, *daß es nichts gibt*?»

No schaute mich verblüfft an und sagte dann: «Philosophische Spitzfindigkeiten.»

«Aber vielleicht ist die Lage einfacher», fuhr ich fort und rückte näher an No heran. Er überlegte. Er paßte nicht auf. Ich zog das Zaubergerät aus seiner Manteltasche und gab, ohne daß er es bemerkte, folgendes ein:

[nicht] E$_{Annihilator}$ flach, schwarz, klein (Annihilator) (50), (8), (90)

Ich hielt den Bildschirm vor Nos verblüfftes Gesicht und drückte die rote Taste. Was daraufhin geschah, das, liebe Leserin, lieber Leser, sollen Sie selbst erraten.

3 «Gibt» es *Nichts*?

Also, nehmen wir an, es gebe *Nichts*. Ist dieser Nichtzustand möglich? Ist es nicht eher so, wie der Philosoph Derek Parfit es ausdrückt? «Wenn wir uns vorstellen, daß nichts jemals existierte, denken wir uns solche Dinge wie Bewußtseinszustände und Atome, Raum und Zeit weg. Es würden jedoch immer noch Wahrheiten existieren. Es würde wahr sein, daß nichts existiert und daß etwas existieren könnte. Und es würde andere Wahrheiten geben, wie die Wahrheit, daß 27 durch 3 teilbar ist. Wir können fragen, warum diese Dinge wahr wären.» Zahlen? Möglichkeiten: «daß etwas existieren könnte»? Wenn das *Nichts* Möglichkeiten im Sinne von «im *Nichts* angelegte Potenzen» hätte, wäre es nicht das *Nichts* im strengen Sinne, sondern nur das Nichts. Es wäre dann nämlich ein Zustand mit Eigenschaften – auch eine Möglichkeit ist eine Eigenschaft. Würde etwas entstehen, hätte es nichts mit dem *Nichts* zu tun, wenn es keine Möglichkeit des *Nichts* wäre. Aber das könnte nicht sein, denn irgend etwas muß es mit ihm zu tun haben, da es das *Nichts* aufhebt. Also scheint das *Nichts* keine Möglichkeiten zu haben.

Und Zahlen? Hängen die Zahlen nicht vom Zählen ab und das Zählen wiederum vom Bewußtsein? Führt uns das aber nicht zu der Ansicht, daß wir vom Bewußtsein her denken müssen? Wir denken uns alles weg, aber wir können *uns* nicht wegdenken! Wenn ich versuche, mir vorzustellen, ich sei tot, dann stelle ich mir eine Welt vor, in der ich nicht (mehr) existiere. Trotzdem bin *ich*, als *Beobachter*, zu diesem Zeitpunkt noch da! Wenn auch nicht als *Agierender*. Was würde dies für unser Problem bedeuten? Daß die Wahrheit «Es existiert nichts» nur gilt, wenn mindestens etwas existiert, nämlich jemand, der sie behauptet. Aber dann wäre sie keine Wahrheit mehr. Wir könnten höchstens sagen: «Es ist möglich, daß nichts existiert. Dann gilt *hier und jetzt* der Satz: Für ein mögliches *Nichts* gilt die Wahrheit: «Es gibt nichts.» Aber diese Wahrheit gibt es nicht, wenn es *Nichts* «gibt». Weil es *Nichts* gibt.

Und wenn Zahlen nicht vom Zählen abhängig wären, sondern an und für sich existierten in einem platonischen Himmelreich, dann wären sie natürlich etwas. Gut, im Zitat oben ging es nicht in erster Linie um Zahlen, es ging um *Wahrheiten* über Zahlen. Aber warum überhaupt Wahrheiten über Zahlen einführen? Es genügt doch zu sagen, daß, wenn es *Nichts* gäbe, dies wahr wäre, nämlich daß es *Nichts* gäbe? Oder? Dann gäbe es doch zumindest diese eine Wahrheit. Ist das *Nichts* nicht auch die Nihilation aller *Wahrheiten*?

Klären wir die Sachlage vorläufig. Wenn es *Nichts* gibt, ist es wahr, daß es *Nichts* gibt, egal, ob diese – mögliche – Wahrheit jetzt in die Welt gesetzt wird oder niemals. Wenn etwas so und so ist, dann ist es wahr, daß es so und so ist. Wenn das Feuerwehrauto rot ist, dann ist es wahr, daß das Feuerwehrauto rot ist. Wenn ein Sachverhalt besteht, dann ist er eine Tatsache – er ist wahr. Beides ist untrennbar: Ein bestehender Sachverhalt und die Wahrheit, daß dieser Sachverhalt besteht. Wenn es *Nichts* gibt, dann ist es wahr, daß es *Nichts* gibt.

Ist das so?

Nehmen wir an, es gäbe nichts. Dann «gibt» es immerhin die Tatsache, daß es nichts gibt. Also gibt es etwas. Also ist die Annahme falsch. Da es dieses Etwas auch dann gibt, wenn es überhaupt nichts geben soll, somit bei Annahme des fundamentalsten Nicht-seins, gibt es natürlich erst recht etwas, wenn es etwas geben soll, sei es auch noch so minimal. Da es entweder nichts gibt oder etwas und dies eine ausschöpfende Alternative ist, gibt es immer etwas. Wenn das ein triftiges Argument ist, kann es von vornherein nicht zutreffen, daß es nichts gibt, sondern es gilt, daß es immer etwas gibt. Nennen wir den Zustand, daß es nichts gibt, *Nichts*, können wir kürzer sagen: *Es ist falsch, daß es *Nichts* gibt.*

Die Dinge liegen vielleicht nicht ganz so einfach. Was ist eine Tatsache? Ein bestehender Sachverhalt. Und was ist ein Sachverhalt (daß der Tisch grün ist) im Unterschied zu Dingen (der Tisch), Eigenschaften (grün) oder Ereignissen (der Tisch wechselt seine Farbe)? Wir geraten hier in die Untiefen der Ontologie, welche wir in diesem Buch nicht ergründen können. Nur dieses: Meine Argumentation im letzten Absatz ist sicher nicht wasserdicht. Ist «daß es das *Nichts* ‹gibt›» ein bestehender Sachverhalt? Müßte es nicht heißen, «daß das *Nichts* ixistiert, ist ein ixistierender Sachverhalt»? Gehört zu einer Tatsache nicht die Aussage, «daß es so ist»? Aber wer sagt etwas aus, wenn es nichts und niemanden gibt? Oder wollen wir annehmen, daß es Aussagen im Sinne von Propositionen, also von Vorschlägen, an und für sich gibt, ohne einen Aussagenden? Aber dann hätten wir ein Seiendes von vornherein eingeschmuggelt. Sachverhalte könnten auch Relationen von Dingen sein, jedoch im Nichts finden wir keine Dinge vor, die in Relationen zueinander stünden. Sachverhalte scheinen etwas ziemlich Abstraktes zu sein, ähnlich wie Wahrheiten, von denen ja auch gleich nach meiner Geschichte über den Noschen Annihilator die Rede war. Wenn es nichts «gibt», ist es dann wahr, daß es nichts gibt? Können Sie das akzeptieren? Dann wiederum «besteht» ja die Wahrheit, daß es nichts gibt, und die ist nicht nichts. Das ist doch was! Also gibt es etwas. Aber damit ist der Satz falsch, daß es nichts gibt ...

Ich glaube, es gibt etwas.

4 Der Satz des Parmenides. Das Universum

enthält alles, was es gibt. Mit «alles» meine ich Steine, Galaxien, Hosen, Strings, Haß, Vakuum, Zahlen, Tatsachen jeder Art, Leberknödel und Wurmlöcher. Und so weiter. Auch Naturgesetze, Anfangsbedingungen und den texanischen Physiker John Archibald Wheeler, der über das Universum nachdenkt sowie über alles, was aus seinen Überlegungen folgt. Es enthält auch die Objekte, welche Gegenstand der Theorien von, sagen wir, Andrei D. Linde, sind, nämlich andere Universen. (Natürlich sind solche anderen «Universen» nur Teile des Universums, eigentlich des Multiversums.) Es enthält natürlich auch Objekte wie den falschen Satz: Es gibt nichts. Weitergehend sagen wir: Das Universum *ist* alles, was es gibt. (Es wäre ja möglich, daß das Universum etwas enthält, aber nicht aus ihm besteht; deswegen sind die Sätze «Das Universum enthält alles, was es gibt» und «Das Universum ist alles, was es gibt» nicht bedeutungsgleich.) So gesehen können wir das Universum «Alles» nennen. In diesem Sinne, aber auch nur in diesem Sinne, können wir sagen: *Es gibt Alles.*

Da die Behauptung *Alles entstand aus *Nichts** falsch ist – sollten die eben angestellten Überlegungen korrekt sein – (denn es entstand ja nicht einmal etwas aus *Nichts*), gilt der Satz (da es Alles gibt): *Alles entstand aus etwas* (denn es gibt immer etwas), oder allgemeiner:

Etwas entsteht immer aus etwas.

Diese metaphysische Aussage benennt die parmenideische Grundvoraussetzung jeder Kosmologie und Kosmogonie. «Metaphysisch» nennen wir den Satz, weil wir das Universum als «alles, was es gibt» bestimmt haben und dieser Ansatz über den der Physik hinausweist. «Parmenideisch» nennen wir die Grundvoraussetzung, weil Parmenides annahm, daß immer etwas ist und nie nichts. Wir können damit auch sagen:

Es gibt immer etwas.

Natürlich stellt sich daraufhin die naheliegende Frage. «Was genau?» oder «Was gibt es grundlegend?»

5 Die Nullsummenontologie. Vielleicht jedoch existiert das Nichts nicht als absolute, sondern relative, oder besser: global-relationale Größe. Nicht in dem Sinne der Nichtexistenz eines zweiten Erdenmondes oder der Nichtexistenz von Intelligenz auf der Erde, sondern als eine Art ontologisches Nullsummenspiel. Die «Zero Ontology» des Philosophen und Wissenschaftstheoretikers David Pearce ist ein neuerer Vorschlag dieser Art; vor etwa zwanzig Jahren veröffentlichten einige Kollegen und ich eine ähnliche Theorie, die wir «Meontologie» nannten; und in

einem spekulativen wissenschaftlichen Rahmen konzipierte der Physiker Edward P. Tryon schon 1973 eine «Nullsummenquantenkosmologie».

Nehmen wir an, alle existierenden *Eigenschaften* aller Dinge (= Alles) seien so beschaffen wie die Reihe der ganzen Zahlen, so daß jede Eigenschaft durch eine Komplementäreigenschaft aufgehoben wird. Alles ist dann Nichts, genauso wie die Summe aller ganzen Zahlen (... −3, −2, −1, 0, 1, 2, 3, ...) Null ergibt. Lokal gibt es etwas (zum Beispiel −3 oder 789 545), global nichts (0). Physikalisch gesprochen: Die positive Selbstenergie aller Ruhemassen (mc^2) des Universums wird durch die *negative* Energie des Gravitationsfeldes exakt aufgehoben – der Energiegehalt des Universums ist gleich Null.

$$0 = \text{Energie}_{\text{Nichts}} = \text{Energie}_{\text{Etwas}}$$

(Die Nullsummenkosmologie läßt die Form des Universums außer acht: In geschlossenen Universen [zum Beispiel: dreidimensionale Kugel] ist der Energiegehalt nicht definiert; für Universen, die sich der Flachheit annähern, kann der Energiegehalt positiv sein.)

Und weiter? Die positive elektrische Ladung und die negative annullieren sich; ebenso die Drehimpulse ... und so weiter. (Lokal jedoch ziehen sich Körper an, Energie wirkt, gleiche Ladungen stoßen einander ab ...) Und so weiter? Weder die Protonen, Neutronen ... und deren Antiteilchen (die sogenannte Baryonenzahl) wiegen einander zu Null auf noch die Wahrnehmungen aller Sinneswesen des Kosmos. Auch Materie und Antimaterie heben einander nicht auf und verpuffen nicht in ... nichts. Das Resultat dieser gegenseitigen Auslöschung wäre zudem nicht nichts, sondern Strahlung = etwas! Pearce spekuliert weiter, daß sich die quantenmechanischen Wellenfunktionen von Allem (aller Kosmen?), also ihre Überlagerungen, global betrachtet gegenseitig nihilieren könnten (oder annihilieren?). Eine sehr gewagte Annahme, da sinnvolle Berechnungen zeigen, daß sich zwar wirklich einige Überlagerungen auslöschen, jedoch meist ein Rest bleibt: der klassische Bereich. Wenn das Universum alles ist, was es gibt, müßten sich natürlich auch die Gedankeninhalte (und Wahrnehmungen) seiner Bewohner gegenseitig aufheben. Abgesehen davon, daß wir nicht wissen, welche Wesen außer uns das Universum noch bewohnen, setzt diese Hypothese die Reduktion von Gedanken auf physikalische Zustände voraus, da sonst nicht klar wäre, wovon wir sprächen. (Wenn ich an den Teufel denke und du an Gott – heben sich diese Gedanken auf?)

Unsere Meontologie ging von der radikalen Voraussetzung aus, daß alles, was es (empirisch) gibt, Wechselwirkung ist, letztlich auch unsere Gedankenoperationen. Die kleinste Wechselwirkungseinheit nannten wir «Elementarakt». Die Pointe bestand darin, alles – bis hin zu komplexen Systemen – aus Nichts durch Symmetriebrechungen entstehen zu lassen. «Nichts» sollte der Zustand höchster Symmetrie sein, von unserer Perspektive aus betrachtet. Ordnungszustände entstehen durch Symmetriebrüche, so daß Ordnung und Symmetrie als «polare Gegensätze» begriffen wurden. Alle Symmetriebrechungen sollten sich global gegenseitig aufheben und damit immer der globale Zustand des Nichts gewährleistet sein. Diese Symmetriebrüche würden natürlich auch Raum und Zeit «erzeugen», was eine Art «zeitlose Bewegung» voraussetzt. Aber dazu später mehr. Der Grundgedanke ist der Nullontologie äquivalent: Für das Universum gilt ein zentraler Erhaltungssatz, die Erhaltung des Nichts (nicht des *Nichts*!). Eigentlich gibt es Nichts, nur aus unserer lokalen Perspektive betrachtet gibt es Etwas. Jedoch: Warum bricht sich das Nichts in Etwas auf? (Ich hätte beinahe gesagt «erbricht».) Der Zustand der absoluten Symmetrie scheint doch ein Zustand der absoluten Stabilität zu sein. Das Nichts wird nur dann instabil, wenn es leicht asymmetrisch strukturiert ist und ihm eine Art «Dynamik» innewohnt. Auf welche Weise käme dem Nichts also eine Potentialität zu, das Sein zu gebären?

Für den Ansatz von Edward P. Tryon gilt, daß er einen «leeren» Raum voraussetzt, in dem sich das Universum aus einer Quantenfluktuation entfaltet. Ein leerer Raum aber ist etwas.

Aber gesetzt den Fall, die Null-Ontologie sei korrekt, so würde dies der parmenideischen Voraussetzung nicht widersprechen, es bedeutete nur, daß *Nichts* eine bestimmte *Ordnung von Etwas* ist, nämlich eine sich aufhebende Ordnung, aber doch eine Ordnung. Halten wir uns noch einmal die Null-Ontologie der ganzen Zahlen vor Augen. Ihre unendliche Reihe soll sich zu Null «summieren» (... $-3 + {}^-2 + {}^-1 + [+/{}^-0] + 1 + 2 + 3$ ... $= 0$). Warum mag es denn verbürgt sein, daß sich alles andere ebenso «symmetrisch» ins Nichts auflöst? Bezogen auf das Seiende überhaupt behauptet die Null-Ontologie so etwas wie einen «symmetrischen Reduktionismus». Alles Lokale kann auf das globale Nichts reduziert werden, ja, radikaler, ist schon immer auf das Nichts reduziert. Dies unterschlägt die (relative) Eigenständigkeit des Lokalen, Asymmetrischen, Irreversiblen, Klassischen (im Sinne der Quantentheorie). Die Welt wird zu nahe an ihren «eigentlichen» Zustand, ihren Grundzustand des Nichts, gesetzt; die geschichtliche Entwicklung der Welt und die Emergenz neuer Eigenschaften werden vernachlässigt. Das Nichts «trägt» nicht das Sein. Daß etwas ist, heißt, daß es in gewissem Sinne «für sich steht» und sich nicht völlig in Relationen auflöst, insbesondere nicht in symmetrische. Es scheint unplausibel, wie schon gesagt, daß die Welt dieser völligen Symmetrierelation unterliegt, die notwendig ist zu ihrer Aufsummierung ins Nichts. Eine Gleichung kann von rechts nach links und von links nach rechts gelesen werden, sie ist «kommutativ» ($[1-1=0] = [0=1-1]$); für das Universum gilt dies jedoch nicht.

Es liegt an der Zeit, daß das Universum so asymmetrisch beschaffen ist. Zwar mag der Grundzustand des Universums das Nichts «sein», aber sein angeregter Zustand besitzt eben eine gewisse Unabhängigkeit von diesem Grundzustand, die garantiert, daß er nicht gegen ihn aufgerechnet werden kann.

6 Das Vilenkinsche Nichts.

Die *physikalische* Kosmologie untersucht nicht alles, was es gibt, sondern nur den *naturalen und objektivierbaren* Aspekt des Universums, das heißt, die physikalisch wechselwirkende (Dimension/Energie/Zeit-)Struktur des Kosmos wird widerspruchsfrei und naturgesetzlich erfaßt. Das Universum dieser Disziplin ist nicht alles, was es gibt, sondern es ist auf seinen beobachtbaren Teil beschränkt, der vorsichtig aus der Perspektive eines kosmologischen Modells erweitert wird. Wesen, die solche Modelle aufstellen, schließt die physikalische Kosmologie vom Kosmos aus, da sie nicht mit Problemen des Selbstbezuges konfrontiert werden möchte, die zu einem unendlichen Regreß führen könnten und die damit das Universum nichtobjektivierbar machten. Sollte aus der metaphysischen Definition des Universums als *Alles was es gibt* folgen, daß die Menge aller Dinge, die sich nicht selbst enthalten, existiert – enthält das Universum sich selbst? –, dann muß diese Definition fallengelassen werden, da aus ihr ein Widerspruch folgt ... denken Sie darüber nach. Die physikalische Kosmologie versucht auch nicht, die Frage zu beantworten: *Woher kommen die Naturgesetze?* (Sind sie ein Rahmen, der den Kosmos ordnet und den man immer voraussetzen muß, wenn man Kosmologie treibt, oder sind sie mit dem Universum entstanden und damit Gegenstand der Kosmologie?) Wenn sie behauptet, das Universum sei aus dem Nichts entsprungen, dann bedeutet «Nichts» einfach «Vakuum» und damit etwas, nämlich den Zustand geringster Energie, jedenfalls keinesfalls *Nichts*. Auch wenn manchmal das Gegenteil behauptet wird. Beispielsweise läßt auch Alexander Vilenkin das Universum aus dem Nichts entspringen. Er war mit den Modellen von Tryon und anderen nicht zufrieden, da diese den leeren Raum voraussetzten. Der Physiker Heinz Pagels unterhielt sich einst mit seinem Kollegen Vilenkin: «‹Raum ist immer noch etwas›, bemerkte Alex einmal vor mir, ‹und ich denke, das Universum sollte wirklich als Nichts beginnen. Kein Raum, keine Zeit – nichts.› Als Alex diese Möglichkeit mir gegenüber das erste Mal erwähnte, sagte ich: ‹Was meinst du mit nichts?› Er zuckte nur mit den Schultern und erklärte mit Nachdruck: ‹Nichts ist nichts!›» «Wenn man genauer hinsieht, wird man freilich feststellen, daß der Vilenkinsche Zustand des Nichts ... eben ein letztlich physikalischer Zustand sein muß. Das Universum tritt mittels eines Tunnelvorgangs ins Sein, das heißt, es durchtunnelt eine Energiebarriere, die zu durchbrechen in der klassischen Physik nicht erlaubt wäre. Dabei hat man aber schon einigen Ballast zu tragen. Das Nichts muß ein energetischer Zustand sein, sonst kann das Universum nicht tunneln, da im Falle des Anfangszustandes «reines Nichts ohne Energie» der Tunnelprozeß nicht definiert ist. Normalerweise tunnelt ein Teilchen *im* Universum von einem Energiezustand in einen anderen. «Nichts» heißt einfach im wesentlichen, daß der sogenannte Skalenfaktor («Radius») des Universums Null ist.

7 Das minimale Sein.

Wenn es also immer etwas gibt, was wären die Minimaleigenschaften dieses – nennen wir es – *Etwas*? Also die Minimaleigenschaften eines Zustandes, der *nicht* einfach darin besteht, daß es *Nichts* gibt und somit etwas, nämlich mindestens die Tatsache, daß es *Nichts* gibt. Wir wollten damit ja nur zeigen, daß es immer etwas gibt, auch unter den «nichtigsten» Zuständen. Wir suchen eine Minimalstruktur, die etwas haben muß, wenn es existiert, die ein *Etwas* haben muß. Oder anders ausgedrückt: Wenn etwas ist, welche Merkmale hat es, nur weil es ist? Hier zwei Merkmale, die Parmenides angab: Symmetrisch muß es sein und zusammenhängend. Eine dritte Eigenschaft: Es ist nicht in der Zeit. Zudem ist es nicht in Bewegung. Kühn, aber falsch. Kann man *zeigen*, welche Eigenschaften es sein müssen? Ja, ich denke, man kann es zumindest versuchen.

In der Physik muß man normalerweise mehr annehmen als bloß, «daß etwas ist», um ein Universum emergieren zu lassen. Aber immerhin versuchten ja die Physiker, mit noch weniger Ballast auszukommen, nämlich mit Nichts. Was schwerlich gelingt. Der Ansatz aber ist gut. Wir fragen nach dem einfachsten, fundamentalen Zustand. (Der allereinfachste wäre sicherlich das Nichts.) Was müssen wir voraussetzen? Ist der Raum grundlegend? Vielleicht nur im Sinne einer topologischen Struktur? Ist die Zeit grundlegend? Und: Ist der Raum grundlegender als die Zeit? Ist ein energetischer Zustand grundlegend? Und weiter: Ist ein *physikalischer* Zustand grundlegend? Auf diese Fragen kommen wir noch zurück. Jetzt versuchen wir erst einmal zu klären, was wir bekommen, wenn wir annehmen, «daß etwas ist».

1. Totale Unordnung ist unmöglich. Wir werfen ein Kreidestück hinreichend oft an eine Tafel, ohne auf eine bestimmte Stelle zu zielen. Das Resultat ist eine ziemlich ungeordnete Punktmenge. Aber trotzdem kommen immer Muster vor, normalerweise sogar viele Punkte, die auf einer Geraden liegen. Selbst wenn wir versuchen, eine größtmögliche Unordnung zu erzeugen – wir werden immer noch eine Ordnungsstruktur finden. Dies ist ein mathematisches Theorem, ein bewiesener Satz! Alles, was ist,

muß eine Minimalordnung haben, auch wenn es chaotisch erscheint. Sein und Ordnung sind zugleich.

2. Totale Ruhe ist unmöglich. Gäbe es totale Ruhe, wäre die Quantenmechanik ungültig. Sie ist aber eine der am besten bestätigten Theorien überhaupt. Man hat bisher keinen einzigen Vorgang gefunden, der ihr widerspricht. Für alle Nachfolgetheorien gilt: Sie müssen die Quantenmechanik als Spezial- oder Grenzfall enthalten. Insbesondere werden in ihnen wahrscheinlich weitere Unbestimmtheitsrelationen vorkommen. Die Quantenmechanik wäre nämlich ungültig, wenn es totale Ruhe gäbe, weil ihr begriffliches Herzstück, die Heisenbergsche Unbestimmtheitsrelation, nicht mehr gälte. Diese besagt, daß Ort und Impuls (oder Geschwindigkeit) eines Teilchens nicht gleichzeitig beliebig genau gemessen werden können. Dies folgt übrigens aus der mathematischen Struktur der Theorie. Wenn ein Teilchen jedoch total ruhen würde, hätte es die genaue Geschwindigkeit 0 am präzisen Ort a. Dies ist laut Quantentheorie unmöglich. Diese Behauptung ist freilich noch zu diskutieren. Wir werden uns im fünften Kapitel kurz damit befassen. Nebenbei bemerkt auch schon nach der klassischen Theorie. Der dritte Hauptsatz der Thermodynamik (Nernstsches Theorem) besagt, daß der absolute Nullpunkt der Temperatur (0 K) niemals erreicht werden kann. Genau dies wäre aber für ein vollständig bewegungsloses Teilchen der Fall. Philosophisch betrachtet zeigen diese Unbestimmtheiten, daß das Sein zwar immer minimal geordnet ist, nicht aber völlig – bestimmt. Seine Eigenschaften kommen nicht alle gleichzeitig zur Geltung. Alles, was ist, ist minimal unscharf. Das Sein ist nicht scharf in sich gegliedert, sondern leicht verschwommen.

Damit haben wir die notwendigen Strukturen des Seins, die wir brauchen, um eine Welt aus ihm entstehen zu lassen: geordnete Bewegung. Daß diese Bewegung zeitlos sein muß, folgt dann aus der Annahme: Die Raum-Zeit ist nicht grundlegend und aus unserem Satz 2 (Totale Ruhe ist unmöglich). Daß diese Ordnung (vielleicht) topologisch selbstähnlich ist, also die Struktur von Schlaufen hat (oder anderen *loops* oder Knoten), läßt sich aus der Vermutung, wie der Turm der Schildkröten, also die Auffassung, daß jedes physikalische Teilchen aus immer kleineren physikalischen Teilchen besteht – und das ohne Ende –, zu vermeiden ist, plausibel machen: Jeder *physikalische* Zustand kann im Prinzip auf einen anderen, fundamentaleren reduziert werden. Der Grundzustand muß somit eine echte, nichtphysikalische Prä-Geometrie sein, die nicht weiter reduziert werden kann, sondern die wirklich grundlegend ist. Physikalische Zustände sind dementsprechend nicht grundlegend.

Ich lehne mich von meinem Laptop zurück. Das Buch ist fertig. Plötzlich höre ich ein Geräusch. «Was zum Teufel ...»

«Wenn man von ihm spricht ...» Dr. No tritt in mein Zimmer.

«Wie kommen Sie hier herein?» schreie ich.

«Sie vergessen meinen Annihilator – er kann natürlich auch Türen verpuffen lassen.» No lächelt grimmig. «Sie wollten meinen Annihilator annihilieren, Herr Eisenhardt. Das ist Ihnen nicht geglückt.» Er streckt mir das Ding drohend entgegen. «Sie möchten die Welt aus Prinzipien deduzieren? Das ist schon größeren Geistern als Ihnen mißlungen ...»

«Keineswegs. Es geht nur um plausible Annahmen ... Natürlich benutze ich mathematische Beweise, aber meine Interpretation ist nicht völlig zwingend, zudem *deduziere* ich nicht die Welt ... Hören Sie endlich auf, mit diesem Ding herumzufuchteln, No!»

«Ich habe das Universum eingegeben. Sie gehen von vier Prinzipien aus: 1. Es gibt keine totale Unordnung, 2. Es gibt keine totale Ruhe, 3. Die Raum-Zeit ist nicht grundlegend, 4. Physikalische Zustände sind nicht grundlegend. So. Die Welt wirft sich auf. Meinetwegen. Und jetzt sagen Sie mir folgendes: Was soll das Ganze? Ich meine, welchen *Sinn* hat es?»

«Sie fragen, welchen Sinn die Welt hat?»

«Im Rahmen Ihres Buches: Wozu gibt es Zeit? Ich gebe Ihnen eine Minute, meine Frage zu beantworten. Falls Ihre Antwort nicht befriedigend ausfällt, drücke ich die rote Taste und annihiliere das gesamte Universum.

«Sie sind verrückt! Um diese Frage zu beantworten, müßte ich ein neues Buch schreiben ...»

«Sie haben noch 57 Sekunden»

Mir wird schwummrig. Wozu gibt es Zeit? Um ... damit ... na ja ... das ist doch ... eigentlich einfach ... Die Welt mußte ein Auge aufschlagen, um sich zu betrachten, sie mußte sich entwickeln, in die Zeit fallen, geschichtlich werden, zunehmend komplexer ... Damit die Welt nicht nur *ist*, sondern sich *hat*! Das Sein *ist* eigentlich erst, wenn es sich spiegelt, sich auf sich bezieht. Das ist es!

Ich lege los: «Die Zeit gibt es, damit ...»

Aber die Minute ist verstrichen. No drückt die rote Taste.

Nichts passiert.

Wir wollen das Kapitel nicht mit diesem quietistischen Satz enden lassen. Es sollte klargeworden sein, daß die Antwort auf die Frage «Warum gibt es überhaupt etwas und nicht nichts?» lautet: «Weil es immer etwas gibt!» Aber wie sollen wir dieses «Etwas» präziser charakterisieren? Ist es räumlich, ist es zeitlich? Wechselwirkt es? Ist es überhaupt physikalisch? Und etwas spezieller: Wenn das Universum nicht aus dem Nichts entstanden ist, woraus dann? Hat es sich vielleicht selbst erzeugt? Oder gibt es einen über unser Universum «hinausreichenden» und es «tragenden» Grundzustand, der auch andere Universen erzeugt? Wenn der Grundzustand nicht nichts ist, wenn er unser Universum transzendiert und wenn sich unser Universum nicht selbst erzeugt hat, dann liegt es doch nahe, daß aus dem Grundzustand auch andere Universen emergieren. In welcher Zeit? Wir werden sehen.

Der Kaiser ist nicht nackt. Es gibt immer etwas.
Der fundamentale Zustand der Natur ist nicht nichts, der Stoff der Raum-Zeit und der Materie/Energie ist nicht aus unsichtbaren Fäden gewebt, das Universum wurde nicht aus dem «Nichts» geboren – das ist ein sinnloses Problem der Philosophie der klassischen Kosmologie. «Nichts» ist unmöglich. «Nichts» ist immer relativ auf Sein. Der fundamentale Zustand der Natur hat nur weniger Struktur als der angeregte. Die grundlegende Frage lautet also nicht: «Warum gibt es überhaupt etwas und nicht nichts?», sondern: «Warum gibt es diesen komplexen Zustand und nicht bloß einen einfachen?» Aber auch diese Frage ist sehr schwer zu beantworten. Der Minimalzustand, hinter den nicht mehr zurückgegangen werden kann, ist wahrscheinlich 1. bewegt, 2. zeitlos, 3. (einfach) strukturiert und 4. nichtempirisch.

■■■4■■ DER NULL-PUNKT DER ZEIT (EINE KURZE REISE)

1 Was «war» vor der Zeit? Diese Frage führt uns

an den Nullpunkt der Zeit. Schauen wir uns eine Geschichte, die vom «Punkt im Nichts», vulgo «Urknall», zum cerebralen Happy-End gelangt, als einen Trickfilm an, den man rückwärts laufen lassen kann. Sie ist die allumfassende und vielleicht letzte große Schöpfungserzählung, weil unsere schrumpfende Kultur alten Mythen einfach nicht mehr so recht vertraut. Starten wir an ihrem grandiosen vorläufigen Endpunkt, dem menschlichen Hirn und der auf ihm basierenden Kultur als vorläufig letzter – zumindest aktuellster – Stufe der zunehmenden Komplexifizierung des Universums und verfolgen wir ihren Verlauf, erst einmal vereinfacht, zurück zum Punkt im Nichts.

Bei diesem Revue-passieren-Lassen des Ereignisstroms fliegt die gesamte Materie (oder Energie) des Universums nicht einfach aneinander vorbei, wenn wir uns dem Anfang des Universums nähern, sondern sie konzentriert sich *zu einem Punkt.*

Und hier an diesem Punkt stoßen wir an die Grenzen unserer Begriffe. Überlegen wir: Dieser Punkt ist nicht bewegungslos, sondern die räumliche Form eines Ereignisses, aber eines Ereignisses, das die Zeit gebiert, ein Erstes Ereignis, das den Kosmos entstehen läßt und somit nicht zum Kosmos gehört. Denn wäre dies der Fall, handelte es sich um ein Ereignis *im* Kosmos, nicht um ein Ereignis, das den Kosmos schafft. Auf der anderen Seite kann dies Erste Ereignis unmöglich außerhalb des Universums stattgefunden haben, denn außerhalb des Universums ist kein physikalischer Zustand definiert. Da ist nichts. Was bleibt? Nun, wenn es weder außen noch innen geschah, dann bleibt nur noch die *Grenze* des Universums übrig. Im vollentwickelten Zustand hat das Universum keinen (räumlichen) Rand, der Kosmos hört nicht plötzlich auf, und das Nichts fängt an. Das Universum ist nicht *in* etwas eingebettet – weder in einen anderen Raum noch ins Nichts, was auch immer das *sein* (!) mag –, sondern *alles* ist *im Universum*.

Anders am Anfang. Am Anfang zeigt das Universum seine Grenzen, die räumliche und die zeitliche. «Zeigen» ist nicht wörtlich zu verstehen, weil wir diese Ränder nicht «sehen», nicht mit den Augen beobachten, sondern nur theoretisch postulieren, sie als eine Folge unserer stärksten Theorien annehmen müssen. (Sie fragen sich, wie es denn sein kann, daß eine Zeit für den gesamten Kosmos gegeben ist – schließt die Relativitätstheorie eine solch weitgehende Annahme nicht aus? Im Prinzip stimmt das, aber wenn man stark vereinfachende Modelle des Kosmos betrachtet, solche, die eine völlig homogene und isotrope Struktur unterstellen, was großräumig nicht völlig unsinnig ist, dann ergibt sich eine *kosmische Zeit*.) Das Erste Ereignis ist also ein Randereignis. Betrachten wir mit den Augen der Theorie (*theorein* = anschauen) den zeitlichen Rand des Universums. Das Universum ist in der Zeit. Der Rand der Zeit gehört *nicht* zum Universum. Der Rand der Zeit heißt $t0$; jeder Zeitpunkt nach $t0$ gehört zum Universum. Aber an einem Punkt gibt es kein Ereignis, weil es keine Zeit hat zu geschehen. Zudem geraten wir in nicht geringe zusätzliche Schwierigkeiten, ein Punktereignis *vor* der Zeit anzusetzen. Wir sollten lieber aufgeben, bevor wir noch weiter in eine begriffliche Schluderei schlittern. Denn: Von welch einem Ereignis sprechen wir eigentlich? *Was* hat sich ereignet? Die Entstehung des Universums! Langsam. Was heißt «entstehen», beispielsweise das Entstehen eines Lebewesens? Es entsteht aus Eizelle und Sperma oder als abgespaltener Teil eines Vorgängerlebewesens oder aus einem speziellen chemischen Konglomerat – auf jeden Fall: Es entsteht *aus* etwas. Wir haben Etwas 1. vorliegen (sagen wir eine Amöbe), dazu kommt eine spezielle Anfangsbedingung (biochemische Stoffkonzentration) und ein gesetzmäßiger Verlauf (Teilung der Amöbe nach DNS-Replikationsgesetzen), schließlich liegt das Resultat vor (zwei Amöben), Etwas 2. Also:

Etwas 1. (Anfangsbedingung) Verlaufsgesetz Etwas 2.

So geht die Naturwissenschaft immer vor, wenn sie *im* Universum operiert. Auch einfachere Vorgänge als eine Amöbenteilung unterliegen diesem Schema, etwa ein Fallvorgang. Ein Gegenstand (Etwas 1.) befindet sich in einer bestimmten Höhe vom Erdmittelpunkt (Anfangsbedingung), er bewegt sich nach unten (Fallgesetz), schließlich schlägt er auf den Boden (Etwas 1.). Hier bleibt der Gegenstand identisch, vielleicht wird er jedoch beim Aufschlag verformt. Man könnte sich fragen, ob er wirklich identisch bleibt; handelt es sich um ein Lebewesen, ist es nach dem Aufschlag vielleicht tot – und damit sicher nicht mehr ganz identisch ... Aber das soll jetzt nicht unser Thema sein.

Im Gegensatz dazu entsteht das Universum nicht aus etwas, die Zeit nicht aus einer «Vor-Zeit». Jetzt liegen keine Anfangsbedingungen *im* Universum vor, keine Gesetze, die für Vorgänge *im* Universum gelten, keine Gegenstände *im* Universum, sondern das Universum selbst, alles, was es gibt, ist Gegenstand der Untersuchung des «status nascendi». Woher Anfangsbedingungen nehmen, wenn es kein spezifiziertes Etwas gibt, woher Gesetze zaubern, die für die Entstehung des Universums gültig sind, im Unterschied zu den Gesetzmäßigkeiten von Vorgängen *im* Universum. Woher Gesetzmäßigkeiten bekommen, da doch das Universum nur *einmal* vorliegt und ein Gesetz die *Wiederholung* ähn-

licher Vorgänge voraussetzt und diese mit ähnlichen Ereignissen *in Beziehung* setzt? Ein Erstes Ereignis wäre im reinen Wortsinn «gesetzlos»!

Nichts (?)(?) Alles

Die üblichen, kosmosinternen Schemata und Modelle der Naturwissenschaften, insbesondere der Physik, scheinen zu versagen, wenn es um die Kosmogonie geht, um die *Entstehung* des Universums. Wie können wir diesen *Vorgang* verstehen? Physikalisch wissen wir über den Zeitpunkt t0 praktisch nichts. Trotzdem folgt seine Existenz zwingend aus vielen plausiblen, für spätere Zeitspannen empirisch gut bestätigten kosmologischen Modellen. Das Universum ist aus einem physikalisch nicht definierten Zustand entsprungen. Wir haben ihn hier «Nichts» genannt und meinen damit auch Nichts. Hier ist weder ein Energiezustand definiert, noch wissen wir etwas über Gesetze oder Anfangsbedingungen des Prozesses. Trotzdem besitzen wir eine Art roten Faden. Dieser rote Faden ist die Zeit. Sie führt unangeschlagen zum Anfang: Der Raum wird zerrissen oder unzusammenhängend, die Energie wird unendlich groß und damit unphysikalisch, die Naturgesetze beginnen ihre Gültigkeit zu verlieren, die Materie wird völlig in reine Energie verwandelt, die Temperatur ist undefiniert, weil auch unendlich groß ... nur die Zeit ... erst einmal nur die Zeit ... bleibt. (Bald wird auch sie fallen.) Hangeln wir uns zu t0.

Der Nullpunkt der Zeit erscheint paradox: Entstehen setzt Zeit voraus (etwas entsteht *in* der Zeit), Bewegung setzt Zeit voraus (etwas bewegt sich *in* der Zeit). Etwas entsteht in der Zeit, aber die Zeit entsteht nicht, weil es keine zweite Zeit gibt, in der sie entstehen könnte. Der Philosoph Richard Swinburne faßt die Zeit als den Hintergrund auf, vor dem Dinge entstehen, sich ändern oder vergehen. Sie ist die Bühne, auf der die Tragikomödie des Kosmos gespielt wird; diese Weltbühne wird von keiner zweiten umfaßt. Wenn irgend etwas zu existieren beginnt, muß es nach dieser Auffassung auch eine Zeitspanne geben, bevor es existierte.

Wir sehen einen Ausschnitt der Zeitachse, die nicht wirklich abbricht, sondern hinter dem Fenster weiterläuft. Vor dem Ereignis 4711 gab es ein Ereignis 0815, vor dem Ereignis 0815 hätte das Ereignis 666 sein können, zwischen 0815 und 4711 eines mit der Ziffer 2000 und so weiter. Natürlich geschehen bestimmte Ereignisse in bestimmten Zeitabschnitten, oder sie geschehen nicht. Entweder nieste Cäsar am 15. März −44 dreimal, oder er tat es nicht. Also gilt der folgende Grundsatz:

Entweder es gab ein bestimmtes Ereignis x vor einer Zeitperiode t, oder es gab dieses nicht. In jedem Fall muß es eine Zeitperiode t' vor t gegeben haben, während deren es x gab oder nicht.

Entweder nieste Cäsar vor den Minuten des Sonnenaufgangs am 15. März −44, oder er tat es nicht. In jedem Fall muß es eine Zeitspanne vor den Minuten des Sonnenaufgangs gegeben haben, in der Cäsar nieste oder nicht nieste.

Wenn dieser Grundsatz universell gilt, dann muß er auch für die Kosmogonie gelten. Versuchen wir es.

Entweder es gab ein bestimmtes Ereignis X vor der Zeitperiode t0——t15 MRD., oder es gab dieses nicht. (Das ist doch eine erschöpfende Alternative.) In jedem Fall muss es eine Zeitperiode t—t' vor t0——t15 MRD. gegeben haben, während deren es X gab oder nicht.

Die Zeit kann nicht begonnen haben. Warum? Versuchen wir, das Argument in anderen Worten zu formulieren. Es ist ein sehr altes Argument, schon Aristoteles hat es vorgebracht.

Das Sprechen vom Anfang der Zeit setzt voraus, daß der Begriff
«vor» aus Gründen der Symmetrie auch auf t0 anwendbar ist.

Jeder Zeitpunkt ist gleichberechtigt, keiner ist vorzuziehen. Jeder Zeitpunkt ist wesenhaft in eine unendliche Gerade eingebettet, hat immer andere Punkte als Nachbarn, da ein Punkt dadurch und nur dadurch definiert ist, daß er, wenn man ihn aktuell aus seinem potentiellen «Schlummer» herausgreift und bezeichnet, immer als *Schnitt* in eine Gerade die beiden resultierenden Teilstücke sowohl trennt als auch verbindet. Jeder Punkt ist daher Endpunkt eines Intervalls und Anfangspunkt eines anderen in *einem*.

Wenn diese Voraussetzung akzeptiert ist, dann folgt gnadenlos, daß auch t0 nur ein Schnitt in eine unendliche Zeitachse ist, daß es vor t0 also Zeit gibt. Ganz explizit: Es gibt *immer* Zeit, denn natürlich gilt diese Argumentation auch für den Begriff des «Nach». Anfang und Ende der Zeit sind so undenkbar. Sicher ist ein abrupter Anfang (oder ein abruptes Ende) der Zeit schwer vorstellbar. Nehmen wir einmal an, daß wir auf das Ende aller Zeiten zugehen, was dem rückwärts laufenden Zeitfilm völlig entspricht, nur daß es weniger künstlich ist. Jetzt befinden wir uns in der letzten Sekunde der Zeit und erwarten das Ende derselben. Jeder Zeitpunkt läßt ein «danach» zu, scheint weitergehend gemäß unseren Überlegungen ein «danach» zu fordern. Nur der letzte Zeitpunkt nicht. Aber er ist in keiner Weise vor allen anderen ausgezeichnet; wenn er anbricht, zeigt er durch nichts, durch absolut kein Kennzeichen an, daß er ein besonderer Punkt ist. Er verweist wie jeder Zeitpunkt auf die Zeit nach ihm.

Sollte es wirklich im Wesen der Zeit liegen, immer zu sein, nie anzufangen, nie aufzuhören? Nein, dem ist nicht so. Denken wir nach. Daß vor der Zeitperiode t, sagen wir, *kein* Ereignis x stattgefunden hat, kann entweder heißen – wie wir oben analysierten –, daß es vor t eine Periode t' gab, zu der x nicht stattfand, oder *daß es kein t' vor t gab*! Der Beginn der Zeit setzt nicht voraus, daß es eine Zeit gab, zu der es keine Zeit gab (!), sondern schlicht und simpel *die Abwesenheit jeder früheren Zeit*. Es gilt somit dieser Grundsatz:

Entweder es gab ein bestimmtes Ereignis x vor einer Zeitperiode t, oder es gab dieses nicht. Gab es dieses, dann gab es eine Zeitperiode t' vor t, wärend deren x stattfand. Fand x nicht statt, dann gab es keine Zeitperiode t' vor t, zu der x stattfand.

Natürlich hätte es ein anderes Ereignis y vor t geben können, also eine Zeitperiode t" vor t, zu der y stattfand. Wir behandeln hier die Entstehung der Zeit überhaupt. Also formulieren wir kosmologisch und verallgemeinern:

Entweder es gab Ereignisse x1, x2, ..., xn vor der Zeitperiode t0——t15 MRD., oder es gab solche nicht. Gab es solche, dann gab es eine Zeitperiode t ——t', zu der die Ereignisse stattfanden. Gab es sie nicht, dann gab es keine Zeitperiode t ——t' vor t0——t15 MRD., zu der die Ereignisse stattfanden.

Es ist also sinnvoll und vernünftig, daß es keine Zeit vor t0 gegeben haben könnte. Das ist auch die Meinung von Augustinus: Gott hat die Zeit «gemacht», und es gab nicht irgendeine Zeit, zu der die Zeit nicht war.

Wir sollten uns außerdem daran erinnern, daß t0 vor allen anderen Zeitpunkten ausgezeichnet ist, denn er gehört nicht zur Zeitachse, er gehört nicht zum Universum, da er dessen Grenze ist. Auch der letzte, übriggebliebene Grundsatz muß leicht verändert werden:

Das Sprechen vom Anfang der Zeit setzt voraus, daß der Begriff «vor» aus Gründen der Symmetrie nicht auf t0 anwendbar ist.

Aus Gründen der Symmetrie wird hier der entgegengesetzte Grundsatz aufgestellt, denn «aus Gründen der Symmetrie» bedeutet an dieser Stelle, daß für einen, ausgezeichneten Punkt *nicht* gilt, was für alle andern gilt, nämlich daß es mindestens einen früheren Zeitpunkt gibt oder, weitergehend, einen früheren Zeitabschnitt. Genauer: Es hat ein Symmetriebruch stattgefunden, ein Punkt ist gleicher als die anderen. Aber wie «ereignete» sich der Übergang *von* t0, dem *zeitlosen* Punkt des Zeitbeginns, *zu* dem Zeitabschnitt, der jetzt etwa 15 Milliarden Jahre währt?

Die Frage «Was war vor t0?» ist sinnlos, denn «vor» ist ja nicht auf t0 anwendbar. (Überlegen Sie, ob wir «Gefangene des Universums» sind oder ob wir nicht doch theoretisch ausbrechen könnten, möglicherweise durch die Annahme einer zeitlosen Beziehung, die aus dem Universum führt, ein zeitloser Grund der Welt, ein echter Grundzustand des Universums – haben Sie schon bemerkt, daß dies unser Ziel ist?) Was geschah nun «direkt» nach der Zeitstelle t0? Finden wir einen plötzlichen (!) Übergang von der Zeitlosigkeit in die Zeit vor, einem Wunder gleich, ja in seiner Verständlichkeit kaum von einem Schöpfungsakt verschieden? Das wäre ein gesetzloser Sprung im Dunkeln, nicht zu fassen.

2 Zusammenführung der zentralen Fragen.

Aus welchem Grundzustand emergierten Raum, Zeit und Materie/Energie? Ist es möglich, diesen «Vorgang» im Begriffssystem der Kosmologie wissenschaftlich (empirisch?) zu erfassen? Wird die globale Zeit des Universums (mit allen lokalen Zeiten) an ihrem Nullpunkt erzeugt? Falls ja, mit welcher Art Vorgang haben wir es dann zu tun? Falls nein, muß in diesem Fall der Grundzustand des Universums als ein zeitlicher Vorzustand angesehen werden? Ja oder nein: Wie können wir das wissen? Ist die Geburt des Universums ein Ereignis, das zumindest unsere Zeit ins Sein treten läßt? Gibt es Zeit nur mit Ereignissen oder auch Ereignisse ohne Zeit? Wenn es «immer» etwas gibt – wie ist es beschaffen?

3 Die kosmologische Zeit. Der Fragen zu viele,

der Antworten zu wenige. Reisen bildet. Unternehmen wir eine kleine Reise zum Nullpunkt der Zeit, «schwimmen» wir im Raum-(Zeit-)Feld zurück. Da wir vorhaben, in der Zeit zu reisen, brauchen wir eine Uhr, damit wir wissen, wann wir sind. Die Uhr sollte geeicht sein. Und die Zeit, die sie mißt, sollte für das gesamte Universum gelten ... Blicken wir uns nach einer Uhr um: Nehmen wir doch einfach das gesamte Universum. Das bekommen wir zwar, aber wir zahlen einen hohen Preis. Die globale Raumkrümmung sollte im Durchschnitt immer gleich sein, das Universum muß sich also aus allen Richtungen gleichmäßig zusammenziehen (denn es geht ja rückwärts in der Zeit in Richtung Ursprung). Lokale Inhomogenitäten dürfen wir zulassen, aber sie müssen im Mittel symmetrisch verteilt sein. Nur auf diese Weise können wir das Universum als Uhr gebrauchen, welche definitionsgemäß überall dieselbe Zeit anzeigt, die kosmische Zeit. Sie besitzt eine objektive, totale Ordnungsstruktur. Keine Zeitverzweigungen tauchen auf; alle Beobachter messen die gleiche Zeit. Das *Universum als Ganzes* soll sich in einem bestimmten Zustand befinden und nicht für verschiedene Teilbereiche, die sich je verschieden bewegen, eine je verschiedene Zeit anzeigen.

Wie dies garantiert wird, habe ich schon angedeutet. Präziser gefaßt sieht das so aus: Die Raum-Zeit muß so «aufgeschnitten» werden, daß alle sogenannten «fundamentalen Beobachter» sich in sich gleichmäßig mitbewegten Bezugssystemen befinden – das

Universum wird also in homogene «Raumschnitten» aufgeteilt, in denen jeweils Ereignisse gleichzeitig stattfinden und die symmetrisch hintereinander liegen, also zeitlich geordnet sind. Alle fundamentalen Beobachter sehen das Universum gleich strukturiert und unterliegen derselben zeitlichen Ordnung. Nur wenn diese Bedingungen gelten, sind wir berechtigt, von einer kosmischen Zeit und damit der (Rück-)Entwicklung des Universums als Ganzes zu sprechen. Natürlich haben wir in diesem Modell keineswegs die Newtonsche absolute Zeit zurückgewonnen, denn es handelt sich ja um eine konventionelle Auffächerung der Einsteinschen Raum-Zeit, die auch anders durchgeführt werden könnte, wenn wir ein anderes Ziel im Auge hätten als ein stark symmetrisches Modell des Universums, dessen Gesamtentwicklung wir verfolgen möchten.

Dichte und Druck der kosmischen «Flüssigkeit», mit der das Universum in diesem einfachen Modell gefüllt ist, bleiben auf jeder «Raumschnitte» konstant. Wir müssen uns klarmachen, daß es sich bei dieser kosmischen Zeit um ein extrem künstliches Gebilde handelt, das eigentlich als eine bloß theoretische Modellgröße angesehen werden muß. Die Zeit ist hier ein theoretischer Begriff und hat keine wirkliche empirische Relevanz. Stellen Sie sich einen Luftballon vor, der eine zweidimensionale Veranschaulichung eines in sich gekrümmten dreidimensionalen Raumes repräsentieren soll. Nur die Gummihaut («Oberfläche») kommt in Betracht, die luftige Umgebung innen und außen muß ignoriert werden. (Verfallen Sie niemals auf die Idee, die Ausdehnung oder Zusammenziehung des Universums als eine sich in ihrem Volumen verändernde Kugel zu verbildlichen!) Die fundamentalen Beobachter befinden sich «in» der Haut (auch sie sind zweidimensional). Wenn sich der Ballon aufbläst, entfernen sie sich voneinander, verharren aber an ihrem Platz in der Haut; wenn sich der Ballon zusammenzieht, nähern sie sich entsprechend einander an. Die Haut symbolisiert den Raum, dessen *Punkte* sich voneinander entfernen oder sich einander nähern, während die fundamentalen Beobachter an ihren Punkten festgenagelt sind. (Überlegen Sie sich, wie wir eigentlich diese Punkte identifizieren und voneinander unterscheiden!?)

Unsere Reise hat den Nullpunkt der Zeit zum Ziel. Die kosmische Zeit läuft zurück, wenn sich der Ballon zusammenzieht. Je kleiner die Hautfläche ist, desto näher befinden wir uns am Nullpunkt. Die unterschiedlichen Ballongrößen sind also zeitlich geordnet, jede einzelne bildet eine Gleichzeitigkeitsfläche der kosmischen Zeit. Jeder fundamentale Beobachter hat zu seiner Bequemlichkeit eine Uhr bei sich, deren Zeigerbewegung mit der Bewegung der sich einander nähernden anderen fundamentalen Beobachter synchronisiert ist. Diese Eigenzeit der fundamentalen Beobachter hat damit denselben Takt wie die kosmische Zeit selbst. Durch die Symmetrieeigenschaften unseres einfachen Universums ergibt sich eine Einheit der Zeiten der verschiedenen Subsysteme, in welche das Universum separiert ist. Auch jede Galaxis, die auf der Haut festgeklebt ist und keine wesentliche Eigenbewegung vollzieht, darf als ein fundamentaler Beobachter bezeichnet werden. Alle Uhren in ihr, wie zum Beispiel die Bewegung von Planeten um Zentralgestirne, die Rotation von Pulsaren oder die Übergänge zwischen zwei Ebenen in Cäsiumatomen, können mit der kosmischen Zeit gleichgetaktet werden.

Aber folgendes gilt es zu berücksichtigen: Die zeitliche Entwicklung des Universums weist Inhomogenitäten oder Asymmetrien auf, die man «kosmologische Epochen» nennt; ihre Auswirkungen werden in stark vereinfachten Modellen vernachlässigt. Das Universum ist nicht leer und der «leere» Raum auch nicht. Es genügt auch keineswegs, das Universum als mit einer inkompressiblen, also nicht zusammendrückbaren Flüssigkeit gefüllt zu betrachten oder es so zu modellieren, als wäre es nur mit homogenem Staub durchsetzt. Einerseits bergen dichte lokale Verklumpungen oder großräumige Inhomogenitäten die Gefahr in sich, die angenommene Modellsymmetrie zu brechen, andererseits können auch zeitlich je verschiedenartige physikalische Vorgänge in der Evolution des Universums charakteristische Brüche der Symmetrie anzeigen. Die Einbeziehung möglicher räumlicher Inhomogenitäten läßt das kosmologische Prinzip schwanken, aber wie steht es um die zeitlichen Inhomogenitäten?

Wir leben im Augenblick (schreiben wir nicht das Jahr 13 Milliarden nach Kosmou Geburt in kosmischer Zeit?) in der Materieepoche mit scharf ausgeformten Strukturbildungen. Diesem Abschnitt zuvor ging die strahlungsdominierte Epoche, vor dieser herrschte die Leptonenepoche, noch weiter zurückgehend stoßen wir auf die Hadronenepoche, dann schwang die Quarkepoche ihr Zepter, und schließlich taucht aus dem Dunkel der Urzeit des Universums das Arkanum, das Geheimnis der Planckepoche auf. Der Nullpunkt der Zeit tritt bedrohlich in unser theoretisches Sichtfeld … Aber alles scheint verschwommen, und die Richtung unserer Zeitreise verschwindet im Unbestimmten.

Das kosmologische Prinzip soll in jeder einzelnen dieser Epochen Anwendung finden, es kann jedoch nicht für die gesamte Evolution des Universums gelten. Hier greifen die vereinfachenden Modellannahmen, die aber ebenfalls starke Inhomogenitäten des kosmischen Substrates oder der Raum-Zeit ausschließen; mit Ausnahme der ersten Epoche, die in einigen zentralen Modellen mit einer Singularität beginnt. Die meisten Kosmologen glauben, daß diese Standardauffassung zutrifft und das Universum einen Anfang hat – ob der Anfang in der Zeit stattfand oder ob mit ihm die Zeit begann, ist umstritten. Unstrittig freilich ist der Wunsch, eine Singularität am Anfang zu vermeiden, da man diese als ein bloßes Artefakt eines klassischen Modells auffaßt. Für eine Singularität gelten einfach keine physikalischen Gesetze, wodurch jeglicher Informationsgewinn über sie ausgeschlossen sein dürfte. Trotz alledem scheint der Anfangszustand erst einmal ein ausgezeichneter Zustand zu sein, da er die größte vorstellbare Inhomogenität darstellt: der Beginn von allem als die Grenze von Raum und Zeit. Wie auch immer diese Grenze beschaffen sein mag. Wir nehmen vorläufig an, daß sie als der Nullpunkt der Zeit beschrieben werden kann. Die kosmische Zeit mit einem Nullpunkt wird in der Kosmologie als «Friedman-Zeit» bezeichnet. Der Kosmologe Aleksander Friedman sprach 1922 von der «Zeit seit der Erschaffung der Welt». Diese Zeit wird charakterisiert durch die Änderung des «Krümmungsradius» des Universums, der zum Zeitpunkt Null – rückwärts betrachtet – zu einem Punkt zusammenschrumpft. In unserem Ballonmodell verkleinert sich die Fläche (gleich: zweidimensionales Universum) so weit, daß sie schließlich verschwindet. Wenn das Universum alles ist, was es gibt, dann bliebe im Modell schlichtweg *nichts* übrig. Das kann nicht wahr sein, wie wir gesehen haben.

Die einzelnen kosmologischen Epochen können nicht durch simple Modelle beschrieben werden. Die Materieepoche, in der wir leben, zeichnet sich durch eine intensive Strukturbildung aus, durch die heftige Inhomogenitäten in die Welt treten und sich auch die Zeiten der Subsysteme des Universums voneinander abkoppeln. Es scheint immer schwieriger, von einer kosmologischen Zeit zu sprechen, weil es sein kann, daß die globalen Homogenitäts- und Symmetrieannahmen, welche die Zeiten vereinheitlichten und in den gleichen Takt brachten, nicht mehr zutreffend sind oder zunehmend unrealistischer werden. Eine komplexe Welt mag mit Homogenitätsforderungen vereinbar sein, wenn zum Beispiel die Komplexität hierarchisch verteilt oder selbstähnlich ist (siehe Chaostheorie). Aber eine komplizierte Welt, in der die Untersysteme selbst wesentlich inhomogen beschaffen sind, kann schwerlich mit Homogenität in Einklang gebracht werden.

Unsere Theoriebildung ist zum Zerreißen eingespannt in eine Art Streckbank, auf deren einer Seite die zu akzeptierende Kontingenz einer möglichen komplizierten Materie-/Energieverteilung zerrt, während an der anderen Seite die notwendigen Homogenitäts- und Symmetrieforderungen ziehen. Dieses Problem trat bei der Behandlung des kosmologischen Prinzips klar hervor und spielt auch eine wichtige Rolle im Rahmen der kosmologischen Zeit.

Wenn wir zum Nullpunkt der Zeit zurückkreisen, werden die kosmologischen Epochen unsere Stationen sein. Es ist hier nicht der Ort, sie ausführlich zu schildern. Was uns interessiert, sind genau drei Themen, nämlich die Beziehung zwischen der Einfachheit der kosmologischen Modelle und den starken Inhomogenitäten der kosmologischen Epochen; die Relation von Uhren und der kosmologischen Zeit; die Modellbildung in der Nähe des Nullpunktes der Zeit.

4 Die «Krümmungsebenen» und die Einheit der Evolution des Universums.

Erstens geht es um die Spannung zwischen der Einfachheit der Modelle, die überhaupt eine kosmologische Zeit, speziell eine Friedman-Zeit, zulassen, und der Inhomogenität der Epochenbildung selbst. Unser heutiges Universum zeichnet sich durch hochgradige Strukturbildung aus, die aus Dichtefluktuationen früherer Epochen entstanden ist. Die Kosmologen verstehen diesen Prozeß noch nicht genau, vermuten aber, daß schon in der Planckepoche die Keime für die Galaxien angelegt waren. Den Abdruck dieser primordialen (ursprünglichen) Inhomogenitäten kann man in den winzigen Temperaturschwankungen der kosmischen Hintergrundstrahlung erkennen. Vielleicht spielt die sogenannte dunkle Materie eine entscheidende Rolle, da sie die quantenmechanischen Schwankungen in dem Maße hätte verstärken können, daß die heutigen Inhomogenitäten, wie Galaxien oder großräumige Filamente, entstanden sind. Der Vorgang der Strukturentstehung läßt sich als eine Art Ausfällungsprozeß interpretieren, ähnlich einer Kristallisation, nicht als ein Prozeß der Selbstorganisation, da die fundamentalen Quantenfelder, deren Symmetrie im Verlauf der Entwicklung des Universums gebrochen wird, geschlossene Systeme sind, während Selbstorganisation in offenen Systemen stattfindet. Das Problem scheint aber ungeklärt und auf derselben Ebene gelagert wie die Frage nach den thermodynamischen Eigenschaften der Gravitation. Um die Einheit der Dynamik des Universums zu begreifen, die wir voraussetzen müssen, damit wir überhaupt sinnvoll von einer einheitlichen Entwicklung des Kosmos sprechen können, benötigten wir eine Theorie der Thermodynamik des Raum-Zeit-Feldes, die nicht vorliegt. Trotzdem sind wir in der Lage, diese Einheit zu finden.

Fünf Beschreibungsebenen des Universums sind zu unterscheiden und in eine einheitliche Beziehung zu setzen. Die *topologische* Struktur des Universums informiert uns über seine grundsätzliche Form: Ist es zum Beispiel gestaltet wie ein Torus (ein Rettungsring – möglich, aber unwahrscheinlich), wie ein «Kasten ohne Wände» (unendlich groß und flach), wie eine dreidimensionale «Fläche» (so sprechen die Mathematiker); andere und kompliziertere Formen sind denkbar. Wir glauben, daß der Kosmos eine leicht in sich (positiv) gekrümmte dreidimensionale Fläche ist, deren zweidimensionales Analogon in der schon erwähnten Gummihaut des Ballons besteht, die wir uns als fast flach vorzustellen haben. Der sogenannte *Krümmungsskalar* k, der in die verschiedenen Weltmodelle eingeht, ist eng mit dem kosmologischen Prinzip verbunden und daher in der zeitlichen Entwicklung des Universums konstant, wie auch die Topologie üblicherweise nicht veränderlich ist, mit Ausnahme des frühen Stadiums des Universums. Der Ballon dehnt sich zwar aus (oder zieht sich zusammen), aber seine durch k charakterisierte Krümmung bezogen auf seine «Größe» ändert sich nicht, genauso wie keine Löcher in ihn gestanzt werden oder sich die «Kugelgestalt» nicht in einen Torus verwandelt. Was sich ändert, das ist die vom Skalenfaktor (dem «Radius», der ja expandiert) abhängige Krümmung, auch *Gaußsche Krümmung* genannt: Die Ballonhaut wird flacher, je stärker der Ballon aufgeblasen wird (je weiter das Universum expandiert – noch einmal: nur die Haut existiert, kein Innen und Außen). Verklumpungen im Universum wie Galaxien bedingen ganz verschiedene *lokale Krümmungen*, die keinen wesentlichen Einfluß auf die anderen Krümmungsarten (und die Topologie) ausüben. Zuletzt auf der untersten Ebene fassen wir alle Krümmungen zusammen, die etwa von Sternen, Planeten oder noch kleineren Körpern erzwungen werden; nennen wir sie *Mikrokrümmungen* bezogen auf den Radius des Universums.

Die Einheit der Dynamik des Universums ist nur dadurch garantiert, daß die lokalen Krümmungen und die Mikrokrümmungen sich relativ unabhängig von den anderen Krümmungsfaktoren bilden und entwickeln. So darf die Strukturbildung, die sich auf der Ebene der lokalen Krümmungen abspielt, nicht das kosmologische Prinzip unterminieren, welches mit dem Krümmungsskalar die zeitliche Homogenität des Universums gewährleistet. Alles dies kann in der frühesten Epoche des Universums obsolet werden, weil hier die Mikrokrümmungen, in diesem Fall also die Keime der Galaxien, eine weitreichende Wirkung auf das gesamte Universum ausüben. Während der Anfangsepoche mag sich sogar die Topologie ändern und mit ihr vielleicht die Dimensionalität des Universums, wie es die Stringtheorie behauptet. Die Ballonhaut mag stark zerknittert werden oder einreißen, oder in andere Dimensionen ausgeweitet sein, eines aber steht fest:

In späteren Stadien hinterlassen die Mikrokrümmungen keinen starken Eindruck in der sich global ausdehnenden Haut.

Resultat: Das kosmologische Prinzip gilt eigentlich nur in jeweils einer kosmologischen Epoche. Der jetzt beobachtbare Teil des Universums repräsentiert das ganze Universum, oder allgemeiner: Die (gemittelte) Strukturverteilung jeder Epoche ist für jeden möglichen fundamentalen Beobachter gleich. Das vollkommene kosmologische Prinzip behauptet diese Aussage für jede Epoche; es gilt aber in dieser strengen Form keineswegs, da wir akzeptieren, daß der Kosmos entstanden ist und einer Dynamik unterliegt, die sich in verschiedenartig gestalteten Epochen ausdifferenziert. Das vollkommene kosmologische Prinzip ist nur mit einem Steady-State-Modell vereinbar, welches behauptet, daß der Kosmos zu jeder Zeit etwa gleich strukturiert war. Dieses Modell schließt eine Entstehung des Universums und dessen Dynamik über wesentlich voneinander abweichende Phasen aus; diese andersartigen Phasen sind aber Teile des Standardmodells, auf die wir nicht verzichten wollen. Wir sind aber gezwungen, eine *relative* Einheitlichkeit der Phasen zu fordern, damit wir überhaupt die Einheitlichkeit der Dynamik des Universums ansetzen können. Der Kompromißvorschlag besteht darin, die globale Krümmungsdynamik als unabhängig vom «Inhalt» des Universums zu postulieren. Dahinter steckt meines Erachtens ein tieferes Prinzip von der *Einheit der Zeit*. Darauf müssen wir zurückkommen.

Das frühe Universum liegt uns nicht als Beobachtungsobjekt vor. Ohne künstliche Abstraktionen kommen wir nicht aus: kosmologisches Prinzip, kosmologische Zeit, spezielle Aufteilung des Universums in Beschreibungsebenen. Freilich erschließen uns diese Abstraktionen das Universum und verdecken es nicht etwa! Erst sie machen es möglich, daß wir uns überhaupt dem Nullpunkt der Zeit nähern können. Erst durch diese Abstraktionen erahnen wir, daß die «Luft» sehr eisig und dünn geworden ist. Die raum-*zeitliche* Einheit des Universums wird uns nicht geschenkt, wir bezahlen für sie mit hochabstrakten Modellen, die in sich und deren Beziehung zueinander oft unverstanden sind.

5 Die epochalen Uhren.

Zweitens fragen wir nach den jeweiligen Uhren, welche die kosmologische Zeit epochenübergreifend messen oder repräsentieren. Zeit ohne Bewegung scheint unsinnig; wir haben das Problem im ersten Kapitel angesprochen. Vollführen wir ein Gedankenexperiment, in dem wir reale Bewegungen als «zeiterzeugende» zugrunde legen und ideale, neben dem Universum existierende Uhren oder abstrakte Parameter ausschließen. Die Ausdehnung des Universums *ist* die Zeit; einen anderen Zeitbegriff haben wir auf dieser Ebene der Diskussion nicht zur Verfügung. Das Universum dehnt sich also in diesem Modell nicht *in* der Zeit aus. Aber eines gilt es noch zu bedenken: Im Anfangszustand verschwindet nach einigen zentralen Modellen des Universums die Zeit. Auf welche Weise geschieht das, und welchen Sinn sollen wir mit dieser Aussage verbinden? Mindestens zwei Möglichkeiten eröffnen sich. Entweder erweist sich der Anfangszustand als statisch, oder er zeigt eine Art von Dynamik, die nicht «zeiterzeugend» gestaltet ist. Andere Alternativen werden wir noch besprechen.

Wir kehren nun die Expansion des Universums um. In unserer Materieepoche mit ihren Galaxien und Sternen genügt jedem fundamentalen Beobachter eine normale mechanische Uhr. Sie tickt im Einklang mit der Umdrehung der Erde um sich selbst und um die Sonne (wenn wir einmal von uns Erdbewohnern ausgehen). Machen wir es kurz: Irgendwann werden sich die thermodynamischen Verhältnisse dermaßen verschärfen, daß Strukturen wie Galaxien und Sonnensysteme zerfallen und sie daher nicht mehr als Uhren zu gebrauchen sind. Auch unsere Normaluhr wird zerbrechen, wenn sie der Dichte, dem Druck und der Hitze des Universums nicht mehr standhalten kann. Wir (als ideale Beobachter sind wir unzerstörbar) haben dann noch atomare Schwingungen für die Zeitmessung zur Verfügung. Aber unsere Reise geht immer weiter, und die Verhältnisse verschlechtern sich so sehr, daß auch Atome zu Bruch gehen. Zudem: Selbst wenn wir bisher ein wenig naiv quantenmechanische Überlagerungen ignoriert haben, jetzt wäre es an der Zeit, sie in unsere Überlegungen einzubeziehen. Denn was bleibt uns noch? Elementarteilchen und Felder. Die müssen wir quantenmechanisch behandeln. Dann haben wir ein Problem: Die allgegenwärtige Zustandsüberlagerung der Quantenmechanik. Die möglichen Schwingungen überlagern sich, und wir sind nicht mehr in der Lage, eine eindeutige Zeit abzulesen, weil es keine eindeutige «Zeigerstellung» gibt. Wir befinden uns als ideale Beobachter (die natürlich keine innere Uhr besitzen) in der Situation von Personen, die eine Unzahl von Uhren vor sich liegen haben und nicht wissen, von welcher sie die richtige Zeit ablesen sollen. Auf welche Uhr sollen wir nun zurückgreifen? Auf die sich verändernde Krümmung der Raum-Zeit selbst? Aber einmal abgesehen davon, daß sich die Raum-Zeit(en) in diesem quantenmechanischen Zustand ebenfalls überlagert(n) (so vermuten wir), ändert sich vielleicht zudem noch ihre Topologie, und die Begriffe «vorher» und «nachher» sind total unanwendbar. Die «glatte» Struktur der Raum-Zeit löst sich auf und wird «schaumig», so daß wir über ein Ereignis nicht herausbekommen, ob es vor oder nach einem anderen Ereignis stattfand. Weniger metaphorisch gesprochen verliert die Raum-Zeit ihre Zusammenhangseigenschaft. Nicht mehr an jeder Stelle kann ein Maßstab angelegt werden, der uns präzise die Ordnung der Ereignisse anzeigt. Stükke der Ballonhaut sehen dann aus wie Scheiben Schweizer Käse, dessen Löcher nicht in das Maß einbezogen werden dürfen, da sie nicht zur Haut gehören. Es bleibt vollkommen unklar, wie zwei Ereignisse am Rande eines Loches angeordnet sind, da sich der Maßstab im Loch nicht fortsetzt und entweder rechts- oder linksherum gelesen werden kann. Und ein zusätzliches Problem tritt auf: Je näher wir an den Nullpunkt der Zeit heranrücken, desto schneller vollziehen sich die von uns ausgewählten Schwingungen, bis sie sich gar anschicken, unendlich schnell zu werden ... An dieser Stelle müssen wir stoppen. Jetzt geht nichts mehr. Uns fehlt die Theorie, welche diesen Zustand korrekt beschreibt. Da wir als ideale Beobachter sozusagen die Agenten dieses Desiderats gewesen sind, bleibt uns nichts anderes übrig, als vorläufig zu schweigen.

6 Die Theorien am Nullpunkt. Drittens geht

es uns um die Theorien- und Modellbildung in der Nähe des Nullpunktes der Zeit. Dieser Punkt erscheint uns ohne Zweifel als der interessanteste und auch als der prekärste. Erreichen wir überhaupt den Nullpunkt der Zeit? Und falls ja, führt ein Weg aus ihm heraus in die «Minusgrade» der Zeit? Ein bunter Strauß von Theorien liegt dann vor uns; leider erfüllt uns keine der einzelnen Blumen mit dem Duft des Wissens, wie es «wirklich» dort beschaffen ist. Alle Theorien und Modelle über diesen Anfangszustand (und über ihn hinaus) kranken an ihrer Vorläufigkeit und ihrer Nichtüberprüfbarkeit. Sie zeigen sich als hochgradig nichtempirische Hypothesenkonglomerate, was uns nicht weiter wundert. Trotzdem: Keine dieser Spekulationen ist willkürlich vorgebracht, alle unterscheiden sich wesentlich von bloß abseitigen philosophischen oder gar theologischen Reflexionen und Systemen, die häufig einem sich manchmal gerne in der Dunkelheit verirrenden Publikum angetragen wurden. Diese Holz- und Irrwege scheinen oft mit einer inhaltlichen Tiefe ausgestattet zu sein, die sie bei näherer Betrachtung überhaupt nicht haben. Jedoch über eines dürfen wir uns keinesfalls täuschen: Die Kosmogonien, die Theorien über die Entstehung des Universums, mit ihrer noch zu erstellenden und sie abstützenden Fundamentaltheorie – sollte sich denn eine einzelne herauskristallisieren – müssen als *mathematische Metaphysik* im besten Sinne gekennzeichnet werden. In dieser mathematischen Metaphysik erscheint der nichtempirische Zug der Naturwissenschaften in seiner Reinform, so daß ich alle, wenn auch nachvollziehbaren, Versuche, solche Theorien in empirische umzuwandeln, für vergeblich erachte.

Nach einem vorläufig noch groben Raster ergeben sich mannigfaltige Kriterien, nach denen Theorien über den Anfangszustand klassifiziert werden. Wenn wir ein Multiversum mit verschiedenen Kosmen für akzeptabel halten, wird dieses Multiversum entweder einen Anfang haben oder schon immer gewesen sein. Wir müssen uns zudem fragen, «in» welcher Zeit sich ein solches Gebilde wohl entwickelt. Weiter: Setzt es sich fort durch einen Zusammenhang der Kosmen, oder laufen diese Kosmen nebeneinanderher? Nebeneinander in welchem Raum? Ein Universum, das ein Kosmos eines Multiversums sein könnte, wird entweder einen echten Anfangszustand besitzen, oder ihm wird ein Übergangszustand zu eigen sein, oder es wird immer schon gewesen sein. Der Anfangszustand kann singulär sein oder nicht. Ist er es nicht, wird er meist als Übergangszustand aus einem Vorzustand charakterisiert werden müssen, während ein Vorzustand eines echten Anfangszustandes unbekannt bleibt. Außerdem sind für einen Übergangszustand ganz verschiedene Formen denkbar.

Im nächsten Kapitel verfeinern wir dieses grobe Raster. Alle diese Theorien ... «Langsam. Unterscheiden Sie nicht zwischen Theorien und Modellen? Soweit mir bekannt ...» Ich wußte es. Das konnte nicht ausbleiben. «No, ich bitte Sie. Hören Sie auf, mir ins

Wort zu fallen. Im Augenblick spielt es keine Rolle, ob ...» – «Doch, das tut es sehr wohl. Sie sollten Ihre Leser darauf hinweisen, daß Modelle, speziell kosmologische Modelle, inhärenter *Bestandteil* von Theorien sind. Die Suche der Physiker richtet sich ja auf eine fundamentale Theorie, nicht ein fundamentales Modell. Im Grunde ist die Sache gar nicht kompliziert. Es genügt vollkommen, beispeisweise auf die Relativitätstheorie hinzuweisen, in der verschiedene kosmologische Modelle eben eine Rolle spielen, wie zum Beispiel das statische Universum oder das Universum mit einer Anfangssingularität, oder ...» Ich fasse es nicht. «Darauf wollte ich ...» – «Gut, gut. Natürlich muß es nicht unbedingt die Relativitätstheorie sein. Auch in der Quantentheorie ...» – «No, folgen Sie mir einfach ins fünfte Kapitel. Sie haben sicher recht, wenn man bedenkt, daß auch eine mögliche fundamentale Theorie der Natur noch verschiedene Modelle beinhaltet, insbesondere des Universums. Wir suchen zwar meist nach Einheitlichkeit, erhalten sie aber nicht immer. Mir geht es auch gar nicht so sehr um die Diskussion aller Vorschläge eine fundamentale Theorie betreffend, sondern um den kosmologischen Aspekt derselben, um ihre kosmologischen Modelle, wenn Sie so wollen, na schön, stimmt schon, das mußte jetzt gesagt werden, aber ...» – «Abgesehen davon, Eisenhardt, hören Sie auf herumzustottern und lassen Sie es sein, mit Universen zu jonglieren wie mit einem Haufen Bälle, oder besser Luftballons, höhö, vor einem Zirkuspublikum. Das macht keinen guten Eindruck. Die Leute bekommen den Eindruck, Sie hielten sich für Gott weiß was ...» – «Es handelt sich doch nur um Modelluniversen.» – «Werden Sie nicht komisch. Es mangelt Ihnen an der Theorie, innerhalb deren diese Modelle überhaupt einen Sinn ergeben würden. Warten Sie doch einfach ab, bis ein größerer Geist als Sie diese Theorie vorlegt, und dann legen Sie meinetwegen mit Ihren philosophischen Reflexionen los. Das fundamentale Problem Ihres Buches besteht doch einfach darin, daß Sie einen Blick in die Küche werfen wollen, bevor das Gericht gar ist. Die Köche wissen nicht einmal, ob sie ein oder mehrere Gerichte zubereiten. Ich möchte Ihnen einige schöne Sätze von Georg Wilhelm Friedrich Hegel vorlesen, passen Sie auf, ich zitiere: ‹Um noch über das *Belehren*, wie die Welt seyn soll, ein Wort zu sagen, so kommt dazu ohnehin die Philosophie immer zu spät. Als der *Gedanke* der Welt erscheint sie erst in der Zeit, nachdem die Wirklichkeit ihren Bildungsproceß vollendet und sich fertig gemacht hat.› Tam tam, und weiter: ‹Wenn die Philosophie ihr Grau in Grau mahlt, dann ist eine Gestalt des Lebens alt geworden, und mit Grau in Grau läßt sie sich nicht verjüngen, sondern nur erkennen; die Eule der Minerva beginnt erst mit der einbrechenden Dämmerung ihren Flug.› So. ‹Wirklichkeit› ersetzen wir durch ‹Theorie›, und statt ‹des Lebens› setzen wir ‹des Strebens›, nämlich nach einer fundamentalen Theorie, dann haben wir es. Sie kommen zu früh, und wer zu früh kommt, den ergreift das Chaos.» – «Was?» – «Na ja, in diesem Fall … Sie haben vorhin versucht, Ordnung in die Theorien (oder Modelle?) des Anfangszustandes (und darüber hinaus) zu bringen. Über welche unausgereiften Vorstellungen reden Sie eigentlich?»

Die Webkante.

«Vor» der Zeit «gab» es keine Zeit. Das Problem der «Zeit vor der Zeit» ist sinnlos und bezieht sich nur auf die projektive Fortsetzung einer äußeren Parameterzeit «hinter den Urknall». Eine leere Zeit des Nichts läuft nicht ab. Eine kosmologische Zeit für das Universum ist nur unter sehr problematischen und idealisierten Bedingungen konstruierbar, aber notwendig für die Kosmologie und Kosmogonie. Am «Nullpunkt» der Zeit werden alle empirischen Uhren zerstört und auch der Begriff der Zeit immer unanwendbarer. Niemand ist in den ersten

drei Minuten dabeigewesen; wir haben nur unsere unvollkomme-
nen Theorien, «durch» die wir schauen können. Da wir noch nicht
über eine schlüssige fundamentale Theorie verfügen, die uns etwas über den Nullpunkt der Zeit aussagt, müssen wir uns damit
begnügen, durch verschiedene «Theorienteleskope» zu sehen, die
uns verschiedene Bilder liefern. Aber wir müssen versuchen, die
Bilder irgendwie übereinanderzublenden.

PARZEN AM WEBSTUHL DER ZEIT (WIE DIE WELT EINGEFÄDELT WURDE)

«Alle Modelle über den Anfangszustand des Universums leiden darunter, daß sie nicht in eine fundamentale Theorie eingebettet sind. Insofern sind sie zwangsläufig unausgereift. Das ist richtig. Lassen Sie uns doch das Beste daraus machen, No. Und erlauben Sie bitte, daß ich mit dem fünften Kapitel beginne.» – «Halt, halt! Nicht so hastig. Welche halbgaren Gerichte möchten Sie denn jetzt servieren? Ich will von Ihnen keinen Eintopf vor die Nase gestellt bekommen.» – «Wünschen Sie Trennkost oder was?» – «Ich wünsche von Ihnen, Eisenhardt, noch einmal etwas über den Unterschied einer (?) fundamentalen Theorie zu ihren kosmologischen Modellen zu hören. Außerdem ...» – «Nichts außerdem! Überlassen Sie mir jetzt gefälligst den Fortgang der Darlegung und Argumentation, No!» – «Hoffen wir das Beste. Bitte schön.»

Alle *Modelle* über den Anfangszustand des *Universums* leiden darunter, daß sie nicht in eine fundamentale *Theorie* eingebettet sind, aber zum Teil auf Kandidaten für eine solche Theorie basieren. Eine fundamentale Theorie hat zum Ziel, die Tiefenstruktur der *Natur* zu ergründen und zu erklären, was die basalen Entitäten sind und wie ihr Verhältnis zu den komplexeren Phänomenen gestaltet ist. Außerdem muß sie sich über die *Existenzweise* der grundlegenden «Objekte» (mit ihren Relationen zueinander) äußern. In diesem Problemfeld scheint der Begriff der *Zeit* eine entscheidende Rolle zu spielen. Wenn ich es recht sehe, liegen damit alle Folterinstrumente vor und die peinliche Befragung kann beginnen.

1 Natur, Universum und was es so alles gibt.

«Theorie», «Modell» und der zugehörige Begriff der *«Empirie»* dürfen warten, wir führten schon einige Vorklärungen durch. Jetzt steht es an, uns ein wenig des Zusammenhangs von «Existenz(weise)», «Natur» und «Universum» zu versichern. Wir stellten die Frage, warum es überhaupt etwas gibt und nicht vielmehr nichts. Eine höchst fundamentale Frage, wie wir erfahren haben. Für diese Frage zuständig ist die philosophische Disziplin der Metaphysik, spezieller die Ontologie. Sie fragt, was es überhaupt gibt und auf welche Weise das, was es gibt, existiert. (Wir treffen an dieser Stelle keine Unterscheidung zwischen «geben», «sein» und «existieren».) Gleichzeitig kümmert sich die Ontologie auch um die Frage, ob es grundlegende «Objekte» gibt und von welcher Art sie sind. So könnte die Welt beispielsweise aus Tatsachen, Dingen (mit Relationen) oder Ereignissen bestehen. So weit, so gut. Aber ontologische Behauptungen über den Aufbau der Welt sollten nicht unabhängig von den Aussagen der Naturwissenschaften aufgestellt werden. Man könnte noch weiter gehen und behaupten, daß eigentlich nur die Einzelwissenschaften «bestimmen», was es gibt. Wer sollte es denn sonst wissen? Kommt ohnehin die Philosophie nicht immer zu spät, wenigstens im Bereich der Ontologie? Weiterhin gilt es zu bedenken, daß die Kosmologie dann streng ontologische Sätze formuliert, wenn das Universum alles ist, was es gibt, wir also den Begriff «Universum» im allgemeinsten Sinn gebrauchen. Der Begriff der «Natur» kommt ins Spiel, wenn der Begriff des «Universums» eingeschränkt wird auf das physikalische Universum, das Universum, mit dem sich die Kosmologen hauptsächlich befassen.

2 Naturales und Felder.
Das physikalische Universum besteht aus allem, was es *natural* gibt. Aber was heißt «natural»? Einigen wir uns auf eine einfache Interpretation: Natural ist alles, was wechselwirken kann, also in der Dimension Energie mal Zeit dargestellt werden kann. Nach dieser Interpretation wären somit Zahlen oder andere mathematische Strukturen nicht natural, außer man betrachtet sie als bloße Zeichen auf dem Papier oder rein psychische Gegenstände. Mit dieser Zugangsweise zu mathematischen Strukturen treten jedoch Schwierigkeiten auf, die nicht leicht zu beseitigen sind. Bloße Striche haben keine Bedeutung, und die Existenzweise psychischer Gegenstände fällt nicht mit der Existenzweise von Strukturen zusammen, über die Sätze formuliert werden, die gelten oder bewiesen werden müssen – die Mathematik kann nicht auf die Psychologie zurückgeführt werden, genauso wie die Logik nicht auf faktische Denkakte reduziert werden kann. Nicht natural wäre dann aber auch ein denkbarer Grundzustand des Universums, denn er fiele aus der Dimension Energie mal Zeit heraus. Dies ist jedenfalls für einige zentrale Modelle der Entstehung des Universums zwingend vorgeschrieben, da Raum, Zeit und Materie/Energie erst aus diesem Grundzustand emergieren sollen. Natürlich ist es möglich, die Begriffe «natural» oder «Natur» auf eine andere Weise zu explizieren, etwa als «das, was für sich steht», «unzerstörbar» ist oder «allem zugrunde» liegt. Solche Eigenschaften jedoch werden üblicherweise in der Ontologie der Substanz zugeschrieben, so daß wir dann die Begriffe «Natur» und «Substanz» miteinander identifizieren müßten, was wir lieber vermeiden wollen.

Fassen wir das Problem noch etwas näher ins Auge, am besten an Hand eines – wenn auch abstrakten – Beispiels. Physikalische Felder sind durch Wechselwirkung gekennzeichnet. Ihnen sind Teilchen zugeordnet, insbesondere auch Austauschteilchen, welche die Wirkung der Kräfte in einem Feld vermitteln. So ordnet man dem elektromagnetischen Feld Elektronen zu, und die Wirkung wird durch Photonen übermittelt. Selbst die Wirkung des Gravitationsfeldes, das ja eng mit der Raum-Zeit selbst verbunden ist, wird durch Austauschteilchen übertragen: die Gravitonen. Diese Felder sind naturale Objekte. Die Physiker hoffen, alle vier Hauptfelder der Natur (das elektromagnetische Feld, das Feld der starken und der schwachen Wechselwirkung und das Gravitationsfeld) auf ein einziges, grundlegendes Feld zurückzuführen, was im Rahmen der Quantenfeldtheorie geschieht. Die Quantentheorie wirft aber sofort ein ontologisches Problem auf, nämlich die Streitfrage nach der Existenzweise der Felder (wir bleiben im Beispiel). Die Quantentheorie erlaubt nur, einen abstrakten Zustandsraum zu eröffnen, in dem die Felder als Überlagerung von Möglichkeiten vorkommen, nicht als eine Wirklichkeit. Sie präzisiert zwar diese Überlagerung der Möglichkeiten mathematisch, indem sie die Wahrscheinlichkeitsdichte der Felder berechnen kann, sagt uns aber nichts Genaues über den ontologischen Status dieser Möglichkeiten im Verhältnis zur Wirklichkeit. An dieser Stelle schon wird der Anwendungsbereich des Naturalen überschritten oder zumindest in Frage gestellt. Durch diese Problematik wird jedoch weder die physikalische Modellbildung aufgehalten, noch werden irgendwelche Berechnungen gestört. Es zeigt sich nur die dichte Verwobenheit physikalischer Begriffsbildung über das Naturale mit philosophischer Begriffsbildung über das, was es gibt und wie es dieses gibt.

Diese enge Verbindung tritt auch zutage, wenn die Frage nach dem fundamentalen Feld gestellt wird. Wir kennen das Dilemma schon. Wechselwirkungen vollziehen sich normalerweise in der Raum-Zeit, aber falls das grundlegende Feld in seiner Form die Raum-Zeit transzendiert, führt kein Weg an der Beantwortung der Frage vorbei, ob denn das fundamentale Feld noch ein naturales ist. Selbstverständlich dürfen wir den Bereich des Naturalen erweitern, was wir bereits angedeutet haben und was wir unter Umständen auch tun sollten. Aber wir müssen Vorsicht walten lassen, damit wir den Begriff des Naturalen nicht überdehnen und ihn seines spezifischen Sinns entleeren. Was ist natural am nicht Raum-Zeitlichen? Sind mathematische Strukturen natural? Wäre es nicht möglich, daß eher die «Substanz» der Natur mathematisch gestaltet ist und nicht die Natur selbst? Das hätte natürlich zur Folge, daß wir mit unseren physikalischen Theorien weiter vom Wesen der Natur entfernt sind, als wir häufig glauben.

Wir stoßen hier von der Ontologie her auf ein ähnliches Problem, wie wir es bereits aus der eher erkenntnistheoretischen oder wissenschaftsphilosophischen Perspektive behandelt haben, als wir uns nämlich mit dem Begriff der Empirie beschäftigten. Sind vielleicht beide Probleme äquivalent? Gehen wir zu weit, wenn wir eine fundamentale Theorie als mathematische Metaphysik interpretieren, deren Gegenstandsbereich nicht mehr empirisch sein kann, wobei offenbleibt, ob es sich um einen neuen Theorietypus handelt oder ob dies nur die Konsequenz aus der Diskussion dessen ist, was überhaupt «empirisch» bedeutet? Was bedeutet dann noch «Natur» im Begriff «Naturwissenschaft» oder physis (griechisch = Natur) im Begriff «Physik»? Eines ist sicher, und es wäre höchst gefährlich für den Fortschritt der Wissenschaften, davor die Augen zu verschließen: Nicht nur die Quantentheorie, sondern erst recht eine noch zu erstellende fundamentale Theorie der Natur (eine Quantengravitationstheorie oder eine Theorie der Vereinigung aller Felder oder fundamentalen Wechselwirkungen) erzwingt eine neue Antwort auf die Frage «Was ist ein (empirisches, naturales, ...) Objekt?».

Sehr klar spricht der Wiener Physiker Franz Embacher die neue konzeptuelle Situation an: «Als Radikalposition könnte formuliert werden, daß eine Quantengravitation *die gesamte Struktur der bisherigen Physik* zutiefst in Frage stellen und die Grenzen zwischen dem, was der Theorie als ‹fundamental› gilt, dem, was gemäß der Theorie als ‹beobachtbar› gilt, und dem, was der Philosophie als ‹real› gilt, neu ziehen wird.» Die zentralen Begriffe werden erwähnt. Aber was folgt aus der von Embacher vorgestellten Radikalposition? Wie wäre es mit der zugespitzten Formulierung: Real ist, was fundamental, aber teilweise nicht beobachtbar ist; und fundamental ist, was mathematisch ist? Sicherlich eine zu verkürzte Ausdrucksweise, wenn nicht völlig klar wird, welche Bedeutung «mathematisch» in diesem Zusammenhang hat. Unsere Grundbegriffe müssen umgeschrieben werden; die Einführung einer neuen Begrifflichkeit ist zu fordern, was sich sehr deutlich in den Modellen zur Entstehung des Universums zeigt.

3 Quantenkosmologie. Wir haben noch den dritten Begriff unter die Lupe zu nehmen und in unsere Diskussion einzuordnen. Wir möchten ja knapp die Verflechtung dessen ansprechen, was als «natural» bezeichnet werden kann und damit im allgemeinen Objekt der Physik wäre, mit der begrifflichen Ebene, auf welcher der Begriff «kosmisch» (oder «kosmologisch») als spezielle Eigenschaft des Gegenstandes der Kosmologie seinen Sinn ergibt, und außerdem anreißen, welche entscheidende Rolle die Frage der Ontologie nach der Existenzweise der jeweiligen Gegenstandsbereiche dieser Disziplinen spielt.

Physikalische Felder existieren nicht im Nirgendwo. Reale

Wechselwirkung findet in Raum und Zeit statt. Raum und Zeit, oder auch eine vierdimensionale Raum-Zeit-Mannigfaltigkeit, können natürlich wie jedes Feld für sich in ihren Eigenschaften und Zuständen analysiert werden. Wenn wir zum Beispiel Photonen als Austauschteilchen des elektromagnetischen Feldes betrachten oder die Aufenthaltswahrscheinlichkeit von gebundenen Elektronen um den Atomkern berechnen, treffen wir keine Entscheidung darüber, «wo» diese physikalischen Objekte letztlich «ihren Ort» haben, wo sie global «eingelagert» sind. Auch in der allgemeinen Relativitätstheorie als Theorie der Äquivalenz von Materie/Energie und Raum-Zeit ergeben sich erst einmal Lösungsmengen ihrer Gleichungen, welche die Struktur des Gravitationsfeldes für sich betrachten.

Wir werden uns im folgenden mit kosmologischen Modellen von Theorien befassen, welche den Anspruch erheben, Quantengravitationstheorien oder Theorien der Vereinheitlichung aller Felder zu sein. Daher möchte ich unsere Unterscheidung zwischen dem Ontologischen, dem Naturalen sowie dem Kosmischen (und weitergehend dem Substantiellen) anhand einer knappen Diskussion von Carlo Rovelli über die Relation von Quantengravitation und Quantenkosmologie fortführen, die ich kurz kommentieren werde. Zuerst einige Sätze von Rovelli: «Es gibt eine weitverbreitete Verwechslung zwischen Quantenkosmologie und Quantengravitation. Quantenkosmologie ist die Theorie des gesamten Universums als eines Quantensystems ohne äußeren Beobachter. Das Problem der Quantenkosmologie existiert mit oder ohne Gravitation. Quantengravitation ist die Theorie einer dynamischen Entität: des Quantengravitationsfeldes (oder der Raumzeitmetrik): nur eine Entität unter vielen. Wir können annehmen, daß wir einen klassischen Beobachter mit einem klassischen Meßapparat haben, der Phänomene der Quantengravitation mißt, und deswegen sind wir in der Lage, eine Theorie der Quantengravitation unter Außerachtlassung der Quantenkosmologie aufzustellen. Insbesondere ist die Physik eines Würfels von Planckgröße durch Quantengravitation beherrscht und hat vermutlich keine kosmologischen Implikationen. Die Quantenkosmologie bezieht sich auf eine extrem allgemeine und wichtige offene Frage. Aber diese Frage ist nicht notwendigerweise mit der Quantengravitation verknüpft.» Die «Verortung» des Quantengravitationsfeldes im Universum, die überhaupt nicht thematisiert werden muß, erlaubt es, eine Quantengravitationstheorie als Exophysik zu betreiben, während die Quantenkosmologie, eben weil sie dem Theorietyp «Kosmologie» zugeordnet werden muß, nur als Endophysik sinnvoll formuliert werden kann. Die Quantenkosmologie hat das letzte geschlossene System zum Gegenstand, außerhalb dessen nichts Physikalisches existieren soll – das Universum. Es kann nicht einfach von außen betrachtet werden. Diese wichtige und offene Frage, nämlich inwieweit eine solche endophysikalische Betrachtung möglich ist, ist die Frage der Quantenkosmologie. Ist es möglich, endophysikalisch klassische und komplexe Bereiche des Universums entstehen zu lassen? Jedes Feld freilich, auch das Gravitationsfeld, kann und muß in Relation zu anderen Feldern oder Bereichen stehen, aus denen zum Beispiel Probekörper in das Feld eingeführt werden. In der Quantenkosmologie existieren jedoch keine äußeren Felder. Ist es möglich, die Entstehung des Universums (aus was?) zu beschreiben? Die Quantenkosmologie ist somit immer auch eine Quantenkosmogonie! Also nach Claus Kiefer: «Quantenkosmologie ist die Anwendung der Quantentheorie auf das Universum als Ganzes. Unabhängig von jeder besonderen Wechselwirkung ist eine solche Theorie nötig angesichts der extremen Empfindlichkeit von Quantensystemen für ihre Umgebung, d.h. bezüglich der anderen Freiheitsgrade. Wie auch immer, da die Gravitation in kosmischen Maßstäben die beherrschende Wechselwirkung ist, braucht man eine Quantentheorie der Gravitation als eine formale Voraussetzung für die Quantenkosmologie.»

Eine Quantengravitationstheorie fällt also unter den Theorietyp «Exophysik». Aber es geht nicht nur um das Gravitationsfeld allein. Die Argumentation müßte für alle Felder gemeinsam gelten, nicht nur für jedes einzeln. Es scheint zwar so, als würde die Einbeziehung aller Felder oder eines Fundamentalfeldes alle naturalen Entitäten ausschöpfen und die Behandlung des Gesamtfeldes daher in den Theorietyp einer Kosmologie fallen. Nach meiner Argumentation ist es jedoch in diesem Fall immer möglich, von der «Verortung» im Kosmos zu abstrahieren und einfach nur die Felder oder das Feld für sich zu betrachten. Trotzdem müssen wir Vorsicht walten lassen. Wenn keine physikalischen Freiheitsgrade mehr übrigbleiben, in denen wir einen Beobachter unterbringen können, scheint die Argumentation nicht zu greifen, weil der Beobachter ja in den Freiheitsgraden leben müßte. Auf der anderen Seite dürfen wir auch nicht zu konstruktivistisch vorgehen. Sobald es theoretisch möglich ist, Exophysik zu treiben, sollten wir es tun. Dies kann von Fall zu Fall neu entschieden werden. So haben wir uns während unserer Reise an den Nullpunkt der Zeit nicht einfach an einer äußeren Parameterzeit orientiert, weil physikalische Gründe dagegen sprachen. Es gibt keine dem Universum äußeren Freiheitsgrade, die eine Bewegung kennzeichnen, welche eine Zeit «erzeugt». Alle Felder gemeinsam betreffend können wir aber doch einen lokal komplexen Beobachter einführen, der diese mißt, der aber deshalb noch lange nicht außerhalb des Universums «lebt», sondern in den für sich betrachteten Feldern.

Ist eine exophysikalische Behandlung eines Kosmos erlaubt, wenn wir eine Theorie des Multiversums akzeptieren? Formulieren wir es so: Es kommt darauf an, wie das Multiversum gestaltet sein soll. Ist es zusammenhängend, stehen wir vor demselben Problem, das wir oben angesprochen haben. Das Multiversum bildet dann eine Einheit, die kaum exophysikalisch modelliert werden kann. Ist es total unzusammenhängend, wird ein möglicher äußerer Beobachter in einem Kosmos 1 keinen Blick auf den Kosmos 2 werfen können, da er von ihm völlig abgeschirmt ist. Das Problem hängt auch davon ab, was wir unter «Multiversum» verstehen: rein überlagerte Universen oder «reale» Kosmen (die wiederum selbst überlagert sein können). Exophysik eines Multiversums wäre nur für einen Grenzfall möglich, nämlich dann, wenn das «Universum» auf der einen Seite so weit unzusammenhängend gestaltet ist (in separierte Bereiche aufgeteilt ist), daß man sinnvollerweise von verschiedenen «Kosmen» sprechen kann (in denen etwa die Naturkonstanten andere Werte haben), es aber auf der anderen Seite doch irgendeinen Zusammenhang der Kosmen gibt, vielleicht durch Gravitationsfelder, die ihre Wirkung in einem Einbettungsraum entfalten, der von höherer Dimension ist als die Kosmen selbst. Ein Kandidat hierfür stellt auch die Interferenz (Überlagerung) von Wellen dar, die zum Problem des Welle-Teilchen-Dualismus führt. Nach David Deutsch ist diese Erscheinung dadurch gekennzeichnet, daß der Prozeß der Interferenz zwischen zwei verschiedenen Universen stattfindet. Bewiesen werden soll dies durch die – vorläufig noch zweifelhafte – Existenz von sogenannten Quantencomputern, die mit Licht rechnen.

4 Ontologie.

Die Ontologie stellt die Frage nach dem, was es gibt und auf welche Weise es ist. So ist also die Frage «Was ist natural?» eine ontologische Frage. In unserem Zusammenhang müssen wir die ontologische Frage stellen, auf welche Weise ein Grundzustand des Universums oder der Natur existiert und ob dieser Grundzustand noch ein naturaler sein kann. Darüber hinaus sind folgende Fragen von großer Relevanz: Sind Raum und Zeit diskret oder kontinuierlich? Ist das eine erschöpfende Alternative? Auf welche Weise existieren Raum und Zeit? Gibt es Zeit ohne Bewegung oder Bewegung ohne Zeit? Ist nicht der Raum grundlegender als die Zeit? Was sind eigentlich überlagerte Zustände der Quantentheorie? Wenn man sagt, daß sie mögliche Zustände seien, wie genau unterscheiden sich eigentlich mögliche Zustände von wirklichen? Insbesondere: Wie gehen mögliche Zustände in faktische über? Oder anders: Wenn eine Überlagerung oder ein «individuelles (unteilbares) Quantenphänomen» (Niels Bohr) zeitlos ist, wie «entwickelt» sich daraus ein zeitlicher Zustand des Wirklichen? «Gibt» es nicht auch das Mögliche, nur daß es nicht «faktisch» ist? Denn wenn man dem Möglichen nur eine Art «Geisterexistenz» zuschreiben könnte, wenn es nur der Schatten des Wirklichen wäre und damit jede Möglichkeit immer eine Wirklichkeit voraussetzen würde, dann wäre es völlig unerklärbar, wie im Rahmen der Quantentheorie Wirkliches aus Möglichem entspringt. Es wäre total unverständlich, wie es im Rahmen der Quantenkosmologie sein kann, daß «klassische Eigenschaften intrinsisch entstehen». Was ist denn nun «wirklich» oder «faktisch»? Wenn die Möglichkeit kein Schatten des Wirklichen ist, könnte nicht umgekehrt die Wirklichkeit eine lokale Abschattung des Möglichen sein? Dann wäre ein (wirklicher) klassischer Zustand nur ein Schein des Möglichen, nur maya (Täuschung, Illusion). Dies jedoch würde bedeuten, daß das Mögliche das eigentlich Wirkliche ist und das «Wirkliche» (Klassische) nur eine «Scheinexistenz» besitzt.

Auf das Hauptthema des Buches bezogen: Die Zeit scheint gekoppelt an Klassizität (und an Komplexität). Das Problem der Existenz der Zeit ist also eng verbunden mit dem Problem der Existenz einer klassischen Welt. Genauso verhält es sich mit dem Problem der Zeitentstehung. Die tiefgehenden modalontologischen Fragen nach Wirklichkeit, Faktizität und Möglichkeit werden wir in diesem Buch nicht beantworten können. Wir werden uns erst einmal auf folgende Sprechweise einigen: Alles, was möglich ist, ist auch wirklich im Sinne von «existent» – das Mögliche führt keine halbseidene Schattenexistenz. Aber es ist nicht faktisch. Wir sollten somit «wirklich» von «faktisch» unterscheiden. Wir könnten einfach sagen, daß es eine Menge möglicher Welten wirklich gibt und daß die faktische Welt einfach diejenige ist, in der wir existieren. Und das wäre dann alles, was man zu dem Problem sagen kann. Es ist wie mit der Gegenwart – sie ist einfach dadurch gekennzeichnet, daß ich jetzt faktisch in ihr lebe. Das ist alles, und eine andere Auszeichnung dieser speziellen Art von Zeit ist nicht nötig.

Nun scheint das alles ein wenig unbefriedigend und ähnelt stark einem bloßen Spiel mit Worten. Aber wir werden auf ein anderes Problem verwiesen, in dem vielleicht die Lösung steckt. Nun, so ganz anders ist das Problem nicht gestaltet, denn wir haben es schon angedeutet. Es besteht in der engen Kopplung von Zeit und Klassizität/Komplexität sowie Möglichkeit/Wirklichkeit/Faktizität. Wir könnten den Begriff «faktisch» auf eine andere Weise explizieren. Faktisch ist das, was Spuren hinterläßt, die nicht auszulöschen sind, ohne daß wieder andere Spuren hinterlassen werden. Möglich ist dann das, was spurlos verschwinden kann. Aber hier treffen wir auf ein leider ebenfalls ungelöstes Problemfeld, nämlich das der Irreversibilität, das eng mit Klassizität und Komplexität zusammenhängt. Wie kommt es, daß für viele Teilchen (auf einer komplexen Ebene) eine Zeitrichtung ausgezeichnet ist, während doch die zugrunde liegende Gesetzlichkeit (auf einer einfachen Ebene) immer zwei Zeitrichtungen zuläßt? Die thermodynamischen Gleichungen lassen nämlich prinzipiell das zeitliche Rückwärtslaufen von Prozessen wie der Mischung von Gasen zu. Nur das statistische Anwachsen der Entropie nach dem 2. Hauptsatz der Thermodynamik verhindert ein solches Rückwärtslaufen der Zeit auch in der Theorie. Da die Zeit wesentlich gerichtet ist, sind wir fast veranlaßt zu fragen: Wie kommt es, daß aus einer quasi zeitlos reversiblen Welt eine zeitliche irreversible entsteht? Ist die Irreversibilität auch nur Schein? Hängt sie nur von unserer Betrachtungsweise ab? Wenn ich Tinte in Wasser schütte, hinterläßt sie Spuren, die nicht auszulöschen sind, ohne andere Spuren zu hinterlassen. Mit «Spuren» meine ich das gefärbte Wasser. Aber wenn wir durch eine Lupe oder ein Mikroskop blicken, sind die Spuren in gewisser Weise ausgelöscht, denn ich sehe keineswegs gefärbtes Wasser, sondern klares Wasser, in dem kleine Tintenteilchen schwimmen. Tinte und Wasser sind deutlich separiert. Das Hauptproblem besteht darin, ob Irreversibilität ontologisch, das heißt ohne wesentliche Berücksichtigung einer bestimmten Perspektive, erfaßt werden kann. Alle akzeptierten Erklärungen verneinen diese Frage. Die Bestimmung der Richtung des Zeitpfeiles selbst wird meist in die kosmologischen Anfangsbedingungen gelegt, indem man eine globale Erhöhung der Entropie/Unordnung während des kosmischen Komplexifizierungsprozesses annimmt. Die Richtung der Zeit soll mit dieser globalen Unordnungserhöhung korreliert sein. Damit ist freilich nicht erklärt, wie ein Zusammenhang von globalem Zeitpfeil und den vielen lokalen Zeitpfeilen in den Untersystemen des Universums hergestellt werden kann. Dieses Problem haben wir im ersten Kapitel schon von einem anderen Blickpunkt angesprochen: Die große Uhr, nämlich die Änderung des Skalenfaktors des Universums (in einer Richtung: seine Ausdehnung), muß in irgendeiner Weise mit den vielen kleine Uhren (zum Beispiel der Strahlung von Sternen oder schwarzen Löchern) verkoppelt sein. Eine Lösung bestünde in der Annahme der starken Kopplung aller quantenmechanischen Untersysteme. Zudem begreift man mit der bloßen Festlegung der Richtung des Zeitpfeils keineswegs, warum es überhaupt eine Richtung der Zeit gibt beziehungsweise warum es überhaupt Zeit und damit Klassizität und Komplexität gibt.

Wir müssen uns damit begnügen, daß wir das Faktische nicht auf Grundlegenderes reduzieren können. Faktisch ist die Welt, in der wir leben. Dies ist die einzige Form von «Subjektivität», die wesentlich in die wissenschaftliche Theoriebildung eingeht. In der Wissenschaft möchten wir nicht alle möglichen Welten beschreiben oder erklären (das überlassen wir der Science-fiction oder der Philosophie), sondern diese faktische Welt. Sie ist aber von allen möglichen Welten eben nur dadurch ausgezeichnet, daß es unsere Welt ist.

Die Ontologie stellt auch die Frage nach dem, was es grundlegend gibt und was «abgeleitet» oder von dem abhängig ist, was es grundlegend gibt. Ich möchte hier nicht auf die Geschichte dieses Problemfeldes eingehen, welches unter anderem durch die Begriffe «Substanz», «Einzelding», «Darunterliegendes», «Attribut» und «Modus» geprägt ist. Ich möchte hier nur eine Strukturklasse von Problemen erläutern, die für unsere Argumentation wichtig ist. Diese Strukturklasse ist dadurch charakterisiert, daß in ihr ein «angeregter Zustand» mit neuen Eigenschaften aus einem «Grundzustand» emergiert, dem diese Eigenschaften nicht zukommen. Unser Hauptproblem besteht in der Emergenz der *Zeit* aus einem *zeitlosen* Zustand, immer unter der Voraussetzung, daß die Zeit nicht grundlegend ist. Diesem «Prozeß» strukturähnlich erweisen sich meines Erachtens die folgenden Problemfelder: die Emergenz einer klassischen Welt aus einer Quantenwelt (was dem Übergang vom Möglichen zum Faktischen gleichkommt), die Emergenz der Irreversibilität aus einem reversiblen Zustand, die Emergenz des Komplexen und Komplizierten aus dem Einfachen, dazu käme der Spezialfall eines Übergangs von Systemen mit einer geringen Anzahl von Teilchen zu Vielteilchensystemen, für die der Begriff der «Temperatur» erst sinnvoll definiert ist. Natürlich sind diese Übergänge physikalisch sehr unterschiedlich. Ontologisch zeigt sich jedoch, daß im einfachsten Fall neue Eigenschaften durch die Hinzufügung von Objekten derselben Art entstehen, wobei manche dieser neuen Eigenschaften durch eine relative Selbständigkeit gegenüber dem Grund- oder Anfangszustand charakterisiert sind, was oft durch eine (hierarchische) Schichtung der neuen ontologischen Bereiche angezeigt wird.

Besonders deutlich zeigt sich diese relative Selbständigkeit an der Relation der Quantenwelt zur klassischen Welt. Leider stoßen wir hier auf einen blinden Fleck in der Ontologie. Es bleibt unklar, was genau «abgeleitetes Sein» in Relation zu «fundamentalem Sein» bedeutet. Ich möchte das an einem speziellen Fall erläutern, nämlich am Verhältnis des Quantenzustandes zum klassischen Zustand, um dann wieder die Diskussion der allgemeinen Relation aufzunehmen.

Weder scheint die klassische Welt allein noch die Quantenwelt allein für sich zu bestehen. Eines der ontologischen Hauptprobleme der Quantenkosmologie besteht ja gerade darin, zu zeigen, wie aus einem reinen Quantenzustand «intrinsisch» klassische Eigenschaften entstehen können. Natürlich liegen verschiedene Lösungen vor, die meines Erachtens aber alle nicht befriedigend sind.

5 Klassische Welt und Quantenwelt. Ein naheliegender Vorschlag besteht darin, das Problem in der formulierten Form als unlösbar anzusehen. Der Ausweg kann auf einen Dualismus von Quantenwelt und klassischer Welt, hinauslaufen – beide *Welten* sind in gewisser Hinsicht grundlegend und komplementär: Die Quantenwelt erzeugt die klassische Welt, und die klassische Welt ist notwendig, um diesen Prozeß überhaupt in Theorien erfassen zu können, denn ein reiner Quantenzustand ist nicht separierbar und gegliedert, so daß er gar nichts «rein aus

sich» erzeugen kann. Der reine Quantenzustand ist auch nicht «faktisch» im Sinne von «feststehender Tatsache, die eine irreversible Spur hinterläßt»; er ist unteilbar und zeitlos, während wir und unsere Theorien in der Zeit und der Geschichte sind. Letztlich entspringt diese Lösung aus der Bohrschen Auffassung, daß *Theorien* (und Bedeutung oder Kommunikation) *nur in einer klassischen Welt vorkommen* und diese damit eine Bedingung der Quantenwelt darstellt. Meist bleibt unklar, ob es sich um eine ontologische oder erkenntnistheoretische Bedingung handelt. Richtig ist sicher, daß wir im wesentlichen durch unsere Theorien etwas über den Quantenzustand wissen. Aber wir können uns durch unsere wissenschaftlichen, speziell physikalischen Theorien nicht selbst einholen. Die Bedingungen unseres Wissens sind nicht selbst Gegenstand von physikalischen Theorien, die ja einen objektivierbaren Gegenstandsbereich haben. Wir blicken durch unsere Theorien wie durch eine Brille, aber die Brille selbst ist nicht Gegenstand der Theorien. Der erweiterte Bohrsche Vorschlag will zuviel auf einmal lösen. Das Problem ist ja klar gestellt: Durch die Brille unserer Theorie betrachtet nehmen wir – zum Beispiel am Anfang des Universums – einen reinen Quantenzustand an. Wir werden nicht voraussetzen, daß es «damals» schon einen klassischen Zustand gegeben hat. Daß es ihn «jetzt» gibt, hilft überhaupt nicht bei der Lösung des Problems, denn wir wollen ja gerade erklären, wie er aus dem Blickwinkel der Theorie, die wir benutzen und voraussetzen, aber nicht gleichzeitig zum Gegenstand der Untersuchung machen, entstanden ist. Damit müssen wir uns zufriedengeben. Dann können wir auch sagen, daß dieser reine Quantenzustand insofern «faktisch» ist, als er eine Art «theoretische Tatsache» darstellt, den unsere Theorie sehr wohl gliedern und «aussprechen» kann.

Ein anderer Vorschlag hat eher einen Monismus zur Voraussetzung. Als grundlegend wird die Quantenwelt angesehen, die klassische Welt ist ein Schein der Quantenwelt. Global und fundamental gibt es nur die Quantenwelt, die klassische Welt ist eine lokale «Täuschung» der Quantenwelt. «Dekohärenz» heißt die Methode der internen «Selbstmessung» der Quantenwelt. «Messung» bedeutet freilich nicht, daß eine Möglichkeit «übrigbleibt», real wird, alle anderen Möglichkeiten oder Überlagerungen auch global «verschwinden» und ein klassischer Zustand sich gebildet hat. Hier helfen auch keine «Grenzfallbetrachtungen». Auf der Ebene der Theorien gilt *nicht*, daß die Quantenmechanik die klassische Mechanik als Grenzfall enthält, wie oft in Lehrbüchern behauptet.

Die Dekohärenz hat nur zur Folge, daß die kohärenten wellenartigen Überlagerungen der Quantenmechanik sich in einzelne wenige identifizierbare Objekte transformieren, daß die Überlagerungen sich sozusagen «entkohärieren». Stellen Sie sich eine Welt vor, die aus lauter opaken, also trüben roten Kugeln besteht, die sich gegenseitig durchdringen. Jede Kugel besitzt eine bestimmte Rotschattierung, die sich nur leicht von der benachbarten unterscheidet, manche sind auch völlig gleichfarbig. Sie werden in dieser Welt wenig Klares, kaum eine eindeutige Form erkennen. Nun gruppieren wir an einer Stelle, lokal, die Kugeln so um, daß wenige, sich farblich relativ voneinander abhebende Kugeln an einem Ort bleiben und sich auch nicht weiter durchdringen. Die anderen, farblich sehr ähnlichen Kugeln durchdringen sich weiter und wandern von den bleibenden weg, bilden einen Hintergrund, vor dem sich die kleine Gruppe der übrigen abheben kann. Diese Gruppe kann man nun identifizieren. Aber global gesehen ist nicht viel passiert. Etwas weiter weg oder von «außen» betrachtet ist das ganze Universum der roten Kugeln immer noch unklar, vage, und es ist kaum möglich, einzelne Kugeln zu identifizieren. Der Prozeß der Dekohärenz, des Abwanderns von Freiheitsgraden in die Umgebung, wie man in der Physik sagt, ist standpunktabhängig. Um das Beispiel zu präzisieren: Global ist nichts passiert. Ich kann aber einen solchen Standpunkt einnehmen, eine solche Perspektive, von der ich auf einmal einen Hintergrund sehe, vor dem identifizierbare Kugeln auftauchen. Die Kugeln müssen sich nicht einmal selbst bewegen oder bewegt haben. Die Dekohärenz löst das Problem, wie aus der global-verschränkten, holistischen, also ganzheitlichen Welt der Quantenmechanik real lokale Objekte entstehen, nicht ontologisch. Die Dekohärenzbetrachtungen «zeigen lediglich, daß gewisse Objekte einem lokalen Beobachter klassisch *erscheinen* (und *definieren* damit, was ein klassisches Objekt ist). Ungelöst bleibt die zentrale Frage der Quantentheorie: Warum gibt es in einer nichtlokalen Quantenwelt überhaupt lokale Beobachter?»

Aus Platzgründen ist es mir nicht möglich, auf weitere Lösungsvorschläge genauer einzugehen. Ich möchte nur erwähnen, daß ein sehr interessanter Lösungsvorschlag die Dekohärenz mit der Annahme verbindet, daß alle möglichen Quantenwelten immer bestehen bleiben (Viele-Welten-Interpretation der Quantentheorie). Einige dieser Zugänge kranken aber meines Erachtens beispielsweise daran, daß sie die Zeit als grundlegend annehmen.

Das Problem scheint ontologisch nicht lösbar. (Dies hat auch entscheidende Konsequenzen für den Zeitbegriff.) Es liegt am blinden Fleck unserer Ontologie. Der besteht darin, daß es anscheinend keine sinnvolle Position zwischen einem ontologischen Monismus und einem ontologischen Dualismus gibt, eine solche Position aber erforderlich wäre, um die Welt adäquat zu verstehen. Lassen Sie mich diese Einschätzung auf unser Problem anwenden. In diesem Buch fragen wir, was es (natural) grundlegend gibt und ob die Zeit zum Grundlegenden gehört. Wir fragen dies, indem wir durch die Brille von Theorien schauen. (Im letzten Kapitel werden wir diesen Blickpunkt verlassen.) Die Theorien sagen uns, daß der Quantenzustand grundlegend ist und ein klassischer Zustand von ihm abhängt. Aber auf welche Weise? Ist ein klassischer Zustand nur eine neue Eigenschaft des Quantenzustandes, die auf ihn reduzierbar ist? Sagen wir, daß ein Stein letztlich nur eine «Wolke» aus Quarks und Elektronen ist? Eine Art Wahrscheinlichkeitsdichte nahe 1 an diesem Ort hier? Übt ein Stein neue Wechselwirkungen aus, die über die fundamentalen Wechselwirkungen hinausgehen? Besitzt er neue (kausale) Kräfte? Oder ist er gar ein neues (substantielles?) Einzelding, das wesentlich separat von den ihm zugrundeliegenden Objekten mit ihren Wechselwirkungen existiert und neu in die Welt gesetzt wurde? Ein Einzelding, das als Zentrum und als «Unterlage» neuer Kräfte fungiert, die vor ihm noch nicht in die Welt strahlten? Wenn wir so fragen, nähern wir uns sehr schnell einem ontologischen Dualismus. Das scheint aber unplausibel. Steine oder allgemein: klassische Objekte scheinen doch ontologisch nichts für sich Bestehendes zu sein (auch wenn sie physikalisch von ihrer Umwelt abgegrenzt sind), sondern der «Unterlage» des fundamentalen Quantenzustandes zu bedürfen. Es gibt jedoch nicht nur den fundamentalen Zustand, sondern auch den «abgeleiteten»; aber es «gibt» ihn nicht genau so wie den fundamentalen. Weder ist der «abgeleitete» Zustand einfach nur ein direkt vom grundlegenden Zustand abhängiger oder ein bloßer Aspekt desselben, denn er hat sich doch in gewisser Weise von ihm «emanzipiert» und eine Art von (relativer) Selbständigkeit errungen, noch hat er sich freilich völlig vom grundlegenden Zustand abgelöst und führt eine vollständig selbständige Existenz unabhängig vom fundamentalen Zustand. (Wenn wir den zeitlichen Aspekt des Verhältnisses von Grundzustand zum abgeleiteten Zustand einbeziehen.) Der Ontologie fehlen die Begriffe, diesen «Zwischenzustand» der (relativen) Selbständigkeit zu erfassen. Entweder fallen wir in einen ontologischen Monismus zurück (es gibt nur den grundlegenden

Zustand, alles andere ist direkt von ihm abhängig), oder wir gleiten in einen ontologischen Dualismus (es gibt zwei voneinander unabhängige Zustände). Alle Positionen dazwischen sind instabil. Wir haben aber den plausiblen Eindruck, daß es relativ *selbständige Objekte* gibt, die nicht einfach nur neue *Eigenschaften* eines Grundzustandes sind; denn die neuen Eigenschaften scheinen Eigenschaften dieser neuen Objekte zu sein und nicht des Grundzustandes.

Auch die Zeit scheint nicht bloß eine neue Eigenschaft des Grundzustandes zu sein, sondern «etwas», das den Objekten irgendwie anhaftet, wenn sie denn an Klassizität gebunden ist. Und die Zeit «bewirkt» auch, daß diese relative Selbständigkeit überhaupt in die Welt gesetzt wird, weil nur nach einer langen Kette von «Ereignissen» der voll ausgebildete «abgeleitete» Zustand sozusagen «entlassen» wird. Zwischen dem relativ selbständigen Zustand und dem Grundzustand liegt ein zeitlicher *Abstand*, eine zeitliche Entwicklung und «gleichzeitig» auch eine Entwicklung von immer komplexer werdenden Zeiten. Dieser Abstand zeigt die relative Selbständigkeit an und läßt den abgeleiteten Zustand nicht als direkten Ausfluß des Grundzustandes erscheinen. Trotzdem bleibt der berechtigte Eindruck bestehen, daß diese relative Selbständigkeit sich völlig verflüchtigte, wenn man den Grundzustand «wegzöge». Die Physik ist auf ein ontologisch instabiles Problem gestoßen.

6 Wo stehen wir? Eine fundamentale Theorie der

Natur mag sich in einer Quantengravitationstheorie (Objekt: das quantentheoretische Gravitationsfeld plus [separiert] andere Felder), in einer Theorie der Vereinigung aller Felder oder in einem völlig anderen Theorietypus herauskristallisieren. Es wäre aber ein Theorietypus, der beansprucht, in erster Linie *exophysikalisch* die Tiefenstruktur der *Natur* zu enthüllen, nicht *endophysikalisch* die Tiefenstruktur des *Universums*. Ich möchte diese Tiefenstruktur des Universums den (echten) *Grundzustand* nennen. Ich bezeichne als den «Grundzustand des Universums» nicht einfach den Zustand der geringsten Energie, sondern es soll der Zustand sein, welcher die «Tiefenstruktur» des Universums enthüllt, der Zustand «vor» Raum und Zeit. Diese Tiefenstruktur besteht aus den fundamentalsten «Objekten» und ihrer Dynamik. Die Dynamik darf niemals vergessen werden, sie ist wesentlicher, inhärenter Bestandteil des Grundzustandes. Wir müssen einen klaren naturphilosophischen Rahmen aufspannen, der mit den Grundbegriffen der vorliegenden Theorien über die Tiefenstruktur des Universums und der Raum-Zeit kompatibel ist. Er wird allgemeiner als diese Theorien sein und versuchen, einige ihrer Ungereimtheiten aufzuheben. Der Preis dieser Vorgehensweise besteht darin, daß man so nicht zu einer physikalisch und mathematisch ausgearbeiteten Theorie gelangt. Wesentlich wird also der Begriff eines echten Grundzustandes sein, der Raum, Zeit und Materie/Energie erst gebiert und damit einen Prozeß der Komplexifikation des Universums in Gang setzt. Dieser Grundzustand wäre als der ontologisch fundamentale Zustand zu identifizieren. Er unterscheidet sich wesentlich vom «angeregten» Zustand. Nennen wir ihn einmal (vorläufig) nach dem amerikanischen Physiker John Archibald Wheeler «Prägeometrie» – eine «grundlegende Struktur»; «etwas, das tiefer ist als die Geometrie, das sowohl der Geometrie als auch den Teilchen zugrunde liegt», nämlich der Raum-Zeit und der Materie/Energie. «Damit eines Tages diese Struktur enthüllt werden kann, scheint keine Perspektive vielversprechender zu sein als die Sichtweise, daß diese Prägeometrie das Universum mit einem Weg versieht, in die Existenz zu treten.» Wir haben freilich gesehen, daß die «Seinsweise» dieser beiden Zustände, des fundamentalen (Prägeometrie) und des abgeleiteten (Geometrie) schwerlich adäquat beschrieben werden kann und damit problematisch bleibt.

7 Der Turm der Schildkröten: Was ist eigentlich fundamental?
Wir fragen nach dem ontologisch Fundamentalen der Natur und des Universums. Wie findet man das Fundamentale? Indem man die Natur zerschneidet, sie teilt, indem man immer tiefer in sie «hineinsieht»? Ist das Fundamentale das (sehr) Kleine? Wir verfolgen diese Intuition, wenn wir uns vorstellen, daß die Materie aus immer kleineren Teilchen bestünde, bis wir zu den letzten fundamentalen Teilchen vorstoßen, die nicht mehr teilbar sind. Wir sind von diesem Bild geleitet, wenn wir denken, daß wir den Kosmos schrumpfen lassen müßten, um zum Nullpunkt der Zeit zu gelangen, zum Grundzustand des Universums. Ganz falsch ist dieses intuitive Bild keineswegs. Aber die Materie ist natürlich nicht einfach aus kleinen Teilchen zusammengesetzt wie ein Puppenhaus aus Legobausteinen, sondern sie ist eher eine «Verschränkung» aus globalen und lokalen Objekten. «Klein» oder «groß», das spielt oft gar keine Rolle. Manche «kleinen» Objekte sind aus einer anderen Perspektive «groß». Manche «Saiten» der Stringtheorie befinden sich – ob groß oder klein, gemessen am Radius des Universums – im selben energetischen Zustand, so daß man nicht wissen kann, ob man es mit einer «großen» oder «kleinen» Saite zu tun hat. Außerdem: Je tiefer man in die Materie eindringt, desto mehr Energie muß man aufwenden, um sie zu teilen. Ab einer bestimmten Stufe übersteigt die Teilungsenergie die Energie der zu teilenden Teilchen in einem solchen Maße, daß man neue Teilchen erzeugt, statt weiter zu teilen. Und weiter: Die Gleichsetzung von Funda-

mentalität und «Kleinheit» ist sicher eine klassische Vorstellung. Wenn aber die Quantentheorie als eine fundamentale Theorie angesehen werden muß, dann gilt diese Gleichsetzung nur eingeschränkt, denn die Quantentheorie gilt sowohl für «kleine» als auch für «große» Objekte. Das mag überraschen, aber es gibt durchaus auch makroskopische Quanteneffekte. Beispiele hierfür sind die Supraleitung und die Suprafluidität.

Auf der anderen Seite gibt uns die Quantentheorie eine Art «absoluten Maßstab» vor. In einer klassischen Welt könnte ich die Materie immer weiter teilen, und ein Ende wäre prinzipiell nicht erreichbar. «Es ist [...] notwendig, klassische Ideen in einer solchen Weise abzuändern, so daß man der Größe eine absolute Bedeutung geben kann», sagte Paul Dirac. Nach der Quantentheorie ist irgendwann das Ende der Fahnenstange erreicht. Aber wir müssen vorsichtig sein bei der Identifizierung des «absoluten Maßstabes». Er wird natürlich eng verbunden sein mit dem Planckschen Wirkungsquantum. «Um der Größe eine absolute Bedeutung zu geben, eine solche, wie sie für irgendeine Theorie der letzten Struktur der Materie erforderlich ist, müssen wir annehmen, daß es eine Grenze der Feinheit unseres Beobachtungsvermögens und der Kleinheit der begleitenden Störung gibt – eine Grenze, die der Natur der Dinge innewohnt und die niemals durch verbesserte Techniken oder erhöhte Fähigkeiten auf Seiten des Beobachters überschritten werden kann.» Setzt die Unbestimmtheitsrelation diese letzten Maßstäbe, wie Dirac meint? Und wie lassen sich die (eher auf unsere Kenntnis und Konstitution bezogenen) Begriffe «Störung» und «Beobachtungsvermögen» mit der (eher ontologischen) «Natur der Dinge» vereinbaren? Nur eine (letzte?) fundamentale Theorie der Natur kann uns einen ontologischen, fundamentalen, also «absoluten» Maßstab und damit «kleinste Größen» liefern, kleinste Größen für die Raum-Zeit und für die Materie/Energie. In diesem Falle aber stellen wir wieder einen Zusammenhang zwischen Fundamentalität und «Kleinheit» her, wenn wir akzeptieren, daß die Skalierung dieses Maßstabes «nach unten» in die Tiefenstruktur der Natur führt und damit auf Fundamentalität verweist. Fundamental wäre eine Prägeometrie. Aus welchen Objekten «besteht» sie? Handelt es sich dabei noch um *physikalische* Objekte? Der Ausdruck «Prägeometrie» legt nahe, daß dies nicht der Fall ist. Können wir überhaupt von «Objekten» sprechen, wenn wir die Prägeometrie meinen? Kommen wir zu diesen – «Entitäten», wenn wir teilen?

Vor kurzem überraschte mich Dr. No mit der Frage, ob denn der echte Grundzustand des Universums (sprich: die Prägeometrie) überhaupt physikalischen Objektcharakter habe.

«Wie bitte? Was meinen Sie damit, No?»

«Überlegen Sie ausnahmsweise mal genau. Ein Objekt ist etwas, das sozusagen ‹vorliegt›, etwas, das eine Struktur hat, etwas, das existieren soll, ja, das in gewisser Weise neben der theoretischen Struktur, die man ihm zuordnet, auch noch existiert. Denken Sie an ein Elektron. Es ist durch Masse, Ladung und Spin charakterisiert. Trotzdem ist da noch eine Art ...»

«Substanz? Etwas Darunterliegendes, an dem diese Eigenschaften hängen? Ein Feld?»

«Jaaaa ... das trifft die Sache nicht ganz. Tiefer denken, Eisenhardt! Auf jeden Fall hat das Elektron als Objekt den Charakter, sagen wir einmal: der Unabhängigkeit, der sehr merkwürdig wäre für etwas wirklich Fundamentales. Obwohl ein Elektron auf einer völlig anderen Abstraktionsebene existiert als ein Stein, scheinen Elektronen doch irgendwie in der Welt herumzufliegen ...»

«Also erstens einmal sollten wir nicht von einem Elektron sprechen, als könnten wir es irgendwie kennzeichnen. Und zweitens. Es stimmt: Elektronen sind nicht fundamental, sie sind Erregungszustände von Feldern oder gar von Strings; die Herren Witten, Schwarz, Green ...»

«Vielleicht gibt es ja nur ein Elektron ...»

«... äh ... Sie bringen mich aus dem Konzept, No. Die erwähnten Herren behaupten ...»

«Bleiben wir beim Punkt, Eisenhardt. Fundamentale Entitäten fliegen weder in der Welt herum, noch liegen sie einfach vor wie Steine oder – in anderer Weise – Elektronen. Sie kommen nicht vor wie Objekte, es sind eher begriffliche Strukturen ...»

«Am Anfang war der *logos*?»

«Werner Heisenberg sagte: ‹Die Symmetrie›. Zudem gibt es ein echtes Problem, wenn man Objekte für den Anfang des Universums oder seinen Grundzustand annimmt. Was sind Objekte? Sie sind Gegenstände, die *geteilt* werden können – jede Unteilbarkeit von Objekten ist immer nur vorläufig. In diesem Sinn existieren keine Atome als Objekte. Das Elektron wurde als annähernd punktförmig angesehen, weil man meinte, es besäße keine innere Struktur. Aber jetzt, wie Sie bereits sagten, ist es quasi geteilt ...»

«Das habe ich so keineswegs gesagt ...»

«Papperlapapp ...»

«Es zeigte sich zum Beispiel, No, daß die Protonen, also die elektrisch positiv geladenen Teilchen des Atomkerns, teilbar sind. Vor einigen Jahrzehnten noch als fundamental und unteilbar angesehen, wurde die berühmte Quarkhypothese eingeführt und auch experimentell überprüft. Protonen wurden auf Protonen geschossen und die Streuwinkel gemessen. Man konnte vermuten, daß Protonen eine innere Struktur haben, weil Teilchen mit innerer Struktur oder ohne eine solche eine jeweils andere Ablenkung erfahren. Man fand drei Streuzentren. Also wurde vorgeschlagen, daß Protonen aus drei Quarks bestehen. Und jetzt kommt es: Auch Quarks sollen eine innere Struktur haben – die Hypothese der Präquarks wurde eingeführt. Jetzt ist kein Halten mehr. Warum nicht Präpräquarks?»

«So ist es, Eisenhardt. Ausnahmsweise muß ich Ihnen zustimmen. Mich erinnert das an den Turm der Schildkröten. ‹Worauf ruht die Welt? Antwort: Auf einer Schildkröte. Aha. Und worauf ruht diese Schildkröte? Na ja, auf einer zweiten Schildkröte. Interessant! Aber wenn ich fragen darf: Diese zweite Schildkröte, die ruht auf ...? Selbstverständlich auf einer dritten! Ich verstehe. – Nicht daß ich als besonders hartnäckig erscheinen möchte, aber natürlich stellt sich nun die Frage, worauf diese dritte ... Ich bitte Sie, auf einer vierten. Soso. Ich wage jetzt kaum, zu fragen ... Fragen Sie nur. Ich bin gerne bereit, zu antworten. Also, ähem, diese vierte Schildkröte, die ruht auf einer ... fünften?? So ist es. Dann habe ich verstanden. Die Welt ruht auf einer unbestimmten Zahl von Schildkröten.›»

«Ein gutes Beispiel. Ein elementares oder fundamentales Objekt wäre echt punktförmig. Aber Punktförmigkeit bedeutet Nulldimensionalität.»

Ich ging an die Tafel, nahm ein Stück Kreide in die Hand und tippte mit ihr leicht gegen die grüne Schreibfläche.

«Aber das ist kein Punkt, No. Einen Punkt sieht man nicht. Wie sollte das auch gehen? Der weiße dreidimensionale Kreidehügel oder der schwarze Fleck sind nur *Repräsentationen* eines Punktes.»

«Ja, man sieht zu Recht nichts. Im Grunde ist ein Punkt nur eine abstrakte Koordinatenangabe. Wir stoßen nicht auf Punkte, wenn wir die Tiefenstruktur der Raum-Zeit ergründen. Es geht ja hier nicht um die mathematische Frage, in welcher Weise eine Mannigfaltigkeit aus Punkten ‹zusammengesetzt› ist, sondern um das physikalische Problem der Entitäten, die der Raum-Zeit zugrunde liegen: Wie sind sie beschaffen? Es können einfach keine üblichen Objekte sein!»

«Und Punkte natürlich auch nicht ...»

«Selbstverständlich nicht, Eisenhardt. Die Raum-Zeit ist im Rahmen der allgemeinen Relativitätstheorie mathematisch in eine differenzierbare Punktmannigfaltigkeit eingebettet. Dieser Hintergrund wird immer angenommen. Er ist sozusagen die Tafel, auf der die physikalischen Gleichungen stehen. Niemals werden Punkte ins Nichts gesetzt. Aber aus welchem grundlegenden Stoff bestehen die Gleichungen? Was heißt hier ‹grundlegend›? Sind grundlegende ‹Objekte› kleine Objekte? Warum geht es wann nicht tiefer?»

«Da stehen die Physiker vor einem echten Problem. Und das Hauptproblem besteht darin, daß sie es nicht wissen. Und warum wissen sie es nicht? Weil sie in erster Linie mathematische Modelle erstellen, statt begrifflich konsequent vorzugehen. Nichts gegen mathematische Modelle – sie sind absolut notwendig. Aber sie sollten die begriffliche Durchdringung eines Problems nicht ersetzen. Selbst in der Stringtheorie baut sich der Turm der Schildkröten auf.»

«Schlimmer als der Elfenbeinturm.»

«Sie sagen es, No. Der Elfenbeinturm zerbröckelt, viele anerkannte Physiker schreiben Sachbücher für die breite Öffentlichkeit, wie es so schön heißt. Warum ist die Öffentlichkeit eigentlich ‹breit›? Kann mir das mal einer sagen?»

«Platon hieß eigentlich Aristokles, und *plátos* bedeutet ‹die Breite› – Aristokles' Spitzname war also ‹der Breitgebaute, der Breitschultrige›.»

«Aha, was ... was soll der Kalauer? Wollen Sie mich wieder einmal aus dem Konzept bringen, No?»

«Nichts liegt mir ferner, Eisenhardt. Glauben Sie, daß irgend jemand diese Bücher *versteht*? Zum Beispiel Stephen Hawkings ‹Eine kurze Geschichte der Zeit›. Hat das irgend jemand aus dem ‹breiten› Publikum verstanden? Die haben das doch alle nur stolz im Bücherschrank stehen. Man muß wissen, was ein mathematisches Modell ist. ‹Es trete nur ein, wer etwas von Mathematik versteht› – wie es am Eingang von Platons Akademie stand ...»

«Augenblick, No. Bevor Sie sich jetzt des längeren oder meinetwegen auch des breiteren darüber auslassen, möchte ich gerne mein Argument über den Turm der Schildkröten in der Stringtheorie vortragen, wenn Sie erlauben.»

«Bitte.»

«Also, nach dem mathematischen Modell der Stringtheorie ähneln die ‹Objekte›, auf die alle anderen Teilchen wie zum Beispiel Protonen, Elektronen oder Quarks reduziert werden können, kleinen Fäden von ungefähr Plancklänge. Das heißt: Die Strings sind der nicht mehr zu reduzierende Grundzustand aller anderen Teilchen, die entsprechend hochangeregte Zustände dieser Strings sind. Diese Fäden waren lange Zeit die paradigmatischen Objekte der Stringtheorie. In den letzten Jahren aber sind die eindimensionalen Fäden zum Spezialfall geworden. Es soll jetzt Strings von fast jeder Dimension geben, p-Branen genannt. Null-Branen sollen punktförmig sein, 1-Branen fadenförmig und so weiter. Nach einer neueren Spekulation – quasi eine Spekulation in der Spekulation – können die 1-Branen wiederum aus nulldimensionalen Teilchen, sogenannten Partonen, zusammengesetzt sein. Ein String ist dann eine Kette von Partonen. Das ist das Ende. Und zwar das Ende sinnvoller Überlegungen zum Begriff des fundamentalen Objektes, keineswegs und leider nicht das Ende des Abstieges in immer tiefere Schichten. Hier ist überhaupt kein Ende zu sehen.»

«So sieht es aus, Eisenhardt. Warum sollten Partonen grundlegend sein? Nichts, aber auch gar nichts spricht dafür. Auch sie könnten sich doch – nach einer weiteren Spekulation, die noch nicht in die Welt gesetzt worden ist – als ‹zusammengesetzt› erweisen wie die Protonen. Natürlich wären sie damit nicht wirklich nulldimensional. Aber kein physikalisches ‹Teilchen› ist echt nulldimensional, nur mathematische Gegenstände können nulldimensional sein. Die Physiker bauen munter am Turm der Schildkröten weiter.»

«Was tun?»

«Zwei Schritte vorwärts, einer zurück!»

«Gut, gut, No. Aber bevor wir ein Bier trinken gehen – denn mir scheint, es ist soweit –, lassen Sie uns noch einmal den Turm der Schildkröten für die Leserschaft aufbauen:

Moleküle
Protonen (zum Beispiel)
Quarks
Präquarks (?)
Strings (1-Branen)
Partonen
?
?

Das ist eine klassische unendliche Regression. So. Gehen wir.»

Wohin führt uns das? Materie/Energie ist immer mit Raum-Zeit (John Archibald Wheelers «Geometrie») verbunden; führt uns der Turm der Schildkröten in dieser Verbindung zur Prägeometrie? Ist die Prägeometrie noch etwas Physikalisches? Der Turm der Schildkröten verharrt im physikalischen Teilchenaspekt. Er hat sein (unendliches?) Fundament auf Sand gebaut. Aber er verweist auf eine tiefere Bedeutung von Fundamentalität. Sie hat erst einmal nichts mit «Kleinheit» zu tun. Wenn wir uns den Turm anschauen, werden wir feststellen, daß er immer mehr an Struktur verliert, je tiefer wir gehen. Sicher wird ein Quark einfacher und strukturärmer sein als ein Molekül. Diese Ordnungsrelation gilt für alle Stockwerke des Turms. Wir könnten für unser Problemfeld «Tiefenstruktur der Natur» also sagen: Etwas ist dann fundamentaler, wenn es strukturärmer ist. Das gilt natürlich auch für die «Geometrie». So ist eine rein topologische Struktur, in der kein Abstand definiert ist, strukturärmer als eine metrische Struktur, in der ein Metermaß angelegt werden kann. Eine solche Strukturanordnung kann auch feiner unterteilt werden, und zwar folgendermaßen:

Metrische Mannigfaltigkeit
(minus Abstand):
Konforme Mannigfaltigkeit
(minus Winkel):
Affine Mannigfaltigkeit
(minus Parallelismus):
Differenzierbare Mannigfaltigkeit
(minus Koordinaten und Differenzierbarkeit):
Topologischer Raum
(minus Nachbarschaftsrelation):
geordnete Menge
(minus Ordnungsrelation):
Menge
(leere Menge?)
(Nichts?)

Von oben nach unten gelesen verliert dieser «Turm der Geometrie» Struktur bis zum «Fundament», das man als eine Menge von ungeordneten Punkten interpretieren kann. Im Rahmen der Relativitätstheorie handelt es sich hier um eine Menge von Raum-Zeit-Punkten oder «Punktereignissen», denen man nun – von unten nach oben – reichere Strukturen aufprägen kann, bis man über Ordnungsrelationen (zum Beispiel «früher/später»), über topologische Strukturen (Nachbarschaft ohne Abstand), über Mannigfaltigkeiten, denen man die reellen Zahlen zuordnen kann, zu kausalen Strukturen und zu den Ordnungsrelationen gelangt, die für die Relativitätstheorie spezifisch sind. Diese

Art der Strukturveränderung, für die ich hier ein einigermaßen anschauliches Beispiel gegeben habe, welches aber schon nahe an dem speziellen Bereich liegt, der uns interessiert, soll «von oben nach unten gelesen» das Eindringen in die Tiefenstruktur der Natur repräsentieren, den Weg zu den fundamentalen Strukturen: Prägeometrie, begriffen als eine *Strukturverarmung*, und «von unten nach oben gelesen» Emergenz der Natur oder des Universums aus einem Grundzustand oder einer Prägeometrie, verstanden als eine *Strukturanreicherung*. Da wir nicht bis zum «Nichts» vorstoßen, sollte also die Prägeometrie eine Minimalstruktur besitzen. Unsere These wird darin bestehen, daß diese Minimalstruktur keine zeitliche, aber eine Art «räumliche» sein muß. Da diese «räumliche» Minimalstruktur aber nicht statisch sein kann, denn aus einem statischen Zustand kann nichts emergieren, werden wir uns schließlich mit dem Begriff einer «zeitlosen Bewegung» auseinandersetzen müssen.

8 Die Prägeometrie. Die Philosophie sollte sich keine eigene Ontologie, keinen eigenen Gegenstandsbereich dessen, was es gibt, neben den Naturwissenschaften zusammenzimmern. Sie muß jedoch die Begriffe und Grundannahmen der Wissenschaften durchdringend reflektieren und auf Inkonsequenzen und Ungereimtheiten aufmerksam machen. Solche Inkonsequenzen und Ungereimtheiten sind vorhanden, wie zum Beispiel der Turm der Schildkröten oder die unzureichende Reflexion auf eine zeitlose Bewegung. Sie sind fundamental, denn sie kommen auf einer fundamentalen Ebene vor, auf der Ebene der Grundstruktur des Universums. Was sind die fundamentalen «Objekte» der Natur? Was *könnten* sie überhaupt sein? Sind es noch «Objekte» basaler Entitäten, die der Raum-Zeit ontologisch vorhergehen? Viel-

leicht sind sie gar nicht mehr «räumlich» gestaltet, sondern von ganz anderer Struktur, etwa von einer rein algebraischen. Hierzu sind viele Überlegungen im Schwange, die noch nicht ausgereift sind. Wir versuchen in diesem Buch nur einen allgemeinen Rahmen aufzuspannen, in dem sich die Überlegungen zur Prägeometrie abspielen sollten. Wenn man Prägeometrie zu «fundamental» ansetzt und ausführt, kann man leicht den Anschluß an die physikalischen Standardmodelle verlieren. Wie «tief» soll man denn nun die Prägeometrie ansetzen? Wenn wir auf die Ebene der Topologie hinabsteigen, haben wir den Abstandsbegriff verloren. Wir dürften dann eigentlich auch nicht mehr den Begriff einer «kleinsten Länge» oder den einer «kleinsten Zeiteinheit» verwenden. Zumindest wird dieser Begriff dann sehr problematisch. Welche Art von Prägeometrie ist als der Grundzustand der Natur oder des Universums realisiert? Welcher «Dynamik» unterliegt diese Prägeometrie? Sollte die Prägeometrie (quantenmechanischen?) Schwankungen unterliegen, wie es Wheeler behauptet, so daß Abstände selbst «schwanken» und damit «unscharf» oder «unbestimmt» werden, wird es wiederum problematisch. Wir können schwerlich sagen, daß ab einem gewissen Abstand in einer Metrik – nämlich wenn wir in ihr immer tiefer blicken – der Begriff des «Abstandes» nicht mehr anwendbar ist. Der Übergang von einer Metrik zu einer («bloßen») Topologie ist damit nicht klar erfaßt. Zudem wären Schwankungen einer Prägeometrie nicht in der Zeit, da ja auch der Begriff des zeitlichen Abstandes (zeitliches Vorher/Nachher) unanwendbar würde. Wir müssen uns auch fragen, was es bedeutet, wenn die kontinuierliche Struktur der Raum-Zeit, die durch eine Metrik und die Differenzierbarkeit festgelegt ist, zerbricht, in Scherben zerfällt und sich eine diskrete oder – allgemeiner – eine diskontinuierliche Struktur enthüllt. Eine diskrete Struktur bedeutet nämlich, daß kleinste endliche Einheiten angenommen werden müssen, während dies bei einer diskontinuierlichen Struktur nicht der Fall zu sein braucht. Rein formal kann man eine kleinste diskrete Struktur natürlich weiter teilen. Ein Beispiel: Es darf (auch physikalisch?) nicht möglich sein, in einem aus drei kleinsten Einheiten gebildeten Dreieck die Höhe zu konstruieren, da diese ja durch das Lot von einem Scheitelpunkt zur gegenüberliegenden (unteilbaren!) Seite definiert ist, welche dadurch geteilt würde. Außerdem wäre die Höhe dann ja kürzer als die Seite, die jedoch eine kleinste Einheit ist. Diese «Teilung» hätte nur einen formalen Sinn, bezogen auf den rein darstellungstechnischen *Hintergrund*, auf den sich das unteilbare Dreieck projizieren ließe. (Dasselbe muß auch für kleinste Zeit- oder Bewegungseinheiten gelten, die sich in gewisser Hinsicht vollziehen, ohne sich vollzogen zu haben. Dazu gleich mehr.) Man könnte sich diese Unmöglichkeit der Teilung der Dreiecksseite anschaulich so vorstellen, als ob das Lot hin- und herpendeln würde, um entweder mit der rechten oder der linken Seite zusammenzufallen, da es von der unteren Seite sozusagen «abgestoßen» wird.

Prinzipiell kann dagegen noch eingewandt werden, daß ein «Innen» einer kleinsten Einheit deswegen sinnlos wird, weil sich mögliche «formal erreichbare» innere Zustände physikalisch weder voneinander noch vom kleinsten Abstand unterscheiden lassen. Man würde sozusagen nichts Neues in diesen Zuständen entdecken. Sie bildeten eine physikalisch selbstähnliche Äquivalenzklasse. In Schwierigkeiten kommen wir freilich mit dieser Argumentation, wenn es sich bei der Prägeometrie nicht mehr um einen physikalischen Zustand handelt. Dann bliebe uns nur übrig, diskontinuierliche Strukturen zu akzeptieren. Aber welche fundamentalen Strukturen auch immer wir wählen, wie fügen sie sich zu einer kontinuierlichen Mannigfaltigkeit zusammen? Es wäre natürlich auch möglich, daß die Welt vollständig diskontinuierlich ist; das würde bedeuten, daß der Raum auf der kleinsten Ebene, etwa der Plancklänge, nicht mehr unterteilt werden kann und uns nur kontinuierlich vorkommt, weil diese Länge so extrem winzig ist.

Sollte die Raum-Zeit in Scherben zerspringen, haben wir einen Verlust zu beklagen. Bringen die Scherben uns auch Glück? Das ist noch nicht absehbar. Zuerst einmal haben wir die Bühne verloren, auf der sich das Schauspiel der Entwicklung des Universums abspielt. Nun kommt eine Detektivarbeit auf uns zu: Wir müssen die Scherben aufsammeln, sie identifizieren und zusammensetzen. Das Problem besteht darin, daß niemand so recht weiß, wie dies denn zu bewerkstelligen sei. Wir sehen die Scherben nur sehr verschwommen, und verschiedene Detektive haben verschiedene Hypothesen anzubieten, wie die Scherben aussehen – und wie sie sich verhalten. Wenn ich sage. «Wir müssen sie zusammensetzen», dann bedeutet dies ja nur, daß wir in einem Modell beschreiben, wie sie sich selbst zusammenfügen. Wie fügt sich etwas zusammen, um Raum und Zeit zu bilden? Sind diese Zusammenfügungen selbst diskret, diskontinuierlich oder kontinuierlich?

Worüber sind sich die meisten Detektivphysiker einig? Betrachten sie die Raum-Zeit mit einer theoretischen Lupe, erhält sie eine körnige, eine granulare Struktur. Dann reißt sie auf. Zum selben Resultat kommt man, wenn man die Reise zum Nullpunkt der Zeit beendet hat. Der Nullpunkt wird nicht ganz erreicht, alles beginnt zu verschwimmen und zu schwanken ... Aber was bedeutet das? Auf welche «Objekte» stoßen wir, wenn die Plancklänge (10^{-33} cm) erreicht ist? Stoßen wir auf *physikalische* Objekte, oder durchbrechen wir die Grenzzäune der Physik? Bedeutet die Annahme einer Prägeometrie, daß der «Scherbenzustand» der Raum-Zeit erreicht ist?

Prägeometrie → *Physik*

Was bedeutet der Pfeil? Wie «erzeugt» die Prägeometrie das Universum, eine Dreier-Geometrie mit Feldern, mit «Physik», also «Naturalem» behaftet? Wie genau entsteht aus einer Prägeometrie das Universum (oder entstehen viele Kosmen aus ihr)?

Prägeometrie → Universum

Aber wie? Eines scheint bei der Konzeption einer Prägeometrie nach einer radikalen Interpretation klar: Sie ist nicht physikalisch! Die Prägeometrie ist kein physikalischer Zustand mehr – sie ist ein *mathematischer* Zustand. Hier stellt sich die Frage, wie sich ein mathematischer Zustand in einen physikalischen *verwandeln* kann. Gibt es eine rein mathematische *Dynamik*, die einen energetischen Zustand erzeugt? Das sieht wie ein hohes theoretisches Hindernis aus, das kaum zu überwinden sein wird. Wenn wir aber die Prägeometrie als einen physikalischen Zustand betrachten, sind wir wieder in den Turm der Schildkröten versetzt. Jeder physikalische fundamentale Zustand ist rein kontingent – der Turm der Schildkröten findet eben nur «zufällig» ein Fundament. Wenn man will, kann man sich damit zufriedengeben. Aber wir sind nicht so leicht zufriedenzustellen.

9 Der Raum-Zeit-Schaum und der Planckbereich.
Der eigentliche Bereich einer fundamentalen Theorie wird der Planckbereich genannt. Er kann sowohl exo- als auch endophysikalisch angegangen werden. Auf der einen Seite ist er die Sphäre, in der das grundlegende Feld der Natur angesetzt werden muß, in dem Überlegungen der Quantengravitation eine entscheidende Rolle spielen müssen, in welchem unter Umständen die Begriffe von Raum und Zeit ihre Gül-

tigkeit verlieren; auf der anderen Seite ist er das Gebiet, in dem der Nullpunkt der kosmischen Zeit erreicht wird, in welchem sich der Grundzustand des Universums zeigt und in dem die Grenzziehung zwischen Endo- und Exophysik vorgenommen wird.

Der Planckbereich ist dadurch gekennzeichnet, daß in ihm die sonst «glatt» (kontinuierlich) modellierte Struktur der Raum-Zeit zu einer diskreten Struktur aufbrechen soll. Nach der Quantentheorie muß nicht nur die Energie in kleinste Einheiten gepackt, sondern auch der Raum in kleinste Einheiten aufgeteilt werden, je nach Dimension in kleinste Längen, kleinste Zellen oder kleinste Kuben. Eigentlich sollte man sagen: «Nach der Quantengravitationstheorie», aber wie wir wissen, liegt eine solche Theorie noch nicht vor. Es muß also auch die allgemeine Relativitätstheorie in die Argumentation einbezogen werden. Um den Raum abzuzirkeln, vorsichtiger ausgedrückt: um einen Abstand zu messen, muß etwas mit einem Teil des Raumes (oder mit zwei Teilchen, deren Abstand man erkunden möchte) auf irgendeine Weise in Wechselwirkung treten. Am besten geht dies durch Bestrahlung, zum Beispiel mit Licht oder allgemeiner mit elektromagnetischer Strahlung. Wie Materie besitzt Licht Wellen- und Teilchencharakter. Wenn man einen bestimmten Abstand ausmessen möchte, muß sich mindestens eine halbe Wellenlänge (ein Wellenberg oder ein Wellental) in diesen Abstand – der die Kante eines Kubus sein kann – einfügen, weil sonst nicht mehr sinnvoll von einer Welle(nlänge) gesprochen werden kann. Die Wellenlänge des Lichtes ist mit der Frequenz und der Lichtgeschwindigkeit verbunden, und die Frequenz ist an die Energie und das Plancksche Wirkungsquantum gekoppelt. Wir kommen zu dem Ergebnis, daß nur ein bestimmter minimaler Energiebetrag das Volumen ausmessen kann.

Außerdem kommt die allgemeine Relativitätstheorie zum Zug. Jeder Energiebetrag krümmt wegen der Äquivalenz von Masse und Energie den Raum (und die Zeit). Die Energie ist nach der allgemeinen Relativitätstheorie mit der Masse (durch das Quadrat der Lichtgeschwindigkeit) verknüpft. Wenn die Masse/Energie größer ist als der auszumessende Abstand, dann würde die Energiedichte die Krümmung so stark biegen, daß der Abstand den Raum «lochen» würde – ein kleines Schwarzes Loch entstünde. Die Krümmung (der sogenannte Schwarzschildradius, in den noch die Gravitationskonstante eingeht) darf also nicht größer sein als der Abstand, den wir ausmessen wollen. Wir haben also zwei Energiebeträge, einen minimalen der Quantentheorie und einen maximalen der allgemeinen Relativitätstheorie, die beide mit einer Länge verbunden sind: in der Quantentheorie mit der Wellenlänge und in der allgemeinen Relativitätstheorie mit dem Krümmungsradius (des möglichen Schwarzen Lochs). Diese beiden Längen fügen sich nun – verbunden über das Plancksche Wirkungsquantum, die Gravitationskonstante und die Lichtgeschwindigkeit – zu einer kleinsten Länge zusammen, der Plancklänge, unter der nicht mehr sinnvoll von einer Abstandsmessung gesprochen werden kann. Die kleinste Länge selbst ist eigentlich keine Naturkonstante, sondern ergibt sich nur, wenn wir im Rahmen der Geltung zweier eigentlich unvereinbarer Theorien die oben skizzierten Meßkonsequenzen vergleichen und die drei eben genannten Naturkonstanten kombinieren, von denen eine der Quantentheorie und zwei den Relativitätstheorien entnommen sind. Diese Bemerkung ist sehr wichtig, denn wir haben keineswegs plausibel gemacht, daß auch der Raum gequantelt ist wie die Energie, sondern nur, daß ein kleinerer Abstand als die Plancklänge unter den angegebenen Voraussetzungen nicht gemessen werden kann. Das scheint eher eine erkenntnistheoretische oder eben eine meßtheoretische Aussage zu sein als eine ontologische. Eine ontologische kleinste Länge müßte aus einer Quantengravitationstheorie folgen. Dasselbe gilt für die kleinste

Zeiteinheit, die Planckzeit, welche einfach als die Zeit definiert wird, die das Licht braucht, um die Plancklänge zu durchmessen. Für jede *Uhr* gilt, daß sie einer Unbestimmtheit unterliegt. Die Ganggenauigkeit einer einfachen Uhr, bestehend aus zwei Spiegeln, zwischen denen ein Photon reflektiert wird (das «Ticken» der Uhr und gleichzeitig ihr «Zeiger»), wird durch den Bewegungszustand des Photons zwischen dem Spiegelabstand und der Masse der Spiegel bestimmt, die sich nicht zu nahe kommen dürfen. Es gelten dieselben Überlegungen, die wir oben in diesem Abschnitt angestellt haben.

10 Aristoteteles' Meinung zu kleinsten Einheiten.
Natürlich durchläuft das Licht die kleinste Länge nicht «Punkt für Punkt» oder «Teil für Teil», denn auf diese Weise würde die kleinste Länge ja «geteilt», was nur mathematisch formal möglich ist. Im Grunde besteht dann ein «kontinuierlicher» Bewegungsverlauf aus lauter kleinsten momentanen «Sprüngen» über diskrete Längen. Paradox ausgedrückt könnte man mit Aristoteles sagen, daß ein Photon die kleinste Strecke passiert *hat,* ohne sie zu passieren, nämlich ohne «in» ihr in einem Bewegungszustand jeweils gewesen zu *sein.* Etwas hätte dann ein Wegstück hinter sich gebracht, ohne es (Stück für Stück) durchwandert zu haben. «Wenn nun die Disjunktion unverbrüchlich besteht, daß ein Gegenstand entweder in Bewegung oder aber in Ruhe sein muß, der Gegenstand aber in jedem [unteilbaren Stück] in Ruhe ist, dann erhalten wir folgenden Widersinn: Es gibt etwas, das ununterbrochen in Ruhe ist und gleichzeitig doch Bewegung erfährt; denn es durchlief doch die Gesamtstrecke [aus kleinsten Einheiten] und ruhte gleichzeitig an jedem Stück der Strecke, also doch wohl die gesamte Strecke hindurch.» Paradox

ist das nur, wenn man eben die Zeit (wie jede Ausdehnungsgrö-ße) als prinzipiell kontinuierlich annimmt. Das ist die Vorausset-zung: «Da jedwede Bewegung sich in der Zeit vollzieht und jedwe-de Zeit dadurch charakterisiert ist, daß in ihr Bewegung möglich ist, da weiterhin jeder Gegenstand schnellere und langsamere Bewegung zuläßt, ist für jegliche Zeit die Möglichkeit von Schnel-ligkeitsunterschieden zwischen (in ihr sich vollziehenden) Bewe-gungen gefordert. Eben darum ist auch Kontinuität für die Zeit unerläßlich.» Diese Schnelligkeitsunterschiede werden als Unter-schiede angesehen, die jegliche kontinuierliche Abschattung zu-lassen. Aber diese Voraussetzung *muß* man nicht machen. Es kann auch die Zeit aus unteilbaren Stücken bestehen, die keine Punkte sind, sondern diskrete Größen. Dann ändert sich auf dieser Stu-fe eben der Begriff der Bewegung. Die Intuition, man könne in die kleinsten Teile «hineinsehen», beruht nur auf der Vorstellung einer mathematischen Projektion auf einen möglichen kontinu-ierlichen Hintergrund.

11 Der Status der Unbestimmtheitsre-lation. Die Heisenbergsche Unbestimmtheitsrelation von Ort und Impuls folgt keineswegs aus einer erkenntnistheoretischen Meßvorschrift, die eine *Störung* eines oder mehrerer Teilchen durch einen apparativen Eingriff in ein System bedeutete. Dies ist ein Mißverständnis, das durch Werner Heisenberg selbst in die Welt gesetzt worden ist, indem er in seinem Werk *Die physikalischen Prin-zipien der Quantentheorie* die Unbestimmtheitsrelation am Beispiel der Wechselwirkung eines Meßteilchens (zum Beispiel eines Pho-tons) mit einem Objektteilchen (zum Beispiel einem Elektron) illu-strierte: Wenn man ein Elektron unter einem Mikroskop betrach-ten will, muß man es mit einem Lichtquant (Photon) beschießen.

Das bewegte Elektron erhält einen Rückstoß (Impuls), der nicht genau bekannt ist, da die Richtung des Photons nur innerhalb eines bestimmten Winkels bekannt ist, was mit der *Wellenlänge* des Photons zusammenhängt. Es ergibt sich auch eine Unbestimmtheit des Rückstoßes und damit der Elektronenbewegung.

Die Unbestimmtheitsrelation ist aber eigentlich eine Konsequenz der theoretischen Struktur der Quantenmechanik, insbesondere des Welle/Teilchen-Dualismus, was Heisenberg in seinem Buch natürlich auch darlegt. (Sie war schon als eine Art signaltechnische Ungleichung vor Heisenberg, nämlich 1924 von Karl Küpfmüller aufgestellt worden.) Der Ort eines Teilchens kann letztlich nur durch eine schmale Wellenfunktion (hoher, schmaler Wellenberg) bestimmt werden, was im Extremfall der minimalen Wellenlänge bei unendlicher Frequenz bedeutet, daß der Impuls vollständig unbekannt ist, da er nicht durch einen schmalen Wellenberg, sondern durch eine über den Raum verteilte Wellenfunktion charakterisiert wird. Da mit der Frequenz auch die Energie des Photons steigt, würde diese höhere Energie auf das Teilchen stärker einwirken und den Impuls verschmieren. Wäre umgekehrt der Impuls mit seiner über den ganzen Raum schwingenden Wellenfunktion bekannt, dann wäre eben der Ort völlig unbekannt, da er nun einmal durch den einen schmalen Wellenberg identifiziert wird. Bekannt ist meist eine Synthese aus schmaler Welle mit einer über den Raum verteilten Wellenfunktion, also ein Wellenpaket. Das hat aber nichts mit einem Meßeingriff zu tun, sondern diese Überlegung ist für jedes Modell gültig, in welchem man eine lokalisierte Größe mit einer globalen, über den ganzen Raum verteilten, in Einklang bringen oder die eine durch die andere darstellen möchte. Heisenbergs Leistung bestand darin, gezeigt zu haben, daß dies für den Orts- und Impulsraum gilt und daß sich dies notwendigerweise aus den Grundannahmen der Quantenmechanik ergibt. Es handelt sich also um eine ontologische Konsequenz der Theorie selbst, um das, was es nach der Theorie gibt, nicht darum, was gemessen wird. Natürlich folgen aus dem, was es gibt, Meßeinschränkungen. Der Weg wird jedoch nicht von der Messung zu dem, was es gibt, sondern umgekehrt beschritten.

12 Der Status kleinster Einheiten.

Die Überlegungen zu einer kleinsten Länge (oder kleinsten Zeiteinheit), wie wir sie wiedergegeben haben, werden aber eher im Rahmen eines Gedankenexperimentes angestellt als im Zusammenhang fundamentaler theoretischer Prinzipien, die eben noch nicht vorliegen. Die Theorie sagt positiv, was es gibt, Experimente sind nur negative «Auslesefaktoren». Es «gibt» also eine kleinste Länge nicht auf solche basale Weise, wie es das Wirkungsquantum als kleinsten Energieübertrag gibt; jedenfalls soweit sich das meßtechnisch auf dem aktuellen technischen Niveau belegen läßt. Aus einer rein theoretischen Perspektive erhält man eine kleinste Länge durch die *Kombination* von Naturkonstanten, was Max Planck schon im Jahre 1899 vorgeschlagen hatte. Die Plancklänge ergibt sich, wenn man die Plancksche Konstante h mit der Newtonschen Gravitationskonstanten G multipliziert, das Produkt durch die Lichtgeschwindigkeit c (hoch drei) teilt und aus dem Quotienten die Quadratwurzel zieht. Das Ergebnis hat die Dimension einer (sehr kleinen) Länge, nämlich 10^{-33} cm. Eine kleinste Länge könnte auch direkt aus einer fundamentalen Theorie folgen, indem man entweder annimmt, daß fundamentale Teilchen eine kleinste Länge besitzen (Stringlänge in der Stringtheorie) oder daß die Raum-Zeit selbst von vornherein diskret *ist* (Looptheorie in der konstruktivistischen Interpretation), oder als Ergebnis resultiert (Looptheorie im strengen Rahmen der kanonischen Quantisierung). Die Überlegungen in der Stringtheorie bezüglich einer kleinsten Länge ähneln den (relativ zum Turm der Schildkröten) «von oben» kommenden Gedankenexperimenten im Rahmen der Unbestimmtheitsrelation. Zur Unbestimmtheit von Ort und Impuls wird eine Stringlänge hinzugefügt, die von der Unbestimmtheit des Stringimpulses abhängt. Wenn man das Ganze nach dem Ort hin auflöst, erhalten wir als Resultat, daß die Unbestimmtheit des Ortes eine Funktion der Heisenbergschen Unbestimmtheit des Impulses plus der Unbestimmtheit der Stringlänge ist. Diese Stringlänge, deren Größe nahe an der Plancklänge liegt, geht zwar in die fundamentalen Bewegungsgleichungen der Stringtheorie ein, kann aber noch nicht eigentlich begründet werden. Zudem bewegen sich die Strings auf einer Hintergrundraumzeit, welche nicht quantisiert ist. Daran wird noch gearbeitet. Die Pointe der Looptheorie besteht nun gerade darin, daß die Raum-Zeit grundsätzlich aus kleinsten Einheiten besteht, welche die Plancklänge haben. Dies folgt direkt aus den Annahmen der Theorie. Man baut also hier (relativ zum Turm der Schildkröten) «von unten». Fundamental sind Spin-Netze, die sich nicht auf einer kontinuierlichen Raum-Zeit bewegen, wenn auch eine (unproblematische?) Annahme eines Hintergrundes besteht. Die Spin-Netzwerke werden nämlich in einer topologischen Mannigfaltigkeit aufgespannt, die aber nicht die Eigenschaften einer Raum-Zeit hat. Diese Spin-Netze sind im Grunde eine Art von diskreten (quantenmechanischen) Drehimpulsen (Spins), welche die Ecken eines Netzwerkes von Relationen besetzen und bestimmte (gruppentheoretische) Transformationseigenschaften haben – eine Idee, die Roger Penrose schon in den siebziger Jahren vorbrachte. Bei Penrose wird die diskrete Struktur direkt angenommen, während in der Looptheorie diese Struktur theoretisch erreicht wird durch die Kombination von allgemeiner Relativitätstheorie und Quantenmechanik, wobei die Mannigfaltigkeit der allgemeinen Relativitätstheorie nicht mehr als völlig glatt betrachtet, sondern ihr eine Art «Schleifenstruktur» zugeordnet wird. Dies verträgt sich natürlich besonders gut mit der diskreten Struktur der Quantenmechanik. Diskretheit ist also das Ergebnis einer theoretischen Durchdringung von Mannigfaltigkeiten in verschiedenen Theorien, um sie anzugleichen. Trotzdem wird von unten her aufgebaut, und man bekommt eine Hintergrundabhängigkeit als Bonus geschenkt. Dem Raum liegt dann nichts anderes als dieses diskrete Netzwerk zugrunde, das natürlich mit Materie/Energie-Eigenschaften behaftet ist. Den Ekken werden numerische Größen zugeordnet, welche das Raumvolumen und außerdem die Teilchen repräsentieren, also die diskrete Materie/Energie. Die Zeit ist nichts anderes als die diskrete Entwicklung des Netzwerkes, welches nun als «Spin-Schaum» bezeichnet wird. Aus dieser «Prägeometrie» soll sich die «glatte» Raum-Zeit unseres Universums entwickeln. Die Ähnlichkeit mit einem Webvorgang liegt nahe.

Schon John Archibald Wheeler gebrauchte diese Metapher. Sie kann einen kosmologischen oder «feldtheoretisch» naturalen Aspekt haben. Für uns sollte sie immer einen ontologischen Aspekt implizieren. Denn wir möchten wissen, wie das Universum aus einer Prägeometrie hervorging. Und insbesondere muß auch klar sein, welche mehr oder weniger «arme» Struktur wir einer Prägeometrie ontologisch, nicht nur operationell, zuschreiben können. Ist die Struktur zu arm, wird es nicht gelingen, das Universum oder eine glatte Raum-Zeit aus ihr entstehen zu lassen. Mit diesem Problem hat die Looptheorie zu kämpfen. Sind die Fäden zu «diskret», weben sie sich nicht wohlgefügt zusammen. Wir dürfen aber auch nicht zu viel Struktur voraussetzen, denn dann haben wir schon hineingesteckt, was wir eigentlich emergieren lassen wollen. Mit diesem Problem ringt die Stringtheorie, da sie eine Hintergrundraumzeit annimmt. Aber es sind noch Optionen offen.

In der Looptheorie spielt die Webmetapher jedenfalls eine wichtige Rolle. Sie verdeutlicht den Prozeß der Emergenz eines klassischen Zustandes aus einem Quantenzustand auf sehr anschauliche Weise. Ein zentraler Aufsatz aus dem Jahre 1992 trägt den Titel «Eine klassische Metrik mit Quantenfäden webend». Wir werden uns mit der Frage beschäftigen müssen, wie dieser Vorgang ontologisch verstanden werden kann. Ist das «Weben» in der Zeit, oder wird nicht auch mit der Raum-Zeit die Zeit selbst gewebt? Dieses Problem wird meines Erachtens in der Stringtheorie schärfer und klarer gesehen, vielleicht gerade deswegen, weil diese Version einer fundamentalen Theorie der Natur noch in hintergrundabhängigen Versionen vorliegt. Die Raum-Zeit «besteht» damit nicht aus Strings. Der Stringtheoretiker Brian Greene formuliert das Desiderat folgendermaßen: «Wenn man einen Teppich webt, knüpft man ihn aus einzelnen Fäden zusammen. Aber bevor der Teppich fertig ist, hat man nur einzelne Fäden. Vielleicht setzt sich das Gewebe des Raumes aus individuellen *strings* zusammen.» Diese Intuition muß natürlich auch die Raum-Zeit umfassen. Das Weben wäre dann freilich kein zeitlicher Vorgang!

Das grundsätzliche Bild liegt klar vor uns: Die Tiefenstruktur der Natur könnte eine Prägeometrie sein, die einen diskreten Charakter hat. Dies wird von den beiden am weitesten entwickelten Kandidaten für eine fundamentale Theorie der Natur behauptet, der String- und der Looptheorie. Aber sehr problematisch und unklar ist, welche genaue Struktur diese Prägeometrie eigentlich besitzt. Müssen ihr räumliche, gar zeitliche Eigenschaften zugeschrieben werden? Welche Dynamik kommt der Prägeometrie zu? Welchem Prinzip gehorcht eine fundamentale Theorie der Natur? In einem anderen Bild, das auch von Wheeler herrührt, ordnet man der Prägeometrie einen «schaumigen» Charakter zu; sie ist ein «Quantenschaum». Nur diese dynamische Eigenschaft ist hier von Interesse. Die Raum-Zeit selbst ist ja schon eine dynamische Entität, ihre Dynamik müßte sich in ihrer Tiefenstruktur auf der Planckebene in Schwankungen und Fluktuationen fortsetzen. Aber was hat man sich dabei zu denken? Wenn nicht bloß die Raum-Zeit als Ganzes, sondern sogar die Tiefenstruktur der Raum-Zeit fluktuiert, dann entsteht die Frage, ob diese Schwankungen als Fortsetzung der Dynamik der Raum-Zeit diese voraussetzen oder ob es sich um Fluktuationen «vor» Raum und Zeit handelt? Falls das letztere der Fall ist, stoßen wir wieder auf das Zentralproblem unseres Buches, nämlich daß die Zeit ontologisch zeitlos entstehen muß. Und das letztere wird genau dann der Fall sein, wenn wir die richtige Strukturarmut gefunden haben. Eine Fortsetzung der Eigenschaften der Raum-Zeit bis in die Tiefenstruktur würde bedeuten, daß dem Fundamentalen zu viel Struktur zugeeignet wäre. Die Fäden sind nicht das Kleid. Sie bilden es nur. Aus der Ferne gesehen wirkt der Stoff glatt und geschmeidig, bei näherer Betrachtung erkennt man die Webstruktur, unter einer *theoretischen* Lupe sind die diskreten Fäden zu erkennen. Es ist letztlich nicht unsere Perspektive als Subjekte, sondern die Fokussierungskraft der Theorie, die uns die Tiefenstruktur zeigt. Damit befinden wir uns auf einer zumindest objektiven, wenn auch theoretischen und spekulativen Ebene.

13 Die kanonische Quantisierung und die angenäherte Zeit.

Die Raum-Zeit existiert nicht auf einer fundamentalen Ebene. Diese besonders von Wheeler propagierte These müssen wir noch ein wenig genauer ins Auge fassen. Das soll jetzt möglichst einfach geschehen, indem wir uns noch einmal den theoretischen Rahmen in Erinnerung rufen, der notwendig aufgespannt werden muß, um eine fundamentale Theorie der Natur zu erarbeiten. Im Vordergrund steht das Problem der Zeit: Wie komme ich von einem zeitlosen zu einem zeitlichen Zustand? Warum ist der Grundzustand zeitlos? (Aber nicht «raumlos»?) Ich möchte als Einstieg einige Sätze von Wheeler benutzen. Wenn wir aus einer kosmologischen Perspektive zum Nullpunkt der Zeit reisen, scheinen Raum-Zeit und Materie/Energie «langsam» zu verschwinden; wir geraten in einen Bereich, der theoretisch noch nicht verstanden ist und der – schon aus rein energetischen Gründen, denn dazu wären unvorstellbare Energiemengen nötig – durch keine Teilchenbeschleuniger «aufgerissen» werden kann. «Das Geheimnis, wie Materie und Raumzeit allmählich verschwinden, ist Teil und Gesamtheit der ungelösten Frage, wie die Welt zustande kam.» Kosmologisch verweist also der «Urknall», die Anfangssingularität des Universums, die nach der allgemeinen Relativitätstheorie unvermeidlich ist, darauf hin, daß Raum, Zeit und Materie nicht grundlegend zu sein scheinen. «Die Materie hat also einen Anfang und ein Ende. Die Raumzeit ebenfalls. Die Zeit selbst hat einen Anfang und ein Ende. Die Theorie Einsteins über die Anziehungskraft läßt keinen Raum frei für ein eventuelles ‹Vorher› vor dem Urknall oder ein ‹Nachher› nach dem Gravitationskollaps.» Der Gravitationskollaps bezieht sich auf Schwarze Löcher oder auf den «Big Crunch», das mögliche Zusammenfallen des Universums, falls es sein Materiegehalt und die Expansionsgeschwindigkeit zulassen, also wenn die Gravitationskraft der Materie ausreicht, um das Universum wieder zusammenzuziehen und schließlich wieder auf einen Punkt zu reduzieren, der dann vielleicht in einem neuen Urknall einen neuen Anfang gründet. Wäre das Universum unendlich groß, wäre es auch dieser «Punkt»! Wir nehmen heute an, daß dies nicht geschieht, weil die Massendichte des Universums zu klein zu sein scheint. Auch müssen wir bedenken, daß die kosmologischen Modelle der Loop- und der Stringtheorie sehr wohl eine Fortsetzung der Zeit und auch des Raumes «hinter» beziehungsweise «vor» dem

Urknall legitimieren, der in diesen Theorien nicht mehr als eine Singularität behandelt wird. Dann aber ist die Zeit grundlegend! «Die Tore der Zeit können auf vielfältige Weise beschrieben werden. Aber die beste Erklärung, nämlich die, die zu neuen Erkenntnissen führen kann, ist die folgende: Zeit als solche kann nicht das letzte Konzept in der Beschreibung der Natur sein. Zeit ist weder ursprünglich noch genau. Sie ist eine Schätzung. Sie ist ein sekundärer Begriff. Sie wird in ihrer Wichtigkeit irgendwann ins zweite Glied rücken.» Diese Sätze beziehen sich darauf, daß in der sogenannten kanonischen Quantisierung, welche die allgemeine Relativitätstheorie quantenmechanisch umformuliert, zwar der Raum (in einer speziellen Form), nicht aber die Zeit eine grundlegende Größe ist. Genauer wird die Raum-Zeit nur als eine angenäherte Größe angesehen, so wie in der Quantentheorie die Bahn eines Teilchens nur eine approximative, also annähernde Größe und in der Quantenfeldtheorie das Teilchen selbst nur eine Näherung ist. Hier läßt schon der allgemeine theoretische Rahmen keine Raum-Zeit mehr zu, ohne daß man direkt auf den Planckbereich zurückgreifen muß. «Im allgemeinen stellen wir uns sowohl Zeit als auch Raumzeit als ideale mathematische Kontinua vor. Eine durchsichtige Platte aus Quarz sieht wie ein ideales mathematisches Kontinuum aus, genauso wie ein Stück Stoff. Nirgends deutlicher als an einem Riß zeigt ein Kristall, daß er kein Kontinuum sein kann. Nirgends deutlicher als an den Webkanten, wo die Fäden untergezogen sind, zeigt ein Stück Stoff, daß es kein Kontinuum sein kann.» Die Webmetapher ist allgegenwärtig. Sie figuriert auch als Bild für den Prozeß der Emergenz: Die Stofflichkeit ist eine neue Eigenschaft gegenüber den einzelnen Fäden, die zusammenwirken müssen, um den Stoff zu erzeugen. «Nirgends deutlicher als an den Toren der Zeit, beim Urknall und beim Gravitationskollaps, zeigt Raumzeit, daß sie kein ideales Kontinuum sein kann. Kristalle sind aus Molekülen zusammengesetzt, Stoff aus Fäden, raumzeitliche Geometrie, so müssen wir glauben, ist ebenfalls aus einem Substrat zusammengesetzt, nennen wir es ‹Vorgeometrie› oder so ähnlich. Wir haben genügend Hinweise, um Vorgeometrie in den kommenden Jahrzehnten enträtseln zu können, wir brauchen nur über die Tore der Zeit nachzudenken.» Das ist es, was wir tun.

In welchem Sinn ist die Zeit eine «Schätzung»? Die kanonische Quantisierung, zu der auch die Looptheorie gehört, spannt einen bestimmten theoretischen Rahmen für eine Version einer Quantengravitationstheorie auf. (Die Stringtheorie gehört nicht dazu; sie ist in erster Linie eine Quantentheorie aller Wechselwirkungen, nicht nur der Gravitationskraft, welche erst abgeleitet werden kann, wenn sich ab einem bestimmten Energielevel alle Kräfte ausdifferenzieren.) In der kanonischen Quantisierung wendet man die Quantenmechanik auf die allgemeine Relativitätstheorie an. Damit das möglich wird, spaltet man die Raum-Zeit von vornherein in Raum und Zeit auf, denn man möchte die *Entwicklung* eines *Systems* mit einer grundlegenden Gleichung beschreiben, wie man in der Quantenmechanik beispielsweise die Aufenthaltswahrscheinlichkeit von (freien) Elektronen nach der Ortsfunktion («wo» sie sich befinden) darstellt. Nur daß es hier nicht um die «Aufenthaltswahrscheinlichkeit» oder Überlagerung von Teilchen, sondern um die von «Räumen» – sprich dreidimensionalen Mannigfaltigkeiten – sprich Dreiergeometrien – sprich Universen geht. Aber das ist nicht so «einfach» wie in der Quantenmechanik. Denn wo befinden sich diese Dreiergeometrien eigentlich, und woher nehme ich die Zeit, um ihre Entwicklung nachzuvollziehen? In der üblichen Quantenmechanik befinden sich die Teilchen «im Raum» (für die theoretische Darstellung brauchen wir einen abstrakten vieldimensionalen Raum, in dem die Überlagerungen angezeigt werden können) und «in der Zeit», denn wir haben gesehen, daß die Quantenmechanik den äußeren Zeitparameter der klassischen Mechanik übernimmt. Ein quantenmechanisches System kann von außen zeitlich beschrieben werden, wie es sich im Raum entwickelt. Das gilt aber nicht mehr für die «Entwicklung» von Dreiergeometrien, da in der allgemeinen Relativitätstheorie keine äußere Parameterzeit mehr existiert – die Dreiergeometrien «sind» nicht einfach «in der Zeit». Sie sind auch nicht «im Raum», denn sie *sind* der Raum. Wie soll da eine «Entwicklung» möglich sein? In welcher Zeit? Aber haben wir nicht die Raum-Zeit in Raum und Zeit aufgespalten? Es muß doch eine Zeit übrig sein. Nun, wenn diese Zeit keine äußere Zeit mehr ist, dann muß sie eben eine *innere* Zeit sein. Und was ist diese innere Zeit? Sie ist nichts anderes als die Änderung der Dreiergeometrien selbst, ihre Deformierung – in der kosmologischen Anwendung zum Beispiel die Ausdehnung des Universums. Wohlgemerkt: Die innere Zeit ist *identisch* mit den Deformierungen, sie ist durch sie definiert. Eine äußere Uhr existiert nicht, welche die «Geschwindigkeit» der Entwicklung einer Dreiergeometrie messen könnte. Wir haben hier also ein Problem, das schon in der allgemeinen Relativitätstheorie wegen der Behandlung der Zeit als dynamische Variable auftritt. Wie unterscheiden wir die Deformationen? Um die Deformationen zu ordnen und sie mit der Ordnung einer inneren Zeit zu identifizieren, müssen wir sie unterscheiden können. Es sollte möglich sein, zu sagen, daß ein größeres Universum zeitlich nach einem kleineren vorliegt – das größere ist später, weil es größer ist; zumindest, wenn sich das Universum ausdehnt, was derzeit der Fall ist. (Denn die innere Zeit ist identisch mit der Deformation, hier der Ausdehnung.) Aber das ist nicht so ohne weiteres durchzuführen, weil einzelne Punkte nicht als Markierungen auf einer Dreiergeometrie zugelassen sind. Die allgemeine Relativitätstheorie unterscheidet sie nicht. Sie unterscheidet nur Äquivalenzklassen von Punkten, unter die aber verschiedene Deformierungen fallen. Damit unterscheidet sie nicht zwischen verschiedenen Deformierungen, und die innere Zeit hat keine Ordnung. Die Zuordnung einer Dreiergeometrie zu einem «Augenblick» ist nicht definiert. In diesem Sinne existiert dann die innere Zeit nicht.

Wo befinden sich die Dreiergeometrien? Man nimmt einen «Raum» an, der aus der Menge aller Dreiergeometrien besteht, den «Superraum». Jeder «Punkt» dieses Raumes repräsentiert eine andere Dreiergeometrie, vorausgesetzt, wir könnten sie unterscheiden. Die Entwicklung einer Dreiergeometrie wäre dann nichts anderes als der «Weg», den sie durch diesen Superraum nimmt, quasi die Spur ihrer Deformationen. Dieser Weg läge einfach vor, denn er entwickelt sich nicht wirklich. Er liegt immer schon vor, weil der gesamte Superraum irgendwie die Fülle der Raum-Zeit(en) darstellen soll. Der Weg, also die Spur der Deformationen, ist ja die Zeit – wir haben also wieder Raum und Zeit im Superraum vereint. Aber – Sie haben es schon erwartet – ganz so einfach ist es nicht. Wenn die Zeit *vorliegt*, gibt es keine Entwicklung, denn alles ist schon passiert. Außerdem müssen wir berücksichtigen, daß wir uns auf einer quantenmechanischen Ebene befinden. Die Dreiergeometrien befinden sich alle im Überlagerungszustand, der Superraum hat alle möglichen Deformationen zum Inhalt. Und so treffen wir nicht einmal auf klar identifizierbare Wege im Superraum, genausowenig wie wir auf klar identifizierbare Trajektorien, also Teilchenbahnen, in der Quantenmechanik stoßen. Von einer Teilchenbahn kann nur gesprochen werden, wenn das Teilchen mit einer genauen Geschwindigkeit sich präzise an bestimmten Orten befindet, also etwa eine Momentangeschwindigkeit hat. Das verbietet aber die Unbestimmtheitsrelation von Ort und Impuls (Masse mal Geschwindigkeit). Eine Dreiergeometrie im Superraum unterliegt ebenfalls einer Unbestimmtheitsrelation, die der Heisenbergschen von Ort und Impuls ähnelt. Es handelt sich um die Unbestimmtheit von «Größe» und «Deformationsrate» einer Dreiergeometrie; kosmologisch kann eine Zuordnung des Ortes zum Skalenfaktor des Universums (Größe) und des Impulses zur Expansionsrate vorgenommen werden. Es ergibt sich also eine kosmologische Skalenfaktor-Expansionsrate-Unbestimmtheitsrelation. Die Größe der Dreiergeometrie, ihre *interne* Krümmung, zeigt an, wo sich das Universum im Superraum befindet (denn eine je verschiedene Form bedeutet ja einen je verschiedenen «Ort»), und die Deformationsrate sagt etwas darüber aus, wie die Dreiergeometrie im Vierdimensionalen (der Raum-Zeit gleich 3+1) eingebettet ist; die Deformationsrate gibt uns Informationen über den «Weg» im Superraum und damit über die äußere Krümmung (Einbettung des Raumes in der «Zeit»). Wenn dem so ist, dann können beide Größen nicht beliebig genau angegeben werden und der Begriff der Raum-Zeit, die durch die gleichzeitige genaue Bestimmung von innerer und äußerer Krümmung definiert ist, verliert seinen Sinn. (Ich verwende im letzten Satz eine Formulierung von Claus Kiefer.) Die Raum-Zeit, die Verbindung von Raum und Zeit, wird «unscharf». Jedoch der Raum alleine, die Dreiergeometrie, bleibt bestehen, und die Zeit alleine – verschwindet. Die Grundgleichung der Quantengravitation und der Quantenkosmologie, eine Art «Schrödingergleichung des Universums», enthält keinen Zeitparameter und beschreibt demnach einen statischen oder besser stationären Zustand, was nach den obigen Ausführungen nicht mehr überrascht. Das liegt erstens daran, daß in der Relativitätstheorie nicht zwischen bloßen Koordinatenpunkten unterschieden werden kann, sondern daß nur Äquivalenzklassen von Punkten vorliegen – wir sind also nicht in der Lage, die Deformationen genau zu unterscheiden. Zwei verschieden große Dreiergeometrien werden dann als dieselbe Dreiergeometrie angesehen. Und es liegt zweitens daran, daß mit der «Verschmelzung» der Quantentheorie und der allgemeinen Relativitätstheorie in der kanonischen Quantisierung sich diese erste

Bedingung in einer Weise auf die quantenmechanische Formulierung der Relativitätstheorie überträgt, daß die Grundgleichung (Schrödingergleichung des Universums) unter Gültigkeit der Unschärferelation von innerer und äußerer Krümmung keinen Zeitparameter mehr enthält. Ontologisch formuliert: Die fundamentale Ebene, beschrieben durch die Schrödingergleichung des Universums, scheint also zeitlos. Ich möchte hier noch einmal klarstellen, daß es sich bei dieser Zeitlosigkeit um eine Folge des Formalismus der Theorie handelt, mit der gearbeitet wird und den wir eben in dürren Worten knapp dargelegt haben. Diese Zeitlosigkeit hat direkt nichts mit der Planckebene zu tun, die wir schon ausführlich bei der Besprechung des Begriffs der «Prägeometrie» behandelt haben. Es geht nur darum, daß bei dieser Anwendung der Quantentheorie auf die allgemeine Relativitätstheorie, also bei dem Versuch, einen generellen Rahmen für eine Quantengravitationstheorie aufzuspannen, der Zeitbegriff verlorengeht. Das legt natürlich nahe, daß auch der Grundzustand der Natur oder des Universums zeitlos ist, wenn er denn im Rahmen der grundlegenden Schrödingergleichung des Universums beschrieben werden können sollte. Daß der Planckbereich direkt keine Rolle spielt, sieht man an der Charakterisierung der Dreiergeometrien. Sie werden als «glatt» betrachtet, und ihre Deformierungen dürfen keine Risse oder Löcher zur Folge haben. Eine Ausnahme bildet die Looptheorie, welche die Raum-Zeit diskretisiert, wobei die diskreten Größen natürlich keine eigentlichen Löcher oder Risse in einer glatten Raum-Zeit bilden.

Trotzdem ist eine *zentrale Strukturähnlichkeit* beider Theorien im Zusammenhang mit dem Problem der Prägeometrien zu erkennen. Es geht immer um die Transformation eines zeitlosen Zustandes in einen zeitlichen, ontologisch gesprochen also um die Entstehung der Zeit. Die zentralen vollständigen Thesen lauten, daß die klassische Zeit nicht grundlegend ist, genausowenig wie die Raum-Zeit. In gewisser Hinsicht scheint aber der Raum grundlegend zu sein. Die von außen gemessene Dynamik der Quantenmechanik ist nicht grundlegend, aber eine interne Dynamik, übernommen von der allgemeinen Relativitätstheorie, muß grundlegend sein. Zudem muß eine Dynamik auch deswegen grundlegend sein, weil die Quantenmechanik im Grunde einen statischen Zustand nicht zuläßt, der aber in irgendeiner Weise intern gemessen werden können muß. Hinzu kommt noch, daß man das richtige «Stockwerk» im Turm der Schildkröten (in beiden Türmen, wenn man so will: dem Teilchenturm und dem «geometrischen» Turm) zu finden hat, damit man genau weiß, welche Struktur vorauszusetzen ist, und damit es möglich wird, den Prozeß der Zeitentstehung als einen Vorgang der Strukturanreicherung zu klassifizieren.

14 Die Zeit liegt vor.

Wenn wir die Zeit nicht wieder als eine fundamentale Größe einführen wollen – in zentralen kosmologischen Modellen der String- und der Looptheorie scheint die Zeit freilich grundlegend zu sein –, dann werden wir die Zeitentstehung als strukturähnlich mit dem Entstehen einer klassischen Welt aus einer Quantenwelt (einer Quantengravitationswelt?) anzusehen haben. Diese Entstehung kann in einer Näherungsrechnung durchgeführt werden. In diesem Sinne wäre die Zeit eine Abschätzung oder eine approximierte, also eine angenäherte Größe. Das kann in zwei Schritten erfolgen. Im *ersten Schritt* versucht man, eine Abfolge von Dreiergeometrien zu konstruieren, die einer Art angenäherter Entwicklungsgleichung genügt, so daß man diese Abfolge sinnvoll als Zeitabfolge interpretieren kann. Eine solche Konstruktion ist nur dann möglich, wenn man aus der scheinbar statischen Grundgleichung doch eine Information über die Zeit herauspressen kann. Da diese Ableitung, welche die Entstehung einer angenäherten Zeit zum Resultat hat, hier nicht mathematisch darzustellen ist (denn wir verwenden hier keine Mathematik), muß ich zu einem Bild greifen. Die Grundgleichung ist zwar zeitlos, stellt aber eine Art von stationärer Schwingung dar, ähnlich einer stehenden Welle (von Dreiergeometrien im Superraum). Die Welle wird zum Laufen gebracht, indem man die Dreiergeometrien mit physikalischen Feldern besetzt und sie sozusagen intern aufspaltet. Das Gravitationsfeld wird als langsam oszillierend angesetzt, die anderen Materiefelder als schnell oszillierend. Damit erreicht man, daß identifizierbare, mit Materiefeldern besetzte Dreiergeometrien nicht mehr eine statische Folge als eine stehende Welle bilden, sondern sich diese Welle einer Bahn annähert oder eigentlich durch enge Wellenpakete eine Bahn bildet, auf der eine zeitliche Abfolge definiert werden kann. Die allgemeine Voraussetzung für eine Approximation dieser Art besteht also in der Möglichkeit, ein System in Untersysteme mit ganz verschiedenem Maßstab oder verschiedener Größenordnung aufzuteilen. Dadurch ergibt sich eine Art «Hintergrund», auf den bezogen eine «Bewegung» stattfinden kann, welche eine zeitliche Abfolge erzeugt. Diese zeitliche Abfolge wird durch einen Parameter beschrieben, welche der klassischen Zeit gleicht. Er entpuppt sich dann als die Größe der Dreiergeometrie (ihr Radius), so daß es plausibel ist, zu sagen, daß die Zeit nichts anderes ist als das *Maß der Deformation von Dreiergeometrien.* Dieser Definition sind wir schon im ersten Kapitel begegnet. Letztlich handelt es sich um eine spezielle Form der Aristotelischen Definition der Zeit als *Maß oder Zahl der Bewegung.* Also: Eine stationäre Welle wird intern so aufgespalten, daß etwas relativ Ruhendes und etwas relativ Bewegtes entsteht, wobei eine Art Simulation einer Bewegung erzeugt wird. Das Gravitationsfeld und die Materiefelder dienen auch dazu, daß man jetzt identifizierbare Marken hat, die sich relativ zueinander bewegen können, und nicht mehr bloße mathematische Punkte einer Geometrie, welche nicht markiert werden können, da sie nicht unterscheidbar sind. Der *zweite Schritt* besteht in der Anwendung der *Dekohärenz* (siehe oben), denn nach dem ersten Schritt liegen noch viele global-überlagerte Folgen von Dreiergeometrien vor, aus denen wir eine lokale Folge auswählen müssen, nämlich die «Deformationsfolge» unserer Dreiergeometrie oder speziell die Ausdehnung unseres Universums. Das ist die Emergenz der Zeit in dieser Form der kanonischen Quantisierung.

Welchen ontologischen Gehalt hat diese Rechenmethode? Sagt uns diese Näherungsrechnung wirklich etwas über die ontologische Emergenz der Zeit aus? Die genaue Beantwortung dieser Fragen würde viele technische Details berühren. Ich glaube, daß die Begriffe der «Oszillation» und der «Bewegung», die hier im ersten Schritt eingeführt wurden, keine echte ontologische Bedeutung haben, sondern rein instrumentell als «Rechengrößen» benutzt werden. Sieht es nicht so aus, als wäre die Emergenz der Zeit ein – Rechenvorgang, dessen einzelne Schritte sich auf nichts Ontologisches beziehen? Wir haben auch schon gesehen, daß die Dekohärenz letztlich die klassische Welt als einen «Schein» der Quantenwelt erzeugt, was dann auch für die Zeit zuträfe. Nach der beschriebenen Methode existiert die Zeit nicht nur nicht fundamental, sie existiert eigentlich gar nicht – sie ist eine «Selbst-Täuschung» der Quantenwelt. Aber wenigstens wurde einmal vorgeführt, wie man aus einer fundamentalen Gleichung ohne Zeitparameter eine Gleichung ableitet, die einen Zeitparameter besitzt. Immerhin ...

Wichtig ist folgendes: Der herausdestillierte Zeitparameter sollte den Charakter einer physikalischen Uhr haben und nicht bloß eine mathematische Konstruktion sein wie eine von außen auf ein System projizierte Größe. Inwieweit ist eine Abfolge von verschiedenen Dreiergeometrien zeitlich? Welche Bewegung oder

Dynamik wird damit ausgedrückt? Was unterscheidet eine prozessuale zeitliche Abfolge von einer räumlich-statischen Ordnung? Inwieweit besteht eine Korrelation der großen Uhr (Deformation der Dreiergeometrie) zu den vielen kleinen Uhren «in» der großen Uhr? Das Problemfeld hat uns schon im ersten Kapitel beschäftigt.

Alle Fragen können nicht beantwortet werden. Nur dies: Die Abfolge der Dreiergeometrien liegt vor wie die Bewegung der Planeten. Die «Bahnen» sind vorgegeben und werden nicht aus der Perspektive eines Jetztpunktes erzeugt. Das «zeitliche» Vorher/Nachher bedeutet nur eine Ordnung, die auf eine immer schon präsente Trajektorie/Bahnkurve geprägt ist. Es entsteht der Eindruck, daß die zeitliche Abfolge eine Art Illusion ist. Die Größenänderung einer Dreiergeometrie scheint schwerlich isoliert meßbar zu sein, da sie in eine Äquivalenzklasse fällt. Auch die Änderung der Materiedichte allein ergibt noch keine physikalische Uhr. Wenn wir aber die Werte der Größen mit den Dichten korrelieren, könnten wir meßbare Größen erhalten. (Wir erinnern uns an die Aufspaltung in verschiedene Felder, die zueinander in Korrelation gesetzt wurden.) «Die Grundidee besteht darin», erklärt der Wissenschaftsphilosoph Dean Rickles, «daß man Größen der Form ‹Die-Uhr-1 zeigt-t1-an-wann-und-wo-die-Uhr-2-t2-anzeigt› behandelt. Wir bekommen die Illusion einer [zeitlichen] Änderung dadurch, daß wir (fälschlicherweise) annehmen, die Elemente dieser relativen (korrelierten) meßbaren Größen könnten unabhängig von der Korrelation gemessen werden.» Die Uhren selbst müssen natürlich mit den physikalischen Feldern als eins behandelt werden, denn die Zeit wird ja nicht von einer äußeren Uhr gemessen – sie *ist* die Änderung der Felder. Trotzdem fehlt die Dynamik dessen, was eine Änderung auszeichnet. Im Grunde genommen spielt es keine Rolle, ob zwei verschiedene Größen korreliert werden oder ob die Korrelationen der verschiedenen Werte einer Größe in den Blick kommen. Die Schwierigkeit dürfte nicht zu bewältigen sein, denn aus einer statischen Abfolge oder Korrelation – welcher Art auch immer – läßt sich keine Dynamik (oder Kinematik) herausdrehen. Eine Folge von Standbildern verwandelt sich nur dann in einen Film, wenn sie bewegt werden. Die bloße räumliche Ordnung hat nichts mit einer kinematischen Abfolge zu tun, gleichgültig, welche Korrelationen man noch hinzufügt, da diese selber statisch sind. Die räumliche Aufeinanderfolge geologischer Schichten oder die konzentrische Ordnung von Baumringen sagt zwar einiges über eine *frühere* zeitliche Abfolge aus, da diese Relationen die «gefrorenen» Spuren von vergangenen Prozessen bilden. (Julian Barbour bezeichnet diese räumliche Aufeinanderfolge von Strukturen als «Zeitkapseln».) Aber die Spuren selbst haben nichts Zeitliches an sich, sondern nur Räumliches. Ein Feuerhaken kann an einem Ende glühen und am anderen Ende kalt *sein*. Er vermag aber auch glühend zu *werden* oder abzukühlen. Keine rein räumliche Korrelation, auch nicht die von Zeigerstellungen oder verschiedenen Feldwerten, ergibt eine Änderung, nicht einmal die Illusion einer solchen. Wer oder was sollte denn dieser Illusion unterliegen? Wir sollten nicht den Fehler begehen, zu glauben, daß die Einführung von Wahrnehmung, Hirnen oder Bewußtsein die Bilder zum Laufen bringen könnte, so als ob Subjekte eine primär statische Welt durch ihren Blickpunkt dynamisieren könnten. Das funktioniert nur dann, wenn man in die Subjekte schon eine Dynamik hineinsteckt, entweder in Form von Reizflüssen, Feuern von Synapsen oder «Gedankenbewegungen». Wir können uns nicht täuschen, in der Zeit zu sein, weil die Täuschung selbst schon zeitlich ist. Jede zeitliche Änderung eines Systems, mag es quantenmechanisch sein oder nicht, setzt eine intrinsische Dynamik voraus, welche die Zeit «erzeugt». Ohne diese Voraussetzung werden wir niemals verstehen, was eine zeitliche Änderung von einer bloßen statischen Ordnung oder Korrelation unterscheidet.

15 Wo stehen wir jetzt? Der Zugriff auf das Problem

der Entstehung der Zeit kann nicht direkt erfolgen. Wir müssen Aspekte der physikalischen Theorien und Entwürfe betrachten, die uns etwas über dieses Problem zu sagen haben. Wir sollten nicht einfach eine eigene hausgemachte Ontologie aufstellen. Das aber macht die Behandlung des Problems so intrikat, also heikel und schwierig. Dazu kommt noch, daß alle diese Theorien letztlich nur Entwürfe sind, die noch nicht ausgereift vorliegen und die auch keinen kohärenten Zusammenhang bilden. Aber wir haben nichts anderes zur Verfügung. Die Raum-Zeit, das Universum oder der Grundzustand liegen nicht direkt vor unseren Augen wie drei Eier im Kühlschrank. Es scheint zudem nicht völlig klar, ob wir überhaupt *eine* fundamentale Theorie zu erwarten haben, ob es so etwas überhaupt geben kann. Zwar weist vieles darauf hin, insbesondere der Prozeß der Vereinheitlichung der Grundkräfte und der sie beschreibenden Theorien in der Wissenschaftsgeschichte, aber auch das Faktum, daß es überhaupt Zusammenhänge und enge Berührungspunkte zwischen den verschiedenen Ansätzen gibt. Aber eine Garantie ist uns natürlich nicht gegeben, insbesondere ob die fundamentale Theorie, wenn sie eine Theorie für Alles zu werden verspricht, zudem eine Theorie der Komplexität sein müßte. Aber eine Theorie der Komplexität ist von einem anderen Theorietypus als die eher reduktionistischen, üblichen Theorien der Physik. Hier wartet noch ein weiteres Problem auf uns.

Wir müssen uns auch weiterhin beschränken, und zwar im doppelten Sinn. Es kann nur um bestimmte Aspekte einiger zentraler Theorien gehen, und wir können auch nur einige Grenzen abstecken, innerhalb deren sich eine mögliche Theoriebildung abspielen sollte. Eine eigene, vollausgebildete Theorie werden wir nicht vorlegen. Unser Zentralproblem besteht in der Klärung, wie aus einem zeitlosen fundamentalen Zustand der Natur oder des Universums ein zeitlicher Zustand entstehen kann. Dieses Problem wird von sehr verschiedenen Theorien in völlig verschiedener Weise behandelt. Manche Theorien umgehen das Problem oder halten es für falsch gestellt.

Es hat sich herausgestellt, daß vier verschiedene Theorietypen, die freilich eng miteinander zusammenhängen, für unser zentrales Problem von Interesse sind: *Kandidaten für eine fundamentale Theorie, ihre kosmologischen Anwendungen, kosmologische und kosmogonische Modelle im allgemeinen (auch klassische), Prägeometrien.*

Als relativ ausgearbeitete Kandidaten für eine *fundamentale Theorie* liegen die *Stringtheorie* und die *Looptheorie* vor, ein wesentliches Rahmenwerk zum Beispiel für die Looptheorie, nicht aber die Stringtheorie bildet die *kanonische Quantisierung.* Alle diese Ansätze haben auch eine *kosmologische Anwendung.* Da die Stringtheorie noch nicht als eine durchgeführte Quantentheorie der Raum-Zeit vorliegt, hat sie über die Tiefenstruktur der Raum-Zeit und die Entstehung der Zeit nur vage Spekulationen zu bieten. Ihr kosmologisches «Standardmodell» setzt eine «präkosmische» Raum-Zeit voraus. Die Looptheorie als ein Entwurf für eine fundamentale Theorie liefert zwar eine Tiefenstruktur der Raum-Zeit und könnte damit auch eine Prägeometrie sein, aber in manchen Darstellungen der Looptheorie wird die Zeit als fundamental angenommen. Da jedoch die Looptheorie in den Rahmen der kanonischen Quantisierung gehört, muß ihre fundamentale Zustandsbeschreibung eigentlich zeitlos sein. In ihrer kosmologischen Anwendung werden eine fundamentale diskrete Zeit und ein «präkosmischer» Raum angesetzt. In der kanonischen Quantisierung (ohne Tiefenstruktur) ist der Grundzustand zeitlos – das gilt auch für ihre quantenkosmologischen Anwendungen.

Außer der String- und der Looptheorie tummelt sich noch eine Vielzahl anderer Theorien im Konkurrenzraum der Kandidaten für eine fundamentale Theorie. Ich nenne nur die Twistortheorie von Roger Penrose, deren diskrete Version eine heuristische Vorlage für die Looptheorie geliefert hat; die Theorie der «kausalen Mengen» von Rafael Sorkin, die sehr weit unten am geometrischen Turm der Schildkröten ansetzt; die nichtkommutative Geometrie von Alain Connes, aus welcher eine Unschärfe der Ortsbestimmung folgt, die aber auch partiell in String- und Looptheorie eingeht; die Quantisierung der Topologie und die Formulierung einer Quantengravitationstheorie in Begriffen der Kategorientheorie, speziell auch der Topostheorie, von Christopher Isham, die noch nicht überschaubar ist; die Ansätze von David Finkelstein; Carl Friedrich von Weizsäcker mit der weiteren Ausarbeitung von Thomas Görnitz, die einen Quanteninformationsbegriff zur Grundlage haben und tiefgreifende philosophische Probleme aufwerfen, mit denen wir uns implizit und explizit schon auseinandergesetzt haben. Erwähnen muß ich natürlich auch die «quantengravitative» theoretische Behandlung Schwarzer Löcher, bei der das «holographische Prinzip» eine wesentliche Rolle spielt, über das vermittelt es eine Rückbindung an die Analyse Schwarzer Löcher der String- und Looptheorie gibt. Diese Aufzählung ist noch sehr grobkörnig gestaltet und keineswegs vollständig. Bezüglich unseres zentralen Problems mußten schon einige Aspekte dieser Ansätze berücksichtigt werden. Es ist für die Behandlung unseres Themas aber nicht sinnvoll, auf alle diese Theorien explizit einzugehen.

Einige wesentliche kosmologische, besser kosmogonische Modelle werden wir gleich im nächsten Abschnitt nach dem Kriterium der Fundamentalität von Raum und Zeit klassifizieren. Auch hier ist Vollständigkeit nicht am Platz; es wurden und werden eine Unzahl quantenkosmologischer Modelle veröffentlicht, von denen das randbedingungsfreie Modell, das Stephen Hawking und James Hartle im Kontext der Pfadintegralmethode aufstellten, durch Hawkings Buch *Eine kurze Geschichte der Zeit* weltbekannt wurde. Auch hier «emergiert» die Zeit aus einem zeitlosen, rein «räumlichen» Zustand, wobei diese Theorie oft so dargestellt wird, als wäre der «räumliche» Grundzustand zeitlich «vor» dem angeregten Zustand gelegen. Das ist Unsinn, wie jeder nach einer kurzen Überlegung einsehen muß, denn davor ist keine Zeit und damit auch kein «davor».

Die spekulativen Ansätze zu einer Prägeometrie bewegen sich in einem «Superspekulationsraum», sind aber absolut notwendig, da auch dieser Raum als heuristisches Spielfeld dienen kann, dessen Spielstand und dessen Endergebnisse zu einer begrifflichen Durchdringung aller anderen Theorietypen beitragen. Spekulativität als solche bedeutet nebenbei bemerkt nichts Übles, schlimmer ist eine fehlende Anschlußfähigkeit an vorhandene, wohlakzeptierte Theorien. Oft hapert es damit bei den Prägeometrien, die ja nicht nur einen philosophisch-begrifflichen Rahmen aufspannen wollen, sondern ganz spezifische Farbspuren auf die Leinwand malen. Diese Spuren sind vornehmlich diskret und nicht auf eine glatte Leinwand aufgetragen. Rufen wir uns in Erinnerung, daß eine Prägeometrie als ein Versuch gedeutet werden kann, «in einem absichtlichen Entwurf die Raumzeitgeometrie durch Entitäten zu erklären, die ontologisch vor ihr liegen und die eine wesentlich neue Gestalt besitzen», wie Diego Meschini und seine Kollegen darlegen. Meist werden diese Entitäten und ihre Relationen durch Strukturen der diskreten Mathematik dargestellt. Diese Strukturen lassen sich allgemein als eine Art «Netzwerk» charakterisieren, etwa wie ein Fischernetz: Knoten sind durch Fäden verbunden. Die Disziplinen Graphentheorie, Simplizialtheorie, Verbandstheorie sind sich einig in der Repräsentation von solchen zellulären oder gitterartigen Strukturen, die natürlich in vielen Einzelheiten differieren. Ich möchte hier nur einen wichtigen Punkt anmerken, der für uns von Interesse sein sollte. Die Zeit ist in vielen dieser Netzwerke nichts anderes als die Veränderung der diskreten Struktur selbst, das heißt eine diskrete Schrittfolge, die dem diskreten Raum eingegeben wird und deswegen so grundlegend wie der Raum selbst ist, weil diese Dynamik des Netzwerkes den Grundzustand bildet. Die zentrale Idee besteht also einfach darin, die dynamisch glatte Raum-Zeit zu diskretisieren, wobei freilich bestimmte technische Probleme auftreten, die wir hier nicht weiter behandeln können (etwa: Sind die Netzwerke speziell relativistisch?). Die Dynamik kann durch die Hinzufügung von «einzelnen Stücken» des Netzwerkes gestartet werden oder durch die je verschiedene Besetzung der Knoten des vorliegenden Netzwerkes mit je verschiedenen Größen wie beispielsweise Spins. Freilich muß man immer voraussetzen, daß diese Netzwerke eine globale Struktur haben und sich in einem Überlagerungszustand befinden, so daß lokale Zustände wie einzelne Knoten oder Fäden nicht so ohne weiteres identifiziert werden können. Trotzdem scheint eines klar: Grundsätzlich unterscheiden sich solche Prägeometrien von den Geometrien «nur» durch ihren diskreten Aufbau – fundamental ist eben eine diskrete Raum-Zeit statt einer glatten. Die Zeit ist definiert als die *diskrete Deformation von Netzwerktopologien*; sie ist mit Aristoteles gesprochen die *Zahl der Bewegung des Netzwerkes*. In dieser Formulierung wäre die Zeit *grundlegend*. Diese Definition besitzt eine starke Ähnlichkeit mit der schon eingeführten Definition: *Die Zeit ist das Maß der Deformation von (glatten) Dreiergeometrien*. (Selbstverständlich muß noch die sehr intrikate Frage beantwortet werden, wie aus den diskreten Strukturen glatte entstehen. Dieses Problem ist im wesentlichen ungelöst.) In einer Interpretation des diskreten Falles als einer Gitterstruktur hätten wir dann eine Art zellulären Grundzustand des Universums oder der Natur, und die fundamentale Dynamik wäre nichts anderes als die je verschiedene Besetzung der Zellen mit je anderen Größen, zum Beispiel Nullen oder Einsen, nicht besetzt oder besetzt. Das kann auch als Rechenvorgang gedeutet werden: Das Universum in seinem Grundzustand ist nichts anderes als ein gigantischer zellulärer Automat, der rechnet (oder sich selbst errechnet?).

Aber ganz so einfach ist die Sache nicht. Wie stehen vor der Alternative, entweder die Zeit als grundlegend oder als abgeleitet einzuschätzen. Lassen wir noch einmal in einem Gedankengang die Gründe vorbeiziehen, warum die Zeit nicht grundlegend sein kann. Eine fundamentale Theorie sollte sowenig Struktur wie möglich voraussetzen. Die Tiefenstruktur der Natur oder des Universums muß wesentlich einfacher sein als die «Oberflächenstruktur». Ein leicht zugängliches Komplexitätsmaß zeigen die Türme der Schildkröten an. Das «Nichts» oder eine ungeordnete Punktmenge wäre ein zu einfacher fundamentaler Zustand, eine glatte Raum-Zeit-Mannigfaltigkeit ein zu komplexer. Wir kommen wohl nicht daran vorbei, eine minimal geordnete, topologische Struktur als fundamentalen Zustand anzusetzen. Diese Struktur sollte mit einer inhärenten Dynamik versehen sein, da einem völlig statischen Zustand keine Dynamik abzugewinnen ist; denn warum sollte ein rein statischer Zustand «plötzlich» anfangen, sich zu bewegen? Was muß in der Stasis «geschehen», damit sie sich bewegt? Es kann eben nichts geschehen. Die entscheidende Frage lautet jetzt also, ob die Zeit zu der fundamentalen Struktur gehört. Nach unseren Voraussetzungen scheint die Antwort «ja» zu sein, weil wir eine Dynamik als fundamental angesetzt haben. Die Alternative würde in einer Dynamik ohne Zeit bestehen.

Bezüglich des klassischen Standardmodells der Kosmologie ist die Frage eindeutig mit «nein» zu beantworten. Der klassische Zeitparameter findet – in der rückwärtigen Sicht – an der Initialsingularität sein Ende, wir gelangen zum Nullpunkt der Zeit. Der Zustand «vor dem Universum» ist einfach nicht definiert. Bedenken wir noch einmal, daß das kosmologische Prinzip gelten muß, da wir nur mit seiner Hilfe überhaupt Aussagen über das ganze

Universum machen können, und rufen wir uns ins Gedächtnis, daß dieses Prinzip nicht empirischer Natur ist, sondern erst die Voraussetzungen für Empirie schafft. Die Theorie bestimmt, was empirisch, das heißt, was für sie extern kontingent ist. Sie bestimmt natürlich nicht die Kontingenz, sondern interpretiert nur vollständig, was die Kontingenz liefert. Zu dieser Kontingenz gehören auch die letzten Prinzipien und Voraussetzungen, hinter die nicht mehr zurückgegangen werden kann.

Die klassische Zeit ist ein externer Parameter. Er wird von außen angelegt und hat nichts mit einer möglichen internen Dynamik zu tun. Eine dem System äußere Uhr wird imaginiert, also bloß vorgestellt, welche den Verlauf des Systems mißt. Aber es gibt viele äquivalente Verläufe, die in vielen gleichwertigen gegebenen Bahnen vorliegen. Das klassische System kann auf verschiedene, aber gleichwertige Weise zeitlich «parametrisiert» werden. In diesem Sine ist ein klassisches System «zeitlos», da es durch eine Anzahl äquivalenter gegebener Bahnen (Trajektorien) beschrieben wird. Zeitlich ist es nur, wenn ich eine abstrakte Uhr phantasiere, der ich einen physikalischen Charakter unterstelle und mit der ich eine Bahn auswähle. Wir haben auch schon gesehen, daß sich die Situation in der Quantenmechanik nicht wesentlich ändert. Auch hier müssen wir wieder einen äußeren Zeitparameter verwenden. Wenn wir aber das ganze Universum quantenmechanisch beschreiben wollen, haben wir keine äußere Uhr. Die haben wir auch dann nicht zur Verfügung, wenn wir «bloß» die allgemeine Relativitätstheorie (feldtheoretisch, nicht in erster Linie kosmologisch) mit ihrer intern dynamischen Raum-Zeit berücksichtigen müssen, da ja auch sie keinen äußeren Zeitparameter hergibt. Auch in der allgemeinen Relativitätstheorie gibt es keine ausgezeichnete Zeit, sondern die Raum-Zeit kann auf ganz verschiedene äquivalente Weise in Raum und Zeit aufgespalten werden. Auch hier liegen viele äquivalente «Bahnen» vor, so daß keine eindeutige Zeit ausgewählt werden kann. Auch hier kann ich natürlich (recht willkürlich in spezifischen Modellen) physikalische Größen, zum Beispiel bestimmte Felder, auswählen, denen ich eine Zeit zuzuordnen in der Lage bin. Aber eine im gesamten System ausgezeichnete, intrinsische Zeit liegt, finde ich, nicht vor. In allen Fällen ist es freilich möglich, eine *angenäherte Zeit* zu konstruieren, jedoch eine *fundamentale Zeit* existiert nicht.

Das liegt daran, daß alle verwendeten Theorien über abstrakte unendliche Äquivalenzklassen gehen, deren einzelne Elemente nicht Stück für Stück endlich konstruiert werden. Jede «Zeitparametrisierung» hat mit einer Möglichkeit von unendlich vielen «Bahnen» zu schaffen und kann aus intrinsischen Gründen keine einzelne auswählen, welche dann *dem* Zeitparameter entsprechen würde. Das Problem liegt also in der Form der Theorien, auf die wir aber nicht verzichten können. Es ist eben so, daß nicht jede Größe der Theorie einen direkten physikalischen Gehalt hat, der intern – also im Rahmen der Theorie – gemessen werden kann oder intern Schritt für Schritt konstruiert werden kann. Nicht jeder Größe ist intern eine Uhr zugeordnet, welche den Ablauf mißt. Die mögliche unendliche Zahl der Größen, hier der Bahnen, läßt sozusagen keine spezifische, ausgezeichnete, fundamentale Uhr zu. Eine gälte soviel wie eine andere, und damit gilt keine im absoluten Sinn. Jede mögliche Zeit gilt soviel wie irgendeine andere, so daß keine – oder eben alle parallel – eine physikalische Bedeutung hat. Alle möglichen Zeiten ergeben keine wirkliche Zeit, die nur in Spezialfällen als angenäherte Größe aus dem System abgeleitet werden kann. Die möglichen Konfigurationen fallen in eine Äquivalenzklasse und müssen damit als gleich bezüglich ihres zeitlichen Verlaufes angesehen werden.

Ein Bild: Zeit möge als die Deformation von Dreiergeometrien definiert sein. Wir sehen alle Dreiergeometrien als äquivalent an, die sich durch stetige Transformationen ineinander überführen lassen, das heißt, daß die Deformationen die Dreiergeometrien weder aufreißen noch Löcher in sie stanzen. In diesem Fall wäre zum Beispiel eine Kugel, ein Kubus oder eine Tasse ohne Henkel dasselbe Gebilde – topologisch betrachtet. Wir lassen auch die Größe außer acht und betrachten somit eine kleine Kugel und eine große als äquivalent, natürlich auch eine kleine Tasse und einen großen Kubus. Das eigentliche abstrakte Objekt unserer Theorie ist also die Äquivalenzklasse aller möglichen, unendlich vielen Verformungen. Die aber unterliegt selbst keiner Verformung oder Deformation und bleibt völlig statisch. Da wir die Zeit als die Deformation von Dreiergeometrien definiert haben, die Deformationen in unserer Äquivalenzklasse jedoch verlorengegangen sind, haben wir auch die Zeit verloren. Jede einzelne Deformation würde eine Zeit generieren, alle zusammen als Klasse nicht. Alle einzelnen Deformationen sind *nicht konstruktiv* durchführbar, sie bilden ein *ideales Element* unserer Theorie, so wie die unendlich fernen Punkte einer Geraden ideale Elemente sind, da sie nicht konstruktiv erreichbar sind. Wenn wir jedoch die Äquivalenzklasse aller Deformationen nicht akzeptieren, sondern uns damit begnügen, von vornherein nur eine endliche Zahl von Deformationen zuzulassen, die alle konstruktiv in einer endlichen Schrittfolge durchführbar sind, und vielleicht nur diese in einer Klasse zusammenfassen, wären wir in der Lage, den definierten Zeitbegriff beizubehalten und ihn in eine fundamentale konstruktive Theorie einzuführen. Eine «formalistische» Theorie mit idealen Elementen müßte einen zeitlosen fundamentalen Zustand annehmen, da die beschriebene Äquivalenzklasse diesen Zustand bilden würde. Der Zeitbegriff entstünde nur durch eine Näherung, indem man eine kleine Klasse von Deformationen durch die oben erläuterte Näherungsrechnung herausfilterte. Ende des Bildes.

Der tiefste Grund für die Alternative, die Zeit entweder fundamental einzuführen oder sie als abgeleitet zu betrachten, liegt also in der *Form der fundamentalen Theorien*. Eine «formalistische» fundamentale Theorie würde also eher zeitlos sein, eine «konstruktivistische» die Zeit von vornherein einführen. Die Zeit könnte dann wirklich als (diskrete) Schrittfolge in oder von Netzwerken angesehen werden, als die diskrete Deformation von Netzwerktopologien, die als Prägeometrien fungieren. Beide Ansätze bezahlen ihren Preis; sie liegen meist auch nicht in Reinform vor. Für den konstruktivistischen Ansatz kann das Universum niemals als ein theoretisches Objekt vorliegen, da es durch eine endliche Schrittfolge endophysikalisch konstruiert werden muß. Auch ein endliches Universum liegt nicht einfach exophysikalisch als Objekt vor, sondern muß mit Hilfe des kosmologischen Prinzips theoretisch erfaßt werden. Das kosmologische Prinzip ist aber letzten Endes ein idealisiertes Element. Wir können ja nicht wirklich sicher sein, daß im gesamten Universum dieselbe Physik gilt. Es wird auch problematisch sein, eine kosmologische Zeitfunktion konstruktivistisch anzunehmen, da auch diese ideale Elemente voraussetzt wie etwa die durchgehende Homogenität des Universums. Eine formalistische Theorie unterliegt zwar nicht diesen Einschränkungen, sie könnte freilich in die Gefahr geraten, willkürlich ideale Elemente einzuführen, um bestimmte theoretische Ziele erreichen zu können, etwa zu intensiv Exophysik zu betreiben (Multiversum!).

Natürlich ist das gesamte Universum genau dann zeitlos, wenn wir es als ein Quantensystem betrachten. Es befindet sich dann nicht in *einer* faktischen Verfassung, sondern in einer Vielzahl von möglichen überlagerten Zuständen, die nicht separiert sind. Dieser Überlagerungszustand liegt nicht in der Zeit – er muß als eine zeitlose, faktisch ungeteilte Gesamtheit angesehen werden. Hier haben wir das Hauptproblem in Reinform vor Augen: Wie entsteht aus einem reinen Quantenzustand Faktisch-Klassisches oder ein Zeitverlauf? Man wird meistens eine Mischstrategie

zur Lösung des Problems verfolgen. Wenn man nicht von vornherein dem Quantenzustand immer einen klassischen zuordnen
will (dualistische Lösung), so daß beide nie voneinander getrennt
auftreten, wird die Lösung immer in einer Art *internen Aufteilung*
des Quantensystems bestehen (unter Zuhilfenahme idealer Elemente), um rein von innen eine Zeit entstehen zu lassen. Das läuft
aber, wie wir gesehen haben, darauf hinaus, daß die Zeit eine rein
phänomenale, angenäherte Größe wird.

16 «Konstruktivistische» Looptheorie.

Ein wenig unklar bleibt der Status der Zeit in der Looptheorie. Auf der einen Seite führt sie in ihrer konstruktivistischen
Form die Zeit fundamental ein, auf der anderen Seite muß sie
als formalistischer Theorietypus in der «kanonischen Quantisierung» einen zeitlosen fundamentalen Zustand akzeptieren. Um
die Zeit fundamental als diskrete Schrittfolge eines der glatten
Raum-Zeit zugrundeliegenden Netzwerkes zu konzipieren, muß
man in irgendeiner Weise die Menge der überlagerten Möglichkeiten reduzieren, denn selbstverständlich handelt es sich nicht
um eine klar separierte Schrittfolge eines klassischen Systems.
Das Netzwerk der Looptheorie ist natürlich ein Quantensystem.
Was aber ist ein «konstruktivistisches Quantensystem»? Quanten-
Netzwerkstrukturen können sich nur *entwickeln*, wenn man an die
Theorienstruktur der Quantenmechanik rührt, denn ein reines
Quantensystem «entwickelt» sich nicht als solches, außer es wird
extern gemessen.

Der Anfangs- und Grundzustand (die Basis) des sich konstruktiv entwickelnden Netzwerkes besteht aus einer endlichen Anzahl
von Kanten («Fäden») und Knoten. Diese Bereiche entsprechen jeweils endlichen Raumvolumina. Dann wird das Netzwerk zum

Laufen gebracht, indem man eine endliche Anzahl von möglichen Nachfolgezuständen konstruiert, die alle einer Quantenschwingungsweite unterliegen. Aber alles dies bleibt im Endlichen und ist diskret, wobei es möglich ist, einen Grenzübergang zum Unendlichen, das heißt zu glatten, also kontinuierlichen «Bahnen», zu vollziehen. Hier haben wir eine notwendige Idealisierung, da wir letztlich eine glatte Raum-Zeit *weben* möchten. «Jeder Schritt stellt eine endliche Zeitentwicklung dar, weil sie bestimmten kausalen Prozessen entspricht, durch die sich im Spin-Netzwerk Information ausbreitet. Die Regel, durch welche die Schwingungsweite bestimmt ist, genügt einem Kausalprinzip, dessentwegen die Information über ein Element des Nachfolgernetzwerkes nur von einer kleinen Region seines Vorgängerzustandes abhängt. Es gibt dann in der Theorie diskrete Entsprechungen für Lichtkegel und kausale Strukturen. Weil die mit den Spin-Netzwerken verbundene Geometrie diskret ist, wird der Prozeß endlich und nicht infinitesimal sein, durch den sich Information an zwei nahegelegenen Knoten oder Kanten ausbreitet, um gemeinsam das Nachfolgernetzwerk zu beeinflussen.» Die Quantenschwingungen des Netzwerkes, seine Überlagerungen, genügen also von vornherein dem Kausalprinzip der speziellen Relativitätstheorie, das aber in diesem Fall auf diskrete Zustände angewendet werden muß, was problematisch ist. Dadurch werden die Zeitentwicklung möglich und der global-ganzheitliche Charakter der Quantentheorie aufgebrochen, weil man auf diese Weise eine Art von innerer Separierung des Quantennetzwerkes einführt. Der einheitliche Quantenprozeß wird geteilt und dadurch verzeitlicht. Das klappt aber nur, wenn man die Quantenmechanik ein wenig umschreibt. «In der gewöhnlichen Quantenmechanik ist es normalerweise der Fall, daß es eine nicht verschwindende Wahrscheinlichkeit für einen Zustand gibt, sich nach einem endlichen Zeitraum zu einem Zustand mit einer unendlichen Anzahl von Elementen einer

Basis zu entwickeln.» Jeder «endliche» quantenmechanische Zustand kann in einer abstrakten «Entwicklung» durch eine beliebige Menge von Unterzuständen beschrieben werden, jede endliche Überlagerung kann abstrakt in unendlich viele andere Überlagerungsmöglichkeiten aufgeteilt werden. Dies soll in der (konstruktivistischen) Looptheorie nicht uneingeschränkt gelten. Es ist auch möglich, daß der Grenzprozeß, der die Pfade der Entwicklung ergibt, eine «unendliche Zeit» braucht. Hier sehen wir noch einmal die Schwierigkeit, aus diskreten Elementen in endlichen Schritten im Rahmen der Quantenmechanik einen «glatten» Stoff zu weben. «Die Vorgehensweise, die wir gerade beschrieben haben, unterscheidet sich von der gewöhnlichen Quantenmechanik dadurch, daß es eine endliche Anzahl von möglichen Nachfolgerzuständen für jede Basis nach einer endlichen Entwicklung gibt. Der Grund besteht wiederum in Kausalität und Diskretheit: Da die Spin-Netzwerke diskrete Quantengeometrien darstellen und weil die Information nur in einer endlichen Folge von Schritten zu benachbarten Seiten des Graphen [der die Raumvolumina repräsentiert, P. E.] fließen darf, existiert zu jedem Elementarschritt nur eine endliche Anzahl von Dingen, die geschehen können.» Entscheidend ist, daß nicht der gesamte Möglichkeitsraum der quantenmechanischen Überlagerungen ausgefüllt wird, sondern nur ein endlicher Teil, der echte *angrenzende* Nachfolgerzustände zulassen soll, eine Folge diskreter «Stücke», die aneinander grenzen. Andere quantenmechanisch erlaubte Nachfolgerzustände sind demnach ausgeschlossen. Die Fülle aller möglichen Konfigurationen wird als ideales Element gesehen und ersetzt durch den Begriff der «Menge von angrenzenden Möglichkeiten», die eine endliche Schrittfolge bilden sollen. *Genau deswegen muß die Zeit fundamental sein, da sie nichts anderes ist als die Zahl dieser Schrittfolge(n).* Aus der gewöhnlichen Quantenmechanik sind eine solche Schrittfolge und damit eine fundamentale Zeit nicht destillierbar.

Alle «Züge» des Quanten-Netzwerkes haben freilich notwendigerweise einen lokalen Charakter, was sich mit der globalen Struktur der Quantenmechanik beißt. Die Schrittfolgen sind angrenzend, endlich und damit lokalisiert. Diese Lokalität wird durch die kausale Folge fundamental eingeführt, aber es bleibt offen, wie und warum das möglich ist. Schließlich ist die Quantenmechanik eine wesentlich nichtlokale Theorie. Das zentrale und bisher ungelöste Problem der Quantentheorie besteht gerade darin, wie aus einem (und in einem) fundamental globalen Zustand überhaupt Lokalität (lokale Beobachter) entstehen kann (eingeführt werden können). Die Frage bleibt, ob es hilft, wenn man Lokalität einfach fundamental zugibt, und inwiefern dies die Quantentheorie modifizieren würde. Zudem kann nicht ohne weiteres die lokale Struktur der speziellen Relativitätstheorie unverändert übernommen werden, da diese nur für «glatte» kontinuierliche Raum-Zeiten gilt, keineswegs von vornherein auch für diskrete Netzwerke, denn es sind ja nicht alle eigentlich möglichen «Lichtwege» offen, sondern die Wegmöglichkeiten sind durch das Netzwerk eingeschränkt. Alles in allem scheint diese Version einer fundamentalen Theorie schon sehr viel Struktur in den grundlegenden Zustand einzuführen, was sich auch daran zeigt, daß ihr endlicher, mit angrenzenden Elementen versehener Zustandsraum formal für die Behandlung komplexer Systeme passend sein soll. Es wird zuviel Komplexität an der Basis angenommen – das Quanten-Netzwerk soll schon so strukturiert sein, daß es Selbstorganisation zuläßt, ja daß die Anreicherung des Netzwerkes als Selbstorganisation verstanden werden kann. Hier scheint Vorsicht geboten, da es problematisch ist, auf dieser fundamentalen Ebene mit offenen Systemen zu hantieren, die für die Selbstorganisation notwendig sind. Die Zeit wird demnach nicht «gewoben», sondern ist – auf welche genaue Weise auch immer – fundamental.

17 Kosmologisches Modell der Loop-theorie.

Klar ist, daß die schon von mir besprochene Äquivalenzklasse aller möglichen Bahnen nicht in die Theorie eingeht. Unklar ist damit aber, wie die (konstruktivistische) Looptheorie ihre Gestalt in der eher formalistischen Formulierung als kanonische Quantisierung beibehalten kann, mit der sie wesentliche Bestandteile gemeinsam hat. In der konstruktivistischen Looptheorie liegt das Universum nicht als Ganzes vor, es ist ihr somit nicht möglich, eine «Schrödingergleichung des Universums» aufzustellen, nur die von lokalen Beobachtern konstruierten Teile des Universums werden in Betracht gezogen. Nun wurde vor einigen Jahren ein kosmologisches Modell im Rahmen der Looptheorie vorgelegt, das ich jetzt kurz besprechen möchte. Uns interessiert hier nur der zentrale Aspekt der Fundamentalität der Zeit. Wenn wir an den Nullpunkt der Zeit reisen, stoßen wir auf eine klassische Singularität. Die Pforte der Zeit (Wheeler) führt in die Zeitlosigkeit, weil die klassische allgemeine Relativitätstheorie an diesem Punkt zusammenbricht. Wenn nun aber der Raum und die Zeit fundamental quantisiert wären, also nur in kleinsten diskreten Einheiten vorlägen, die nicht mehr verkleinerbar sind, und wenn es außerdem möglich wäre, eine Schrödingergleichung des Universums für eine solche diskrete Raum-Zeit aufzuschreiben, dann würde unter Umständen die Pforte der Zeit aus unserem Universum «herausführen». Das Universum behielte immer eine endliche Mindestgröße, womit die Singularität umgangen wäre. Vorausgesetzt wird ein hochsymmetrischer Zustand des Universums, dessen Skalenfaktor a («Größe», hier eigentlich das inverse Volumen korreliert zu $1/a^3$) nur diskrete Werte annimmt und so einer diskreten Entwicklung unterliegt – die Größe des Universums «springt» (nahe am Nullpunkt) sozusagen von einem diskreten Wert zum anderen (natürlich muß es wieder einen Übergang in die glatte kontinuierliche Raum-Zeit geben). Diese

Sprünge repräsentieren die Schritte einer internen diskreten fundamentalen Zeit einer Quantenentwicklung, die sich durch die (nicht mehr vorhandene) klassische Singularität fortsetzt; besser durch den «Schwung», der an ihre Stelle tritt – das Voruniversum «schwingt» singularitätsfrei zu unserem Universum. (Ob dies so vor sich geht, ist umstritten.) Die Entwicklung bricht also nicht zusammen, sondern bleibt eine quantenmechanische. Hier liegen noch viele technische Probleme verborgen, denn die grundlegende Entwicklungsgleichung (diskrete Schrödingergleichung des Universums) ist nicht an sich eine solche, sondern kann nur unter speziellen Voraussetzungen als eine Entwicklungsgleichung interpretiert werden. Wichtig ist aber, daß in diesem kosmologischen Modell eine interne Zeit angesetzt wird, die doch grundlegend zu sein scheint. «Hinter» dem Universum tut sich eine Art «umgestülpter» Raum auf, der sich in einem statischen Zustand befindet und durch «Störungen», die per Hand eingesetzt werden, eine Dynamik gewinnt, sich zusammenzieht, sich «umstülpt» und dann unser Universum (und andere?) nichtsingulär durch eine Art abstoßender Kraft in einem «Schwung» erzeugt. Es gibt also keine Singularität mehr als eine *Grenze* der Raum-Zeit, sondern der «Umschwung», der das Universum hervorbringt, befindet sich *innerhalb* einer diskreten Raum-Zeit. («Umstülpung» bedeutet, daß sich die Orientierung des Raumes ändert – die «Händigkeit» wird beim Umschwung umgedreht, was heißt, daß eine linke Hand eine rechte würde und umgekehrt.) Das Modell ist interessant, aber noch nicht ausgereift; es folgt auch nicht aus der Looptheorie. Es bleibt offen, wie das Modell mit seiner Vermeidung der Singularität und allen anderen Ingredienzien aussähe, bezöge man die volle Looptheorie im Rahmen der kanonischen Quantisierung ein. Damit bleibt auch der Status der Zeit problematisch.

18 «Vor-Urknall»-Modell in der Stringtheorie.

Die quantisierte Geometrie der Looptheorie nimmt keinen physikalischen Hintergrund an, keine glatte Raum-Zeit, nur eine mathematische Mannigfaltigkeit, auf der die Raum-Zeit-Quanten konstruiert werden. Die «Saiten» der Stringtheorie bewegen sich hingegen vor einem glatten raum-zeitlichen Hintergrund, der auch der «Behälter» aller andersdimensionalen, also mehr als dreidimensionalen Objekte dieser Theorie ist. Das kosmologische Modell ist in diesem Rahmen aufgestellt. Es soll, wie im Modell der Looptheorie, die Singularität vermieden werden. Da freilich die Raum-Zeit glatt und damit beliebig teilbar ist, kann dies nur durch die endliche Größe der Strings geschehen. Diese verhindern die Singularität oder den «Urknall», welcher wieder durch eine Art von «Schwung» ersetzt wird, der von einem fast leeren, mit schwachen Feldern erfüllten, schon «immer» existierenden unendlich großen Raum hinter unserem Universum und zeitlich vor ihm durch eine Instabilität ausgelöst wird. Bei dieser Instabilität handelt es sich um eine zeitumgekehrte Inflation, also eine «Deflation», die einen endlichen Teil des «Vor»-Raumes sich zusammenziehen läßt, was durch ein Feld veranlaßt wird. Unser Universum und das «Vor»-Universum sind symmetrisch zueinander. Der räumliche «Flaschenhals» des Schwungs, gegeben durch die Minimalgröße eines Strings, ist dual zur Größe des dann expandierenden Universums, was daran liegt, daß der Energiezustand kleiner und großer Strings äquivalent sein kann und sie sich damit nicht in ihrem physikalischen Zustand unterscheiden. Die Zeit hat in diesem Modell also keinen Anfang, keinen Nullpunkt, sondern setzt sich durch den Schwung in das «Vor»-Universum fort. Wir erkennen eine Ähnlichkeit zu dem Loop-Modell, wenn auch die Zeit des String-Modells (wie der Raum) keineswegs diskret ist. Die Singularität wird letztlich durch die Kopplungskräfte der nicht punktförmigen, demnach immer minimal ausgedehnten Strings verhindert, welche so stark werden, daß sie die Krümmungssingularität der Raum-Zeit glattstreichen.

19 Hintergrundfreie Stringtheorie? Aber
das ist nicht alles, was die Stringtheorie zu bieten hat. Das stark umstrittene Modell mußte erwähnt werden, weil auch in diesem die Zeit als fundamental angesetzt wird. Es handelt sich um eine stark phänomenologische Betrachtung, und sie wendet nicht die volle Stringtheorie an. Die Objekte der Stringtheorie, mögen es null-, ein- oder mehrdimensionale Branen sein, bewegen sich vor dem Hintergrund einer Raum-Zeit, die selbst nicht «stringy» beschaffen ist. So «stellt» man sich das gerne «vor», aber dieses Bild ist mißverständlich und hat das Problem des Dualismus von Branen und Raum-Zeit-Hintergrund. Ein anderes Bild malt die Elementarteilchen als das Ergebnis der «Vibrationen» von Strings. Dann könnte man sich imaginieren, daß auch die Raum-Zeit als Gravitationsfeld das Resultat von Stringschwingungen sein könnte, denn Materie/Energie und Raum-Zeit sind ja nach der allgemeinen Relativitätstheorie eng aneinander gekoppelt. Richtig ist, daß zum Beispiel die Dynamik geschlossener eindimensionaler Strings als «Spur» einen Zylinder hinterläßt, welche als Bestreichung ihrer Weltfläche beschrieben wird, ähnlich wie ein nulldimensionales Teilchen als Weltlinie eine eindimensionale Spur hinterläßt. Diese Spuren sind in eine Raum-Zeit mit je passender Dimension eingebettet. Das ist aber nicht die ganze Geschichte. In der Stringtheorie spielt die Raum-Zeit eine etwas merkwürdige Rolle. Im allgemeinen läßt sich mit den Worten von Edward Witten sagen, daß «die Struktur der Raumzeit in den Gesetzen verschlüsselt ist, durch welche die Strings sich ausbreiten». Ein

vibrierender String kann so durch ein bestimmtes physikalisches *Feld* («auxiliary field») beschrieben werden, das seine Wirkung oder Wechselwirkung beinhaltet. Die Pointe liegt nun darin, daß dieses Feld einer Feldtheorie (ähnlich einer Quantenfeldtheorie) «eine fundamentalere Rolle als die Raumzeit spielt, und die Raumzeit existiert nur in dem Ausmaß, daß sie aus dieser zweidimensionalen Feldtheorie rekonstruiert werden kann». In diesem Sinne ist die Raum-Zeit in der Stringtheorie nicht fundamental. Dabei spielt natürlich auch eine entscheidende Rolle, daß die Strings eine endliche diskrete Größe haben, die nahe an der Plancklänge liegt, und daß diese Eigenschaft in das Feld eingehen muß. Das Bild wird also ein bißchen umgemalt. Der Stringtheoretiker Gary Horowitz zeichnet es so: «... es wurde oft vorgeschlagen, daß Raum und Zeit abgeleitete Größen in der Quantengravitation sein sollten. Aber das Problem war immer: Falls Raum und Zeit nicht fundamental sind, was ersetzt sie? Hier liegt die Antwort darin, daß es eine Hilfsraumzeitmetrik gibt, die durch Randbedingungen in der Unendlichkeit festgelegt wird. Die [Feldtheorie] benutzt diese Metrik, aber die physikalische Raumzeitmetrik ist eine abgeleitete Größe. Es ist wichtig zu betonen, daß die Raumzeit nicht aus ‹Strings› emergiert. In diesem Zugang sind die sogenannten fundamentalen Strings der Stringtheorie ebenfalls abgeleitete Größen. Sowohl Strings als auch Raumzeit sind aus der [Feldtheorie] entwickelt.» Es ist freilich unklar, welche genaue Rolle diese «Hilfsgröße» eigentlich spielt, da es sich nur um einen Zugang von vielen zu einer fundamentalen hintergrundfreien Stringtheorie handelt (der sogenannten M-Theorie), die noch aufgestellt werden muß. Die Wandlung des Bildes ist also noch nicht vollendet.

Wenn das Feld die Informationen über die Raum-Zeit trägt, bleiben verschiedene Fragen offen, zum Beispiel die nach der Strukturähnlichkeit des Feldes mit der Raum-Zeit und die mehr oder weniger reiche Struktur des Feldes, gemessen am Kriterium der Fundamentalität. Sollte die Raum-Zeit mehr oder weniger Struktur verlieren, wie bildet sich das im Feld ab?

Meist wird ja auch in der Stringtheorie angenommen, daß die diskrete Stringlänge eine Art Unschärfe in die Raum-Zeit überträgt, nämlich eine «Ort-Ort-Unschärferelation», die von der endlichen Länge der Strings verursacht wird und unter der nicht mehr lokalisiert werden kann. Die endliche Stringlänge bestimmt demnach – ähnlich wie in der Looptheorie – eine Diskretisierung des Raumes. Auch spielen die Null-Branen (punktförmige Strings) eine wichtige Rolle, die von manchen Stringtheoretikern als fundamental angesehen werden («kleiner bedeutet fundamentaler», nach Joseph Polchinski). Deren Koordinaten können nicht genau angegeben werden, da sie ebenfalls einer Unschärferelation unterliegen. Auf der anderen Seite aber scheint die «Kleinheit» keineswegs unbedingt mit Fundamentalität gekoppelt zu sein, da bestimmte geschlossene, eindimensionale Strings (und andere Branen) bezüglich ihrer Größe ja überhaupt nicht unterscheidbar sind. Somit kann auch ein «großer» String fundamental sein, der in einer «großen» Raum-Zeit lebt. Es bleibt noch völlig offen, welche Konsequenzen die Kombination der Heisenbergschen Unschärferelation mit der Stringunschärferelation hat und auf welche Raum-Zeit man sich denn bezieht.

Klar ist wohl, daß die Branen verschiedener Dimension in Felder eingebettet sind, die Strukturen der Raum-Zeit aufweisen, so daß die Lage der Branen nicht durch ein übliches Koordinatensystem dargestellt wird, in dem jeder Punkt durch eine Menge von Zahlen identifiziert wird, die von der Dimension des Raumes abhängt (in einem zweidimensionalen Raum sind dies zwei Zahlen x und y, die man von rechts nach links und von links nach rechts lesen kann, immer mit demselben Ergebnis – die Zahlen kommutieren), sondern durch eine Matrix, bei der die Identifizierung eines Punktes von der Reihenfolge der Zahlen bestimmt wird. (Ein übliches Koordinatensystem ist der Spezialfall einer einfachen Matrix.) Ich möchte das anschaulich einmal so sagen: In nicht-kommutierenden Koordinaten hängt die Identifizierung eines «Punktes» von der Reihenfolge ab, in der man die Zahlen liest, um zum entsprechenden Punkt zu kommen – x, y kann also zu einer anderen Stelle führen als y, x; x, y ist also nicht gleich y, x. Damit ist der «Punkt» sozusagen «verschmiert», was aber letztlich heißt, daß wir es gar nicht mehr mit Punkten zu tun haben, da sie nicht durch Koordinaten ausreichend identifiziert werden können. Die «Verschmiertheit» ist ähnlich wie bei der Heisenbergschen Unschärferelation gelagert. Auch hier ist x (Ort), p (Impuls) nicht gleich p, x, so daß x und p nicht «gleichzeitig» genau bestimmt sind, nur daß es sich in unserem Fall um x und x' (= y) handelt. Die Branen «liegen» also verschmiert in den Feldern, in denen die Information über die Raum-Zeit eingeprägt ist. Da jedoch durch diese «Verschmiertheit» die Punkte wegfallen, da sie nicht mehr als solche definiert sind, ist die übliche Raum-Zeit nicht grundlegend. Man befindet sich nicht mehr auf der Ebene der Geometrie, sondern auf einer algebraischen Ebene des Hantierens mit Zahlen ohne deren geometrische Repräsentation. Auch in diesem Sinne ist dann die Raum-Zeit nicht grundlegend.

Außerdem spielen die erwähnten Randbedingungen im Unendlichen im Zusammenhang mit einer Feldtheorie eine prekäre Rolle, wenn wir kosmologische Überlegungen einbeziehen. Randbedingungen im Unendlichen können als ideale Elemente (einer eher formalistischen Theorie) interpretiert werden, die einen Standpunkt außerhalb der physikalischen Felder zulassen, wie es natürlich für eine Feldtheorie sinnvoll ist. Aber bilden diese Randbedingungen nicht eine Art Hintergrund, der doch verlassen werden sollte? Die Felder sind im Universum lokalisiert, was aber liegt außerhalb desselben? (Konsequent ist hier die Annahme eines Multiversums.) Eine voll ausgebildete Stringkosmologie ist noch nicht ausgearbeitet. Selbstverständlich gilt es auch anzumerken, daß nicht jedes ideale Element ausgemerzt werden muß. Es kommt nur darauf an, welche spezifischen idealen Elemente man für welche Zwecke benötigt.

In der Stringtheorie ist noch alles im Fluß, insbesondere auch der Status der Raum-Zeit. Wir haben aber gesehen, daß in der Stringtheorie der Gedanke verborgen liegt, daß die Raum-Zeit nicht grundlegend ist. Durch was sie genau «ersetzt» wird, scheint noch offen. Es deuten sich neue Konzepte an, die jedoch leider derzeit noch nicht präzise interpretiert werden können, da sie noch nicht vollständig ausgearbeitet vorliegen. Vielleicht ist es möglich, die Loop- und die Stringtheorie in irgendeiner Weise zu koppeln oder gar zu verschmelzen, wie es Lee Smolin versucht, etwa indem man die «Graphen, die den Spin-Netzwerkzuständen zugrunde liegen, verdickt, so daß sie Membranen werden», und auf diese Weise die Hintergrundfreiheit der Netzwerke auf die Branen der Stringtheorie überträgt. Vielleicht ist es möglich ...

20 Die Alternative. Sind Raum und Zeit grundlegend oder abgeleitet? Welche «Spuren» bleiben von Raum und Zeit im fundamentalen Zustand der Natur oder des Universums, falls sie abgeleitet sind? Oder verschwinden sie auf dieser fundamentalen Ebene völlig? Falls Raum und Zeit grundlegend sind, nehmen sie einfach nur eine diskrete Struktur an? Die allgemeine Relativitätstheorie sagt uns, daß Raum und Zeit immer mit Materie und Energie verbunden sind. Folgt daraus, daß sie überhaupt keinen eigenständigen ontologischen Status besitzen und nichts sind ohne Materie/Energie (also Felder oder Teilchen)? Es gibt auf diese Fragen leider keine eindeutigen oder gar endgültigen Antworten. Wir haben gesehen, daß schon die erste Frage von der Physik sehr

unterschiedlich beantwortet wird und es auch vom Theorietyp abhängt, wie die Frage beantwortet wird. Ich denke aber, daß auf einer fundamentalen Ebene sehr wenig Struktur übrigbleibt. Meines Erachtens gehört die Zeit nicht zu dieser Struktur, sehr wohl aber eine strukturarme Topologie. Sollte das stimmen, stehen wir vor einem Problem, das wir schon des öfteren angerissen haben. Denn der fundamentale, strukturarme Zustand kann nicht statisch sein, sondern muß sich «in Bewegung» befinden. Der prägeometrische Zustand wäre dann bewegt, aber zeitlos. Dies mag sehr grobkörnig formuliert sein, trifft aber den Kern der Sache. Ein wenig feinkörniger lautet die Problemstellung: Ab welcher Struktur (im Turm der Schildkröten) spielt die Zeit eine Rolle? Wie komplex muß Bewegung sein, damit sie zeitlich wird? Oder noch ein wenig subtiler: Müssen wir nicht verschiedenen Bewegungsarten je verschiedene Zeitarten zuordnen? Existiert eine Bewegung von so einfacher Gestalt, daß sie überhaupt nicht zeitlich ist?

21 Zeitlose Bewegung. Um diesen Fragenkomplex weiter zu verfolgen, wollen wir uns jetzt einem «konventionelleren» Bild zuwenden als dem, welches uns das Desiderat einer hintergrundfreien Stringtheorie vor Augen hielt, aber dabei immer im Blick behalten, daß wir durch ein Kaleidoskop schauen und hoffen müssen, nicht von einem Vexierbild irritiert zu werden. Das «konventionelle» Bild stammt vom Stringtheoretiker Brian Greene. Wir begegnen hier wieder unserer Webmetapher. Man könnte den Eindruck haben, wenn man zum Beispiel einen gekrümmten Raum aufzeichnet, «als sei die Raumzeit eine Art Stoff, aus dem das Universum geschneidert ist», so Greene. Aber natürlich stellt sich die Frage: «Was ist unter dem Stoff oder Gewebe des Universums *wirklich* zu verstehen?» Wenn Körper sich im Raum befinden und sich relativ zueinander bewegen, sind sie dann in etwas eingebettet, das auch ohne sie vorhanden ist – eben der Raum –, oder spannen sie nur etwas auf, das ohne sie nicht existiert? Sind sie in einem Feld als seine Erregungen? Und wie steht es mit der Zeit, die an den Raum gekoppelt ist? Gilt diese Alternative auf allen Ebenen, auch auf einer fundamentalen Ebene? Die Argumentation von Greene läuft folgendermaßen: Teilchen sind Erregungsmuster von Strings (ein Bild!). Das Gravitationsfeld erzeugt Gravitonen, es «besteht» aus Gravitonen, diese sind Erregungsmuster von Strings. Gravitationsfelder sind äquivalent (nicht unbedingt identisch) mit gekrümmter Raum-Zeit, da sie diese Krümmung ja verursachen. Jetzt kommen die entscheidenden Passagen, die ich zitieren möchte: «So liegt der Schluß nahe, daß die Raumzeit selbst aus einer gewaltigen Zahl von Strings besteht, die alle das gleiche, geordnete Graviton-Schwingungsmuster ausführen. Physikalisch wird eine solche enorme, organisierte Anordnung von gleich schwingenden Strings als *kohärenter Zustand* von Strings bezeichnet. Das ist ein ziemlich poetisches Bild – die Strings, die *Saiten* der Stringtheorie – als die Fäden des Raumzeitgewebes –, aber es sei angemerkt, daß eine konkrete Umsetzung dieser Idee noch aussteht.» Die Idee besteht natürlich in einer hintergrundfreien Stringtheorie. Und was handelt man sich mit dieser Idee in diesem Bild ein? Offensichtlich das, was ich «zeitlose Bewegung» nannte. Wir werden gleich sehen, warum. Ich bitte aber folgendes zu bedenken: Es könnte sein, daß dieses Bild zu einfach gezeichnet ist, und zwar aus zwei Gründen. Erstens haben wir gesehen, daß ganz verschiedene Wege zu einer hintergrundfreien Stringtheorie führen können, die eine komplizierte Auffassung dessen beinhalten, wie die Raum-Zeit der Stringtheorie strukturiert ist. Zweitens wäre es, wie schon gesagt, möglich, daß Schwingungsarten verschiedener Komplexität je verschieden gestufte, sich also unterscheidende Zeitarten zugeordnet sind. Dadurch würde die paradoxe (?) Pointe abgeschwächt, die doch jetzt kommen muß: Die Schwingungen der Strings, welche die Raum-Zeit zusammenfügen, spielen sich überhaupt nicht in der Raum-Zeit ab. Greene selbst ist eigentlich gezwungen, diese Vorstellung zu akzeptieren, schreckt aber letztlich vor ihr zurück. Weil diese Idee für unser zentrales Thema ungeheuer wichtig ist und sie sonst niemals auf solch direkte Weise von Physikern ausgesprochen wird, müssen wir noch ein wenig den Überlegungen von Greene folgen. «... die Beschreibung der Raumzeit als Stoff, der aus Strings gewebt ist, führt uns zu folgender Frage: Ein normales Stück Stoff entsteht dadurch, daß jemand einzelne Fäden, den Rohstoff gewöhnlicher Textilien, sorgfältig verwebt. Entsprechend können wir uns fragen, ob es eine rohe Vorstufe des Raumzeitgewebes gibt – eine Konfiguration der Strings des kosmischen Gewebes, in der sie sich noch nicht zu der organisierten Form der Raumzeit zusammengefunden haben.» Das Schwungrad des Webstuhls der Zeit saust demnach nicht *in* der Zeit, muß aber mit zeitlichen Bildern beschrieben werden. Der «Rohzustand» der Strings darf eigentlich nicht als eine «ungeordnete Menge einzelner, schwingender Strings» vorgestellt werden. Denn wie sollten die Strings «vor» Raum und Zeit *schwingen*? Für Greene handelt es sich bei dieser Schwierigkeit um ein sprachliches Formulierungsproblem, kein begriffliches Problem der Modellbildung, denn die Mathematik mag ihre formalen Begriffe schon irgendwann für die Physik bereitstellen, auch wenn dies für uns nicht mehr vorstellbar sein sollte. Aber denkbar. Das ist nicht neu. Im Grunde sind die meisten physikalischen Theorien nicht anschaulich vorstellbar. Sogar schon die klassische Mechanik: Wer kann sich schon wirklich einen Massenpunkt vorstellen, als Gebilde ohne Ausdehnung, das aber eine Masse hat und einen Impuls und damit Energie trägt? Und mehr: Ist dieser Begriff der klassischen Mechanik nicht auch paradox? Was genau unterscheidet ihn von einer zeitlosen Bewegung? Greene tastet sich im selbstgemachten Problemfeld weiter vor: «... in dem Rohzustand, in dem sich die Strings befinden, bevor sie sich zu dem geordneten, kohärenten Tanz zusammenfinden, der sie zu den konstituierenden Elementen der Raumzeit macht, *gibt es keine Realisierung von Raum und Zeit.*» Jetzt steht Greene kurz davor, die Idee einer zeitlosen Bewegung explizit auszusprechen. Zuerst: «Selbst unsere Sprache ist nicht in der Lage, diese Ideen zum Ausdruck zu bringen, denn es gibt noch nicht einmal den Begriff des *Vorher.*» Eine zeitliche Dimension soll also vollständig ausgeschaltet sein. Natürlich auch eine räumliche Struktur im Sinne eines glatten, kontinuierlichen Raumes, jedoch nicht im Sinne einer *Konfiguration*, wie wir gesehen haben. «In gewisser Weise sind die einzelnen Strings ‹Scherben› von Raum und Zeit, und nur wenn sie in bestimmter Weise koordinierte Schwingungen aufnehmen, bilden sich Raum und Zeit im herkömmlichen Sinne.» Wir müssen uns vorstellen, daß das Universum in diesem Grundzustand *ist*, so Greene weiter, ohne Raum und Zeit. Also auch ohne Bewegung, statisch? Wie kann das angehen? Wie sollen die nicht schwingenden Strings plötzlich Schwingungen «aufnehmen»? So kann es nicht gemeint sein, und so ist es auch nicht gemeint. Allerdings nehmen sie koordinierte Schwingungen auf, vielleicht wie Wellen, die durch Randbedingungen interferieren und in Resonanz, also in koordinierte Schwingungen, geraten. Wo kommen dann aber diese Randbedingungen her? Greene kommt nicht daran vorbei, Schwingungen ohne Raum und Zeit anzunehmen. Die Strings lagern nicht in einer statischen Konfiguration, «bevor» sie anfangen zu schwingen. Strings befinden sich immer in einem dynamischen Zustand. Aus den Zitaten wird ganz deutlich, daß der «Prozeß des Webens» selbst noch nicht der Endzustand des fertiggeknüpften Teppichs – also der Raum-Zeit – ist, der Webprozeß also eine zeitlose Bewegung sein muß.

Ich warte schon die ganze Zeit auf die berechtigten Einwürfe von Dr. No, aber ich vermute, daß er vor Erstaunen und Entsetzen stumm geworden ist. Harren wir noch einen Augenblick aus ... Nein, ich höre nichts. Gut, dann weiter im Text. Wir befinden uns jetzt in der Lage, die Voraussetzungen für die These einer zeitlosen Bewegung in einem simplen Schluß zu verdeutlichen:

1. (Prämisse) Die Raum-Zeit ist nicht grundlegend
2. (Prämisse) Bewegung ist grundlegend
3. (Prämisse) Diverse versteckte Annahmen

---

4. (Konklusion) Es gibt eine zeitlose Bewegung

Eine der versteckten Annahmen besteht natürlich darin, daß die Raum-Zeit in einer abgeleiteten Weise existiert. Zudem hätten wir in 1. schreiben müssen, daß allein die Zeit nicht grundlegend ist, und in 4. schließen müssen, daß es eine räumliche und zeitlose Bewegung gibt, oder unter Beibehaltung von 1. folgern sollen, daß eine nichträumliche und zeitlose Bewegung existiert. Aber wir führen hier keine Übung in Logik durch. Ich denke, daß im Kontext der gesamten Argumentation offenbar wird, was gemeint ist. Ich möchte auch betonen, daß mit «Bewegung» nicht «absolute Bewegung» oder «Bewegung im absoluten Raum» gemeint ist – wenn auch die allgemeine Relativitätstheorie keine rein relationale Theorie ist, so führt sie natürlich nicht den Newtonschen absoluten Raum durch die Hintertür wieder ein. Das sollte dann genauso für alle «Bewegungen» im fundamentalen Zustand gelten.

Die Argumentation von Brian Greene kommt diesem Schluß am nächsten. Eine seiner versteckten Annahmen lautet, daß nur die glatte, kontinuierliche Raum-Zeit vorkommt und die Begriffe «vorher/nachher» definiert. Die konstruktivistische Looptheorie ersetzt die glatte Raum-Zeit durch eine diskrete und behauptet, daß für diese eine Dynamik gilt. In diesem Falle wäre der Schluß nicht gültig. Für das unkonventionelle Raum-Zeit-Bild der Stringtheorie bleibt es offen, ob der Schluß triftig ist. Die Hilfsraumzeit könnte fundamental sein, womit Prämisse 1 angegriffen wäre. Auf der anderen Seite läßt eine nichtkommutative Geometrie wesentliche Strukturen der üblichen Raum-Zeit verschwinden. Es scheint aber noch nicht völlig sicher, zu welcher Strukturverarmung diese Konzeption führt. Es liegt ein sehr abstrakter Ansatz vor, nach dem eine «spontane Zeiterzeugung» durch eine «nichtkommutative Verformung des Raumes» induziert werden könnte. Es existieren Verbindungen mit Theorien, welche die Zeit als eine Art «statistische Größe» analog der Temperatur einschätzen; das geschieht im Rahmen einer thermodynamischen und statistischen Beschreibung des Gravitationsfeldes. Eine solche Theorie ist ein Desiderat, weil sich die Gravitation thermodynamisch sehr außergewöhnlich verhält, denn in ihrem Rahmen sind «Verklumpungen» die wahrscheinlichsten Zustände – sonst gäbe es beispielsweise keine Sterne und Planeten –, während in der üblichen Thermodynamik eher «Zerstreuungen» als «natürliche» Zustände betrachtet werden. Man müßte wohl so etwas wie eine «negative Gravitationsentropie» einführen. Wie auch immer, daran wird noch gearbeitet. Trotzdem wären solche Überlegungen mit unserem Schluß kompatibel, soweit man das überhaupt beurteilen kann. Einfach strukturierten, in diesem Fall einzelnen Objekten wird keine Temperatur zugeordnet, wenn freilich viele dieser Objekte mit ihren Relationen involviert sind, hat ein solches Vielteilchensystem sehr wohl eine Temperatur. Sollte die Zeit eine Strukturähnlichkeit mit der Temperatur besitzen, dann würde die Zeit (und auch eine bestimmte Form des Raumes) durch eine Strukturanreicherung entstehen, die aber selbst zeitlos wäre. Der Ursprung der Zeit wäre dann ein kontinuierlicher, allmählicher Vorgang: Das Nichtzeitliche würde zunächst etwas zeitlich – zuerst ganz schwach –, dann immer zeitlicher und schließlich zeitlich. Eine solche wesentliche Veränderung sollte sich im Sinne einer Änderung der Topologie jedoch eigentlich plötzlich vollziehen. Der Gedanke, daß sich Zeit und Temperatur ähnlich verhalten, ist jedenfalls nicht neu und wurde das erste Mal 1926 von Norman Campbell geäußert.

Die allgemeine Behauptung lautet also, daß die Zeit eine formale Ähnlichkeit mit der Temperatur besitzt. Ein Teilchen hat keine Temperatur, erst durch das Zusammenwirken vieler Teilchen entsteht Wärme. Norman Campbell charakterisiert die Zeit als eine statistische Größe im Spezialfall des Übergangs zwischen Energiezuständen von Atomen. Wenn einem Atom Energie zugeführt wird, zum Beispiel in Form von Licht, kann ein Elektron auf eine höherenergetische «Bahn» springen; spontan kann ein Atom Energie abgeben, dann springt das Elektron auf eine niederenergetische «Bahn». Da haben wir den berühmten Quantensprung, der eigentlich eine klassische Vorstellung voraussetzt. Die Zeit eines individuellen Sprunges, so Campbell, geht nicht direkt in die physikalische Messung ein, sondern nur statistisch über die Geschwindigkeiten *vieler* Teilchen, so daß indirekt auch nur die Zeiten der Sprünge in statistischen Gesamtheiten von Atomen gemessen werden können, nicht unmittelbar die Zeit eines einzelnen Sprunges. Diese Zeit existiert nicht, genausowenig wie die Temperatur eines isolierten Moleküls. Zeit ist danach ein statistischer Begriff. Die Analogie ist treffend, aber nicht allgemein genug. Wir sollten umfassender von Schwingungen sprechen, die Muster erzeugen, wenn man sie verkoppelt. Hierbei kann es sich um ein Phänomen der Selbstorganisation handeln, der internen Entstehung von Ordnung. Im allgemeinsten Sinn wird diese Ordnungsentstehung durch eine Theorie der Emergenz beschrieben. Temperatur oder Muster oder Zeit sind neue Eigenschaften, die aus grundlegenderen Prozessen oder Bewegungen emergieren. Für die Zeit gilt demnach folgendes: Eine einzelne einfache Schwingung oder eine Ähnlichkeitsklasse solcher Schwingungen ist nicht zeitlich. Wenn jedoch viele solcher Schwingungen – zum Beispiel durch Energiezufuhr – so zusammenwirken, als wären sie gekoppelt, dann entstehen die Muster der Zeit, die Abbildung von «vorher und nachher» in den Raum.

In einigen prägeometrischen Ansätzen spielt der Begriff der Selbstorganisation auf der fundamentalen Ebene auch eine wichtige Rolle, zum Beispiel in der Theorie von Manfred Requardt, der die Prägeometrie als statistisches Phänomen von relationalen zellulären Netzwerken auffaßt. Er nimmt aber von vornherein eine diskrete Zeit an, welche mit den Konstruktionsschritten des Netzwerkes identisch ist, ähnlich wie bei der konstruktivistischen Looptheorie. Aus den Grundfluktuationen des Netzwerkes setzt sich schließlich zufällig eine Schwingungsmode durch und «versklavt» alle anderen, indem sie diesen ihren Modus und damit eine makroskopische Ordnungsstruktur aufprägt. Diese emergierende Mode wird dann der Ordnungsparameter des gesamten Systems. Ein Ordnungsparameter kann sich bilden, wenn sich die Anzahl der Grundobjekte vermehrt, die diesem Ordnungsparameter unterliegen; dazu müssen aber bestimmte Randbedingungen vorgegeben sein. Als ein treffendes Beispiel fungiert der Laser. Wenn er mit wenigen Atomen (etwa mit Kohlendioxyd) gefüllt ist und Energie von außen in ihn geleitet wird, produziert er das weiße Rauschen inkohärenter Schwingungen – «normales» Licht. Falls immer mehr Atome hinzugefügt werden, werden die inkohärenten Oszillationen durch eine Schwingung, die sich sozusagen «selektiert», versklavt, und es entsteht die kohärente Schwingung von Laserlicht. Der Übergang von den inkohärenten Schwingungen zu der kohärenten Schwingung geschieht abrupt. Das System läuft aus einer Ähnlichkeitsklasse heraus und in eine andere, von ihr wesentlich verschiedene, hinein. Was heißt wesentlich verschieden? Ich hatte erwähnt, daß sich das Universum im Rahmen der allgemeinen Relativitätstheorie nur so verändern kann, daß seine Form im Groben erhalten bleibt – Reißen des Raums und Löcherstanzen sind nicht erlaubt. Geschieht dies jedoch, nennt man dies eine Veränderung der Topologie. Wenn wir eine Knetmasse so verformen, daß wir sie nur ziehen und drücken, ohne Stücke abzureißen oder Löcher hineinzubohren, bleibt ihre Topologie erhalten. Sie formen eine Kugel und kneten sie zu einem Becher um: keine Änderung der Topologie. Kleben Sie einen Henkel an den Becher: Änderung der Topologie. Ein einfacher nichttopologieerhaltender Übergang besteht in der Verformung einer Kugel zu einem Torus (Krapfen, Rettungsring). Ein solcher, in der Mathematik nicht erlaubter Übergang symbolisiert einen emergenten Schritt. Die neue Form ist wesentlich von der alten verschieden, da sie nicht durch bloße glatte Verformung aus ihr erzeugt werden kann – ein Bruch ist eingetreten. Ein Beispiel für eine Raum-Zeit-Verformung mit Änderung der Topologie ist das Zerreißen eines Kegels in zwei Teile. Natürlich unterliegen auch Schwingungen oder Flußdiagramme einer solchen Topologieänderung. Eine Schwingung oder ein Fluß kann in einer Ähnlichkeitsklasse verharren oder aus ihr heraustreten. Wenn Schwingungen oder Flußdiagramme aus einer Ähnlichkeitsklasse herauslaufen, erhalten wir dieses Bild einer Veränderung der Topologie. Erinnern wir uns an den Laser: Wenn in einen Laser Energie gepumpt wird, dann vollzieht sich ein Übergang von einem Zustand ungeordneter Schwingungen («normales» Lampenlicht) zu einem Zustand einer geordneten Schwingung (Laserlicht). Dieser Übergang führt aus einer Ähnlichkeitsklasse heraus und kann als eine wesentliche Formveränderung der Schwingungen dargestellt werden, als eine Änderung der Topologie. Es entsteht die Frage, ob man den Übergang vom zeitlosen Grundzustand des Universums zur Raum-Zeit als eine nichttopologische Transformation, eine Emergenz beschreiben kann. Diese «Initialemergenz» wäre dann die Emergenz der Zeit aus den «Scherben» (Brian Greene) der Raum-Zeit. Diese Idee setzt natürlich voraus, daß die Zeit nicht fundamental ist und nicht als diskreter Parameter von Anfang an eingeführt wird. Der «Prozeß» der Zusammenfügung der fundamentalen Entitäten wäre dann die zeitlose Entstehung der Zeit. Unser einfaches Schlußschema könnte aufrechterhalten werden. Wie ich aber schon angedeutet habe, muß man vorsichtig mit dem Begriff der Selbstorganisation auf der fundamentalen Ebene umgehen. Abgesehen von vielen technischen Schwierigkeiten bezüglich der Systeme, die man behandelt (Voraussetzung sind offene Systeme mit bestimmten Randbedingungen, die einen Energie- und Informationsfluß zulassen; inwieweit sind diese Systeme relativistisch und quantenmechanisch?), darf man auch nicht zu viel Struktur und zu komplexe Gesetzlichkeiten in den fundamentalen Zustand einführen. Diese Systeme haben jedoch immer einen eher hohen Grad an Komplexität und Struktur.

Die kanonische Quantisierung gelangt zu einem zeitlosen fundamentalen Zustand. Sie spricht nicht von einer zeitlosen Bewegung, akzeptiert aber Prämisse 1. Die Raum-Zeit ist nicht grundlegend. In ihrer radikalsten Version von Julian Barbour wird auch die Bewegung nicht als grundlegend angesehen, womit Prämisse 2 verworfen ist und damit auch die Konklusion. Wir haben schon versucht, plausibel zu machen, daß dies nicht angeht. Ich habe allerdings den Eindruck, daß sich die «Standardversion» der kanonischen Quantisierung unter Einbeziehung der Dekohärenz, die hierzulande in erster Linie durch Claus Kiefer vertreten wird, nur minimal von Barbours Interpretation unterscheidet. In der zeitlosen Grundgleichung ist ein Term so gestaltet, daß sie als Schwingungsgleichung interpretiert werden kann, wobei dieser Term eine «innere» Zeit beschreibt. Ich denke aber nicht, daß sich die Gleichung damit auf einen Bewegungszustand bezieht, so daß ihre Interpretation als stationärer Zustand sicher nicht völlig adäquat ist. Ein stationärer Zustand wäre ja ein Bewegungszustand. Vielleicht ist es nicht sinnvoll, hier den Unterschied von Statik zu Kinematik (oder Dynamik) zu setzen. Da mit der Grundgleichung natürlich ein Quantenzustand beschrieben wird, handelt es sich letztlich doch um das Problem, inwieweit ein stationärer Quantenzustand, der sich auf Dreiergeometrien bezieht, statisch ist. Zumindest sollte man sagen, daß sich im zeitlosen Grundzustand etwas bewegt hat, wenn man denn einmal eine Art klassischen Zeitparameter abgeleitet hat – sozusagen im Rückblick und aus der Perspektive des abgeleiteten Zustandes. Es bleibt die Frage, welchen ontologischen Status die näherungsweise Ableitung eines Zeitparameters aus einer zeitlosen Gleichung hat und auf welche Weise eine «Quantenentwicklung» zwar nicht zeitlich, aber irgendwie dynamisch ist. Alles in allem bleibt es problematisch, ob unser einfacher Schluß für die kanonische Quantisierung zutrifft.

Einen anderen Weg, unseren Schluß zu umgehen, bieten Jeremy Butterfield und Christopher Isham. Sie heben das Problem auf die Ebene der beteiligten Theorien und ihrer Relationen zueinander. Zuallererst stellen sie fest, daß die Behauptung, die Zeit sei aus einem fundamentalen zeitlosen Zustand entstanden, auf keine Weise auf einen Prozeß verweisen darf, da jede Entstehung ein Prozeß in der Zeit sei und damit eine zweite Zeit vorausgesetzt würde, in der die Zeit entstanden sein soll, oder daß eine Zeit «vor» der Zeit angenommen werden müßte. Die Emergenz der Zeit hat also zeitlos zu sein. So weit, so gut. (Ein Ausweg aus dem «Dilemma» bestünde darin, statt einer zweiten Zeit eine zeitlose Bewegung anzunehmen.) Nun kommt die Pointe. Die Autoren beziehen sich nicht in erster Linie auf den *Gegenstandsbereich der Theorien*, sondern auf die *Theorien* selbst. Aus einem fundamentalen zeitlosen Zustand kann durch keinen Prozeß ein zeitlicher angeregter Zustand «entstehen». Ich verwendete in diesem Zusammenhang auch den Begriff «abgeleiteter Zustand», um zu berücksichtigen, daß natürlich immer Theorien mit ihren Gleichungen und Modellen involviert sind. Die Gegenstandsbereiche einer fundamentalen Theorie, der Quantentheorie, der Relativitätstheorie und auch der klassischen Mechanik, liegen nicht vor uns wie ein paar Weizenfelder. Sie sind abstrakte Objekte und nur mit den Theorien gegeben. (Daß da noch eine Kontingenz «draußen» existiert, die nicht einfach mit mathematischer Notwendigkeit oder Kohärenz zusammenfällt, muß an dieser Stelle nicht diskutiert werden.) Wir haben auch schon gesehen, wie die Entstehung der Zeit in der Ableitung einer Gleichung aus einer anderen expliziert werden kann. Butterfield und Isham bemerken weitergehend, daß die Emergenz der Zeit nicht ontologisch nachvollzogen werden sollte, sondern daß man sein Augenmerk auf das Verhältnis der *Theorie*, die sich auf einen möglichen zeitlosen Zustand bezieht, zu der *Theorie*, die einen zeitlichen Zustand beschreibt, richten muß. Diese Relation der Theorien kann in diesem Fall als Emergenz beschrieben werden. Andere Theorienrelationen wären Reduktion, Approximation, Inkommensurabilität (Unvergleichbarkeit). So könnte man die Theorie der chemischen Bindung auf die Quantenmechanik reduzieren, sagen, daß die klassische Mechanik eine Annäherung an die Quantenmechanik ist, wenn man die Plancksche Konstante h vernachlässigt, oder behaupten, daß die klassische Mechanik mit der Relativitätstheorie inkommensurabel ist, weil beide Theorien einen völlig verschiedenen Begriff der «Masse» verwenden. «Emergenz» als eine intertheoretische Relation zwischen zwei Theorien soll ausdrücken, daß es einen engen Zusammenhang der Theorien gibt (eine mag teilweise auf die andere reduzierbar sein), aber auch eine Kluft (die «emergente» Theorie besitzt neue Begriffe und formuliert neue Gesetze, welche die «Basistheorie» nicht hat). Alle diese intertheoretischen

Relationen sind natürlich statisch wie eine mathematische Gleichung oder Formel. Zwar müssen die Relationen durchgeführt werden (man reduziert Theorie 1 auf Theorie 2), wie man eine Gleichung löst. Aber diese Handlungen haben nichts mit einer Dynamik der betreffenden Gegenstandsbereiche zu tun. Wenn ich eine Theorie 1 auf eine Theorie 2 reduziere, heißt das nicht, daß der Gegenstandsbereich von T 1 faktisch verschwindet. Und wenn eine Theorie 1 emergent zu einer Theorie 2 ist, heißt das genausowenig, daß der Gegenstandsbereich von T 1 aus T 2 in einem faktischen Prozeß hervorgeht. Die Autoren setzen also nicht Gegenstandsbereiche, sondern Theorien in ein Schlußschema ein und interpretieren den «Schluß» von einer Theorie auf eine andere korrekt als «zeitlos»:

1. (Prämisse) Theorie des fundamentalen zeitlosen Zustandes
2. (Prämisse) Annahmen über intertheoretische Relationen, insbesondere «Emergenz»

---

3. (Konklusion) Theorie des angeregten zeitlichen Zustandes

Einmal abgesehen davon, ob «Emergenz» überhaupt sinnvoll als intertheoretische Relation eingeordnet werden kann, wird in diesem Ansatz vernachlässigt, daß es natürlich in der Wissenschaft auf die Gegenstandsbereiche ankommt. Wir sehen in der wissenschaftlichen Arbeit durch die Theorie wie durch eine Brille oder Lupe, um die Gegenstandsbereiche zu betrachten. Bei der Emergenz der Zeit wollen wir wissen, wie die *Zeit* emergiert, nicht wie die *Theorie der Zeit* emergiert. Dem steht keineswegs entgegen, daß es verschiedene Theorien über ähnliche Gegenstandsbereiche gibt. Damit müssen wir klarkommen. Nein, wir dürfen nicht die Ebene der *Wissenschaftstheorie* mit der Ebene der *Wissenschaft* selbst verwechseln. Das ist nur in philosophisch-reflexiven «Ausnahmefällen» angebracht, die zwar notwendig sind, aber uns in diesem Fall nicht weiterhelfen. Man wende jetzt bitte nicht ein, daß doch die Reflexion über eine fundamentale Theorie, die etwas über Raum und Zeit aussagt, die Bühne, auf der sich normalerweise die Ereignisse der Natur und des Universums abspielen, daß eine solche Theorie, welche diese Bühne hinterfragt und damit erforscht, was Raum und Zeit zugrunde liegt, auch eine philosophische Theorie sein muß. Das ist richtig. Ohne diese Auffassung zu haben, würde ich dieses Buch nicht schreiben. Aber mit dieser speziellen «Lösung» des Problems der Entstehung der Zeit begeht man einfach den Fehler, den Aristoteles eine «metabasis eis allo genos» genannt hat, einen Übergang in einen anderen unpassenden Bereich. Das eigentliche Objekt unserer Begierde ist die (mögliche dynamische) Relation der Gegenstandsbereiche; daß sie nicht einfach vorliegen und nur noch reflexiv eingeholt werden müssen, gerade wenn es um die Zeit geht, haben wir ja immer berücksichtigt. Man muß nur wissen, wie.

Kurz erwähnen möchte ich noch die Auffassung, daß der Übergang vom zeitlosen zum zeitlichen Zustand *zeitlich unbestimmt* sein könnte. Diese Idee des Philosophen Quentin Smith verhält sich unserem Schluß gegenüber neutral. Er schlägt vor, daß die «Ontologie des Verbindungsgebietes» zwischen dem zeitlosen und dem zeitlichen Zustand eine «Logik der Vagheit» erforderlich macht. «Die graduelle Emergenz der Zeit wird so gefaßt sein, daß aus ihr folgt, daß es für Teile des Verbindungsgebietes weder wahr noch falsch ist, ob es dort eine Zeit gibt; die Zeit ist in Teilen dieses Gebietes unbestimmt.» Wenn man dieses Gebiet als eine Kurve charakterisiert, dann besäße die Kurve anfangs eindeutig keine zeitliche Dimension, im Zwischenstück wäre die zeitliche Dimension unbestimmt, und das Endstück hätte eindeutig eine zeitliche Dimension. Dies würde unserem allmählichen, temperaturartigen Übergang von vorhin entsprechen. Zwar bezieht sich

Smith im wesentlichen auf den Pfadintegralansatz von Stephen Hawking, der ja inzwischen durch *Eine kurze Geschichte der Zeit* bestens bekannt ist, aber dieser Ansatz gilt für alle Theorien, die aus einem zeitlosen Zustand einen zeitlichen «hervorgehen» lassen. Ich möchte dazu nur bemerken, daß es nicht ausgeschlossen ist, wenn es auch nicht angenommen wird, daß die Verbindungsregion sehr wohl mit einer Dynamik behaftet sein könnte.

Bevor wir uns den versteckten Annahmen unseres Schlusses zuwenden, möchte ich an wenigen ausgewählten Beispielen der Philosophiegeschichte verdeutlichen, daß ich den Begriff der zeitlosen Bewegung nicht erfunden habe.

22 Eine sehr kurze Geschichte der zeitlosen Bewegung.

Der Erfinder der zeitlosen Bewegung ist Platon. Bei ihm wird die Zeit mit dem «Himmel» erschaffen, das heißt mit der Bewegung der Planeten, die auch als das Maß der Zeit fungieren. Die Zeit wird als das nach der Zahl fortschreitende Abbild der Ewigkeit bestimmt. Die Zeit entstand also mit dem Himmel, aber bevor der Himmel entstand, gab es nach Platon Seiendes, Raum und *Werden*. Der Himmel und die Welt entstanden nicht aus dem Nichts, sondern aus einem ungeordneten Vorzustand, dem eine Ordnung von einem endlichen Demiurgen, Platons Weltschöpfer, mit Blick auf die Ideen aufgeprägt wird. So tritt der Kosmos, das schön und gut Geordnete, ins Sein. Der Vorzustand selbst besteht in nichts anderem als einer völlig ungeordneten, chaotischen, richtungslosen Bewegung (Werden), die wegen dieser ihrer Struktur nicht zeiterzeugend oder zeitlich ist. Erst die getaktete Ordnung des Planetenumlaufs erzeugt die Zeit, das Vorher und das Nachher.

Die Frage nach der Entstehung der Zeit wird zur Frage nach

dem Wesen der Zeit. Der römische Philosoph Seneca stellte folgende zentrale Fragen, die ich hier in der zusammenfassenden Paraphrasierung des Philosophiehistorikers Kurt Flasch wiedergebe: «1. *Ist* die Zeit überhaupt? Ist sie ontologisch selbständig, *per se*? Oder ist sie etwas am *motus* [der Bewegung]? 2. Gibt es Zeitloses *vor* der Zeit, und welchen Sinn kann dieses *Vor* haben? 3. Begann die Zeit mit der Welt, oder gab es eine Zeit vor der Weltzeit?» Später wird die Frage nach dem Beginn der Zeit mit der Schöpfung der Welt durch den christlichen Gott verknüpft. Nach Augustinus werden Welt und Zeit gemeinsam geschaffen, so daß die naheliegende Frage, was denn Gott vor der Schöpfung getan habe, nicht gestellt werden kann. Da alle Handlungen in der Zeit sind, erweist sich die Frage als sinnlos. Auf der anderen Seite bedeutet natürlich «Schöpfung» eine Art Bewegung, und selbst ein instantaner, sozusagen extrem plötzlicher Akt ist eine Handlung. Hier ist natürlich der Spekulation Tür und Tor geöffnet: Gott befindet sich nicht in der Zeit, aber er schafft die Welt mit der Zeit.

Ab der Renaissance verlagert sich das Problem der Relation von Zeitlosem zum Zeitlichen von Gott auf die Substanz der Welt, auf das, was der Welt ihrem Wesen nach zugrunde liegt, und das nicht in Raum und Zeit existiert. Bei Gottfried Wilhelm Leibniz wird die Zeit als die ideale Ordnung des Aufeinanderfolgenden erfaßt, der Raum als die Ordnung des zugleich Existierenden: «Die Zeit ist die Ordnung des nicht zugleich Existierenden», und zugleich ist sie das, was einander nicht ausschließt. Die Dinge, die in der Relation des Grundes zum Begründeten stehen, sind in der Zeit – der Grund liegt *vor* dem Begründeten. Diese Zeitordnung gilt für die phänomenale Welt der materiellen Körper, die aber eine substantielle Tiefenstruktur besitzt, welche *nicht* in Raum und Zeit gelagert ist. Leibniz' substantielle Ebene ist von sogenannten Monaden bevölkert, die lauter einzelne Substanzen sind, metaphysische (nicht physische oder mathematische) «Punkte» (einfache, nicht aus Teilen zusammengesetzte Entitäten), die von intensiver, nicht extensiver Größe sind. Die Monaden haben nur innere Zustände, Perzeptionen, wie sie Leibniz nennt, die wechseln, also einer Dynamik unterliegen. Sie verändern sich, sind jedoch nicht in der physischen Zeit der Körperwelt und auch nicht im Raum, obwohl sie sicher in einer Art topologischer Ordnung zueinander stehen könnten. Da die Monaden die Körperwelt ontologisch konstituieren, spannen sie zwar letztlich Raum und Zeit auf, welche die Ordnung der Körper ermöglichen, sie sind aber eben nicht in Raum und Zeit. Die Veränderung der Perzeptionen kann relativ zwanglos als eine zeitlose Veränderung aufgefaßt werden.

Der amerikanische Chemiker, Mathematiker und Philosoph Charles Sanders Peirce führte im 19. Jahrhundert in seiner metaphysischen Kosmogonie einen zeitlosen, aber dynamischen Anfangszustand ein. Das heutige Universum ist demnach das Ergebnis einer Entwicklung vom Einfachen zum Komplexen. Es beginnt mit einem rein qualitativen, nichtrelationalen Zustand aus Zufall, Unmittelbarkeit, Unbestimmtheit und Selbsttätigkeit, der schließlich Relationen, zufällige Wechselwirkungen zwischen Qualitäten ausbildet, die als Ereignisse angesehen werden müssen, ohne daß es schon die Zeit gibt, die erst dann entsteht, wenn der Zustand des Universums geordneter und kontinuierlicher wird. Es «gab» also nach Peirce einen nichtstatischen Zustand der «Dinge», bevor sich die Zeit «organisierte», also eine zeitlose Bewegung oder Dynamik.

Der Philosoph Johannes Volkelt, der ein dreibändiges «System der Ästhetik» geschrieben hat, das noch manchmal diskutiert wird, hat sich auch intensiv mit dem Problem der Zeit befaßt. Er führte meines Erachtens um 1925 als erster den Begriff der zeitlosen Bewegung explizit ein; er nannte diesen «Vorgang» das «zeitlose Geschehen». Volkelt argumentiert folgendermaßen: Die Zeit muß einen Anfang haben (und ein Ende), weil sie sonst als eine unvollendete Unendlichkeit eine Wesenheit wäre, auf welche die Kategorie des Ganzen nicht anwendbar wäre. Anfang und Ende des Weltprozesses bedeuten auch Anfang und Ende der Zeit, da eine leere Zeit nicht vorstellbar ist. Das zeitliche Sein aber setzt ein unzeitliches Sein voraus, weil es für sich betrachtet nichts Substantielles, nichts «Erfülltes» ist. Das zeitlos Seiende ist aber auch nicht räumlich, weil auch der Raum als das «Außereinander» von Dingen oder Objekten nicht für sich bestehen kann. Volkelt schreibt dem zeitlos Seienden die «Seinsweise der Innerlichkeit, der Geistigkeit» zu, weil nur die Innerlichkeit schlichtweg das eigentlich Substantielle sein kann. Raum, Zeit, Materielles sind sozusagen ontologisch zerstreut und nicht als ganze Wesenheiten zu fassen. Dieses Geistige soll eine Art «Urwesen» sein, das die Welt hervorbrachte. Volkelt interpretiert seine Argumentation als eine metaphysische Hypothesenbildung, als einen «wahrscheinlichen» Gottesbeweis. (Natürlich handelt es sich hier um starken Tobak, und ich fordere die Leserschaft keineswegs auf, ihn zu schnupfen oder gar zu rauchen; ich möchte aber niemandem die Voraussetzungen von Volkelts zeitlosem Geschehen vorenthalten. Ich habe die nicht durchwegs triftige Argumentation stark verkürzt.) «Wer soweit mit mir geht, muß in dem zeitlosen Urgeist so etwas wie ein zeitloses Geschehen annehmen. Durch einen Einzelakt hat Zeit und Werden angefangen. Dieser Einzelakt muß einerseits zeitlos entsprungen sein; denn die Zeit wird ja durch ihn zuallererst zur Existenz gebracht. Andererseits setzt das Hervorspringen dieses Einzelaktes doch Leben, Geschehen, Werden im Urwesen voraus.» Volkelt schließt, indem er das «zeitlose Geschehen» als «logisch-undurchdringlichen Begriff» bezeichnet. Wir sehen, daß es sich bei Volkelt um das ontologische Problem der Schöpfung der Welt handelt. Eine strukturelle Ähnlichkeit, wenn auch keine inhaltliche, mit dem physikalischen Problem der Zeitentstehung ist nicht zu leugnen.

Das gilt für alle eben vorgeführten philosophischen Überlegungen zur zeitlosen Bewegung. Mir geht es nicht um die inhaltliche Übernahme der Metaphysik, sondern nur um eine interessante Strukturähnlichkeit mit dem physikalischen Problem der Zeitentstehung. Ich behaupte nicht, daß der fundamentale Zustand der Natur oder des Universums ein substantieller, sich zeitlos bewegender Zustand sei, der geistige oder protogeistige Eigenschaften habe (die letzteren siedelt Peirce am Anfangszustand des Universums an). Was wir über geistige Zustände wissen, mag nicht viel sein, aber daß sie an komplexe, meist individualisierte Organismen oder Systeme gebunden sind, scheint doch sehr plausibel. Dergleichen finden wir im Grundzustand des Universums nicht vor, weil dessen Komplexität und «Individualisierungsgrad» bei weitem nicht ausreicht. Wir haben ja gerade einen Grundzustand mit niedriger Komplexität angenommen. Ich wage kaum noch zu bemerken, daß sich dort auch weder ein personaler Gott noch sakrale Eigenschaften vorfinden lassen – jedenfalls nicht im physikalischen Sinn. Die Beweislast, daß dies nicht der Fall ist, ruht glücklicherweise nicht auf mir.

Die Strukturähnlichkeit besteht darin, daß unterhalb der Komplexität der Raum-Zeit Bewegungsformen angenommen werden, die nicht in der Zeit sind. Dies gilt als Voraussetzung für die Entstehung der Zeit, wenn dies auch manchmal nicht explizit erwähnt oder nicht als erforderlich betrachtet wird. Bei Leibniz zum Beispiel entsteht die Zeit nicht dadurch, daß sie aus einem reinen Monadenzustand erzeugt wird, sondern Monaden und die phänomenale physikalische Welt stehen immer in einem untrennbaren Zusammenhang. Natürlich ließe sich diskutieren, ob dies auch für die Beziehung von zeitlosem und zeitlichem Zustand einer fundamentalen Theorie zuträfe. Diese Zuordnung tritt manchmal in der Stringtheorie auf und könnte als Dualität zwischen einem Grundzustand und einem angeregten Zustand bezeichnet werden. Inwieweit solche dualen Zustände in einer dynamischen Beziehung stehen und auseinander hervorgehen, bleibt offen.

23 Stufen der Zeit- und Bewegungsformen.

In unserem Schlußschema liegen versteckte Annahmen verborgen. Die Folgerung, daß eine zeitlose Bewegung existiert, gilt nur, wenn die Raum-Zeit und damit auch die Zeit in diesem frühen Stadium der Entwicklung als eine nicht sehr stark ausdifferenzierte Entität angesehen wird. Es könnte ja sein, daß weniger strukturierten Bewegungsformen auch ärmer strukturierte Zeitformen entsprechen. Wir schlössen dann nicht auf eine *zeitlose Bewegung*, sondern auf eine *sehr gering strukturierte zeitliche Bewegung*. Am ertragreichsten für unsere Argumentation wäre es, wenn sich beide Folgerungen kombinieren ließen, so daß man bestimmten ausdifferenzierten Bewegungsformen bestimmte Zeitformen zuordnen könnte, aber ab einer gewissen Strukturarmut von Bewegungsformen keine Zeit mehr «produziert» würde. Eine ausgearbeitete Theorie zu dieser Hypothese liegt nicht vor. Der Physiker Carlo Rovelli hat diesen von Philosophen bereits konzipierten Ansatz aufgegriffen und ein wenig weiterverfolgt. Seine zentrale These lautet, daß «wir von einem physikalischen Begriff der Zeit Gebrauch machen, der weniger und weniger spezifisch ist und weniger und weniger Bestimmungen hat, wenn wir uns von Theorien über ‹spezielle› Objekte wie das Gehirn oder Lebewesen zu mehr allgemeinen Theorien bewegen, die größere Teile der Natur beinhalten.» Diese Strukturverarmung gilt selbstverständlich auch innerhalb der allgemeineren Theorien wie der Physik. Dann «sind die Eigenschaften der ‹höheren Ebene› nicht auf der grundlegenden Ebene anwesend, sondern ‹emergieren› als besondere Merkmale von spezifischen physikalischen Systemen».

Ich möchte diese Idee, die ich physikalisch nicht weiter ausführen werde, mit der Konzeption einer zeitlosen Bewegung zusammenbringen, so daß unser Schlußschema gültig bleibt. Es sollte dann einen allgemeinen Rahmen für eine fundamentale Theorie aufspannen, der natürlich nicht von mir mit einer Leinwand versehen wird, auf die das Bild einer fundamentalen Theorie gemalt werden würde. Verschiedene Vorschläge einer solchen Theorie sind ja dargestellt worden. Sie alle sind, denke ich, in irgendeiner Weise mit dem Problem der zeitlosen Bewegung konfrontiert. Das Schlußschema liefert meines Erachtens eine Art Klassifikation der Problemsituation. Zum Beispiel ist die konstruktivistische Looptheorie nicht mit Prämisse 1 kompatibel, die kanonische Quantisierung in der Version von Julian Barbour nicht mit Prämisse 2. Die Stringtheorie im Bild von Brian Greene, noch unterfüttert mit einer nichtkommutativen Geometrie, paßt nahtlos in das Schema, während die Nichtstandardraumzeiten der Stringtheorie einer Auffächerung unterliegen: Die Hilfsraumzeit mag grundlegend sein, während die physikalische Raum-Zeit «emergiert» und nicht als fundamental zu betrachten wäre. Die «Topologieschwankungen» der Wheelerschen Prägeometrie, in denen die Begriffe «Vorher/Nachher» ihren Anwendungsbereich verlieren, dürften wohl kaum als zeitlich charakterisiert sein. Für Wheeler müßte unser Schluß eigentlich gelten, für die kanonische Quantisierung bleibt es offen, ob das Schlußschema triftig ist.

Nach meinem Schlußschema sollte der fundamentale Zustand zeitlos sein; er besitzt eine so einfache Struktur, daß deren «Bewegung» keine Zeit erzeugt. Die Zeit wird durch eine Strukturanreicherung des fundamentalen Zustandes erzeugt, die selbst zeitlos vonstatten geht. Diese Strukturanreicherung vollzieht sich ab einem gewissen Komplexitätsgrad durch verschiedene Zeitstufen, denen jeweils Bewegungsarten verschiedener Komplexität zugeordnet sind. Wir müssen uns jetzt also Bilder einiger Bewegungstypen vor Augen führen, indem wir ein paar Modelluniversen vorführen. Ich bitte zu bedenken, daß ich hier nur eine einfache Grundidee veranschaulichen will; ich erhebe nicht den Anspruch, ein physikalisches Spielzeugmodell aufzustellen. Ich versuche gleich, meine Idee ein wenig zu konkretisieren und das Bild mit Farbe auszumalen, indem ich die fundamentale, zeitlose Dynamik näher charakterisiere. Auch hier handelt es sich nicht um ein ausgedachtes physikalisches Modell, sondern nur um Anregungen für die Leserschaft, selbst weiterzudenken und einige vorliegende Modelle vielleicht mit anderen Augen zu betrachten.

24 Welt 0. Das Staubuniversum. Stellen

wir uns ein simples Modelluniversum vor, das sich «in der Zeit» ausdehnt. Es ist mit homogenem Staub erfüllt und expandiert gleichmäßig. Die Größe der Staubkörner ändert sich nicht. Ist es wirklich in der Zeit? Überlegen wir. Es sieht so aus, als wäre die Aristotelische Zeitdefinition in der Formulierung «Die Zeit ist das Maß der Bewegung» anwendbar, denn das Universum dehnt sich aus, das heißt, seine Metrik – sein Maß – ändert sich. (Die Staubkörner entfernen sich voneinander.) Ansonsten geschieht nicht viel. Ein Beobachter würde eine Art sanftes, reines, fast richtungsloses (ziemlich weißes) Rauschen empfinden, er würde jegliche Zeitempfindung verlieren, fiele er in dieses Universum.

Die Bewegung ist zu einfach, um zeitlich zu sein, sie zeichnet noch nicht einmal eine eindeutig festgelegte Zeitrichtung aus. Man könnte ja folgendes sagen: In der Zukunft wird das Universum größer sein, in der Vergangenheit war es kleiner – dadurch sind Zukunft und Vergangenheit klar unterschieden. Ein solcher Unterschied ist notwendig für zeitliche Vorgänge. Wenn nicht deutlich zwischen Vergangenheit und Zukunft, genauer zwischen Vorher und Nachher, unterschieden werden kann, gibt es auch keine Zeit. (Damit ist noch nichts darüber ausgesagt, auf welche Weise Vergangenheit und Zukunft existieren und durch welche Art von Bewegung sie «erzeugt» werden.) Jedoch ist es problemlos möglich, die Bewegung umzudrehen: Das Universum kollabiert. In diesem Fall tauschen Vergangenheit und Zukunft ihre Plätze. Der Unterschied von Vergangenheit und Zukunft verschwindet, weil dieselben Naturgesetze in diesem einfachen Modelluniversum gelten, egal, ob es expandiert oder kollabiert.

Aber scheint es nicht trotzdem in der Zeit zu sein? Das Zeitempfinden eines Beobachters ist eine Sache, die Zeit der Natur eine andere. Wir empfinden Zeit durch Wahrnehmung von Bewegung, aber wir erzeugen die Zeit nicht in unserem Bewußtsein. Nein, es kommt auf die Art einer Bewegung an, die unabhängig von uns verläuft.

Warum also ist diese Bewegung des Universums, die nicht von einer äußeren Uhr gemessen wird, sondern sich selbst mißt, nicht in der Zeit? Gleichgültig, ob das Modelluniversum sich ausdehnt oder zusammenzieht, seine Bewegung setzt keinen wesentlichen Unterschied von Zukunft und Vergangenheit, läßt nicht den sogenannten Fluß der Zeit strömen. Nur ein Unterschied ist gesetzt: der zwischen früher und später. Aber diese Differenz ist statisch, bleibt meist unverändert, hat keinen Prozeßcharakter. Ereignisse, die im Zukunfts- oder Vergangenheitsbereich kausal verknüpft sind, bleiben es auch für jeden Beobachter. Wenn also Ereignis A vor Ereignis B geschah und es verursachte, wird A immer früher sein als B. (Dies gilt nicht für Ereignisse im nichtkausalen Bereich der Raum-Zeit [«der nicht erreichbare Teil des Lichtkegels»; Anmerkung für versierte Relativitätstheoretiker]. Dort sind «früher» und «später» wegabhängig.) Die «Bahn» eines Teilchens in der Raum-Zeit des Modelluniversums ist gegeben, sie liegt vor. Diese

Bahn, Weltlinie genannt, hat keine Prozeßeigenschaften, da die Zeit schon «verbraucht» ist – es gibt keine zweite Zeit, in der sich die Raum-Zeit befindet. Nichts bewegt sich auf der Weltlinie, sie ist bloß verknüpft durch die unveränderlichen Relationen «früher» und «später», denn eine Weltlinie liegt immer im kausalen Bereich von Vergangenheit und Zukunft. Aber Vergangenheit und Zukunft sind nicht echt, es müßte eigentlich «das Frühere» und «das Spätere» heißen.

Zur Erinnerung: Die Raum-Zeit ist in zwei Bereiche aufgeteilt – einerseits der Bereich, von dem aus ein Ereignis hätte verursacht werden können (Vergangenheit), und der Bereich, auf den dasselbe Ereignis wirken könnte (Zukunft), andererseits der Bereich, den dieses Ereignis niemals beeinflussen kann und von dem es nie beeinflußt werden kann. Den schnellsten Wirkungsübertrag hat die Lichtgeschwindigkeit, die nicht überschritten werden kann. Sie zieht die Grenze zwischen beiden Bereichen und bildet bei Berücksichtigung einer Raumdimension die Form einer aufgeklappten Schere, in zwei Dimensionen formen sich zwei Kegel, die an den Spitzen aufeinandergestellt sind – der sogenannte Lichtkegel –, mit allen drei Raumdimensionen haben wir eine zusammenschnurrende (Vergangenheit) und eine sich ausdehnende Kugel(oberfläche).

Eine einfache Bewegung besteht aus ähnlichen «Teilen», die kaum zu unterscheiden sind. Im Modelluniversum entfernen sich die Staubteilchen voneinander, eine Momentaufnahme sieht im Grunde aus wie die nächste, gleich, ob eine frühere oder spätere betrachtet wird. Dies gilt auch für andere mögliche einfache Modellwelten. Greifen wir zwei Extreme heraus. Auf der einen Seite eine Welt 1 aus lauter simplen Pendeln, also Schwingungen, auf der anderen Seite eine chaotische Welt 2, die vollständig aus ungeordneten Bewegungen besteht.

25 Welt 1: Das zeitlose Schwingungs- universum kann durchaus symme- trisch sein.

Es scheint, als hätten wir ein Universum voller *Uhren* vor uns. Sie mögen unregelmäßig verteilt sein, dort, wo sie gehäuft vorkommen, schlagen sie langsamer als dort, wo sie dünner gesät sind – dies entspricht einer stärkeren Gravitation. Es handelt sich also um ein Universum von Schwingungen verschiedener Frequenz. Eine Uhr soll ausgezeichnet werden – in ihrer Schwingungseinheit werden alle anderen Uhren gemessen, die den Rest des Universums darstellen. Nehmen wir an, daß dies möglich ist: Alle Schwingungen sind Vielfache der ausgezeichneten Grundschwingung. Was wäre die «Zeit» dieser Welt? Nichts anderes als die *Zahl der Grundschwingungen*: 87 Schwingungen sind später als 13. Ich behaupte nun, daß unser Schwingungsuniversum nicht in der Zeit ist. Warum? Die Zahl der Schwingungen ist keine zeitliche Größe, sie verfehlt die Dimension der Zeit, denn sie ist homogen, statisch, und sie generiert nicht den Unterschied von Vergangenheit und Zukunft.

Symmetrisch pulsierend folgt ein und dieselbe Schwingung auf die andere, so wie ein ähnlicher Zuwachs auf den anderen in unserem sich ausdehnenden Modelluniversum von Welt 0 folgt. Alle diese Vorgänge bilden eine Äquivalenzklasse, eine Klasse gleicher Ereignisse, in der nichts Neues geschieht. Eine völlige Homogenisierung findet statt. Die Schwingungen sind reversibel, das heißt präzise in ihre Ausgangslage zurückführbar. Die «Ereignisse» sind nicht prozessual, denn die Schwingungen sind gegeben – eigentlich handelt es sich immer um dieselbe Schwingung, verräumlicht gesehen ist es eine stehende Schwingung, gewissermaßen das stehende Jetzt der Zeitlosigkeit. Immer dasselbe Jetzt, welches die Vergangenheit nicht von der Zukunft trennt und beide Zeitweisen verbindet, die dadurch gar nicht vorkommen.

Zeitliche Vorgänge laufen aus Äquivalenzklassen heraus, die

Zukunft ist nicht einfach ein extrem ähnlicher Zuwachs der Vergangenheit, sondern wesentlich verschieden von ihr. Zwar gibt es natürlich auch bei zeitlichen Prozessen Ähnlichkeiten, einen Zusammenhang von Vergangenheit und Zukunft, gäbe es aber nur diese Ähnlichkeiten, gäbe es keine Zeit. Denn Zeit ist durch Neuheit, durch das Auftauchen (lateinisch: *emergere*) neuer Eigenschaften, Dinge und Ereignisse geprägt. In unserem Schwingungsuniversum mißt die ausgewählte Uhr nur Vorgänge, die dem eigenen «Ticken» recht ähnlich sind. Durch dieses Verharren in einer homogenen Ähnlichkeitsklasse wird keine Zeit generiert: nichts Neues unter der Sonne. Die Gegenwart ist keine stehende Welle, sondern die Quelle des Neuen. Einfache Bewegungen «erzeugen» keine Zeit. Die Illusion der Zeitlichkeit einfacher Bewegungen entsteht dadurch, daß wir uns zusätzlich einen komplexen Beobachter vorstellen, in dessen *Betrachtungsweise von außen* die Bewegungen Zeit induzieren. Die eigene Dimension der Zeit ist nicht der Raum, sondern die Neuheit, die *Emergenz*.

Wir dürfen uns die Zukunft nicht so vorstellen, als wären «in» ihr alle möglichen kommenden Ereignisse wie in einem Raum aufbewahrt; in einem Möglichkeitsraum, aus dem dann – in der Gegenwart – eine Ereigniskette ausgewählt und verwirklicht wird. Die Zukunft liegt nicht abstrakt vor, sie wird geschaffen.

26 Welt 2: Das zeitlose Schwingungsuniversum kann sehr chaotisch sein.

Die Schwingungen werden schneller und unregelmäßiger, werden chaotischer, unvorhersehbar. Es entsteht ein ungeordnetes Rauschen, ein Hin- und Herfluktuieren, so daß kein Rhythmus und kein Takt mehr erkennbar sind. Keine Uhr ist mehr ausgezeichnet, die einen Grundschlag vorgibt, nach dem alle anderen

Schwingungen gezählt würden. In dieser Welt findet Bewegung statt – irregulär, chaotisch, unregelmäßig, ungeordnet, unberechenbar, gesetzlos, eine Art buntes Rauschen. Stellen Sie sich einen rasenden Fluß mit vielen verschiedenen Strömungen ohne Ufer vor, einen gischtenden Whirlpool oder Radiorauschen. Wenn wir einen Augenblick nachdenken, werden wir feststellen, daß auch diese Welt zeitlos ist. Weil zur Zeit ein Maß gehört (lang-kurz; Sekunden, Minuten, Stunden), das die Bewegung taktet. Ohne Takt, Rhythmus, Symmetrie und Ordnung keine Zeit. Dies ist notwendig, aber nicht hinreichend. Was ist hinreichend?

These: Die Emergenz von Komplexität könnte hinreichend sein.

27 Die Muster der Zeit? Reisen wir wieder in die

Welt 1. Die Pendel mögen jetzt zu einer Resonanz *gekoppelt* sein, und zwar so, daß eine kleine Schwingung eines Pendels eine große eines anderen hervorrufen kann. Die Gleichförmigkeit der Welt beginnt nun zu ersterben, und es emergieren *komplexe Schwingungsmuster*, von denen einige für eine Weile verharren, um sich dann in andere Muster umzuformen. Sie bilden eine neue Ebene gegenüber den einzelnen Schwingungen, so wie Schriftzüge oder Bilder quasi eine eigene «Schicht» bezüglich aufleuchtender Glühbirnen (auf Werbetafeln) oder Pixeln (auf Bildschirmen) formen. *Das sind die Muster der Zeit.* Diese Welt ist zeitlich geworden – wir «sehen» das Bild der Zeit im Raum. Es ist keine Gerade, sondern komplexe Form. Die Zeit rein zu erfassen ist kaum möglich, immer muß sie räumlich abgebildet werden. Aber sie hat keine einfache Form. Das Bild der Vergangenheit sind die bleibenden Muster und ihr Zusammenhang mit den neu entstehenden. Das Bild der Zukunft besteht aus der Neuheit der auftauchenden Muster, das

Bild der Gegenwart ist die Transformation des Bildes selbst, die Präsenz des Umwandelns. Die Muster sind neu, nie dagewesen, aber sie stehen in einem Zusammenhang mit den alten Mustern, sie tauchen nicht aus dem Nichts auf, sondern nach Ordnung und Gesetz. *Der geordnete Prozeß der Emergenz ist die Zeit.* Emergenz ist immer Emergenz von Komplexität, von verschachtelten, miteinander in komplizierter Wechselwirkung befindlichen Formen.

Zeit sollte also immer «dann» entstehen, wenn sich einfache zeitlose Bewegungen zu komplexeren formen oder auch zusammenfügen, wenn eine neue Bewegungsform entsteht, die auf die «alten» Bewegungsformen nicht mehr reduzierbar ist, wenn die neue Schwingungsform nicht kontinuierlich in die alte überführbar ist, wenn Brüche, Risse, Löcher und Diskontinuitäten auftreten. Formal betrachtet sind diese Diskontinuitäten nichttopologische oder nichtstrukturerhaltende Abbildungen. Sie sind in der Mathematik nicht erlaubt, werden aber manchmal in der Physik benutzt und dort «Änderung der Topologie» genannt. Die einfachste Topologieänderung besteht in der Relation von einem Punkt zu zweien – hier handelt es sich nicht einmal um eine Abbildung im allgemeinen, da die eine Menge (ein Punkt) nicht eindeutig einer anderen Menge (zwei Punkte) zugeordnet wird. Physikalisch gesehen kann es hier um die Teilung eines einfachen Objektes in zwei einfache Objekte gehen. Sehr anschaulich ist auch die nichtstrukturerhaltende Abbildung (oder Transformation) einer Kugel in einen Torus («Rettungsring»; «Doughnut»). Hier ändert sich das topologische «Geschlecht» des Körpers, das von der Anzahl der «Löcher» im Körper abhängt. Natürlich sind auch viel komplexere nichttopologische Verformungen vorstellbar, die sich selbst wieder verketten können, um andere, neue Formen zu bilden.

Die Hypothese lautet also, daß alle einfachen Bewegungsformen, die topologisch ohne Bruch aufeinander abbildbar sind, sich nicht in der Zeit befinden und daß die Zeit erst entsteht, wenn sich diese einfachen Bewegungsformen in nichttopologischen Transformationen «brechen». Es kommt nicht in erster Linie auf die *Objekte selbst* (Formen) an, sondern auf die *Art der Darstellung der Bewegungsformen*, zum Beispiel in Flußdiagrammen. Schauen wir uns noch ein anderes Bild an, damit sich unsere Idee noch etwas deutlicher zeigt.

28 Das Lichtuniversum. Diese Idee schließt sich

ohne weiteres an Überlegungen an, die Roger Penrose und Julius Fraser vor einiger Zeit aufstellten. Der zeitlose Grundzustand besteht hier aus einem Protouniversum, das nur mit Photonen gefüllt ist. Erinnern Sie sich an unseren Lichtkegel. Der Weg des Lichtes ist die Grenze, welche den kausalen Bereich von Vergangenheit und Zukunft vom nicht erreichbaren Teil trennt. Für Photonen teilt sich die Raum-Zeit so auf, daß der Raum-Abstand gleich dem Zeit-Abstand ist, denn das Licht legt in einem Jahr ein Lichtjahr zurück oder in einer Minute eine Lichtminute. Deswegen die 45°-Neigung der Lichtgrenze. Da der Raum-Zeit-Abstand vereinfacht gleich dem Zeit-Abstand minus des Raum-Abstandes ist, bedeutet dies, daß der Raum-Zeit-Abstand des Lichts *Null* beträgt. Licht ist sofort überall, vom Standpunkt des Lichts betrachtet. Trotzdem handelt es sich bei Photonen um Schwingungsgrößen, denn sie sind Anregungen des elektromagnetischen Feldes und eigentlich keine «Teilchen». Die Anregungen ähneln einer schraubenartigen Spiralbewegung. Das heißt: Etwas tut sich, etwas schwingt, aber nicht in der Zeit – nur für einen äußeren Beobachter würde Zeit vergehen. Denn auch wir, die wir nicht aus Licht bestehen, die wir uns nicht wirklich auf den «Standpunkt» des Lichts stellen können, sehen, daß sich das Licht in der Zeit bewegt. Nicht so für das Lichtuniversum. Geraten nun die Lichtwege oder Photonen in Wechselwirkung, entsteht eine Kopplung zwischen ihnen; sie driften dann in einen anderen Schwingungszustand, es entstehen Muster, in diesem Fall *Abstände*, und die Zeit emergiert. Versuchen wir den Gedanken, daß eine Photonenbewegung etwas Zeitloses an sich hat, noch einmal zu durchlaufen.

Bewegung ist gleich Weg durch Zeit, sagen die Physiker (sie nennen diese Größe eigentlich «Geschwindigkeit»), Bewegung ist das Durchlaufen eines Weges in einem endlichen Zeitabschnitt – setzt Bewegung somit Zeit voraus? Wäre dem nicht so, könnten sich Körper unendlich schnell bewegen, wären sofort am Ziel, würden sich gar nicht bewegen, hätten sich nicht bewegt? Nehmen wir an, ein Körper springt zeitlos von A nach B. Dann hätte er sich keinen Zeitabschnitt lang zwischen A und B befunden, keinen Bewegungszustand angenommen, sich *zwischen A und B* nicht bewegt, aber in B angekommen, hätte er sich sehr wohl bewegt, nämlich von A nach B. Wie bitte? Der Körper *hat* sich bewegt ohne sich *aktual* zu bewegen? Ja, genau so ist es. Ein Körper muß sich nicht *bewegen*, um sich *bewegt zu haben*; vorausgesetzt, instantane Bewegung ist logisch und physikalisch möglich.

Logische Widersprüche vermag ich nicht zu erkennen, aber auch keine physikalischen. Wieder dieses Beispiel: Ein *Photon* braucht von ihm aus gesehen *keine Zeit*, um von A nach B zu gelangen, für ein Photon wird A von B durch *keinen Abstand* getrennt. Mit einem Wort: Der Raum-Zeit-Abstand von A zu B beträgt *für das Photon* Null. Die Physiker sagen, daß die *Eigenzeit* des Photons gleich Null ist. (Diese Eigenzeit bedeutet nichts anderes als der Raum-Zeit-Abstand der Photonreise.) Genauso steht es mit dem *Eigenweg*, das ist der Weg, den das Photon «wahrnimmt». Er hat die Länge Null. Photonen befinden sich nicht zu einer bestimmten Zeit an einem bestimmten Ort, Photonen sind zeitlos überall. Sie sind keine lokalen Größen, sondern globale «Berühmtheiten».

Anders steht es für einen *äußeren* Beobachter, der zum Beispiel eine Lampe einschaltet (die am Ort A steht) und *dann* sieht, wie die Zimmerwände (Ort B, sehr weit von A *entfernt*) hell werden. Er verfolgt einen endlichen Lichtweg des Photons, sagen wir 300 000 Kilometer von A nach B (ein *sehr* großes Zimmer, ohne Frage), die das Lichtteilchen (es kann auch eine Welle sein, egal) in einer Sekunde zurücklegt. Der Augenzeuge erblickt also einen merklichen *Koordinatenabstand* und zählt eine endliche *Koordinatenzeit*. Ein Vorgang, eine Bewegung vollzieht sich (Außenperspektive) zeitlos (Innenperspektive) – je nach Perspektive. Quantenzustände weisen eine ähnliche Struktur auf. Ein reiner, ungeteilter Quantenzustand ist in gewisser Hinsicht zeitlos; «von außen» betrachtet geschieht aber etwas. Meist wird die Außenbetrachtung eine Messung sein, wir haben aber gesehen, daß eine Art von «Selbstmessung der Natur» möglich ist (Dekohärenz), die uns einen angenäherten Zeitbegriff liefert. Natürlich haben wir hier einen ganz anderen Vorgang im Blick, der nicht mit dem Lichtuniversum gleichzusetzen ist. Wäre aber der reine Quantenvorgang völlig statisch, würde sich meines Erachtens niemals intrinsisch eine Zeitlichkeit herausdestillieren lassen. Das Problem muß aber offenbleiben.

29 Zeit, Emergenz und Spinzustände.

Wir haben bisher ein ideales, simples Modell vor Augen gehabt, das Universum einfacher Schwingungen, aus welchem die Muster der Zeit emergierten. Ganz allgemein besteht die Grundannahme der Kosmogonie darin, daß die «glatte» Raum-Zeit aus diskreten (sehr kleinen, aber nicht «unendlich» kleinen) Objekten besteht. Diese haben innere physikalische Eigenschaften, zum Beispiel einen quantisierten Drehimpuls, wie wir es in der Darstellung der (konstruktivistischen) Looptheorie gesehen haben. Diese faßt aber die Zeit als die Schrittfolge des Netzwerkes. Sollten wir nicht eher diese «Grundbewegung» des Netzwerkes als zeitlos ansehen?

Dieser Spin hat erst einmal nichts mit der Bewegung von Teilchen zu tun, sondern ist – wenn man so will – ein interner Energiezustand, der eine relative *Richtung* anzeigt. Er hat den Namen mit dem klassischen Drehimpuls gemeinsam, der in Bahndrehimpuls und Spindrehimpuls aufgeteilt ist. Der jährliche Umlauf der Erde um die Sonne ist ihr Bahndrehimpuls, ihre tägliche Rotation um sich selbst ihr Spindrehimpuls. Wenn wir die Erde zu einem Punkt schrumpfen lassen, hat sie immer noch einen Bahndrehimpuls. Aber wie steht es um den Spin? Kann ein Objekt ohne Größe um sich selbst rotieren? Ein Elektron beispielsweise wird als (annähernd) punktförmig angesehen. Trotzdem hat es einen Spin(drehimpuls). Der ist freilich nicht Ausdruck einer (äußerlichen) Rotationsbewegung, die beliebige Werte annehmen kann. Der Spin ist das Anzeichen für die Anwesenheit einer konstanten internen Eigenschaft wie (Ruhe)masse oder Ladung. Der Spin von Elementarteilchen kann nur bestimmte diskrete Werte annehmen – er ist quantisiert –, das Elektron hat den Spin $1/2$ (mal die Plancksche Kontante h geteilt durch 2π, denn der Drehimpuls hat die Dimension einer Wirkung wie h, das für die Quantenmechanik fundamental ist). Die Größe des Spins ändert sich nicht, nur seine Richtung kann «umklappen». Das Netzwerk, welches die Tiefenstruktur der Raum-Zeit darstellt, ist der Topologie folgend mit Spins besetzt.

Ein Netzwerk kann ohne einen physikalischen Hintergrund existieren. Denn es selbst ist die granulare, also feinkörnige Struktur des *Raumes* und bildet seine Tiefenstruktur. Also die besondere Struktur, aus welcher der kontinuierliche Raum der allgemeinen Relativitätstheorie entstehen möge. Die Zustände in diesem Raum sind relational gedacht und nur in ihren Beziehungen untereinander definiert. Die Objekte selbst schaffen den Raum. Aber was ist mit der Zeit der Raum-Zeit? Nun, da es keine Zeit ohne Bewegung gibt, wie wir gesehen haben, kann die Zeit nichts anderes sein als die Bewegung des Raumes, was wir ebenfalls bereits gesehen haben. Das bedeutet im Fall des Netzwerkes: Die Zeit ist nichts anderes als die Änderung des Netzwerkzustandes. (Auch hier gilt, daß die diskrete Sub-Raum-Zeit ganz verschieden in Sub-Raum und Sub-Zeit gespalten werden kann.)

Ist denn nun der Sub-Raum völlig statisch, wenn man ihn separiert betrachtet? Wir kommen hier an einen entscheidenden Punkt. Der Sub-Raum besteht ja nicht einfach aus einer bloßen Gitterstruktur, keineswegs, denn er soll mit Spinzuständen besetzt sein. Zwar ist der quantisierte Spin keine Drehbewegung, er hat aber sehr wohl mit Bewegung zu tun. Und worin hat der quantisierte Spin seinen Ursprung? Er hängt eng mit dem magnetischen Moment zusammen, das durch eine Art Kreisstrom induziert wird. So liegt es nahe, den Spin selbst wiederum durch eine Art Fluktuation zu erklären oder durch die Vibration eines punktförmigen Objektes um ein gedachtes Zentrum zu verdeutlichen. Diese «Zitterbewegung» rührt von der Wechselwirkung des Objektes mit seinem eigenen Strahlungsfeld her.

Der Sub-Raum der Sub-Raum-Zeit «schwingt», wenn er mit Spinzuständen belegt ist, unabhängig von einer Änderung des Netzwerkzustandes. Und die Änderung dieses Zustandes bedeutet nicht mehr und nicht weniger die Zeit der Raum-Zeit. Es gibt also eine Bewegung «vor» der Zeit der Raum-Zeit. Sie ist das Gegenstück zu den Schwingungen der Strings «vor» der Entstehung der Raum-Zeit. Auf andere Weise kann die Zeit nicht entstehen: Der zeitlose Zustand darf nicht statisch sein, er braucht den Zustand der Instabilität, den wir in diesem Bild durch die Anwesenheit der Spins erzeugt haben. Aus einem stabilen, unveränderlichen Zustand könnte die Zeit nicht emergieren.

Die Spinzustände bilden das Gegenstück zu den zeitlosen Schwingungen unseres sehr idealisierten Modells eines Schwingungsuniversums. Über das Verständnis der Spinzustände nähern wir uns Stück für Stück einem realistischeren Modell der Zeitentstehung und damit der Quintessenz der Zeit. Was ist ein Spin des Netzwerkes der Sub-Raum-Zeit? Ein Spin ohne Teilchen, die ja erst entstehen? Ein solcher Spin ist ein intrinsischer Bewegungsdrang, ein conatus, der zur Bewegung strebt. Wir können diesen Begriff hier als Definitionshilfe benutzen. Er ist ein Schlüsselbegriff bei der Behandlung der Zeitdefinition. Der reale, zeitlose Grundzustand der Natur – so die Hypothese – besteht aus unzeitlichen Fluktuationen oder Schwingungen von fundamentalen «Atomen», die noch näher zu charakterisieren sein werden. Sie müßten mit den «Atomen» der String- und der Looptheorie sowie der sogenannten kanonischen Quantengravitationstheorie zusammenpassen, wenn wir die Absicht hätten, ein ernsthaftes physikalisches Modell aufzustellen.

Der Übergang vom zeitlosen Netzwerk zur Raum-Zeit ist die erste Emergenz, die Initialemergenz, und damit eine wesentliche Änderung der Topologie. Zeit ist nicht einfach eine statistische Größe, die allmählich quasi aus dem Nichts erwächst, sondern eine plötzlich auftretende, emergente Größe. Nicht die Thermodynamik spannt den Rahmen für eine Theorie der Zeit auf, sondern eine Emergenztheorie als verallgemeinerte Theorie der Selbstorganisation, der Entstehung von Komplexität.

30 Was ist Zeit? Vorläufig beantworten wir also die

Frage «Was ist Zeit?»: Die Zeit ist das Maß der Emergenz. Halten wir fest: Zwei grundlegende Thesen bestimmen eine Theorie der Zeit.

1: Es gibt eine zeitlose Bewegung als Voraussetzung für Zeit. Dieser Bewegungstyp kann in einem «Spielzeugmodell» als eine zeitlose Schwingung oder als ungerichtetes Rauschen dargestellt werden. Es wird angenommen, daß sich die Natur immer bewegt – Ruhe ist «unendlich kleine Bewegung» (Leibniz) – und daß die Zeit nur deswegen einen Anfang haben kann. Auf der «realen» Mikroebene, die von den Theorien beschrieben wird, welche die Raum-Zeit quantisieren und die ihre Tiefenstruktur zu ergründen suchen, wird diese zeitlose Bewegung als eine Art *conatus* interpretiert. Dieser conatus ist ein Streben über sich hinaus – ein Punkt im Übergang zur Strecke. Spinzustände oder Schwingungen «vor» der Raum-Zeit bedürfen einer Interpretation, die sich freilich eng an der Physik orientiert. Im Grunde setzen alle diese Theorien, zum Beispiel die Stringtheorie oder die Looptheorie, den Begriff einer zeitlosen Bewegung explizit oder implizit voraus

2: Zeit ist eine verallgemeinerte statistische Größe. Damit ist gemeint, daß Zeit sich nicht einfach analog der Temperatur verhält, sondern analog der *Komplexität*. Zeit hängt eng mit Neuheit zusammen, mit der Emergenz neuer Formen. Diese Emergenz kann als eine Änderung der Topologie beschrieben werden. Das geschieht in der Quantenkosmogonie und in den Selbstorganisationstheorien, beispielsweise der Chaostheorie oder – seriöser – der nichtlinearen Dynamik. Es gibt zwei Arten von Komplexität: Mikrokomplexität und Makrokomplexität. Die Tiefenstruktur der Raum-Zeit besitzt eine Komplexität, die von der hochorganisierten Komplexität der Materie/Energie zu unterscheiden ist. Der Grundzustand kann aus komplexen Netzwerken bestehen, aber es gibt in ihm keine Elefanten; ein mikrokomplexer Zustand kann ein Teppich aus Schlingen sein, ein makrokomplexer Zustand eine Verschachtelung von Schlingen, durch die Ebenen gebildet werden, so, als hätten wir eine Kette, deren Glieder Ketten sind, deren Glieder wiederum aus Ketten von Ketten bestehen und so fort. Immer jedoch hängt Zeit mit Emergenz von Komplexität zusammen.

Wir sagen: Die Zeit vergeht. Wir sollten sagen: Die Zeit entsteht. Nicht nur einmal, sondern in jedem «Augenblick».

31 Urdynamik?

Was bedeutet das für uns? Was bedeutet das für eine Theoriebildung der Kosmogonie, der Theorie der Entstehung des Universums aus einem Grundzustand? Wir sollten uns heuristisch an diesen Überlegungen orientieren, da sie konsequent und zwingend für jede Beschreibung des Grundzustandes des Universums sind. Die Grundannahmen sind folgende:

> *Der Grundzustand des Universums ist nicht physikalisch, sondern hat die Struktur einer Prägeometrie.*
> *Der Grundzustand des Universums besitzt eine Dynamik. Diese Urdynamik ist als eine «zeitlose Bewegung» zu charakterisieren.*

Eine Prägeometrie ist notwendig, damit der Turm der Schildkröten ein natürliches Ende findet. Jedes physikalische Teilchen ist ein Objekt, das im Prinzip geteilt werden kann. Auch ein als punktförmig angenommenes Teilchen, wie beispielsweise das Elektron, könnte sich als der Erregungszustand eines fadenförmigen Teilchens erweisen – eines Strings. Und auch ein String, bis vor einigen Jahren noch die Basiseinheit in der Stringtheorie, soll nun nicht mehr grundlegend sein, sondern sich aus sogenannten Partonen zusammensetzen (Mit «Partonen» meine ich die sogenannten partons der Matrixtheorie, die eine Version der Stringtheorie ist.) Wie soll das weitergehen? Wo hat der Turm eine Ende?

Moleküle
Atome
Protonen (zum Beispiel)
Quarks
Präquarks
Strings
Partonen
?
?
usw.

Wir müssen uns erst einmal fragen, was denn eigentlich der Begriff «zusammengesetzt» bedeutet. Auf der Ebene der Moleküle, die aus mindestens zwei Atomen bestehen, welche durch eine chemische Bindung zusammengehalten werden, von den Molekülverbindungen bis hin zu größeren Materiestücken verschafft sich ein Prinzip Geltung, das wir einmal «Legogesetz» nennen wollen. Es gilt hier angenähert, daß sich Teile zusammenfügen und ein Ganzes bilden, welches dann Eigenschaften aufweisen kann, die den Eigenschaften der Teile ähnlich sind oder eben auch nicht. Das mag sich so fügen oder auch nicht. Diese Welt gleicht der Welt der Atomisten mit ihren Verklumpungen und Zusammenballungen. Die Physiker nennen sie die «klassische Welt». Kennzeichnend für sie ist, daß man die Teilchen recht gut von ihrer Dynamik getrennt betrachten kann, Teilchen, welche die Legowelt nach einem Baukastenprinzip zusammenfügen. Man erfährt schon wichtiges über die Legowelt, wenn man sie statisch betrachtet – eines hat sich zum anderen gefügt. Wir haben also:

LEGOWELT: {Teilchen} + {Dynamik}

Aber die klassische Legowelt befindet sich nicht auf einer grundlegenden Ebene. Einen Stock tiefer finden wir die Quantenwelt vor, in der andere Gesetze als in der Legowelt gelten. Teilchen, die einmal beisammen waren, sich aber dann Milliarden von Kilometern voneinander entfernt haben, bleiben trotzdem eine Einheit, als wären sie direkt aneinander gelagert. Der Physiker nennt dies «Verschränkung» – unmöglich in der Legowelt! In der Quantenwelt sind Teilchen in der Lage, durch (Energie-)Wände zu brechen, an denen die Legobausteine sofort abprallen würden. Man spricht vom «Tunneleffekt». Vielleicht tunnelt das Quantenteilchen sogar mit Überlichtgeschwindigkeit. (Das ist noch umstritten.) Teilchen ballen sich nicht einfach zusammen, sondern bilden durch ihre Dynamik Einheiten, die sich nicht ohne weiteres in separate und wohldefinierte Bestandteile zerlegen lassen. Teilchen und Dynamik bilden eine Einheit, die man nicht isoliert betrachten kann. Somit gilt:

QUANTENWELT: {Teilchen $\oplus$ Dynamik}

In der Legowelt und in der Quantenwelt ist die Bühne der Raum-Zeit noch nicht in ihre Einzelbestandteile zerlegt. Worauf stoßen wir in diesem Fall? Doch sicher nicht auf physikalische Teilchen, die nur den Turm der Schildkröten bilden? Was passiert, wenn wir tiefer graben, um den Grundzustand des Universums zu besichtigen? Stoßen wir auf ein Spinnetzwerk, wie es die Looptheorie vorschlägt? Aber ist der Spin nicht eine physikalische Größe, die im Prinzip auf andere Größen zurückgeführt werden kann? Setzt man nicht zuviel voraus? Wir suchen eine nichtphysikalische Struktur, bei der ein Teilungsprozeß zu keiner neuen Struktur führen darf. Wir brauchen keine andere Schildkröte, sondern die Mutter aller Schildkröten. Wir brauchen eine sich bewegende Form, welche die Materie baut – eine prägeometrische Dynamik oder Urdynamik.

GRUNDZUSTAND: {Prägeometrische Dynamik}

Erinnern wir uns an das Bild von Brian Greene, der von den Scherben der Raum-Zeit sprach, die sich zu einer kohärenten Bewegung zusammenfügen, um die glatte Raum-Zeit zu bilden. Wir haben uns verschiedene Bilder vorgestellt, die veranschaulichen sollten, wie dieser «Prozeß» denn vor sich geht. Eine präzise physikalische Lösung dieses Problems ist noch nicht absehbar. Es finden sich nur vage Hinweise. Wie könnte eine solche Lösung überhaupt aussehen? Was ist vorausgesetzt? Welche Dynamik fügt die «Scherben» von Raum und Zeit zusammen? Wie sehen diese Scherben genau aus? Sind es Strings, Null-Branen, Loops, Twistoren, Spin-Netze ...? Halten wir erst einmal fest, daß der Grundzustand eine *Struktur* besitzen muß, und sei sie auch noch so arm. Denken Sie an das vielleicht ein wenig schiefe Bild der Scherben. Die liegen nicht irgendwo herum, etwa auf dem Boden (dem Raum), sondern ihre Beziehung untereinander bildet erst den Raum, besser: den Vor-Raum, die Prägeometrie. (Greene spricht, etwas ungenau, vom «strukturlosen Urzustand ... in dem es keinen Begriff von Raum und Zeit in der uns bekannten Form gibt». Hätte der «Urzustand» oder Grundzustand überhaupt keine Struktur, wäre es sinnlos, eine Theorie über ihn erstellen zu wollen.) Aber die Scherben rühren sich nicht. Sie sind anscheinend völlig zeitlos. Die Struktur des Grundzustandes hat eher etwas mit dem Raum als mit der Zeit zu tun. (Raum ohne Zeit ist vorstellbar, nicht jedoch Zeit ohne Raum. Vielleicht könnten Dinge nicht in der Zeit sein, aber die Zeit kann nicht ohne Dinge sein.) Ist es nicht so, daß die Scherben eine präräumliche *Dynamik* erzeugen und damit Raum und Zeit? Und wie müßte diese Dynamik beschaffen sein?

Vor kurzem hielt Greene in Davos einen Vortrag, über den die ZEIT berichtete. Das Publikum bestand aus Managern des World

Economic Forum. Er versuchte wieder, mit seiner Webmetapher den Grundzustand des Universums zu erläutern:

«Wenn man einen Teppich webt, knüpft man ihn aus einzelnen Fäden zusammen. Aber bevor der Teppich fertig ist, hat man nur einzelne Fäden. Vielleicht setzt sich das Gewebe des Raumes aus individuellen *Strings* zusammen.»

«Wie bitte, Professor Greene?» (Das fragt sich wohl der Verfasser des ZEIT-Artikels – zu Recht.)

Greene über Greene:

«Keine Sorge, das versteht derzeit niemand so richtig. Das ist eher Intuition.»

«Wie soll man sich auch eine Schwingung ohne Raum und Zeit vorstellen?» fährt der ZEIT-Autor fort. Und Greene:

«Dafür haben wir noch nicht einmal eine Sprache.»

Hier soll es daher um eine Klärung der «Ur-Dynamik» gehen, die Greene angesprochen hat. Können wir eine Sprache für die Beschreibung der Urdynamik finden? Nur, wenn wir genau erkennen, wie die beiden Thesen

Der Grundzustand des Universums ist nicht physikalisch, sondern hat die Struktur einer Prägeometrie.

Der Grundzustand des Universums besitzt eine Dynamik. Diese Urdynamik ist als eine «zeitlose Bewegung» zu charakterisieren.

genau zusammenhängen. Ein fundamentales Objekt darf nicht in dem Sinne teilbar sein, daß es sich als Anregungszustand eines anderen Objektes entpuppt. Es muß so konzipiert sein, daß eine innere physikalische Struktur ausgeschlossen ist. Diese ist aber im Prinzip für alle vorgeschlagenen physikalischen Teilchen möglich. Ich habe von Wheeler den Begriff der Prägeometrie übernommen, um einen solchen nichtphysikalischen Zustand zu charakterisieren. Außerdem muß ein fundamentales Objekt einer *zeitlosen* Dynamik «unterliegen», denn die *Zeit* soll ja erst erzeugt werden. Eine *Dynamik* muß es geben, denn die Zeit soll ja bei diesem Prozeß *erzeugt* werden. Wir haben gesehen, daß die Annahme einer Urdynamik unvermeidlich ist, wenn man von der Erzeugung der Zeit spricht. Brian Greene hat das Problem explizit aufgeworfen und die Notwendigkeit einer Urdynamik eingesehen. Dieser Erzeugungs«prozeß» ist die Initialemergenz des Universums, sein Auftauchen aus dem Grundzustand. Einzelne fundamentale Objekte oder zusammenhanglose fundamentale Objekte erzeugen keine Zeit. Erst das Zusammenwirken vieler fundamentaler Objekte, ihr Sichzusammenweben, läßt die Zeit gebären. Ich habe versucht, deutlich zu machen, daß nicht jede Bewegungsart zeitlich ist (Welten 0, 1, 2). Es nützt nichts, Bewegung als das Verhältnis von Weg zu Zeit zu bestimmen, da im Grundzustand weder ein «Weg» vorliegt noch die Zeit existiert, also der abstrakte Parameter t anwendbar ist. Er gilt nur in nicht fundamentalen Modellen. Dort spielt er die Rolle einer Hilfsgröße, die für jeden Anwendungsfall genauer bestimmt werden muß.

Wir können als Resultat unseres naturphilosophischen Bildes folgendes festhalten: Die Entstehung des Universums ist kein Vorgang in der Zeit, aber ein Vorgang. Wenn die Zeit einer Dynamik unterliegt, scheint es logisch, eine *zeitlose Dynamik* zu fordern, welche die Zeit gebären kann. Alle Kosmogonien setzen eine solche Dynamik voraus. Diese Dynamik charakterisiert den Grundzustand des beobachtbaren Kosmos, des gesamten, theoretisch ergänzten Kosmos ... und anderer möglicher oder wirklicher Kosmen. Dieser Vorgang außerhalb der Zeit, diese zeitlose Dynamik, sie ist der Webstuhl der Zeit, ein Webstuhl, der die Welt zeitlos wirkt.

32 Nochmals: Prägeometrien.

Niemand in wissenschaftlichen Kreisen stört sich daran, daß ein System in einem biologischen Zustand, nämlich das Leben, aus einem System in einem nichtbiologischen, letztlich physikalischen Zustand emergierte, etwa aus einer chemischen «Ursuppe» oder einer lehmartigen Struktur. Die Problemlage wird schwieriger, wenn man behauptet, daß ein System in einem physikalischen Zustand, nämlich das Universum, aus einem Etwas in einem nichtphysikalischen, letztlich mathematischen Zustand auftauchte. Aber die These ist zwingend. Ein physikalischer Zustand kann nicht fundamental sein, da man im Prinzip immer einen anderen physikalischen Zustand finden kann, der grundlegender ist als der erste. Denken Sie an den Turm der Schildkröten. Das Proton besteht aus Quarks, Quarks aus Sub-Quarks, Subquarks aus Strings(?), Strings aus Partonen, Partonen aus – ja, aus was? Warten wir einen Augenblick, dann wissen wir es. Irgend jemand wird gleich einen physikalischen Vorschlag zur Teilung machen. Er wird nicht der letzte sein. Also muß der Grundzustand des Universums eine Art Prägeometrie sein, ein nichtphysikalischer Zustand. Wie könnte eine solche Prägeometrie aussehen? Schaffen wir uns ein naturphilosophisches Spielzeugmodell, in dem «Punkte», Schlaufen sowie ihre Dynamik die zentrale Rolle spielen. Sie sollen erst einmal den Platz besetzen, der schließlich – hoffentlich – von einer vollständigen mathematisch-physikalischen Theorie ausgefüllt wird.

Hier möchte ich noch einmal darauf aufmerksam machen, daß die Atomisten Leukipp und Demokrit das Problem des Turms der Schildkröten in aller Schärfe gesehen haben. Ihre Atome bestehen nicht aus Materie, sondern die Materie besteht aus Atomen. Die Atome selbst sind nichts anderes als die Reste der Zerschlagung der Seinskugel des griechischen Philosophen Parmenides, wie Walter Saltzer (einer der Professoren des Instituts, an dem ich arbeite) immer sagt. Parmenides stellte eine Seinslehre auf, eine Ontologie der Tiefenstruktur der Welt. Was gibt es wirklich? Zuerst: Es gibt kein Nichtsein. Das Nichts ist kein Zustand. Das Sein gibt es «immer», es ist nicht aus dem Nichts entstanden. Es gibt bei Parmenides kein Werden – das Sein ist statisch und zeitlos, es ist absolut symmetrisch und besitzt keine innere Struktur. Es hat aber eine letzte Grenze, also muß es wegen seiner absoluten Symmetrie kugelförmig sein. Werden, Entstehen, Bewegung, Zeit sind Täuschungen – eigentlich, in der tiefen Schicht des wahren Seins existieren sie nicht.

Das mag eine tiefe Schau der Dinge sein, jedoch Wissenschaft läßt sich aus dieser Sicht nicht betreiben. Das war aber die Absicht der Atomisten. Und so wählten sie eine radikale Lösung, indem sie – bildlich gesprochen – die Seinskugel in lauter kleine Stücke zerschlugen, die sie «Atome» nannten. Diese Atome flogen im Nichts herum, das sie dadurch in die Existenz setzten. Sie nannten es «leerer Raum». Damit wird noch klarer, was ein Atom eigentlich ist: geformtes Sein. Das bedeutet in diesem Fall: seiende Form, reine Form, nichts Materielles, nichts Physikalisches. Die Materie ist aus nichtphysikalischen Einheiten zusammengesetzt. Wenn man das Atom teilte, würde man das Sein zerschneiden und beim Nichts landen.

In neuerer Zeit versuchte Roger Penrose, den Turm der Schildkröten zu vermeiden. 1969 organisierte der englische Physiker Ted Bastin eine Konferenz, auf der auch Penrose vortrug. Bastin und sein Landsmann Clive Kilmister, ein renommierter Mathematiker und Relativitätstheoretiker, hatten einige Ideen von Arthur Eddington und dem Logiker und Philosophen Frederick Parker-Rhodes übernommen und weiterentwickelt, die darauf hinausliefen, das Universum aus der Kombination von *Zahlen* zu entwickeln, wie es schon im alten Griechenland die Pythagoreer versuchten. Auch Penrose entwickelte eine radikale Idee: Die Tiefenstruktur des Universums ist ein Spin-Netzwerk, kein «glatter» Raum. Penrose verwendete nur die mathematische Struktur der Netzwerke. Stellen Sie sich ein Netz vor, in dem immer drei Schnüre an den Kreuzungsstellen verknotet sind. Die Knoten sind abstrakte Teilchen, die untereinander Spins (0, $^1/_2$, 1, $^3/_2$ etc.) austauschen. Die «Teilchen» bewegen sich nicht relativ zueinander, sondern rekombinieren und regruppieren sich durch den Austauschprozeß. In einer Graphik könnte zum Beispiel die rechte 1-Spineinheit in eine 0- und eine 1-Spineinheit zerbrechen. Das Spin-Netzwerk soll den Quantenzustand des Raumes anzeigen. Durch eine Art von «Anreicherung» sollte aus dem Netzwerk ein glatter Raum entstehen, was Penrose nicht durchführte. Diese Idee wurde später in die Theorie der *loops* eingebaut.

Man sieht: Dies ist eine Art Prägeometrie. Die Tiefenstruktur des Raumes und der Teilchen scheint sehr abstrakt, nicht mehr materiell, nicht wirklich physikalisch zu sein. Aber Penrose ist nicht ganz konsequent – man schwankt zwischen einer physikalischen und einer mathematischen Interpretation des Spin-Netz-Grundzustandes. Außerdem wird nur der Raum anvisiert, nicht die gesamte Raum-Zeit. Dieses Problem überträgt sich auch auf die spätere Looptheorie, für die es dadurch schwierig wird, eine Dynamik anzusetzen. Trotzdem ist die Grundidee sehr plausibel. Aber die Darstellung ist mißverständlich. Es sieht nämlich so aus, als wäre das Spin-Netzwerk schon im Raum situiert, was nicht stimmen kann, da ja der Raum erst durch eine «Anreicherung» erzeugt werden soll. Wir müssen uns das anders vorstellen. Der «Urknall» findet nicht *im* Raum statt, sondern schafft sich Raum. Nun denken wir uns einen zweiten «Urknall». Steht er in einer räumlichen Beziehung zum ersten? Doch wohl kaum. Beide schaffen sich ihre (positiv gekrümmten) Räume, sprich Dreier-Geometrien, separat. Sie sind *nicht* in einen vierdimensionalen

Raum eingebettet. Ein Abstand zwischen ihnen ist gar nicht definiert, nur ein Abstand in ihnen. Erst ein Kräfteaustausch zwischen den Dreier-Geometrien würde einen Kontakt herstellen, bei Penrose durch den Spin symbolisiert. Das sollte noch einmal durchdacht werden.

Ted Bastin, Clive Kilmister und andere gründeten 1979 die Alternative Natural Philosophy Association, die jährlich in Cambridge (UK) tagt. Seit 1994 bin ich Mitglied dieses Vereins, der es sich zum Ziel gemacht hat, kombinatorische oder andere im weitesten Sinne prägeometrische Entwürfe zu diskutieren und zu fördern. Auf einer der letzten Tagungen machte ich (zusammen mit meinem Kollegen Dan Kurth) den Vorschlag, daß die Raum-Zeit aus Gebilden besteht, die man aus Gründen der Alliteration, nicht wegen Anglophilie, *Leibniz loops*, Leibnizschlaufen, nennen könnte. Daß der Grundzustand aus Schlaufen bestehen soll, ist nicht neu. Eine Version der Looptheorie behauptet es. Manche sprechen auch von *Fasern*, aus welchen die glatte Struktur der Raum-Zeit gewebt sein soll. «Aus der Ferne betrachtet» kann ein Teppich schließlich auch glatt aussehen.

Was sehen wir? Ehrlich gesagt – niemand weiß es genau. Es könnten Spin-Netzwerke sein oder Strings, oder etwas völlig anderes. Unser Vorschlag soll nur ein allgemeines naturphilosophisches Modell sein und keineswegs eine präzise und in allen Einzelheiten ausgearbeitete Theorie vorwegnehmen, die noch nicht vorliegt. Vor kurzem brachte Ted Bastin einen Einwand vor, der sehr interessant ist und auf den ich schon einmal kurz eingegangen bin: «Es wird oft gesagt, daß wir ab einem bestimmten kleinen Abstand nicht mehr in der Lage sind, den üblichen Begriff der Länge anzuwenden. Der logische Irrtum in dieser allgegenwärtigen Art von Bemerkung wird greifbar, wenn wir sie folgendermaßen reformulieren: ‹... ab einem bestimmten kleinen

Abstand sind wir nicht mehr in der Lage, den Begriff des Abstandes anzuwenden.»»

Wo liegt der Fehler? Der Abstand im glatten Raum kann zum Beispiel durch ein Metermaß oder durch den Weg von Photonen gemessen werden. Wenn aber der Raum ab einem bestimmten Abstand im Raum dynamisch aufreißt, ist es nicht mehr möglich, «zwischen» den «Raumstücken» zu messen, da dort ein Abstand gar nicht vorhanden, gar nicht definiert ist. Das ist der Punkt. Aber gehen wir von der Raum-Zeit aus. Wenn sie aufreißt, sollten wir auf Größen stoßen, die eine innere Dynamik besitzen. Nehmen wir einmal an, wir stießen auf «Punkte», die aus sich herausstreben. Wir nennen sie Leibniz-Punkte. Sie bewegen sich völlig irregulär und chaotisch, und zwar nicht vor einem Hintergrund, denn den gibt es nicht – sie schaffen erst den Hintergrund – und alles andere. Alle Theoretiker auf diesem Gebiet sind sich darüber einig, daß die Tiefenstruktur der Raum-Zeit nicht aus Punkten bestehen kann. Die Punkte müssen durch etwas anderes ersetzt werden, da sie die nicht quantentheoretische, nicht tiefenstrukturelle Eigenschaft der Raum-Zeit symbolisieren müssen – ihre kontinuierliche, glatte Oberflächenstruktur. Natürlich haben Sie schon erraten, daß man sich nicht einig darüber ist, durch welche Objekte die Punkte ersetzt werden sollen.

Im August 2001 besuchten Ioannis Raptis und Rafael Sorkin die 23. ANPA-Konferenz. Sie schlugen vor, als Ersatz für Punkte größere Objekte zu nehmen, zum Beispiel Regionen über offenen Mengen, das heißt Mengen ohne Randpunkte. Welche Intention steckt dahinter? Nun, es ist die Intention, die alle haben, welche die Tiefenstruktur der Raum-Zeit ergründen wollen. Ich folge hier der sehr schlüssigen Darlegung von Raptis, lasse aber einige Zusatzbemerkungen und eigene Interpretationen einfließen:

Die Punkte der Raum-Zeit führen zu sogenannten Singularitäten, «in» denen die Gesetze der Physik nicht mehr gelten. Die unendlich vielen Punkte, an denen «Ereignisse» stattfinden, führen zu Unendlichkeiten in den Lösungen der Gleichungen, die sinnlos sind und die man nicht «wegrechnen» kann. Die *topologische* Struktur der Raum-Zeit ist nicht dynamisch. Radikal interpretiert: Zwar kann die Raum-Zeit gekrümmt werden, darf aber nicht aufreißen und neue Formen entstehen lassen.

Die Raum-Zeit ist nicht aus einem Guß aufgebaut; bestimmte Eigenschaften müssen per Hand eingefügt werden, zum Beispiel die spezielle Form ihrer «Glattheit». Die Raum-Zeit paßt nicht zur Quantentheorie, die fundamental ist: «Man würde letztlich erwarten, daß es die dynamischen Relationen zwischen Quanten sind, welche die Raum-Zeit definieren ...»

Daraus folgt nach Raptis (und anderen), daß die Raum-Zeit nicht aus Punkten (und Ereignissen auf diesen Punkten), sondern aus – wenn man so will – «größeren» Einheiten aufgebaut sein muß, die eine inhärente Dynamik haben. Diese größeren Einheiten wären dann nichts anderes als die «Scherben der Raum-Zeit», von denen Brian Greene sprach. Der Prozeß der Entstehung der Raum-Zeit besteht dann in nichts anderem als dem Zusammenfügen dieser Scherben.

33 Versuch einer «Anreicherung» des Bildes der Zeitentstehung. Dan Kurth und ich

glauben, daß man den Grundzustand sehr tief legen sollte – als eine Prä-Geometrie, oder genauer: Prä-Topologie. Der Grundzustand besteht also zuerst einmal aus einer unzusammenhängenden, fast nulldimensionalen topologischen Struktur, die zeitlos «zittert» oder fluktuiert. Diese Struktur besitzt eine gewisse Ähnlichkeit mit Quantenfluktuationen im Vakuum. Unzusammenhängend ist sie, weil die Leibniz-Punkte getrennt voneinander aus sich herausstreben. *Fast* nulldimensional ist sie, weil Punkte die Dimension null besitzen (Strecken Dimension 1, Flächen Dimension 2, Körper Dimension 3) und die Leibniz-Punkte dimensional zwischen einem Punkt und einer Strecke liegen, also eine fraktale, also eine ‹gebrochene› Geometrie haben. Für die Chaostheorie ist das beispielsweise nichts Ungewöhnliches. Sie haben also eine «gebrochene» Dimension zwischen 0 und 1, unterscheiden sich aber von sogenannten Fraktalen (Gebilde mit gebrochener Dimension eben aus der Chaostheorie) darin, daß für sie noch keine Metrik, also kein Abstandsmaß definiert ist. Ihnen ist keine feste Länge eigen, nach der man sie messen könnte. (Man könnte demnach auch sagen: Sie sind *fast* eindimensional.) Deswegen: topologische Struktur, nicht geo-metrische! Es kommt hier nur darauf an, daß die Leibniz-Punkte (sich verändernde) Formen haben, nicht wie groß diese Formen genau sind.

Das Streben der Leibniz-Punkte rührt von einem Axiom her, das Leibniz aufgestellt hat; es deckt sich vollkommen mit den Konsequenzen der Quantenmechanik: «Es gibt niemals wahre Ruhe in Körpern, und nichts kann aus Ruhe entstehen als Ruhe ...» Die Natur bewegt sich immer, sie ist ruhelos, aber sie ist nicht immer in der Zeit. Leibniz will uns folgendes klarmachen: Aus einem Zustand der Ruhe kann nichts entstehen, deswegen gab es niemals einen solchen Zustand. Nicht jede Bewegung «zeitigt» sich, wie wir gesehen haben. Hier haben wir es mit der Urdynamik zu tun, einer chaotischen Bewegung des Grundzustandes, die sich ihren eigenen «Raum» schafft. Es ist ja kein Hintergrund-Raum vorhanden. Diese Bewegung kann nicht in der Zeit sein. Und eine Raum-Zeit ist noch nicht entstanden.

Die Argumentation folgt also unserem Schlußschema, das wir jetzt mit einer vereinfachten Kommentierung der Prämissen noch einmal vorlegen:

1. Prämisse: (Moderne Kosmologie, neuere Theorien über den Grundzustand): Die Raum-Zeit ist aus einem nicht-raum-zeitlichen Zustand entstanden, sie hat eine nicht-raum-zeitliche Tiefenstruktur. Anders formuliert: Raum-Zeit ist nicht grundlegend.

2. Prämisse: (Quantenmechanik, Leibniz): In der Natur existiert kein Zustand der Ruhe, denn dieser Zustand würde eine genaue Bestimmung von Position und Geschwindigkeit (Null) eines Körpers ermöglichen, was der Heisenbergschen Unschärferelation widerspräche. Ruhe ist unendlich kleine Bewegung. Anders formuliert: Bewegung ist grundlegend.

3. Prämisse: Versteckte Annahmen. Hier ist zu berücksichtigen, daß die Zeit mit bestimmten Bewegungsformen korreliert ist, zusammenhängt, und erst ab einer bestimmten Komplexitätsstufe dieser Bewegungsformen emergiert.

Folgerung: Es existiert eine zeitlose Bewegung.

Natürlich könnte man einwenden, daß die Quantenmechanik im Grundzustand keine Gültigkeit hat, wie ich es ja scheinbar vorhin angedeutet habe. Aber das stimmt in dieser Schärfe nicht. Die Theorien des Grundzustandes haben in den meisten Fällen auch die Struktur einer *Quanten*gravitationstheorie, und selbst eine fundamentale Theorie, aus der die Quantenmechanik folgen würde, müßte einige ihrer Eigenschaften beibehalten. Vermutlich wären dies noch stärkere, grundlegendere Unbestimmtheitsrelationen. Mir scheint es sinnvoll, die allgemeinere Leibniz-These als naturphilosophisches Axiom zu akzeptieren. Wir könnten sonst nicht erklären, wie die (Raum-)Zeit entstanden ist. Theorien, welche die Raum-Zeit als grundlegend annehmen, sind nicht wirklich fundamental angelegt. Die gesamte Debatte um den Zeitbegriff in der Quantengravitation, die theoretisch gut unterfütterten Betrachtungen über die Entstehung des Universums und die plausiblen Vermutungen über die «Geschehnisse» an und unter der Plancklänge sprechen gegen solche Theorien.

Der Grundzustand kann nicht statisch sein. Es wäre dann niemals ersichtlich, wie er sich «aufwerfen» könnte, um das raumzeitliche Universum zu bilden. Woher käme seine Dynamik? Die absolute Stasis ruht immer in sich und wirft sich nicht auf, da sie absolut stabil ist. Es wäre, wie Leibniz sagt, nichts entstanden, wenn Bewegung nicht grundlegend wäre. Da es aber unser Universum gibt (zumindest das ist sicher), gab es auch immer Bewegung. Sie ist nicht abgeleitet wie die Zeit.

Der Grundzustand in der Quantengravitation (auch angewandt auf das Universum in der Quantenkosmologie) wird als *zeitlos* beschrieben. Man charakterisiert den Grundzustand als einen quantenmechanischen *stationären*, also eben zeitlich unveränderlichen Zustand. Der Grundzustand zum Beispiel eines Atoms sagt etwas über die *Stabilität* des atomaren Zustandes aus, etwas über den Zustand der geringstmöglichen Energie, den ein atomares System annehmen kann. Inwieweit ist dieser Zustand aber *statisch*? Sicher ist es falsch und vollständig klassisch gedacht, zu glauben, daß Elektronen um den Kern «kreisen». Würden sie das tun, fielen sie einfach in den Kern, da sie Energie abstrahlten – das Atom wäre gerade nicht stabil. Aber bedeutet dies, daß ein stationärer Zustand vollständig statisch sein muß? Diese Frage ist zentral. Die Gleichung, welche den Grundzustand des Universums beschreibt, die Schrödingergleichung des Universums, bezieht sich ja auf einen stationären Zustand ebendieses Universums. Sie kann als eine Schwingungsgleichung interpretiert werden. Wie sollen wir nun verstehen, wenn Physiker wie etwa H. Dieter Zeh oder Claus Kiefer sagen, daß sich im Grundzustand nichts bewegt, ja daß auch die sogenannten Quantenfluktuationen des Vakuums (der Grundzustand in einer Quantenfeldtheorie wie zum Beispiel der Quantengravitationstheorie) «statische Quantenkorrelationen» repräsentieren? Ist die Wellenfunktion des Universums im Grundzustand einfach statisch «da»? Ist es nicht eher so, daß ein stationärer Zustand auch als eine Art «*dynamisches* Gleichgewicht» verstanden werden kann? Richtig ist sicher, daß die «Schwingung» in der Schwingungsgleichung nicht direkt physikalisch etwa in der Aufenthaltswahrscheinlichkeit (hier von Universen im Superraum) angezeigt wird, wenn sie auch in der quantenmechanischen Zustandsfunktion, die das gesamte System beschreibt, vorkommt. Es ist ja so, daß die Wahrscheinlichkeit für den Wert einer physikalischen Größe im stationären Zustand von der Zeit unabhängig ist. Ist damit nicht der Grundzustand insgesamt durch eine inhärente Dynamik gekennzeichnet, die aber sozusagen nicht direkt physikalisch im Grundzustand als Schwingung hervortritt, einfach «nur» weil der angewandte Formalismus der Quantenmechanik (und der sehr intrikaten Schrödingergleichung des Universums), wenn man ihn ernst nimmt, das nicht hergibt? Natürlich «kreisen» keine Elektronen wie kleine «Kügelchen» um den Atomkern, aber statisch «eingefroren» sind sie im stabil stationären Zustand auch nicht, sie strahlen nur keine Energie ab. Die *Energie* ist konstant (und so in gewisser Hinsicht «statisch»), nicht aber unbedingt das stationäre quantenmechanische System in allen seinen Relationen. Natürlich ist der Grundzustand des Universums zeitlos in der Art einer stehenden Welle, aber ist denn eine stehende Welle nicht von einer völlig statischen, die sich überhaupt nicht bewegt, unterschieden? Suchen wir nicht nach einer *dynamischen* Theorie der Entstehung des Universums?

Der entscheidende Schritt auf dem Weg zum Verständnis von Zeit als der «Zusammenfügung» zeitloser Dynamiken besteht darin: Die topologische Struktur des Grundzustandes «wird» zusammenhängend. Die Strebungen der Leibniz-Punkte stören sich gegenseitig, und es «überleben» nur diejenigen, die sich zu Schlaufen zusammenfügen. Diese Leibniz-Schlaufen können sich aneinanderlegen oder verketten, um komplexere Gebilde wie Quarks oder Elementarteilchen zu formen.

Die Bewegung ist nun eingeschränkter, wobei Muster erzeugt werden können, die Muster der Zeit. Bevor wir ein wenig genauer darauf eingehen, muß noch ein Wort über die Dynamik der prä-*topologischen* Schlaufen fallen. Worin besteht sie? Die Zusammenfügung der Urdynamiken (der Schlaufen) erzeugt erst einen physikalischen Zustand, ähnlich wie die Zusammenfügung von Atomen (bei den griechischen Atomisten) Materie ergeben sollte. Nur daß es sich bei uns um eine Art von «Bewegungsatomen» handelt. Nehmen wir einmal folgendes an: Die Raum-Zeit und die Materie/Energie sind angeregte Zustände von Strings. Jetzt sehen wir uns die Strings näher an. Befinden wir uns auf der untersten Ebene? Keineswegs. Strings sollen aus Partonen, punktförmigen Teilchen, zusammengesetzt sein. Können wir nun aufatmen? Sind wir jetzt endlich «unten» angelangt? Sie erraten es: natürlich nicht. Denn der Turm der Schildkröten hat niemals einen endgültigen Sockel. Auch die Partonen sind teilbar in «kleinere» Partonen. Ein Ende ist nicht abzusehen. Die Subpartonen «beschreiben die Topologie der [*String*-]Wechselwirkungen», also ihre Dynamik. Selbstverständlich sind auch die Subpartonen wiederum teilbar ... Man hofft, daß «nur eine endliche Sequenz von Unterteilungen nötig ist, um eine bestimmte Wechselwirkung zu beschreiben».

Ich denke, wir sollten anders vorgehen. Auf eine paradoxe Weise läßt sich das Problem des unendlichen Turms der Schildkröten lösen. Wir machen halt auf der Ebene der Partonen. Aus was sind Partonen zusammengesetzt? Warum nicht hier, wie man es früher bei den Atomen tat, die physikalische Ebene verlassen und auf die Ebene einer echten Prä-Topologie hinabsteigen, auf die letzte Ebene? Akzeptieren wir doch einmal versuchsweise, daß die Partonen aus Leibniz-Schlaufen bestehen. Und woraus bestehen die Leibniz-Schlaufen? Nun, natürlich wieder aus Leibniz-Schlaufen, und diese ebenfalls ... Halt, halt! Das geht auf keinen Fall! Ist das nicht der potenzierte Turm der Schildkröten? Nein, so ist es nicht, denn wir stoßen niemals auf neue Größen. Wir haben im Grunde nur einen «Gegenstand» auf der untersten Ebene vorliegen: selbstähnliche Leibniz-Schlaufen. Anders gesagt: Ein Parton bestünde aus dem «Objekt» selbstähnliche Leibniz-Schlaufe. Es würde also aus einer dynamischen Größe bestehen, die selbstähnlich unterteilt wäre. Stellen sie sich eine Kette vor, deren Glieder selbst wieder aus Kettengliedern bestehen. Und diese Glieder wiederum aus Kettengliedern. Und so fort. (Die Mathematiker nennen das Gebilde «Antoinsche Kette».) Damit ist der Turm durch *selbstähnliche* Potenzierung aus der Welt geschafft. Eine solche Potenzierung führt eigentlich nur zu *einem* Objekt, das nicht mehr sinnvoll unterteilt werden kann, weil eine solche Teilung immer wieder nur *dasselbe* Objekt reproduziert. An dieser Stelle verliert der Begriff der «Teilung» vollständig seinen Sinn. Wenn wir echte Grundgrößen annehmen, dann kommen wir zwangsläufig zu einer solchen oder zu einer ähnlichen Struktur.

Oben wurde gesagt, daß die Leibniz-Schlaufen aus Leibniz-Punkten «entstanden» seien. Das ist nicht wörtlich zu verstehen, da die Zeit noch nicht existiert. Wir haben es mit einer zeitlosen Dynamik zu tun, nach der nicht «zuerst» die Punkte und «dann» die Schlaufen da waren. Die Gebilde sind eher zeitlos dynamisch überlagert. Ihr Entstehungsprozeß kann nur metaphorisch-modellhaft nachvollzogen werden. Es geschieht sozusagen − instantan; so extrem plötzlich, daß während des Prozesses *keinerlei* Zeit vergeht. Erst im nachhinein projizieren wir eine Zeit darauf. Wir müssen von der Idee wegkommen, daß physikalische Teilchen grundlegend sind − etwa Partonen −, die eine Dynamik «besitzen». Grundlegend ist eher eine Dynamik, die «Teilchen» erzeugt.

Diese Idee ist dem sogenannten Dynamismus verwandt, nach dem Atome keine endlich großen, harten «Körper» sind, sondern punktförmige Kraftzentren. Grundlegend ist die Kraft, nicht ein «Ding». Nach Michael Faraday ist ein Atom nichts anderes als ein Kraftfeld mit einem mathematischen Punkt als Zentrum: «... die Substanz besteht in den Kräften ...» Aber erst nach dem heutigen Stand der Physik kann die Wichtigkeit dieser Sichtweise beurteilt werden. Die materielle, dingliche Substanz verflüchtigt sich, Felder ohne Träger treten hervor, bis der letzte Schritt getan werden sollte: Die grundlegenden Teilchen sind zwar nicht aus Kräften, aber aus – zeitlosen – Dynamiken zusammengesetzt.

Eine solche Dynamik ist dem sich Bewegenden inhärent, es bewegt sich nicht etwas vor einem Hintergrund. Wir hatten spekuliert, daß die Partonen der Stringtheorie aus diesen Dynamiken (Leibniz-Schlaufen) bestehen könnten. Dies sollte nur ein Argument dafür sein, daß jedes grundlegende Teilchen, welches auch immer, aus Dynamiken bestehen müßte. Wenn sich die Schlaufen verketten oder verweben, entsteht «langsam» ein Raum, durch spezielle Drehung der Schlaufen um sich selbst entstehen Teilchen ganz verschiedener Form, die sich «jetzt» vor einem Hintergrund bewegen. Raum und Teilchen gehen noch ineinander über, ihre topologische Struktur ändert sich fortlaufend. Eine zusammenhängende Raumstruktur webt sich, Teilchen bilden sich und sondern sich ab. Dieser ganze Webprozeß ist ein emergenter Vorgang, der eine Komplexitätserhöhung zur Folge hat. Er ist emergent, weil Formen nicht erhalten bleiben, sondern sich wesentlich verändern. Andere, neue Formen entstehen und fügen sich zusammen. Das erhöht die Komplexität. Sehr wichtig ist die langsame Bildung eines Hintergrundes und stabiler Formen.

Zeit entsteht also durch das Zusammenfügen zeitloser Dynamiken. Dieses Zusammenfügen erhöht die Komplexität des Ganzen. Zeit webt sich. Sie bildet sich ähnlich wie Temperatur aus: Ein einzelnes Teilchen hat keine Temperatur, vielleicht besitzt es kinetische Energie. Wenn viele Teilchen zusammenwirken, besitzt dieses Vielteilchensystem eine Temperatur, aber es muß nicht unbedingt einen emergenten Prozeß einer Komplexitätserhöhung durchlaufen. Das System kann einfach bleiben. Nicht so bei der Zeit. Es muß eine emergente Komplexitätserhöhung geben, und es kommen nicht einfach Teilchen zusammen, sondern zeitlose Dynamiken mit bestimmten topologischen Formen. Ansonsten gleichen sich die Prozesse der Entstehung von Temperatur und von Zeit in ihrer Struktur.

Im Grundzustand gibt es keine Raum-Zeit. Raum und Zeit «verschmelzen» erst auf einer höheren Ebene der Verkettung der Grundobjekte. Die Zeit entsteht durch eine Art «Grenzprozeß» der Verwebung der Objekte, hier der Leibniz-Schlaufen. Manche interpretieren diesen Grenzprozeß als eine Art Zufallsstreuung, als einen statistischen Vorgang wie in der Thermodynamik (Wärmelehre), nach der zum Beispiel Gasteilchen aus einem Behälter entweichen und sich zufällig in einem Raum verteilen, bis eine gewisse, gleichmäßige Verteilung erreicht ist. Ich glaube jedoch, daß es sich nicht um eine Streuung, sondern um eine Verkettung handelt. Zudem entstehen in diesem Prozeß wesentliche neue Eigenschaften, denn die Zeit ist ja eine neue (emergente) Eigenschaft des Zusammenwirkens zeitloser Dynamiken. Es bildet sich Struktur, was in der Thermodynamik nicht unbedingt der Fall sein muß. Natürlich ist auch kein Kasten oder Raum vorgegeben. Der Raum wird durch die Verkettung erst geschaffen. Man darf nicht denken, daß der Prozeß der Verkettung selbst sich im Raum vollzieht, den es noch gar nicht gibt.

«Bevor» Zeit und Raum entstanden sind, könnten sich die Leibniz-Schlaufen in einem unzusammenhängenden Zustand befinden. Sie haben auch keine räumlichen Beziehungen zueinander. Eine Leibniz-Schlaufe ist ja aus einem aus sich herausstrebenden Leibniz-Punkt entstanden. Diese Dynamik (bei Leibniz heißt sie *conatus*) muß strenggenommen mit einer Art «Energie» behaftet sein, wie es sich für eine Dynamik gehört, auch wenn sie zeitlos ist. Was könnte eine solche «Prä-Energie» sein? Die Prä-Topologie als mathematisch-dynamische Struktur erfordert eine «mathematische» Energie. Wenn das Universum aus einer Prä-Topologie entstanden sein soll, dann muß in meinem Spielzeugmodell eine Verbindung zwischen der mathematischen «Vor-Welt» und der physikalischen Welt hergestellt werden. Wir könnten in der Knotentheorie fündig werden. Dieser Teilbereich der Topologie beschäftigt sich im wesentlichen mit der Klassifikation von ineinander verschlungenen Schlaufen im dreidimensionalen Raum. Nehmen Sie eine Schnur, verschlingen Sie dieselbe und verkleben Sie die Enden. Dann haben Sie einen Knoten. Natürlich sind die Knoten der Mathematik keine handfesten Stricke, sondern eben eindimensionale mathematische Gebilde, die im Dreidimensionalen eingebettet sind. Es ist aber möglich, diesen Knoten eine Energie zuzuordnen. (Man macht dies, um zu einer besseren Klassifikation der verschiedenen möglichen Knoten zu kommen.) Zum Beispiel nimmt man an, daß die eindimensionalen Knotenstränge aus Punkten bestehen, die einander abstoßen, als hätten sie eine elektrische Ladung. Man kann dadurch berechnen, wie fest ein Knoten gezurrt ist. Das klingt harmlos, ist es aber nicht. Diese Berechnungen haben mit Physik nicht mehr viel zu tun, sie können nur im rein Mathematischen durchgeführt werden. Es wird nicht einfach ein Begriff aus der Physik übernommen und in der Mathematik metaphorisch verwendet.

Aber fragen wir doch einfach den Knotentheoretiker Jonathan Simon. Aus den wissenschaftlichen Veröffentlichungen ist nämlich meist nicht zu erkennen, ob die Knotenenergie physikalisch oder mathematisch definiert ist. Ich frage: «Ist die Knotenenergie mathematisch oder physikalisch?» Die Antwort: «... So weiß ich nicht, ob man diese Energien ‹physikalisch› oder ‹rein mathematisch› nennen sollte. Wir müssen die ‹reale› Physik verlassen, um sie mathematisch korrekt definieren zu können, aber sie sind sicher physikalisch motiviert.»

Inspiriert von der Knotenenergie, möchte ich die Sache etwas entschiedener fassen. Wenn überhaupt von «mathematischer Energie» gesprochen werden kann, dann muß man konsequent sein. Ich nehme ja in der Tradition von Platon an, daß mathematische Strukturen (im Grundzustand!) unabhängig von physikalischen existieren. Wenn dem so ist oder wenn dem so sein muß (siehe den Turm der Schildkröten), dann folgt daraus, daß durch diese mathematische Struktur auch eine mathematische Energie *existiert*. (Ich denke, daß Jonathan Simon da zurückhaltender wäre.) Es ist nicht verrückter, diese Energie als existent anzunehmen, als Platonist zu sein. Jetzt wird verständlicher, wie die zeitlose Dynamik die Raum-Zeit gebären kann, da es eine Art von energetischer Verbindung vom Grundzustand zum Universum gibt: mathematische Energie – physikalische Energie. Die Leibniz-Schlaufen müssen also mit Energie behaftet sein. Sie können somit einen «Kraftaustausch» durchführen ähnlich den Spins der Netzwerke von Penrose. Nun ist es möglich, Verkettungsoperationen zu definieren, welche die Dynamik beschreiben, die zu ihrem Zusammenhang führt.

Wenn die Verkettung eine kritische Dichte erreicht hat, entstehen Zeit und Raum. Die Verkettung gleicht einem Selbstorganisationsprozeß. Ein gutes irdisches Beispiel ist der Laser. Er besteht aus Laseratomen und der Strahlung, die sie freisetzen, wenn Energie in den Laser gepumpt wird. Die Laseratome können Gasatome sein wie etwa Kohlendioxyd. Zuerst erscheint normales inkohärentes «Lampenlicht», ab einer gewissen Schwelle setzt die Laseraktivität ein, und ein langer, kohärenter scharfer Lichtstrahl wird produziert. Diese Laseraktivität kann auch anders erreicht werden. Es genügt, langsam die Anzahl der Komponenten zu erhöhen, das heißt der Laseratome. Sie müssen eines nach dem anderen in den Laser eingegeben werden, und zwar mit einer gewissen, sagen wir, Geschwindigkeit, um den Energielevel zu halten. Zuerst passiert nichts. Dann strahlt der Laser normales Licht aus. Wenn eine kritische Anzahl erreicht ist, kommt kohärentes Laserlicht hervor. Eine neue Eigenschaft ist emergiert.

Natürlich funktioniert das nur unter bestimmten Randbedingungen, die der Laser nicht selbst hervorbringt. Die Atome werden in einen Kasten gegeben, bei dem an einem Ende ein reflektierender Spiegel, am anderen einen teildurchlässiger Spiegel angebracht ist. Der Grundzustand hat natürlich keine vorgegebenen Randbedingungen, sondern produziert sie selbst durch Inhomogenitäten in der Verkettung. Dies ist der Unterschied zur «einfachen» Erhöhung der Anzahl der Komponenten – die Verkettung. Durch sie können komplexere Formen erreicht werden als durch bloße «Verstreuung», wie sie in der Thermodynamik vorkommt. Dadurch ist es möglich, ohne vorgegebene Randbedingungen auszukommen, was in der Selbstorganisation nicht geht.

Wenn die Leibniz-Schlaufen *beginnen*, einen (dreidimensionalen) Hintergrund zu bilden, vor dem sich von ihm losgelöste Schlaufen als Quasiteilchen zu bewegen *anfangen*, entsteht die Zeit. Die Randbedingung hat sich selbst geschaffen. Das Zusammenfügen der zeitlosen Dynamiken und diese Hintergrundbildung «geschehen gleichzeitig». Die Zeit ist zeitlos gewebt. Eine Sprache, diesen «Vorgang» zeitlos zu beschreiben, haben wir allerdings noch nicht gefunden.

Was also ist die Zeit? Die Zeit ist Maß der Komplexität, sie ist aus zeitlosen Dynamiken entstanden. Etwas ist in der Zeit, wenn sich seine Komplexität geordnet erhöht. Etwas kann nur zerfallen, wenn es ehedem komplex war. Zeit ist Maß der Emergenz, der Entstehung neuer Formen, denn Emergenz ist immer die Neuentstehung von Komplexität. Zeit ist Neuheit, geordnete Erhöhung von Komplexität. Dies zeichnet ihre Richtung aus, die sich herausgebildet hat. Der Zeitpfeil ist durch Strukturzunahme gekennzeichnet, Zerfall ist von Komplexitätserhöhung abhängig. Etwas ist in der Zeit, wenn es eine Komplexitätserhöhung durchläuft. Damit haben wir die grundlegende Frage einer Theorie der Zeit angesprochen: «Was heißt es, daß etwas in der Zeit ist?»

Als einfachstes Maß der Emergenz auf der grundlegenden Ebene könnte man die Anzahl der sich bildenden Schlaufen nehmen. Da sich später verschiedene Ebenen bilden, müßte diese Schichtung in das Maß eingehen. Aber darum brauchen wir uns hier nicht zu kümmern, da wir uns auf der untersten Schicht bewegen. Uns interessiert nur die Initialemergenz – der «Augenblick» des Übergangs vom Grundzustand in die sich formende Raum-Zeit, die eine neue Eigenschaft der sich verkettenden zeitlosen Dynamiken ist, der Leibniz-Schlaufen. Die zeitlosen Dynamiken sind chaotisch fluktuierende Strebungen, Bewegungs«anfänge», die nie in den Zustand der Ruhe fallen können oder je in ihm waren. Sie bewegen sich auch zeitlos, weil für sie eine Richtung der Zeit gar nicht vorliegt – diese hat notwendig eine Richtung von der Vergangenheit in die Zukunft. Ohne Pfeil keine Zeit. Eine Richtung selektiert sich erst durch das Zusammenwirken vieler Dynamiken. Stellen Sie das Radio an und hören Sie auf das völlig richtungslose Rauschen. Plötzlich erhaschen Sie winzige Tonfetzen, die aber noch lange keine Melodie ergeben. Die bildet sich erst langsam heraus und mit ihr eine Richtung der Tonfolge. Sie sind natürlich als Hörerin oder Hörer in der Zeit. Jetzt denken Sie sich nur das Rauschen – nichts existiert sonst. Es ist leicht körnig. Aus ihm formt sich die Melodie der Zeit. Und sehr viel später sind Sie da. Analog zu diesem Bild könnte sich die Entstehung der Zeit abgespielt haben.

Wie ist es möglich, daß etwas so Flüchtiges und Unfaßbares wie die Zeit in einer derart enormen Weise wirkungsmächtig sein kann, daß etwas niemals Beisammenseiendes – wie Vergangenheit-Gegenwart-Zukunft – doch eine Struktur haben kann? Dies kann jetzt beantwortet werden. Weil die Zeit aus einem Zusammenfügen entsteht, aus einer Verkettung, die auch Vergangenheit und Gegenwart verbindet. Die Zeit hat eine Struktur, ein Muster, ein Maß. So flüchtig ist sie also auch wieder nicht. Die Gegenwart besteht nicht aus einem fließenden Punkt, sondern enthält Spuren der Vergangenheit und Projektionen der Zukunft. Aber sind die Spuren und die Projektionen nicht *gegenwärtig*? Vielleicht sollte man es eher umgekehrt sehen: Vielleicht fließt die Zeit nur, weil die Gegenwart existentiell instabil ist und eher aus «Stücken» der Vergangenheit und der Zukunft «zusammengesetzt» ist, die eine Realität von Gegenwart nur vortäuschen? Aber das gehört nicht mehr zur Naturphilosophie der Zeit, sondern zu ihrer Metaphysik.

Der Stoff wird gewebt.

Die Zeit ist nicht einfach das Maß der Veränderung, sondern das Maß der Komplexität, oder besser: Komplexifizierung, des Prozesses der Komplexitätsentstehung. Das Universum ist aus einem zeitlosen Grundzustand emergiert, der eine Minimalkomplexität besitzt. Diese wird «sofort» überschritten, so daß ein zeitlicher Zustand entsteht. Dieser «Prozeß» kann als der einer «Strukturanreicherung» beschrieben werden. Man muß also versuchen, «Strukturreichtum» durch Dynamik der «Strukturarmut» zu erklären. Einfache Bewegungen, die entweder rein periodisch oder ungeordnet ablaufen, generieren keine Zeit. Erst ab einer gewissen Komplexitätsstufe, die durch eine Veränderung der Topologie gekennzeichnet ist, wird eine Bewegung zeitlich. Eine solche Veränderung der Topologie bedeutet immer eine Emergenz, ein Generieren neuer Eigenschaften oder neuer Objekte. Das «alte» Objekt wird dem neu entstandenen durch eine nichtstrukturerhaltende Abbildung zugeordnet. Ein einfaches Bild ist das Entstehen eines Torus (Rettungsrings) aus einer Kugel. Da man diese Abbildung oder Transformation auch als eine Art «Wirken» oder «Operieren» in einem topologischen Raum beschreiben kann, ist es naheliegend, die Zeit in Anlehnung an Aristoteles nicht bloß als «Zahl oder Maß der Bewegung» zu explizieren, sondern abstrakt als «Operator der Emergenz», denn Emergenz ist immer Emergenz von Komplexität. Vorausgesetzt wird natürlich die zeitlose Bewegung oder Dynamik. Die Zeit ist also nicht durch eine bloß statische Vorher-Nachher-Relation gekennzeichnet, sondern durch «Prozessualität», durch etwas an derselben, durch ihr Maß. Der enge Zusammenhang von Zeit und Bewegung zeigt sich in der Zuordnung von Bewegungstypen zu Zeitarten. Der «basalste» Bewegungstyp ist zeitlos, aber nicht jede einfache zeitlose Bewegung generiert Zeit. Sie muß eine bestimmte Struktur besitzen, die man als «diskontinuierlich» bezeichnen kann. Die meisten Theorien, die den Anspruch erheben, fundamental zu sein, nehmen an, daß die grundlegenden Entitäten der Natur oder des Universums von endlicher Größe sind, die nicht mehr geteilt werden kann: Atome der Raum-Zeit und der Materie/Energie. Sie sind sich aber nicht einig, ob die Zeit grundlegend ist oder nicht. Von der Ausnahme einer «bildhaften» Überlegung im Rahmen der Stringtheorie abgesehen, die vom «Zusammenfinden der Scherben der Raum-Zeit» handelt, spricht keine der möglichen fundamentalen Theorien explizit von einer «zeitlosen Bewegung», obwohl sie für die Theoriebildung notwendig zu sein scheint. Die Zeit kann eigentlich nicht fundamental sein, weil sie zu viel Struktur voraussetzt. Der Raum im Sinne einer minimalen topologischen oder geometrischen Struktur wird meist als grundlegend akzeptiert, was sinnvoll ist. Das Problem liegt darin, daß Atome als diskrete Größen im Prinzip aus weiteren grundlegenderen Entitäten «bestehen» könnten, die wieder geteilt werden ...

und daß auf diese Weise kein Ende in Sicht ist. Ein Ausweg bestünde darin, die basalsten «Einheiten» nicht mehr im üblichen Bereich der Physik anzusiedeln, sondern sie als Entitäten anzusehen, welche diesen Bereich überschreiten, so daß die Physik ihr «natürliches» Ende im echten Grundzustand finden würde, der dann von grundsätzlich anderer Ontologie als der angeregte Zustand wäre. Als basale Entitäten würde man nicht mehr Objekte im hergebrachten Sinne akzeptieren, sondern reine Bewegungen ohne direkten physikalischen Träger, die sozusagen «über sich hinaus streben» und sich verweben. Diese Bewegungen könnten nicht weiter «unterteilt» werden, da jede Teilung wieder eine Bewegung der gleichen Art erzeugte – sie wären «selbstähnlich». An dieser «Prägeometrie» würde der Turm der Schildkröten sein natürliches Ende finden. Das Problem besteht darin, diese Überlegungen an vorliegende Theorien anzudocken; das zentrale, tiefer liegende Problem besteht in der genauen Charakterisierung der Ontologie des Grundzustandes, insbesondere in der Frage, ob er «energetisch» sein muß. Die naheliegende verneinende Antwort – schließlich soll ja eine Prägeometrie nicht nur der «Vor»-Zustand von Raum-Zeit, sondern auch von Materie/Energie sein – wirft jedoch die weitere Frage auf, wie denn die zeitlose Bewegung des echten Grundzustandes Energie «nichtenergetisch» erzeugt. An dieser Stelle sind wir mit der «Ontologie des angeregten Zustandes» konfrontiert, des klassischen und des komplexen Zustandes, der nicht einfach eine bloße Eigenschaft oder ein Schein des Grundzustandes sein darf – obwohl er aus ihm hervorgegangen ist –, da er eine gewisse «Eigenständigkeit» besitzt, die jedoch in den theoretischen Beschreibungen nicht völlig zum Tragen kommt. Dies zeigt sich besonders in der Schwierigkeit, einen «echten» klassischen Zustand aus einem reinen Quantenzustand «intrinsisch» emergieren zu lassen.

▓▓▓▓▓6 WARUM IST DIE ZEIT? (DER SINN DER KOMPLEXEN WELT)

von Dr. Clear L.Y. No (unter Verwendung einiger unwichtiger Aufzeichnungen von Peter Eisenhardt)

Geehrte Leserinnen und Leser, bitte erschrecken Sie nicht. Herr Eisenhardt bat mich plötzlich und ohne Vorankündigung, dieses letzte Kapitel seines Buches zu schreiben. Vielleicht hat er wieder einmal – natürlich völlig inkompetent – mit meinem Annihilator gespielt und aus Versehen seinen eigenen Manuskriptteil vernichtet. Vielleicht traut er es sich auch nicht zu, die Frage: «Warum ist die Zeit?» zu beantworten. Wie auch immer. Nicht daß ich mich über dieses Ansinnen wundere. Als Ingenieur, erfolgreicher Erfinder und Lehrbeauftragter für angewandte Metaphysik bin ich geradezu prädestiniert, den Sinn der Welt zu ergründen. Ich denke, daß dies Herr Eisenhardt – natürlich völlig unvermuteterweise – eingesehen hat. Wir beginnen mit ...

«Lieber No, wenn Sie gestatten. Das Wort ‹unvermuteterweise› ...»

«Eisenhardt, so geht das nicht. Bitte reden Sie nicht dazwischen.»

«Also gut. Aber einige Teile meines Manuskripts sind noch erhalten, und ich möchte Sie bitten, sie zu verwenden ...»

«Sie wissen auch nicht, was Sie wollen. Möchten Sie, daß ich das letzte Kapitel schreibe oder nicht?»

«Ja, nur zu. Ich würde die Metaphysik gerne Ihnen überlassen.

Sie haben ein so fatales Gesicht, lieber No. Aber wir wollen doch der Leserschaft nicht zuviel zumuten. Ein sanfter Übergang wäre wünschenswert, meinen Sie nicht?»

«Sie strapazieren meine Geduld.»

«Die Geduld der Leserschaft ...»

«BITTE SCHÖN, BITTE SCHÖN, geben Sie das Zeug her. Wenn es nur ein paar Seiten sind. Und nun schweigen Sie!» – «Hier, bitte. Dann machen Sie es gut. Ich darf mich hiermit von der Leserschaft und von Ihnen verabschieden und hoffe ...» Also nein, das ist ja ein BLÄTTERBERG. Halt, stop, bleiben Sie gefälligst hier und erklären Sie mir ... Er ist weg, nicht zu fassen!

Ähem, hochgeschätzte Leserschaft, aufgrund einer völlig unvermuteten und lästigen Störung muß ich noch einmal ansetzen. Wie ich schon berichtete, hat mich der Autor der ersten fünf Kapitel dieses Buches inständig gebeten, abschließend das Wort zu ergreifen. Ich bin nun leider – und zwar gegen meinen ausdrücklichen Willen! – gezwungen worden, noch einige Restbestände des besagten Autors zu verwerten. Lassen Sie mal sehen ... einen Augenblick ... was für ein Durcheinander ... sofort bin ich ... eine Unordnung ist das ... ah ja ... das wäre unter Umständen ein Anfang ...

1 «Was also ist die Zeit?

Der Ausgang meiner Überlegungen war das Problem der Entstehung der Zeit, dessen Lösung uns etwas über das ‹Wesen› der Zeit enthüllen soll. Meine These lautet also: *Die Beantwortung der Frage: Was ist Zeit? ist äquivalent zur Beantwortung der Frage: Wie entstand die Zeit?* Ich habe natürlich keine Nominaldefinition angestrebt, die uns nur sprachliche Informationen gäbe, wie zum Beispiel ‹Ein Junggeselle ist ein unverheirateter Mann›. Auch eine Definition durch zufällige Merkmale analog des eher scherzhaften Versuchs von Platon, ‹Mensch› zu bestimmen als ‹nacktes Lebewesen, das eine zweibeinige Herde bildet›, möchte ich ehrlich gesagt ausschließen. Es könnte mir ja einer ein gerupftes Huhn durchs Fenster werfen ...»

Das soll er sich dann lieber braten, und dann sollte er zum Punkt kommen.

«Nein, hier geht es um eine Definition, die aus einer *Theorie* der Zeit folgt. Eine solche Theorie ist – wie alle Theorien – nur ein Versuch, sich der Wahrheit zu nähern. Sie sollte einen universalen Aspekt der Zeit erfassen, eine Konstante, die bei jedem Zeitphänomen vorliegt. Mehr ist mit ‹Wesen› nicht gemeint.»

Zur Sache, zur Sache!

«Manchmal erscheint es sinnvoll und fruchtbar, nach der Entstehung eines Phänomens zu fragen, um etwas über sein ‹Wesen› zu erfahren. Die Hauptfrage der philosophischen Anthropologie, ja nach Immanuel Kant sogar die grundlegende Frage der Philosophie, lautet: Was ist der Mensch? Um diese Frage zu beantworten, könnten wir durchaus sinnvoll nach dem *Ursprung* des Menschen suchen. Wir werden ganz verschiedene Antworten erhalten, je nach den Unterschieden der Quellen zur Entstehung des Menschen. Der Mensch kann geformt sein nach dem Bilde Gottes, oder er mag nichts als eine durch die Evolution entstandene, komplexe Form der Natur sein. Nach der ersten Auffassung besäße er einen personalen göttlichen Kern und hätte eine Bestimmung, nach der zweiten wäre er ein ‹Energie- und Informationsdurchflußorganismus› – eine Bestimmung müßte er sich in diesem Fall selbst geben. Die Anthropologie mit ihrer tiefsten Frage, ja der Frage nach der Tiefenstruktur des Menschen – ich darf ein wenig ausholen ....»

Verehrtes Publikum, ducken Sie sich rechtzeitig, wenn er morgen zuschlägt ... Ich werde einige Seiten überschlagen müssen.

«Auf dieselbe Weise ist es möglich und zulässig, nach dem ‹Wesen› der Zeit zu fragen. Wir fragten nach dem *Grundzustand* eines Phänomens, sozusagen nach seiner Tiefenstruktur, um etwas über sein ‹Wesen› in Erfahrung zu bringen. Wir kamen zu der Hypothese, daß der Grundzustand des Universums in einer nichtphysikalischen Struktur und der Grundzustand der Zeit in einer nichtzeitlichen Struktur besteht. Kosmos und Zeit sind eng verbunden. Im Grunde haben wir versucht, die Aristotelische Definition *Zeit ist die Zahl der Bewegung* über *Zeit ist das Maß der Änderung einer Dreiergeometrie* bis *Zeit ist das Maß der Emergenz* zu verfeinern. Diese Gedankengänge waren recht eng an physikalischer Theorienbildung orientiert, wenn sie auch selbst nicht beanspruchten, in einem physikalischen Modell zu resultieren. Ich möchte nun in diesem letzten Kapitel die Orientierung ein wenig ändern, wenn auch nicht abrupt.»

Warum eigentlich nicht?

«In diesem Kapitel soll im Rahmen einer hypothetischen Metaphysik die Frage *Warum ist die Zeit*? beantwortet werden. *Warum*, das heißt hier *zu welchem Zweck*?, und damit überschreiten wir die grundsätzliche Fragestellung moderner Wissenschaft, die nach den Ursachen (wenn überhaupt), nicht aber nach den Zwecken fragt, zumindest nicht nach ontologischen Zwecken, nach Zwecken, die in naturale globale Systeme eingebaut sind. Nach der Naturwissenschaft hat das Universum oder die Natur keinen Zweck, geschweige denn die Zeit. Dies gilt auch für die Darwinsche Theorie der Evolution der Organismen – die Evolution ist nicht zielgerichtet, auch nicht auf den Menschen hin. Es ist für die moderne Wissenschaft einfach nicht sinnvoll, den Begriff des Zwecks auf Entitäten wie die Evolution anzuwenden. Wir haben gesehen, daß die Zeit nicht nur eng mit dem Kosmos, sondern auch mit (seiner) Komplexität verbunden ist. Wenn die Zeit das Maß der Emergenz ist und Emergenz immer als die Emergenz von Komplexität bestimmt werden muß, dann ist die Zeit in diesem Sinn auch das Maß der *Komplexität*. Sie ist also etwas *an der Kom*-

plexität, nicht die Komplexität selbst, so wie die Zeit bei Aristoteles nicht mit der Bewegung identisch ist, sondern etwas *an* der Bewegung ist. Das wollen wir festhalten. Und damit ist sie etwas *Abstraktes*. Da Bewegung und Emergenz unabhängig von Bewußtseinen vorkommen, ist die Zeit *real*, genauer ist sie real, weil sie der Takt der Bewegung oder Emergenz selbst ist – es ist nicht so, daß Bewußtseine wesentlich takten und so die Zeit produzieren. Dies mögen unsere Voraussetzungen sein. Als Beweise können sie nicht gelten, sie besitzen aber eine starke Plausibilität. Sie werden als Voraussetzungen für eine metaphysische Überlegung dienen, die nach dem Sinn des Universums fragt, nach dem Zweck der zeitlichen Komplexifizierung. Wir müssen uns noch einmal kurz mit dem Verhältnis von Zeit, Realität, Bewegung und Komplexität befassen.»

Wie Sie schon bemerkt haben, geduldiges Publikum, obliegt es mir, die etwas erratischen Notizen von Eisenhardt in eine sinnvolle Ordnung zu bringen. Auf Sie wartet folgende Argumentation: Nachdem die *Voraussetzungen* der Anwendung des ontologischen Zweckbegriffes diskutiert worden sind (Zeit, Realität, Bewegung und Komplexität), wird die entscheidende Frage *Warum gibt es Komplexität?* gestellt. Sie kann letztlich nicht beantwortet werden. Wir sehen uns vier verschiedene Ansätze zu einer Beantwortung an. Wir fragen dann, ob nicht eine bestimmte Sinn- und Zweckzuweisung an die Komplexifizierung der Welt ein Licht auf den Grund der komplexen Welt wirft. Aber zuerst müssen Sie leider noch einige Notizen von Eisenhardt durchackern, die ich Ihnen hiermit präsentiere.

2 «Zeit, Realität, Bewegung und Komplexität.

Ist die Zeit real? Was für eine Frage. Ist Bewegung real? Sicher – es wäre eine fruchtlose philosophische Trockenübung, die Realität von Bewegung zu *erweisen*. Aber Zeit und Bewegung sind nicht identisch, sondern Zeit scheint eine Eigenschaft eines bestimmten Bewegungstyps zu sein. Ich möchte das erst einmal so vorsichtig und rein intuitiv formulieren. So reicht es nicht hin, die Realität der Zeit durch den Hinweis auf die Realität der Bewegung zu erweisen. Aristoteles' Definition der ‹Zeit› als ‹Zahl der (gleichförmigen Kreis-)Bewegung› kommt dieser Intuition schon sehr nahe, deckt sich aber nicht völlig mit ihr. Aristoteles selbst bringt zwei Argumente gegen die Identität von Zeit und Bewegung vor. Bewegung ist lokal, Zeit global; Bewegung vollzieht sich am Ort, Zeit ist überall. Frau Müller fährt von Karlsruhe nach Bremen, mein Bleistift fällt auf den Teppich, Neil Armstrong betritt den Mond. Die Zeit ist überall: Neil Armstrong betritt am 20. Juli 1969 den Mond, und ich habe es am selben Tag auf der Erde gesehen; am 20. Juli 1989 fällt um 17.00 Uhr mein Bleistift auf den Boden, und Frau Müller fährt nach Bremen-Vahr ein.

Bewegung kann schneller oder langsamer sein, Zeit verfließt gleichförmig. Die Argumente sind nicht ganz überzeugend. Wir wissen seit Einstein, daß auch die Zeit lokal ist. Jede Bewegung hat ihre eigene Zeit. Eine kosmische Zeit, eine universale Zeit für das Universum, ist nur unter bestimmten idealen Bedingungen zu haben: ein homogenes Universum, das sich gleichförmig ausdehnt. Ansonsten ist keineswegs gewährleistet, daß sich die – gleiche (!) – Zeit ‹überall› befindet, wie Aristoteles meint. Zeit kann schneller oder langsamer sein: Eine sich bewegende Uhr geht langsamer als eine ruhende Uhr. Das wurde gemessen! Vereinfacht: Wir brauchen ein Bezugssystem, die Erdoberfläche. Eine Uhr befindet sich in einem Flugzeug, eine andere bleibt am Boden. Das Flugzeug, eine normale Verkehrsmaschine, hebt ab. Später werden die Uhren verglichen. Die Uhr im Flugzeug ging langsamer, wenn auch nicht viel. Es waren Atomuhren, sehr genaue Uhren, die genauesten ...

Obwohl die Argumente von Aristoteles gegen die Identität von Zeit und Bewegung nicht zutreffen, geben wir die Intuition nicht auf, daß Zeit etwas *an* der Bewegung ist, eine *Eigenschaft* bestimmter Bewegungsarten, eine eigenartige *Dimension* der Bewegung. Zeit ist abstrakter als Bewegung. Zeit kann schon deswegen nicht mit Bewegung identisch sein, weil es eine *zeitlose* Bewegungsform gibt. Zeit ist nicht mit Bewegung identisch, weil sie das *Maß der Emergenz* ist, das Maß der Entstehung von Neuem.

Weil Zeit abstrakter als Bewegung ist, wird immer wieder ihre Realität in Frage gestellt. Man darf die Frage nach der Realität der Zeit aber nicht mit der Frage nach der Wirkung der Zeit verwechseln. Wirkt die Zeit in der Welt? Sie wirkt genauso viel oder genauso wenig wie die Temperatur. Temperatur ist eine abgeleitete Größe, sie kann als eine statistische Größe betrachtet werden, nämlich als die (mittlere) kinetische Energie von Molekülen. Diese besitzt die Dimension einer Masse m, multipliziert mit dem Quadrat der (durchschnittlichen Teilchen-)Geschwindigkeit v ($\frac{1}{2}$ mv^2). Wenn man es so erklärt hat, kann man sagen, daß zum Beispiel ein Temperaturübertrag von einem Körper zu einem anderen stattfindet. Dies bedeutet nichts anderes als eine Änderung der mittleren kinetischen Energie von Körpern. Genauso steht es mit der Zeit. Auch sie ist eine abgeleitete Größe – das Maß der Emergenz. Wenn man das annimmt, kann man sagen, daß Zeit wirkt – als eine Veränderung des Maßes der Emergenz. Zum Beispiel könnte man von einem ‹Zeitübertrag› sprechen, wenn man ein schwingendes System so an ein anderes koppelt, daß sich die Schwingungen eines dieser Systeme *wesentlich* ändern. Es hat eine Emergenz stattgefunden, und eine Komplexitätsänderung.

Wir sehen sofort, daß die Zeit real sein muß. Sie existiert, und sie existiert nicht nur in unseren Köpfen. Was sollte das auch bedeuten? Immer wieder treffe ich Vertreter dieser Auffassung, aber keiner konnte mir bisher deutlich machen, was eigentlich damit gemeint sei. Denken sie, daß die Natur zeitlos sei und unser Bewußtsein Zeit auf sie projiziere? Warum diese willkürliche Zweiteilung der Welt? Fragten wir einen ausgebildeten Philosophen, erhielten wir in etwa folgende Antwort: ‹Nun, manchmal wird die radikale Ansicht verteidigt, daß es überhaupt keine Zeit gäbe. Diese Ansicht wird am besten dadurch widerlegt, indem man sie vorbringt, nämlich durch Sprechakte in der Zeit.›

Wenn jemand behauptet, daß die Zeit, also nüchtern ausgedrückt die Zeit komplexer Systeme, eine Illusion sei, was zum Beispiel Julian Barbour (und andere) in vielen Aufsätzen oder in seinem Buch *The End of Time* schreibt, dann, ja dann sollten wir uns doch fragen, ob hier nicht eine Paradoxie vorliegt. *Ist denn eine Täuschung nicht selbst ein zeitlicher Akt?* Wie können wir uns denn in einem zeitlichen Akt *täuschen* darüber, daß Zeit ist? Also schließlich *erkennen*, daß keine Zeit ist? Erkennen ist auch ein zeitlicher Akt. Wir können uns genauso wenig täuschen, daß es Zeit gibt, wie wir uns täuschen können, daß wir Schmerzen haben. Egal, ob wir uns nur *einbilden*, Schmerzen zu haben – es schmerzt. So steht es auch mit der Zeit. Egal, ob wir uns nur *einbilden*, daß es Zeit gibt – es zeitigt.

Etwas ernster zu nehmen scheint die Position, die besagt, daß die Natur einer statischen Früher-Später-Relation unterliegt, während nur das Bewußtsein den Jetztpunkt mit Vergangenheit und Zukunft erschafft. Die Entstehung der Erde ist später als die Entstehung des Universums – dieser Satz bleibt immer wahr, wieviel Zeit auch verfließt. Napoleons Geburt ist vergangen – dieser Satz ist nicht immer wahr; er ist falsch vor Napoleons Geburt. Können wir nicht sagen: Die Entstehung der Erde ist vergangen? Doch, schon, aber die Wahrheit dieser Aussage ist wesentlich an ihre

Äußerungszeit gebunden. Sie wird *jetzt* geäußert. Aber der Jetzt-punkt kommt nicht objektiv in der Natur vor, sondern ist an Personen gebunden, die jetzt leben. Für andere Personen ist ‹jetzt› ein anderer Zeitpunkt. Es gibt kein universales ‹Jetzt› für die gesamte Natur, geschweige denn für eine personenfreie Natur.

Aber wir können versuchen, das Jetzt an objektive Prozesse zu koppeln. Zumindest müssen wir klarstellen, daß in einer Natur ohne Personen Ereignisse vorkommen, die einen Prozeßcharakter haben, so daß wir sagen können: ‹Zeit verfloß, bevor es Menschen gab.› Das scheint Ihnen selbstverständlich zu sein? Ja, ja, so ist es mit den Philosophen – sie bringen manchmal kontraintuitive Dinge vor, auf die man dann mit Gründen antworten soll. Versuchen wir es. Es kann nicht so schwer sein.

Wir nehmen eine Petrischale und füllen sie mit einer Nährlösung. Dann schütten wir Bakterien hinein. Die vermehren sich, prägen der Nährlösung neue Strukturen auf, schließlich ist die Lösung aufgebraucht, die Bakterien zerfallen. Am Anfang haben wir eine relativ homogene Struktur, später steigt die Komplexität an, erreicht einen Höhepunkt, sinkt wieder ab, aber in einen Endzustand, der sich vom Anfangszustand unterscheidet. Unter der Voraussetzung eines *sinnvollen Komplexitätsmaßes* haben wir für den Prozeß in der Petrischale einen objektiven Verlauf gekennzeichnet, ein objektives Zeitmaß. Es ist möglich geworden, die Systemzeit des Schaleninhalts am Komplexitätsverlauf zu messen: Der ‹Jetzt-punkt› wanderte an der Kurve entlang, wir projizierten ihn darauf als Bild für Prozessualität, für alle Bakterien gilt ein einheitliches Zeitmaß, das sozusagen ihre Stelle in der Zeit charakterisiert. Auch eine Richtung der Zeit ist gegeben, da sich der Anfangzustand vom Endzustand unterscheidet. Haben wir dies eingesehen, vollziehen wir einen entscheidenden Schritt, einen Schritt, den alle Kosmologen durchführen (müssen). Es handelt sich um die Übertragung eines irdischen Modells auf das gesamte Universum.

Das Universum besitzt an seinem Anfang eine minimale Komplexität, es ist relativ homogen. Dann bilden sich Teilchen, die Teilchen verbinden sich, Elemente entstehen, Gaswolken, Sonnen, Galaxien, Planeten, Leben auf diesen Planeten ... vieles zerfällt schon, wenn sich anderes noch aufbaut – aber das ist in der Petrischale auch nicht anders. Schließlich erreicht das Universum langsam einen Endzustand, der sich vom Anfangszustand unterscheidet. Wir vermuten heute, was Thomas Stearns Eliot 1925 in seinem Gedicht *The Hollow Men* in Verse setzte:

This is the way the world ends
This is the way the world ends
This is the way the world ends
Not with a bang but a whimper

Das Universum endet nicht in einem großen Zusammenbruch, es fällt nach dem Erreichen seiner maximalen Ausdehnung nicht in sich zusammen, sondern dehnt sich immer weiter aus, und alles in ihm zerfällt langsam, aber unaufhaltsam. Die Physiker nennen dieses Ende etwas prosaisch den Wärmetod des Universums. Anfangszustand *bang*, Endzustand *whimper*. Ansonsten gilt alles für das Universum, was für die Petrischale gilt. Wir sagen demnach, daß der Komplexitätsverlauf des Universums seinen objektiven zeitlichen Verlauf regelt. Die Realität eines bestimmten Bewegungsvorgangs und Bewegungsverlaufs sichert die Realität der Zeit im Sinne einer Prozeßzeit. Mehr brauchen wir nicht.

Wir nehmen an, daß Zeit immer mit Bewegung einhergeht. Zeit ist von Bewegung abhängig, Bewegung ist für Zeit grundlegend. Eine bewegungslose Welt ist nicht zeitlich, wäre die Welt eingefroren, würde keine Zeit vergehen. Es bedeutet, daß die Zeit nicht losgelöst (*absolutus* von *absolvere*: loslösen, losmachen) von Dingen und Ereignissen existiert – es gibt keine absolute Zeit, wie

Isaac Newton annahm: ‹Die absolute, wahre und mathematische Zeit verfließt für sich genommen und nach ihrer Natur gleichmäßig ohne Beziehung auf etwas Äußeres; sie wird auch Dauer genannt. Die relative, erscheinende und gewöhnliche Zeit ist ein wahrnehmbares und äußerliches Maß der Dauer durch Bewegung (entweder genau oder ungleichmäßig), die der Mann auf der Straße statt der wahren Zeit benutzt; wie Stunde, Tag, Monat, Jahr.›

Die relative Zeit ist nach Newton ein Ausfluß von Bewegungen. Er denkt dabei besonders an die Bewegung der Himmelskörper. Diese Bewegung vollzieht sich nicht vollkommen regelmäßig, sondern eben ungleichmäßig, wie Newton sagt. Der Lauf der Erde um die Sonne beispielsweise verlangsamt sich. Aber die Zeit, sagt Newton, vergeht völlig gleichförmig. Sie kann somit weder mit Bewegungen identisch noch von ihnen abhängig sein. Also ist die Zeit eigentlich absolut, losgelöst von allen Bewegungen.

Auch Aristoteles hatte das Newtonsche Problem schon erkannt. Er sagt, daß es schnelle und langsame Bewegungen gibt, aber die Zeit nicht schneller oder langsamer ist. Er zieht dann den Schluß, daß die Zeit nur das Maß einer alles umfassenden, regelmäßig wiederkehrenden Bewegung sein kann, das Maß einer gleichmäßigen Kreisbewegung. Diese Bewegung *existiert* nach Aristoteles. Es handelt sich um die Drehung der Sphäre, der Himmelskugel, auf der die Fixsterne befestigt gedacht wurden.

Die tägliche Rotation der Erde um die eigene Achse und der jährliche Lauf der Erde um die Sonne sind nicht regelmäßig. Newton wußte das, und er wußte zudem, daß keine reale absolut gleichmäßige Bewegung in dieser Welt vorkommt. Gerade wegen der *Nichtexistenz* einer solchen Bewegung nimmt Newton an, daß aber eine absolute Zeit existieren muß. Die relative Zeit mißt die absolute Zeit mittels beobachtbarer Bewegungen, zum Beispiel die Umläufe der Himmelskörper.

Gäbe es die relative Zeit nicht, existierte immer noch die absolute Zeit. Das scheint kontraintuitiv. Welche Überlegung führte Newton zu dieser Annahme? Wir finden sie in der Prämisse, daß die Zeit eigentlich vollkommen gleichmäßig verfließt, unbeeinflußt vom Gang der Dinge. Warum sollte die Zeit schneller vergehen, wenn ein Pferd an Newtons Fenster vorbeigaloppiert? Wenn sich die Zeiger einer Uhr schneller bewegen als ‹üblich›, vergeht doch die Zeit nicht schneller, sondern wir sagen nur, daß die Uhr vorgeht. Die Drehung des Zeigers einer Uhr ‹erzeugt› doch keine Zeit, sondern mißt die Zeit. Welche Zeit? Die absolute?

Vorsicht, Vorsicht. Wir wissen, daß die Zeit von Bewegung abhängt. Wenn ein Reiter an Newton vorbeirast, vergeht die Zeit des Reiters *langsamer* als Newtons Zeit. Das spürt der Reiter nicht, und auch nicht sein Pferd. Aber man kann es messen. Auch eine Uhr geht langsamer, wenn sie schnell bewegt wird, langsamer als eine relativ zu ihr ruhende. Meistens rasen Uhren nicht durch die Gegend, so bemerkt niemand ihren je nach Bewegungszustand verschiedenen Gang. Dennoch: Jedes Ding hat seine eigene Zeit. Sofern es sich bewegt. Wenn es sich jedoch nicht bewegt?

Nehmen wir einmal an, Newton hätte recht. Alle Prozesse im Universum würden eingefroren, oder gar alle Dinge aus dem Universum entfernt. Übrig bliebe der absolute Raum, der ja auch von den Dingen losgelöst existiert. Und natürlich die absolute Zeit. Was würde geschehen? Nun, der Raum würde dauern. Gut, gut, aber was würde *geschehen*? Nichts. Es würde nichts geschehen, weil *keine Zeitpunkte unterschieden* wären. Wenn aber keine Zeitpunkte unterschieden werden können, dann vergeht keine Zeit, auch keine absolute. Zeitpunkte unterscheiden sich nämlich nur dadurch, daß voneinander unterschiedene Ereignisse geschehen. Würde nur ein immer gleiches Ereignis passieren, würde nichts passieren.

Aristoteles war genau dieser Auffassung. Seine Argumentation beginnt mit der Erwähnung einer Geschichte. Auf Sardinien (bei den Heroen?!) fallen einige Personen in einen totenähnlichen Schlaf, aus dem sie nach einiger Zeit wieder erwachen. Sie haben freilich gar nicht bemerkt, daß zwischen ihrem Einschlafen und dem Erwachen Zeit vergangen ist. Warum nicht? Weil sie bewußtlos waren? Das ist nur der scheinbare Grund. Der eigentliche Grund, warum (subjektiv) keine Zeit verging, liegt darin, daß die Jetzte nicht verschieden waren, wie Aristoteles sagt. Das letzte Jetzt des Einschlafens wurde mit dem ersten Jetzt des Aufwachens zu einem verbunden, die Zwischenzeit verschwindet. ‹Wie es zum Beispiel sicherlich keine Zeit gäbe, wenn nicht das Jetzt (immer) ein anderes wäre, sondern ein und dasselbe (bliebe), genauso scheint es keine Zwischenzeit zu geben, da die Verschiedenheit (der Jetzte) verborgen bleibt.›

Auf die Verschiedenheit der Jetzte, der Zeitpunkte, kommt es an. Wenn die Jetzte verschieden sind, verfließt Zeit. Wenn es immer nur ein und dasselbe Jetzt gibt, verfließt keine Zeit. Das ist der Fall, wenn keine Ereignisse stattfinden – entweder wirklich nicht, oder wenn sie unbemerkt bleiben. Daß Ereignisse nicht wahrgenommen werden, ist also nur ein Sonderfall ihrer Nichtexistenz – für einige Leute gibt es sie nicht, da sie gerade tief schlafen, so tief, daß sie zwei eigentlich verschiedene Zeitpunkte zu einem verschmelzen.»

So weit der von mir leicht redigierte Text von Eisenhardt ... Gestatten Sie mir, hoffentlich noch wohlgesinnte Leserschaft, die bisherigen Überlegungen in *meinen* Worten *knapp* zusammenzufassen, damit sie auf ein Blatt Papier passen, denn Knappheit, Schärfe und Konsequenz, das ist *mein* Metier: Ohne verschiedene Ereignisse keine Zeit. Ohne Bewegung keine Zeit. Die Zeit trennt nicht einfach die Ereignisse, so daß nur der Gegenwartspunkt existierte, wenn er denn (nur?) vom Standpunkt eines Bewußtseins existiert, nein, sie verbindet auch die Ereignisse. Wäre die Vergangenheit nicht «real», wäre es die Gegenwart ebenfalls nicht. Die Zukunft ist nicht völlig neu, nur relativ neu. Sonst gäbe es keine Gesetzlichkeit, und aus einer Mücke könnte sofort ein Elefant entstehen. In diesem Sinn einer Möglichkeit ist die Zukunft «wirklich». Ohne Neuheit keine Zeit. Und keine Zeit ohne zeitlose Bewegung, aus der sie immer wieder in verschiedenen Komplexifizierungen neu entsteht und die es möglich macht, die Zeit als etwas an der Bewegung, tiefer: an der zeitlosen Bewegung (zirkelfrei?) zu definieren, als ihr Maß, welches die zeitlose Bewegung «sofort» bricht und sie zeitlich gestaltet. Auch die «Früher/Später-Relation» verbindet die realen Ereignisse. Mit ihr ist eine Prozessualität verbunden, sie ist keineswegs rein statisch, da Prozesse real in der Natur vorkommen. Wir unterliegen immer der (notwendigen?) Versuchung, diese Prozessualität mit der «Bewegung» des «Jetztpunktes» zu verknüpfen. In der realen Zeit ist die Früher/Später-Relation mit Prozessualität korreliert, ohne daß es zur «Bewegung» des Jetzt kommt. Sie ist etwas «zwischen» der eher statischen Früher/Später-Relation und der (sich rein «zeitlich bewegenden») Relation von Vergangenheit/ Gegenwart = Jetzt/Zukunft. Aber die Zeit ist nichts «Für-sich-Seiendes», nicht ohne Ereignisse, Komplexität und Bewegung, wenn sie auch nicht mit der Bewegung identisch ist. Indem sie etwas an der Bewegung ist, ist sie abstrakt; indem sie eng an Bewegung gefesselt ist, ist sie konkret. Inwieweit die «Richtung» der Zeit an lokale Komplexitätszunahme und globale Komplexitätsabnahme gekoppelt ist, bleibt offen. ... und so weit dies Blatt Papier.

Ich fahre fort. Philosophen stellen Fragen. Meist bedeuten die Fragen schon die Antworten. Was genau die zeitliche Relation von anderen Ordnungsrelationen, insbesondere räumlichen, unterscheidet, was das «Wesen» der zeitlichen Dimension ist, hat noch niemand wirklich beantwortet, auch wenn die Philosophen sich daran abgearbeitet haben. Die Philosophen interpretieren die Welt, die Wissenschaftler und Techniker verändern sie. Die Philosophen kommen natürlich immer zu spät. *Ich* stelle die wesentlichen Fragen, die der Antwort harren, Fragen, die vielleicht sogar beantwortet werden können, Fragen, die untergründig verwoben sind, Fragen, die auf eine Antwort zielen, welche die «Erstreckung» der Zeit «rein» erfaßt, ohne sie mit der räumlichen zu vermischen, die aber doch jedesmal auf Antworten stoßen, die besagen, daß diese reine Erfassung nicht möglich ist, daß «Bewegung» und «Anreicherung» von Struktur wesentlich zur Zeit gehören. Fragen wir also. Graben wir tiefer, Eisenhardt, graben wir doch ein wenig tiefer – Sie hören mich schon, auch wenn Sie geflohen sind vor der Schärfe und Konsequenz eines faustischen Technikers, vor den klaren Resultaten eines angewandten Metaphysikers! Also weiter! Unterscheidet sich die zeitliche von der räumlichen Ordnung durch ihre interne Richtung? Müssen nicht die räumlichen Richtungen immer *von außen* festgelegt werden (links-rechts; rechts-links), während die zeitlichen Richtungen *intrinsisch* angelegt sind (früher-später; später-früher)? Weist das Intrinsische auf eine interne Bewegung hin? Auf eine rein zeitliche des Jetzt oder auf eine zeitlose? Wenn man aus dem Raum «heraustritt», behält man nicht immer noch eine räumliche Perspektive bei, von der aus man den Raum betrachtet? Wenn man aus der Zeit «heraustritt», wird nicht die Zeit zum Raum? Was genau sondert die zeitliche Änderung eines Apfels von Grün zu Rot von der räumlichen Relation «oben grün, unten rot»? Was bedeutet das «bevor», wenn man sagt, daß der Apfel grün war, bevor er rot wurde, also eine inkompatible Eigenschaft annahm, denn der Apfel kann nicht «gleichzeitig» (als Ganzes) grün und rot sein. Warum geschieht nicht alles auf einmal und damit gar nichts? Was «streckt» die Zeit? Was faltet sie auseinander durch die Komplexifizierung der Welt, ohne daß alles schon «vorher» angelegt ist? Wenn nach Leibniz die Zeit die Ordnung des einander Ausschließenden ist, wie garantiert dann die Zeit die «Stimmigkeit» der Welt mit sich selbst? Warum entsteht die Zeit und entfaltet sich die Welt? Wozu «arbeitet» sich die Welt mühsam zeitlich ab, um zu einem komplexen Zustand zu gelangen, den sie nach aller Voraussicht wieder verlieren wird? Warum bleibt sie nicht zeitlos einfach? Warum ist die Zeit? Geehrte Leserschaft, ich bin bereit, die letzten Fragen zu beantworten. Was sagen Sie jetzt?

3 Warum ist die Welt komplex? Eine schwierige Frage. Warum gibt es die Welt? Eine einfache Frage, da die Antwort lautet: Weil es nicht nichts gibt. (*Ich* habe das nachgewiesen: Mein Annihilator kann zwar alles vernichten, nicht jedoch sich selbst.) Es gibt immer etwas, hinter das nicht zurückgegangen werden kann. Eisenhardt, der Autor der vorigen Kapitel, glaubt, plausiblerweise akzeptieren zu müssen, daß, ich will einmal sagen: dem «Grundzustand des Seins» eine minimale Ordnungsstruktur zugeschrieben werden sollte, die nicht statisch, nicht zeitlich und nicht physikalisch ist. Mit diesen Annahmen hat er sich so einige Probleme eingehandelt, aber ich möchte das auf sich beruhen lassen. Alle vernünftigen Wesen sind sich einig: Der Grundzustand des Seins ist einfach, muß es auch sein, er ist auf keinen Fall komplex. Wir wollen uns hier nicht um Worte streiten. Selbstverständlich hat der Grundzustand eine «Minimalkomplexität», die Komplexität eines diskreten geometrischen Netzwerkes oder die Komplexität von kohärent schwingenden Strings als «Scherben der Raum-Zeit»; jedoch diese meinen wir nicht, wenn wir die Frage: «Warum ist die Welt komplex?» aufwerfen. Wir beziehen uns natürlich auf die reichere Komplexität des angeregten Zustandes, auf Atome, Moleküle, Nebelhaufen, Sternsysteme, deren inhomogene Verteilung, Planeten und Organismen. Und weiter denken wir an komplexe Vorgänge, Ereignisse und Dynamiken wie die Entstehung von «Teilchen», das «Backen» von Elementen, wir

meinen die Prozesse der chemischen Bindung, der Selbstorganisation, mit einem Wort: die Entstehung von (höheren) Strukturen. Es gibt immer etwas, aber es ist nicht notwendigerweise komplex. *Warum* wird die Welt komplex? Diese Frage muß doch einmal gestellt werden! Ja noch weitergehend. *Wozu* wird sie komplex? Und diese Frage erst recht, Eisenhardt! Warum so bescheiden? Kennen Sie wirklich Ihre Grenzen? Und weiter: Hat das Ganze einen Sinn? Oder geschieht dies einfach, weil nun einmal die Naturgesetze und Naturkonstanten so sind, wie sie sind, und weil es kontingente, zueinander passende Rand- und Anfangsbedingungen gibt?

Warum ist die Welt komplex? Unmöglich, selbst für mich, alle Überlegungen zu dieser Frage durchzumustern. Vielleicht bin ich nicht sehr bescheiden, aber verrückt bin ich auch nicht. Was böte sich denn zuerst an als eine einfache Erklärung der Komplexität? Ein *Naturgesetz* der globalen Entstehung von Komplexität; ein «vierter Hauptsatz» der Thermodynamik. Ich formuliere ihn in Anlehnung an einen Vorschlag von Lee Smolin wie folgt: *Das Universum unterliegt einem dynamischen Prinzip, nach dem es sich so entwickelt, daß es seine Komplexität maximiert.* Unmöglich, diesen Satz mit all seinen Voraussetzungen und Konsequenzen auseinanderzunehmen. Eine allgemeine Komplexitätstheorie haben wir nicht zur Verfügung, welche die Frage beantworten könnte: «Was genau ist eigentlich Komplexität, und wie entsteht sie unter welchen universalen Bedingungen?» Fassen wir uns kurz, die Leserschaft wird es uns danken. Ein vierter Hauptsatz der Thermodynamik schließt echte Emergenz aus, weil wir mit seiner Hilfe die neuen Zustände der Welt (im Prinzip) schon kennen würden oder zumindest vorhersagen könnten. Wir sind in der Lage, den Zerfall von Ordnung in abgeschlossenen Systemen vorherzusagen, wozu uns der zweite Hauptsatz der Thermodynamik berechtigt. Nicht in Sicht ist ein gültiger Satz, der allgemein die Entstehung von globaler Ordnung in offenen Systemen erklärt. So.

Aber *Selbstorganisation* findet im Universum tatsächlich statt. Kommen wir hier zu Potte? Völlig klar ist doch folgendes: Selbstorganisation geschieht *lokal* im Universum, unter bestimmten Randbedingungen sogar notwendig. Denken wir an den Laser, denken wir an chemische Reaktionen. Und so weiter. Jedoch: Eine Theorie der *globalen* Selbstorganisation *des* Universums ist nicht in Sicht. Und wie soll sich wohl das Verhältnis einer fundamentalen Theorie zu einer Selbstorganisationstheorie gestalten? Haben Sie das wirklich genau bedacht, Eisenhardt? Wo erblicken wir eine Selbstorganisationstheorie gravitierender *offener* Quantensysteme? Nirgends. Meist werden doch auch im fundamentalen Zustand *geschlossene* Quantenfeldsysteme behandelt, deren Symmetriebrechungen zu Komplexität führen (sollen). Das aber ist keine Selbstorganisation, sondern ein «Ausfrieren» oder «Ausfällen» von Struktur in geschlossenen Systemen. Wir hören eine schöne Geschichte, die einen Verlauf *beschreibt*. Wir möchten aber wissen, warum der Verlauf stattfindet. Und noch etwas, verehrte Leserschaft: Alle Theorien der Selbstorganisation beschreiben immer nur die Entstehung relativ niederer Komplexität in bestimmten Szenarien (zum Beispiel die Ordnungsentstehung im Laser vom inkohärenten Rauschen des Normallichts bis zum kohärenten Laserlicht und seinem möglichen Pulsieren), nicht aber die Entstehung höherer Ordnung durch «Vererbung» von «eingefrorener» Komplexität über verschiedene Szenarien (der Laser müßte «Nachkommen» erzeugen, welche die eingefrorene Komplexität höherstufig weitergeben). Und weiter im Text.

Daß dies möglich ist, sagt uns die Theorie der Automaten, in der man zeigen kann, wie ein Automat niederer Komplexität einen Automaten mit höherer Komplexität (als die seine) baut. Das behagt mir sehr, denn ich baue gerne Dinge, die andere nur bedenken; ich nenne keine Namen. Aber warum so weit greifen. Wir haben doch die *Evolutionstheorie* zur Verfügung. Zeigt sie uns nicht, wie komplexe Organismen aus einfachen entstehen? Befinden wir uns hier nicht auf der sicheren Seite? Die Evolutionstheorie befaßt sich mit einem Spezialfall von Komplexitätserhöhung, Verbindungen zur Selbstorganisation und Komplexität existieren nur auf molekularer Ebene. Molekulare Ebene? Lebensentstehung? Organismen, also Amöben und Affen? Wo befinden wir uns? Sprechen wir nicht vom Universum? Ist das Universum ein Organismus? Nein, sicher nicht. Evolviert das Universum? Man sagt das so. Spielt diese Sprechweise auf die Darwinsche Evolutionstheorie an? Steckt mehr dahinter? Ja. Lee Smolin wagte, die Hypothese der natürlichen Auslese von Kosmen eines Multiversums vorzuschlagen, um die Entstehung von Komplexität zu erklären. Kosmen unterscheiden sich demnach durch bestimmte Parameter in ihrer Komplexität genau so, wie die Gensequenzen von Organismen in einem «Sequenzraum» der natürlichen Selektion differieren. Diese Parameter könnten die Anzahl der Schwarzen Löcher oder die Werte bestimmter Naturkonstanten (Gravitationskonstante, elektromagnetische Ladungseinheit etc.) bestimmen oder messen. Das Multiversum würde sich durch Schwarze Löcher reproduzieren, aus denen sich «Babykosmen» bildeten, die wiederum zu «Erwachsenenkosmen» heranwüchsen, um weiterhin andere «Nachfahren» zu erzeugen, die sich durch ihre unterschiedlichen Parameterwerte von den «Eltern» abgrenzten und auf diese Weise höhere Komplexität erlangten – durch natürliche Selektion. Und so weiter und so fort. (Schwarze Löcher könnten übrigens auch technisch von uns erzeugt werden. Im Prinzip. Wie Sie sich denken werden, beste Leserschaft, behagt mir das sehr! Ich arbeite daran.) Dann würde jedes Schwarze Loch einem Urknall entsprechen, der einen solchen «Babykosmos» gebiert. Folgende von mir überarbeitete Gegenüberstellung wird die Spekulation anschaulich gestalten und einmal klar darstellen:

Organismen	Kosmen
Gensequenzen	Parameter der Teilchen und Felder
Umwelt	Kosmen?; Grundzustand?
Selbstreproduktion durch chemische (autokatalytische) Prozesse	Selbstreproduktion durch die Dynamik Schwarzer Löcher, die Babykosmen generieren
Mutabilität der Gene	Mutabilität der Parameter
Komplexität der Gensequenzen	Komplexität der Parameterwerte
Stoffwechsel	Abhängigkeit der internen Komplexitätsänderung vom Grundzustand oder den anderen Kosmen
Selektionswert: Optimale Kombination der strukturellen Stabilität und Effizienz der zuverlässigen (Selbst-)Reproduktion der Sequenzen	Selektionswert: Optimale Ausdifferenzierung der internen Struktur durch Bildung einer hierarchischen Ordnung in Kosmen?

Sie haben sich folgendes klarzumachen, hochgeschätzte Leserschaft: Hierachische Strukturen weisen einen höheren Selektionswert auf, weil sie eine hohe Stabilität gegenüber den Fluktuationen der Umwelt besitzen. Teile, die nur locker zusammengefügt sind (bloße Ansammlung von Atomen), zerfallen schon durch leichte Schwankungen (vielleicht gilt das auch von Gedankengefügen, Eisenhardt), während festverklammerte Strukturen (Moleküle) standhalten. Gensequenzen werden sich unter bestimmten Bedingungen reproduzieren und auch Sequenzen mit einer höheren Komplexität erzeugen, aber nur bis zu einem gewissen Grade. Wie aus «Gensequenzen» Organismen emergieren, wie sich also spezielle Gene eine «Hülle» einfangen und sich mit dieser weiter reproduzieren, kann im Rahmen einer chemischen Selbstorganisationstheorie nicht mehr oder nur sehr schwer erklärt werden. Wo setzt die Selektion an, zielt sie auf die Gene oder auf ausgebildete Organismen? Auf der Ebene niederer Komplexität kann die Frage klar beantwortet werden, aber wie steht es um höherkomplexe Objekte und deren Herausbildung? Sind nicht letztlich die Kosmen die Grundeinheiten der Selektion? Wird nicht schon eine hohe «Minimalkomplexität» vorausgesetzt, damit der Prozeß der Komplexifizierung überhaupt in Gang kommen kann? Und weiter: Wenn Kosmen die Ziele der Selektion bilden, greift die Spekulation von Smolin nur sehr schwach, da für ausgebildete Kosmen (Pendants zu Organismen) keine ausgearbeitete Theorie der natürlichen Selektion vorliegt, nach welcher der Prozeß der Evolution notwendig zu höherer Komplexität führt. (Der Selektionswert kann auch schwerlich definiert werden, wenn keine echte gemeinsame «Umwelt» der Kosmen existiert, in der sie sich selektieren könnten.) Zwar hat nach Charles Darwin die «natürliche Zuchtwahl» unausbleiblich einen «Fortschritt der Organisation» der Lebewesen zur Folge, aber es wird doch überhaupt nicht klar, warum das nach seiner Theorie so sein *muß*. Höhere Organisation wird in bestimmten Umwelten von Vorteil sein, in anderen nicht. Sie ist aber kein universelles Merkmal der Evolution selbst, wie Herbert Spencer meinte, dessen spekulative Überlegungen Darwin jedoch ablehnte. Faktisch gebiert die Evolution höhere Komplexität, das ist nicht das Problem, die Frage stellt sich aber immer noch: Warum? Das Bild von Smolin bleibt also problematisch. Hier bleibt er bloß spekulativer Philosoph. Vielleicht noch eines: Ein Kosmos mit vielen Schwarzen Löchern hat eine hohe Entropie, also Unordnung, also niedrige Komplexität. Auf welche Weise wird kompensiert, daß trotzdem die Selbstreproduktion des Multiversums durch die Erhöhung der Anzahl Schwarzer Löcher (je mehr Schwarze Löcher ein Kosmos hat, desto mehr «Nachkommen» kann er produzieren) eine zunehmende Komplexität garantiert?

Und zum Schluß: Komplexe Strukturen formen sich durch den Prozeß der *Verstärkung* einfacherer Strukturen. Anfängliche (Quanten-)Schwankungen schaukeln sich hoch und bilden komplexe Systeme. Verklumpungen generieren größere Verklumpungen. Lokale kleine Schritte der Selbstorganisation überschreiten sich und breiten sich aus. Ist es so geschehen? Erreichte das Universum auf diesem Wege eine höhere Komplexität? Sicher muß der Prozeß einer Verstärkung oder eines «Aufblasens» ärmerer Struktur zu reicherer Struktur eine Rolle gespielt haben. Wir meinen, an den geringen Inhomogenitäten der Hintergrundstrahlung sehen zu können, wie sich kleine Anfangsschwankungen zu größeren Strukturen aufwarfen. Hierbei muß aber die dunkle Materie mithelfen. Die (Gravitations-)Kraft der «sichtbaren», also der üblichen Materie reicht nicht zur Verstärkung aus. Schwankungen müssen sich nicht generell aufschaukeln. Eine exakte Theorie darüber gibt es nicht. So. Das war doch wohl klar und knapp genug, liebe Leserschaft.

Warum ist die Welt komplex? Ich habe mir erlaubt, vier Ansätze zu Theorien der Komplexitätsentstehung vorüberziehen zu lassen: einen vierten Hauptsatz der Thermodynamik, die Selbstorganisationstheorie, eine Darwinsches Multiversum, die Verstärkung vorhandener Strukturen. Ich bin diesen Theorien keineswegs gerecht geworden. Schließlich habe ich ja auch nicht allzuviel Platz von Eisenhardt erhalten, wenig Platz, er reicht mir. Bei der ersten und der vierten war ich sehr kurz angebunden. Ich wollte nur den berechtigten Eindruck bei der Leserschaft erwecken, daß *alle* Ansätze zu kurz greifen. Das bedeutet natürlich rein gar nichts. Ich vermag kein prinzipielles Argument zu finden, das gegen die Aufstellung einer allgemeinen Theorie der Komplexitätsentstehung spräche. Hüten sollten wir uns vor metaphysischen Theorien, die einen inneren Drang der Natur oder des Universums zu höherer Komplexität konzipieren, wenn sie denn als *Ersatz* für eine wissenschaftliche Behandlung gemeint sind. In theoretischen Modellen hat ein solcher Drang nichts zu suchen, er darf keine übergreifende «fünfte» Kraft sein, die das Universum antreibt. Hüten sollten wir uns auch vor theologischen Lückenbüßertheorien (zu denen sich Eisenhardt ausnahmsweise knapp und deutlich geäußert hat), die einen Designer für komplexe Systeme erfinden, weil sie nicht «von selbst» hätten entstehen können. Am Anfang ist nicht die Tat eines planenden Geistes, denn dann hätte die schon alles vorweggenommen, und die Kontingenz der Zeit wäre nur eine Illusion. Oder *ist* sie das etwa? Ich denke nicht. Am Anfang ist nicht die Komplexität. Aber wir brauchen uns nicht vor metaphysischen Reflexionen zu hüten, wenn wir sie wohldosiert und klar durchdacht auf der angemessenen Ebene einsetzen. Also weiter zum letzten Schluß.

4 Warum ist die Zeit? Und: Wozu entfaltet sich
die Welt in ihrer Komplexität? Daß Komplexität ist, wissen wir. Warum sie ist, wissen wir nicht genau. Daß die Zeit auf Strukturanreicherung beruht, haben wir vermutet. Wozu aber die Zeit ist, dazu haben wir noch keine Vermutung angestellt. Die Frage «Wozu» nach dem «Zweck» wird nicht die Frage «Warum?» nach der «Bedingung» oder der «Ursache» ersetzen. Die Nichtbeantwor-

tung der Frage nach den Bedingungen der Komplexitätsentstehung erzwingt nicht auch die Nichtbeantwortung der Frage nach dem Zweck der Komplexitätsentfaltung. Ganz im Gegenteil. Es wäre mir lieber, wenn auf die erste Frage eine präzise, einheitliche und vollständige Antwort vorläge. Ich könnte mich dann dem Zweckproblem ruhigeren Sinnes widmen. Aber wie die Dinge nun einmal liegen, treibt mich die metaphysische Unruhe um so stärker. Ja, auch mich, No, treibt diese Unruhe, aber ich will Antworten, nicht bloß Fragen über Fragen.

Zeitliche Komplexitätsentfaltung gilt als eine notwendige Bedingung der Sinnzuschreibung des Daseins. Ein kurzes Leben oder ein langes, das sich in ewigen Wiederholungen totläuft, wird als sinnlos betrachtet. Nur die Fülle und der Aufschub können Sinn setzen. Wie aber steht es um den *objektiven globalen Prozeß* der Komplexitätsentfaltung selbst, der unser Gegenstand ist? Besteht eine Chance, ihm einen inhärenten Sinn zuzuschreiben, einen immanenten Zweck? (Ich diskriminiere diese Begriffe nicht etwa.) Oder ist schon die Problemstellung *Warum und zu welchem Zweck entstand die Zeit?* total sinnlos?

Nein. Das ist sie nicht. Sonst hätte ich das Problem nicht aufgeworfen. Bedenken wir, daß die Zeit von drei Perspektiven aus analysiert werden kann: vom Blickpunkt theoretischer Modelle (der Physik, aber auch anderer Wissenschaften), aus dem Blickwinkel der Wahrnehmung und des existentiellen Entwurfs in der Lebenswelt (Fülle und Aufschub) und von einem metaphysischen Standpunkt. Der Prozeß der Komplexifizierung aus einem zeitlosen Grundzustand legt ein *metaphysisches Bild* nahe, das ich jetzt skizzieren werde, ein Bild, welches diesen Prozeß als eine Selbstüberschreitung, als eine Transzendierung des Grundzustandes präsentiert, aber auch als eine Zerrissenheit und ein Erstrecktsein, die keine Erfüllung finden. Machen Sie sich auch ein Bild, malen Sie, liebe Leserschaft, mit mir weiter in einer gewissen Emphase, die hier angebracht ist. Ist es nicht so, als würde der Grundzustand ständig über sich hinausgehen, so, als ob er sich von sich losreißen «wollte», um etwas zu generieren, das sich von ihm emanzipiert, um für sich zu bestehen? Der zeitlose Prozeß bricht sich aus sich heraus immer «sofort» in die Zeit und entwirft hierarchische, immer komplexere Schichten des Naturalen und Nichtnaturalen, die nicht mehr direkt von ihm abhängig sind. Metaphysisch gesehen ist er die eigentliche Substanz, das «Darunterliegende», das «Für-sich-Bestehende» ohne Ursache, das «Autarke», hinter das nicht mehr zurückgegangen werden kann. Aber er ist einfach und überschreitet sich ins Neue, nicht in ihm Angelegte, Komplexe. Und dies vollbringt er nicht *in* der Zeit, sondern *durch* die zeitliche Auseinanderlegung, Erstreckung, Geschichte, durch sein «Auseinanderfallen», durch Strukturanreicherung, durch die Schaffung einer Distanz von sich selbst. Machen Sie sich klar: Das zeitliche Auseinanderbrechen in der Schaffung des Neuen setzt etwas aus sich heraus, das sich von seinen Bedingungen zu lösen strebt, aber dieses «Ziel» niemals erreicht. Drei wohlunterschiedene, grobkörnige ontologische «Schichten» kennzeichnen den Prozeß der Komplexifizierung: der zeitlose Grundzustand, die zeitliche Natur, in Kosmen realisiert, und das lokal sich aus der Natur herausbildende Nichtnaturale wie Bewußtsein, Bedeutung, Geltung, Normen, Theorien. Dies Nichtnaturale ist keineswegs das Ziel, der immanente Zweck des Prozesses. Der Grundzustand überschreitet sich nicht, um sich selbst zu verstehen, um sich in sich zu spiegeln. Keineswegs. Er überschreitet sich, um etwas zu schaffen, das sich von seinen Bedingungen loslösen möge, das auch dann bestehen bleiben möge, wenn man die «Unterlage» wegzöge, das jedoch immer nur in der Schwebe bleibt. So zerreißt er sich, um in dieser Zerrissenheit zu verharren. Und so sage ich folgendes: Der Sinn der Zeit besteht darin, daß der klassische Zustand, später der hochkomplexe Zustand der feinkörnigen Natur nicht bloß die «Illusion», der Schein des Grundzustandes bleibt, sondern eine Eigenständigkeit gewinnt, die niemals «substantielle» Dignität erlangt und die auch nicht als bloßes Attribut des Grundzustandes fungiert. Nähme man die Zeit ernst, besäße sie dieselbe ontologische Dignität wie der Grundzustand. In der Zeit zu sein heißt doch, grausam wirklich zu sein, real, irreversibel faktisch zu sein. Dann aber könnte sie nicht aus dem Grundzustand entstanden sein. Weiter: Dann verfielen wir einem ontologischen Dualismus, der nicht in Einklang stünde mit dem Status der Zeit und der komplexen Schichten der Natur als *entstandene, abhängige* Entitäten. Sie sind mehr als das. Aber was genau? Das ganze Problem drückt sich in der Schwierigkeit aus, Reduktion und Emergenz zu vereinen, den Prozeß der Komplexifizierung als die Schaffung ontologisch neuer Eigenschaften zu betrachten, die doch auf die Entitäten des Grundzustandes reduzierbar sein sollen. Konsequenterweise gipfelt die Philosophie des Reduktionismus – eine fruchtbare Philosophie der Physik – in den knappen Thesen: Es gibt eine grundlegende Ebene (in der Natur oder für die Natur), *und* alle anderen Ebenen sind durch die grundlegende Ebene realisiert. («Alles besteht letztlich nur aus Schwingungen von Strings!») Das Objekt C2 ist «eigentlich» das Objekt (C1 R2 C1), das wiederum aus ([C0 R1 C0] R2 [C0 R1 C0]) besteht, wobei die «Rs» Relationen ausdrücken und die «Cs» die Basisobjekte symbolisieren. Welche selbständige (?) Existenzweise besitzt aber C2 (und auch schon C1)? An der Lösung dieses Problems sitzend, haben sich die Philosophen die Finger wund geschrieben. Kein Wunder. Als Paradebeispiel dient das Bewußtsein: Eine ontologische Reduktion auf materiell/energetische Hirnzustände gelingt nicht, aber als eine separate Substanz möchte man das Bewußtsein auch nicht charakterisieren. Dies ist das berühmte Leib-Seele-Problem; Sie kennen es natürlich, Leserinnen und Leser. Das Bewußtsein scheint «irgendwie» abhängig von seiner materiellen Grundlage, nur weiß man leider nicht, welche genaue Art von Abhängigkeit statthat. Es scheint auch eine gewisse Eigenständigkeit zu besitzen, aber welcher Art? Radikal formuliert geht es uns aber nicht bloß um neue Eigenschaften in der Natur, sondern um neue «Substanzen» aus dem Grundzustand. Das Problem ist allgemeiner. Ich erlaube mir, eine nüchterne Formulierung der trockenen analytischen Philosophie zu zitieren: «Zusammengesetzte Objekte mit ontologisch emergenten Merkmalen scheinen echtere Einheiten zu sein als solche ohne diese Merkmale. Weil solche Merkmale einen nichtredundanten Unterschied bezüglich des dynamischen Entfaltens des Universums auszumachen pflegen, muß man über ihre Träger quantifizieren, um eine minimal vollständige Rechenschaft von dieser Evolution zu geben.» Diese neuen Objekte: Atome, Sterne, Steine … haben eine Eigenständigkeit, sie sind nicht bloße Eigenschaften von – Strings? (Man muß über sie quantifizieren, was heißt: Es gibt sie; man muß ihre ontologische Dignität anerkennen.) Das gilt für alle Schichten. Aber das Problem ist damit nicht gelöst. Sind die neuen zusammengesetzten Objekte – substantiell? Nein. Was dann? Hat die emergente Eigenschaft oder gar das emergente Objekt (etwa C2) eine Realität unabhängig von seiner Basis? Ist es irgendwie eigenständig? Höherkomplexes kann nicht in *Begriffen* für Niederkomplexes beschrieben werden, aber was bedeutet das *ontologisch*? Ist «alles eins», alles ein Substratum, wenn wir den Prozeß der Komplexifizierung aus einer «Außenperspektive» anschauen könnten, und «alles neu», jede Schicht emergent, wenn wir die Innenperspektive einnehmen? Hängt alles von unseren Begriffen und unserem Standpunkt ab? Ist die Weltwirtschaft ontologisch nichts als eine Erregung von Strings, aber aus rein pragmatischen Gründen nicht in Begriffen der Stringtheorie zu erfassen? Worauf beziehen sich die «neuen» Begriffe, mit denen komplexe Systeme beschrieben werden, ontologisch? Die Position der Verbindung des ontologischen (reduktionistischen) Monismus mit einem begrifflichen Pluralismus ist einfach instabil, verehrte Philosophen. Finden wir also ein «Loch» in der Ontologie vor? Entläßt der Grundzustand Objekte, die es nicht «wirklich» gibt? Wie weit reichen die Entstehungsbedingungen, welche die Objekte in Abhängigkeit halten? Sollten die neuen Objekte im Prozeß der Komplexifizierung eine gewisse Eigenständigkeit erhalten, inwieweit wirken sie auf die niederkomplexen Ebenen zurück? Entwirft der Grundzustand etwas, das ihn selbst verändert? Oder ist alles nur sein Ausfluß ohne wirkende Eigenständigkeit? Entstehen mit neuen Objekten auch neue Kräfte, Wechselwirkungen? Überschreitet sich der Grundzustand nicht, entwirft sich der geschichtliche Prozeß der Komplexifizierung nicht, um *Eigenständigkeit* vergeblich *entstehen* zu lassen? Ist nicht die Frage hier die Antwort? Und weiter: Wenn wir diesen ganzen Prozeß ins Auge fassen, um ihn ontologisch zu durchdringen, trübt der blinde Fleck der Wissenschaft unseren Blick, der Wissenschaft, die allein «Bedingungsforschung» zu sein scheint, wie der Münchener Philosoph Robert Spaemann sagt, den wir hier einmal zu Wort kommen lassen wollen, bevor wir zum Ende kommen, getragen von Gedanken, die mir schon fast entgleiten ... Spaemann also sagt, daß die Wissenschaft allein Bedingungsforschung sei, so daß «die Emanzipation eines Seienden von seinen Entstehungsbedingungen [...] nicht Thema der Wissenschaft [ist]». Aber die vollständige Emanzipation ist nicht erreichbar, wenn man denn den Prozeß der Komplexifizierung ernst nimmt, in dem kein Bruch vorkommt, der das Unbedingte gebiert; aber Spaemann will das Unbedingte retten, das nicht Objekt der Wissenschaft sein kann. Nein, gerade die Emanzipation in der Schwebe bestimmt das Problem. Das Problem, nicht die Lösung. Das metaphysische Bild darf die wissenschaftlichen Modelle nicht total übermalen. Gott und die unsterbliche Seele sitzen nicht am Anfang und schon gar nicht am Ende. Es ist anders. Es ist der Prozeß selbst, der alles ist, aber sich intern nicht durchschaut. Er «entwirft» intentionslos relativ Selbständiges, das nicht zu sich selbst kommt, sich aber so weit vom Grundzustand distanziert, daß eine Abhängigkeit nicht mehr zu erkennen ist. Auch die Metaphysik hat ihren blinden Fleck. Die Zeit distanziert ontologisch. Mit ihr distanziert sich der Grundzustand von sich selbst und schafft eine komplexe Erstreckung, die sich nicht wirklich selbst begreift. Der Grundzustand mag metaphysisch das Unbedingte, die absolute Grundlage sein, jedoch hat er nichts mit uns vor. Er überschreitet sich grund- und intentionslos. Er verzettelt sich, indem er sich immer wieder transzendiert und doch sein «Ziel» nicht erreicht, hätte er denn eines. Die Zeit distanziert, und da die Zeit nichts anderes als die emergente Komplexifizierung ist, entwirft sie sich ins Leere, reißt sich zwar von sich los, vermag aber ihre komplexen Objekte nicht für sich stehenzulassen, obwohl sie scheinbar darauf «hinzielt». Warum ist die Zeit? Wozu entfaltet sich die Welt in ihre Komplexität? Warum? Wozu? Ein eigentliches Ziel gibt es nicht, eine tiefliegende Tendenz gibt es. Die Welt entfaltet sich nicht, der Grundzustand überschreitet sich nicht, um sich zu verstehen. Wissen kommt nur *lokal* vor, wir sind nicht das globale Bewußtsein der Natur oder des Grundzustandes, der sich auch nicht in uns durch uns erkennt. Es ist nicht die Information, die sich selbst erkennt, so modern das auch klingt, es ist nicht alles Information (von was, für wen, von welcher *Struktur*?), auch nicht der Grundzustand. Das klingt wie der Traum des sich universalisierenden Intellektuellen. Die Natur durchschaut sich nicht. Wir sind lokal beschränkt, unsere Theorien bilden kein (direktes!?) Produkt des Grundzustandes. Theorien, Bedeutung und Geltung von Sätzen oder Normen (Nichtnaturales) müssen aber auf der anderen Seite ebenfalls nichts anderes, nicht mehr sein als – Produkte des Grundzustandes. Hier zeigt sich die Ausdifferenzierung und die Distanz der Zeit am krassesten. Der Grundzustand überschreitet sich auf etwas, das anscheinend überhaupt nichts mehr mit ihm zu tun hat. In seiner ungeheuren Spannweite umfassen wir diesen Prozeß nicht. Theorien sind keine Stringerregungen. Aber doch ... Naturale Ereignisse *geschehen*, Organismen *streben*, Menschen *handeln*, Sätze *gelten*. Diese Kette scheint ontologisch nicht begriffen werden zu können (weder von «außen» noch von innen). Hier lauert die «Gefahr» des Platonismus, der das Sein der Geltung annimmt (Ideen), unabhängig von den naturalen Geltungsbedingungen. Der Grundzustand überschreitet sich auch auf das Abstrakte, ohne es entlassen zu können. *Warum also ist die Zeit*? Wozu ist die Entfaltung der Zeit? Wozu? Dazu: Sie ist der vergebliche Versuch, die Welt *hin zu neuem Substantiellen* aufzustufen, ontologisch *Eigenständiges* zu *produzieren*, *Bedingtes* aus seinen *Bedingungen zu entlassen*, C2 von C1 und C1 von C0 unabhängig zu machen; die Emergenz versucht die Reduktion auszuschalten. Wir können uns den Grundzustand als die «Basis» von Kosmen vorstellen, als die Gebärmutter, die immer wieder mannigfache Kosmen zeitlos erzeugt, von denen einige, sollten sie denn «erwachsen» (komplex) werden, wiederum andere Kosmen generieren, andere «versinken» wieder in den Grundzustand. Die Kosmen differenzieren sich aus und bilden «in sich» neue Eigenschaften und Objekte, ja sogar letztendlich Theorien – wie im Fall unseres Universums –, welche Modelle des Universums erstellen. Das Multiversum reproduziert sich selbst aus seiner «Basis», denn müssen wir nicht nach dem Ursprung auch des Multiversums oder des «Meta-Universums» fragen? Vielleicht schaffen sich die Kosmen neuen «Raum», vielleicht stehen sie aber auch gar nicht in einer räumlichen Beziehung zueinander. Sollte die Kette der Kosmen nicht einen Anfang haben, weil sie allein als Gegebenes, nicht mehr Hinterfragbares zuviel an Struktur repräsentiert? Nur dies ist unser Bild, nur dies: «Diese

Weltordnung hier hat nicht der Götter noch der Menschen einer erschaffen, sondern sie war immer und ist und wird sein: immer lebendes Feuer, aufflammend nach Maßen und verlöschend nach Maßen.» Es ist der «Entwurf» selbst, der zählt, die Selbstüberschreitung des Grundzustandes hin zu eigenständigen Realitäten, deren Ablösung von der Basis im Vollzug angelegt ist, die aber niemals realisiert wird. Der Sinn der Zeit ist allein die Selbsttranszendenz, nicht etwa das Ziel. So ist die Welt in sich zerrissen und kann sich nicht versammeln. Und wir uns auch nicht. «Die Zeit ist die Substanz, aus der ich gemacht bin. Die Zeit ist ein Fluß, der mich davonreißt, aber ich bin der Fluß; sie ist ein Tiger, der mich zerfleischt, aber ich bin der Tiger; sie ist ein Feuer, das mich verzehrt, aber ich bin das Feuer. Die Welt, unseligerweise, ist real; ich, unseligerweise, bin ...» ich.

Das goldene Vlies. Unsere Welt ist zufälligerweise komplex. Andere Welten mögen einfach sein. Weder verfügen wir über ein *universelles* Komplexitätsmaß noch über eine ausgearbeitete Komplexitätstheorie. Das Desiderat besteht darin, daß eine fundamentale Theorie auch eine Theorie der Komplexität sein müßte. Inzwischen behelfen wir uns beispielsweise damit, Selbstorganisation als fundamental anzusetzen oder das «Multiversum» als sich selbst reproduzierende Entität anzusehen. Unsere Welt ist nicht notwendigerweise komplex. Aber die Komplexifizierung der Welt, der Prozeß ihrer Verzeitlichung, tendiert intentionslos danach, aus sich heraus etwas Selbständiges zu gebären, sich zu zerreißen, als ob sich ein Teil der Welt von seinen Entstehungsbedingungen losreißen wollte: Aus dem Grundzustand, der «Substanz» der Welt, emergieren Universen, und manche von ihnen komplexifizieren und «erheben» sich, als wenn sie eine neue

Substanz werden wollten, was ihnen aber niemals gelingt. Diese Selbsttranszendenz des Grundzustandes kann als die basale metaphysische Bewegung angesehen werden, die auch uns trägt. Sie ist der Sinn der Zeit.

Anmerkungen

Kapitel 1

13 «That mysterious Flow», so lautet der Titel des Aufsatzes von Paul Davies aus dem Scientific American vom September 2002, aus dem ich zitiert habe.

14 Zur tieferen Einarbeitung in den Zeitbegriff der Physik empfehle ich Peter Kroes: *Time: Its Structure and Role in Physical Theories* (Dordrecht 1985). Klar behandelt wird der Unterschied von Koordinatenzeit und Parameterzeit. Ein neuerer, gut verständlicher Überblick (Betonung auf Zeitmessung und den Relativitätstheorien; die letzten Kapitel gehen auf die Quantenkosmologie ein) ist Thomas Filk und Domenico Giulini: *Am Anfang war die Ewigkeit. Auf der Suche nach dem Ursprung der Zeit* (München 2004).

15 Isaac Newton legt seine Auffassungen von Raum und Zeit in seinem Hauptwerk *Philosophiae naturalis principia mathematica* (1687) dar.

31 Sidney Shoemaker: «Time without Change», The Journal of Philosophy 66 (1969) 363, und Quentin Smith und L. Nathan Oaklander: *Time, Change and Freedom*, London/New York 1995, p. 41/42, analysieren «Zeit ohne Bewegung». Völliges Einfrieren widerspricht dem 3. Hauptsatz der Thermodynamik: Der absolute Nullpunkt der Temperatur ist nicht erreichbar. Irgend etwas bewegt sich immer. Das völlige Verschwinden ist ein äußerst rätselhafter Vorgang. Vielleicht werden die Dinge und Personen nur von einem «streng *lokalen*, sich nicht verändernden Kraftfeld» (William Newton-Smith: *The Structure of Time*, London 1980, p. 22–23; kursiv von mir) abgeschirmt. Vollkommene Abschirmung ist freilich gleichbedeutend mit völligem Verschwinden.

32 Aristoteles legt seine Auffassungen über Zeit in seiner Physik (Buch 4, Kapitel 10–14) dar; die Lektüre dieses Textes ist zu empfehlen. Sehr verständlich ist die paraphrasierende Übersetzung von Hans Wagner: *Aristoteles, Physikvorlesung* (Darmstadt 1979). Die Zeitdefinition von Aristoteles steht auf 219b1-2, in der Wagner-Ausgabe findet man sie auf p. 113.

48 Carnap berichtet über sein Gespräch mit Einstein in: *The Philosophy of Rudolf Carnap*, hrsg. von P.A. Schilpp (La Salle, Ill. 1963), p. 37. Carnaps Äußerungen über Zeit finden sich in Rudolf Carnap, *Einführung in die Philosophie der Naturwissenschaften*, München 1969, Teil II, 8.

49 Über die Theorien von Tim Maudlin wird in der Frankfurter Allgemeinen Sonntagszeitung berichtet: Ulf von Rauchhaupt: «Und sie vergeht doch», Frankfurter Allgemeine Sonntagszeitung, Juni 2003, Nr. 22, p. 53; grundlegend ist der Aufsatz: Tim Maudlin: «Remarks on the Passing of Time», Proceedings of the Arstotelian Society 102(3) (2002) 237 (im Internet).

50 Die Äußerungen von Barbour stammen aus: *Mach's Principle*, hrsg. von Julian Barbour und Herbert Pfister (Boston etc. 1995), p. 103; zur genaueren Information: Julian Barbour: *The End of Time* (London 2000).

51 Ernst Mach kritisiert Newtons Raum- und Zeitkonzeption wirkungsmächtig (und übte einen großen Einfluß auf Einstein aus) in seinem Werk *Die Mechanik in ihrer Entwicklung historisch-kritisch dargestellt* (diverse Auflagen); zitiert habe ich aus der Seite 217 des Nachdruckes der neunten Auflage von 1933 (Darmstadt 1976). Einschlägig zum zweiten Machschen Prinzip ist Peter Mittelstaedt: *Der Zeitbegriff in der Physik* (Zürich 1989).

59 Die Explikation des Raumes als Wechselwirkungsparameter steht bei Thomas Görnitz: «Der dreidimensionale Raum – eine Konsequenz der Quantentheorie?», Vortrag an der Universität Frankfurt am Main, September 2005 (wird veröffentlicht in: *Naturwissenschaftliche Raum- und Zeitbegriffe*, hrsg. von Frank Linhard und Peter Eisenhardt, Frankfurt am Main 2007). Auf einige Überlegungen von Görnitz gehe ich in Kapitel 5, Abschnitt *Klassische Welt und Quantenwelt* kurz ein. Zur Vertiefung seiner Konzeption lese man: Thomas Görnitz und Brigitte Görnitz, *Der kreative Kosmos* (Heidelberg/Berlin 2002).

61 In dem Buch *The Road to Reality* (New York 2005) von Roger Penrose werden die mathematischen und physikalischen Grundlagen der klassischen Mechanik, der Thermodynamik (des Universums), der beiden Relativitätstheorien, der Quantentheorie und ihrer Interpretationen für interessierte Laien verstehbar dargelegt. Penrose geht ebenfalls sehr klar und präzise auf die Quantenkosmologie, die String- und Looptheorie sowie seine Twistortheorie ein, d.h. auf das Konzept einer fundamentalen Theorie. Man benötigt fast keine Voraussetzungen, muß aber viel Geduld und Zeit aufbringen. Das Werk ist jedenfalls extrem zu empfehlen.

Kapitel 2

65 Unter Physikern ist es eine heiß diskutierte Frage, ob denn die Kosmologie eine Wissenschaft sei, und falls ja, welche Art von Wissenschaft. Einschlägig sind folgende Aufsätze: Hubert F.M. Goenner: «What Kind of Science is Cosmology?», in: *Philosophy, Mathematics and Modern Physics*, hrsg. von Enno Rudolph/Ion-Olimpiu Stamatescu, Berlin etc. 1994 (sehr kritisch), und George F. R. Ellis: «The Unique Nature of Cosmology», in:

Revisiting the Foundations of Relativistic Physics, hrsg von Jürgen Renn et. al. (Dordrecht 2003).

66 Über die Atomisten informiert sehr gut: Griechische Atomisten, hrsg. von Fritz Jürß et al., Leipzig 1991. Der Untertitel Texte und Kommentare zum materialistischen Denken der Antike ist mißverständlich: Die Atomisten waren keine Materialisten. Zur Vertiefung empfehle ich: Demokrit: Texte zu seiner Philosophie, hrsg. von Rudolf Löbl, Amsterdam/Atlanta 1989.

73 Zitiert habe ich Dirk-Ekkehard Liebscher: Kosmologie (Leipzig/Heidelberg 1994). Die Standardaufsätze zur Einführung in die Quantenkosmologie für Laien sind immer noch Christopher J. Isham: «Creation of the Universe as a Quantum Process», in: Physics, Philosophy, and Theology: A Common Quest for Understanding, hrsg. von Robert John Russell et al. (Vatican City State 1988), und «Quantum Theories of the Creation of the Universe», in: Quantum Cosmology and the Laws of Nature, hrsg. von Robert John Russell et al. (Vatican City State 1994). Im letzten Aufsatz diskutiert Isham kurz auch die Fragen «What is a thing?» und «What does it mean ‹to be›?» im Rahmen der Quantentheorie. Zur Ergänzung empfehle ich die Arbeit «Quantentheorie und Gravitation – ein Überblick über konzeptuelle Probleme» von Franz Embacher (http://www.ap.univie.ac.at/users/fe/Quantentheorie/QG/)

77 Marc Davis: «Weighting the Universe», Nature 410 (März 2001) 153 habe ich zitiert; er liefert einen Überblick zu Messungen die Masse des Universums betreffend und zu Abschätzungen seiner Größe. Wichtig ist noch Stephen D. Landy: «Mapping the Universe», Scientific American 6 (1999) 30 bezüglich der Inhomogenitäten des Universums; für eine aktuelle Diskussion vergleiche Akihiro Ishibashi und Robert M. Wald: «Can the acceleration of our universe be explained by the effects of inhomogenities?», Classical and Quantum Gravity 23 (2006) 235.

78 David Hilberts Aufsatz «Über das Unendliche» ist abgedruckt in: David Hilbert: Hilbertiana. Fünf Aufsätze (Darmstadt 1964).

82 Thomas Görnitz' Charakterisierung der Quantenprozesse im Bohrschen Rahmen, die vielleicht nicht von der Mehrheit der Physiker akzeptiert wird, findet sich in der sehr instruktiven Arbeit: «Zeit und Ewigkeit aus der Sicht der Physik», in: Ewigkeit, was ist damit gemeint?, hrsg. von Otfried Reinke, Göttingen 2004. Görnitz diskutiert den Begriff der «Unendlichkeit» als ideales, nichtempirisches Element bezüglich des Zeitbegriffes. Über «Endo- und Exophysik» informiert kurz Hans Primas, «Zur Quantenmechanik makroskopischer Systeme», in: Wieviele Leben hat Schrödingers Katze?, hrsg. von Jürgen Audretsch und Klaus Mainzer, Mannheim 1990.

87 Mit Hilfe von Gravitationswellen könnte man den «Vorhang» der Hintergrundstrahlung ein wenig lüften, also weiter in Richtung «Urknall» zurückschauen. Freilich ist ein sogenannter «Gravitationswellenhintergrund» noch nicht entdeckt. (Diesen Hinweis verdanke ich Claus Kiefer.)

92 Den Begriff des Multiversums analysieren ausführlich William R. Stoeger, George F. R. Ellis und Ulrich Kirchner in dem Papier «Multiverses and Cosmology: Philosophical Issues», arXiv: astro-ph/0407329. Siehe auch Michio Kaku: *Im Paralleluniversum*, Reinbek 2005.

93 Mit der Ausdehnung des Raumes (Was heißt denn das?) befaßt sich Cord Friebe: «Zur Bewegung der Galaxien und des Raumes», Philosophia naturalis 41 (2004) 245.

97 Einschlägig zum Begriff der «Prinzipienphysik» ist das ausgezeichnete Buch von Frank Linhard: *Historische Elemente einer Prinzipienphysik*, Hildesheim 2000; auf der Ebene einer Prinzipienphysik muß der Begriff der «Empirie» diskutiert werden. Zitiert habe ich von den Seiten 215–216.

101 Quines naturalistische Beschreibung des Subjektes in seiner «Umwelt» stammt aus Willard Van Orman Quine: «The Scope and Language of Science», in: *The Ways of Paradox and other essays*, Cambridge (Mass.)/London 1977, p. 228.

102 Einschlägig und wichtig zum Verhältnis von Theorie, Beobachtung und theoretischen Begriffen sind die Bücher und Aufsätze von Wolfgang Stegmüller im Umfeld des «Strukturalistischen Theorienkonzeptes» oder des sogenannten Non-Statement View. Herangezogen habe ich Wolfgang Stegmüller: *Hauptströmungen der Gegenwartsphilosophie Band 2*, Stuttgart 1979, p. 475–6; günstig zu erstehen ist Wolfgang Stegmüller: *Rationale Rekonstruktion von Wissenschaft und ihrem Wandel*, Stuttgart 1979.

104 Die Ideen von Dan Kurth zum «negativen Selektionswert der Empirie» stehen in seinem Internetaufsatz «Actual Existence and Factual Objectivation».

105 Das Zitat von Chalmers ist aus Alan F. Chalmers, *Wege der Wissenschaft*, Berlin 2001, p. 34.

Kapitel 3

112 Der Philosoph Alexius Meinong machte sich so seine Gedanken über das «Ixistieren». Wenn wir sagen «Das runde Viereck existiert nicht», scheinen wir diesem «Gegenstand: rundes Viereck» irgendeinen «Bestand» zuzusprechen und ihm dann die Existenz abzusprechen. Es stellt sich die Frage, ob nichtexistierende Gegenstände doch irgendwie «sind» oder eben «ixistieren». Paradox formuliert: «Gibt es Dinge, die es nicht gibt?» Wer sich darüber informieren möchte, insbesondere auch über die Kritik von Bertrand Russell an Meinong, lese den Artikel von Peter Simons: «Alexius Meinong: Gegenstände, die es nicht gibt», in: *Grundprobleme der großen Philosophen (Philosophie der Neuzeit 4)*, herausgegeben von

Josef Speck (Göttingen 1986, mit gutem Literaturverzeichnis). Außerdem spekuliert Robert Nozik in seinem Buch *Philosophical Explanations* (Oxford 1981, Kapitel: Why is there something rather than nothing?) über die «Ixistenz», die er «th» nennt. Nozik bildet «to noth» nach «nothing» und «to someth» nach «something» und «to thing» nach «th», denn nur das, was «things», kann «to noth» oder «to someth» – «th» ist der Hintergrund für Sein oder Nichtsein, das, was beide übersteigt. Die Veranschaulichung des Problems mit Hilfe des «Existenz/Nichtexistenzkastens» stammt auch von Nozik.

112 Zu *unmöglichen* Gegenständen dies: Es gibt einen Friseur, der all diejenigen rasiert, die sich nicht selbst rasieren. Rasiert er sich selbst oder nicht? Rasiert er sich selbst, darf er es nicht, da er alle rasiert, die sich *nicht* selbst rasieren. Rasiert er sich nicht selbst, muß er es tun, da er alle rasiert, die sich nicht selbst rasieren. Alles klar? Diesen Friseur gibt es nicht!

114 Schopenhauer sagt folgendes: «... daß der Begriff des *Nichts* wesentlich relativ ist und immer sich nur auf ein bestimmtes Etwas bezieht, welches er negiert. [...] Näher betrachtet aber ist kein absolutes Nichts, kein ganz eigentliches nihil negativum auch nur denkbar; sondern jedes dieser Art ist, von einem höheren Standpunkt aus betrachtet oder unter einem weiteren Begriff subsumiert, immer wieder nur ein nihil privativum [bestimmte Beraubung eines seienden Etwas; P.E.]. Jedes Nichts ist ein solches nur im Verhältnis zu etwas anderem gedacht und setzt dieses Verhältnis, also auch jenes andere voraus.» (*Die Welt als Wille und Vorstellung I*, § 71) Es gibt also nach Schopenhauer keinen letzten Hintergrund, vor dem Sein (Etwas) und Nichts betrachtet werden können. «[Meine Lehre] kann hier nämlich nur von dem reden, was verneint, aufgegeben wird: was dafür aber gewonnen, ergriffen wird, ist sie genötigt [...], als Nichts zu bezeichnen, und kann bloß den Trost hinzufügen, daß es nur ein relatives, kein absolutes Nichts sei. Denn wenn etwas nichts ist von allen dem, was wir kennen; so ist es allerdings für uns überhaupt nichts. Dennoch folgt hieraus noch nicht, daß es absolut nichts sei, daß es nämlich auch von jedem möglichen Standpunkt und in jedem möglichen Sinne nichts sein müsse; sondern nur, daß wir auf eine völlig negative Erkenntnis desselben beschränkt sind; welches sehr wohl an der Beschränkung unseres Standpunkts liegen kann.» (*Die Welt als Wille und Vorstellung II*, Kap. 48)

119 Zum Annihilator müssen Sie selbstverständlich die grundlegende Arbeit von Clear L.Y. Noyes: «Der Annihilator: Ein Instrument zur Vernichtung alles Seienden», Zeitschrift für angewandte Metaphysik 13 (2005) 666–777 konsultieren. Absolut zwingend! Derek Parfit: «The puzzle of reality. Why does the Universe exist?», Time Literary Supplement July 3 (1992), p. 3 (Zitat im Kapitel aus dem Englischen) befaßt sich knapp mit dem Problem, was es gibt, wenn es das Universum nicht gäbe.

120 Ein altes Argument der subjektiven Idealisten gegen die metaphysischen Realisten lautet so: Der erste nimmt an, daß die Welt nur besteht, weil er sie beobachtet, der letztere akzeptiert eine unabhängig von jedem Beobachter existierende, strukturierte Welt. Wer hat recht? Gott sei Dank ist das nicht unser Problem. Manche behaupten, daß die Zeit ein subjektives Phänomen sei, so daß es keine reale, von jedem Beobachter unabhängige Zeit gebe – was ich für falsch halte. (Zum Problembereich finde ich immer noch sehr gut: Peter Bieri: *Zeit und Zeiterfahrung*, Frankfurt am Main 1972.) Überlegen Sie: Stimmt diese Auffassung mit der Behauptung überein, daß keine Ereignisse ohne Bewußtsein stattfinden, oder daß sich keine Bewegung ohne einen Beobachter vollzieht?

123 Die «Nullontologie» von David Pearce ist dargelegt im Internetaufsatz «Why does Anything exist?» (http://www.hedweb.com/nihilism/nihilf01. htm). Mein bescheidener Beitrag zu diesem Thema ist nachzulesen in: Franz R. Krueger, Peter Eisenhardt, Dan Kurth und Horst Stiehl: *Physik und Evolution* (Berlin/Hamburg 1984).

124 Edward Tryons Aufsatz «Is the Universe a Vacuum Fluctuation?» ist in Nature 246 (1973) 396 erschienen. Das Nichts behandelt ausführlich Ludger Lütgehaus: *Nichts* (Zürich 1999). Zum eher physikalischen Nichts vergleichen Sie das Werk von Alan Guth: *Die Geburt des Kosmos aus dem Nichts* (München 1999), obwohl der deutsche Titel mißverständlich ist. Das Zitat von Heinz R. Pagels ist seinem Buch *Perfect Symmetry. The Search for the Beginning of Time* (London 1992) entnommen. Den Hinweis auf den Zusammenhang von Energiegehalt des Universums und seinen Formen verdanke ich Claus Kiefer.

129 Die Ramseytheorie (totale Unordnung ist unmöglich), die ich hier physikalisch interpretiert habe, behandeln Ronald L. Graham und Joel H. Spencer: «Ramsey-Theorie», Spektrum der Wissenschaft 9 (1990) 112. Wer es genauer wissen will, sieht in Ronald L. Graham, Bruce L. Rothschild und Joel H. Spencer: *Ramsey Theory*, New York etc. 1990 und liest den Abschnitt 1.1.

130 Vergleiche: Stephen Hawking: *Das Universum in der Nußschale*, Hamburg 2001, p. 132–137; Edward Witten: «Reflections on the fate of spacetime», p. 136, in: *Physics meets Philosophy at the Planck Scale* (hrsg. von Craig Callender und Nick Huggett), Cambridge (UK) 2001 zum Problem der Erhaltung von Unbestimmtheitsrelationen in Quantengravitationstheorien oder Theorien von allem.

Kapitel 4

137 Richard Swinburne machte sich in seinem Aufsatz «The Beginning of the Universe and of Time», Canadian Journal of Philosophy 26 (1996) 169, Gedanken über «die Zeit vor der Zeit».

141 Die Annahme eines präzisen Nullpunktes der Zeit ist natürlich eine Folge der klassischen Kosmologie. Aber daß es eine «Zeit vor der Zeit» geben könne, ist eine Voraussetzung mancher kosmologischer Modelle der Loop- und Stringtheorie. Wir werden uns im fünften Kapitel damit auseinandersetzen.

142 In jedem Kosmologielehrbuch findet man ausführliche Stellen über das kosmologische Prinzip, die kosm(olog)ische Zeit und die kosmologischen Epochen. Zum Einstieg empfehle ich Edward R. Harrison: *Kosmologie*, Darmstadt 1990; es gibt eine neue verbesserte Auflage in Englisch: *Cosmology*, Cambridge 2000. Die technische und populäre Literatur zur Kosmologie scheint unüberschaubar. Als sehr hilfreich erweist sich: Hans-Joachim Blome und Harald Zaun: *Der Urknall*, München 2004; knapp, dicht, aber sehr verständlich. John Barrow geht in *The World within the World*, Oxford 1988, auf den Seiten 318–321 kurz auf das Problem der «Uhr am Urknall» ein, wie auch Charles Misner, Kip Thorne und Archibald Wheeler in: *Gravitation*, New York 1973, pp. 813–814. Wer noch ein wenig tiefer graben möchte, schaue sich folgende Artikel an: Charles W. Misner: «Mixmaster Universe», Physical Review Letters 22(20) (1969) 1071; derselbe: «Absolute Zero of Time», Physical Review 186(5) (1969) 1328; Bernulf Kanitscheider: «Gibt es einen absoluten Nullpunkt der Zeit?», Praxis der Naturwissenschaften – Physik in der Schule 4(40) (1991) 19.

146 Aleksander Friedman veröffentlichte 1922 in der «Zeitschrift für Physik» (Nummer 10, pp. 377–386) einen Aufsatz mit dem Titel: «Über die Krümmung des Raumes», der sich nach einer Besprechung sogenannter «stationärer Welten» insbesondere mit «einer nichtstationären Welt» befaßt. Eine stationäre Welt bedeutet nichts anderes als ein Universum, das keinen zeitlichen Anfang und kein zeitliches Ende hat. Einstein und der Astronom de Sitter erarbeiteten solche Modelle, die einen gewissen ästhetischen Reiz besitzen. Vor der «Entdeckung» der Expansion des Universums durch Hubble, vor der Auffindung der Hintergrundstrahlung als «Echo des Urknalls» oder besser der Entkopplung von Materie und Strahlung und vor der Berechnung der Häufigkeitsverteilung der Elemente am Anfang des Universums stellte Friedman ein Modell auf, das – wie er sich ausdrückt – eine «Erschaffung der Welt» beinhaltet: eine nichtstationäre Welt. Nichtstationär ist der Krümmungsradius R des Universums, es unterliegt also einer Dynamik und expandiert. In einer Fußnote auf Seite 384 schreibt Friedman: «Die Zeit seit der Erschaffung der Welt ist die Zeit, die verflossen ist von dem Augenblicke, als der Raum ein Punkt war (R = 0) bis zum gegenwärtigen Zustande (R = R0); diese Zeit darf auch unendlich sein.» «Unendlich», weil es sein kann, daß der Nullpunkt der Zeit niemals erreicht wird – aus vielerlei Gründen. Zum Beispiel kann die Zeit bis zur Erschaffung der Welt unbeschränkt zunehmen, wenn ein bestimmtes Verhältnis von Masse zu Radius des Universums gegeben ist oder der Nullpunkt nur als der Limes von immer kleineren Zeitabschnitten charakterisiert sein soll, die den Nullpunkt niemals treffen. Friedman selbst schätzte das Weltalter als endlich und nannte die Zahl von «10 Milliarden Jahren» (p. 386). Heute vermuten wir ein Alter von 13,7 Milliarden Jahren kosmischer Zeit seit Beginn des Universums.

Wir sollten nicht von der «Erschaffung der Welt» sprechen, da diese Sprechweise einen Schöpfer voraussetzt. Dieser «Hypothese» enthalten wir uns in physikalischen Modellen. Ein Schöpfer gehört nicht zur Naturwissenschaft mit ihrer Theorie- und Modellontologie (die Theorien sagen, was es gibt), sondern ist – wenn überhaupt – «Gegenstand» der Soteriologie, der «Wissenschaft» von der Erlösung, und – eher unbegreiflicher – Brennpunkt des Rituals und des «Glaubensvollzuges». Theorien verhalten sich in ihrer Ontologie neutral in Bezug auf die Existenz eines Schöpfers. Der Fehler solcher Überlegungen besteht zuallererst in einer Ebenenverwechslung von wissenschaftlicher Ontologie und existentieller Soteriologie, und nicht in der eitlen Annahme eines «Lückenbüßerschöpfers», der stets in der Gefahr schwebt, daß ihm die Wissenschaft den Garaus macht, indem sie die Lücke irgendwann einmal füllt. Solche Lücken wurden in der wissenschaftlichen Geschichte schließlich zuhauf zunächst behauptet und später durch die Wissenschaft gefüllt, also erklärt. Die Theologie wurde inhaltlich immer stärker an den Rand gedrängt, weil sie selbst ihre transzendenten Inhalte in diese Lücken gelegt hat, die dann zunehmen geschlossen wurden.

156 Dr. No zitiert Georg Wilhelm Friedrich Hegel: *Grundlinien der Philosophie des Rechts – Naturrecht und Staatswissenschaft im Grundrisse,* Berlin 1821, Ende der Vorrede.

Kapitel 5

160 Der Logiker Gottlob Frege (*Die Grundlagen der Arithmetik* [1884]) sowie der Philosoph und ehemalige Mathematiker Edmund Husserl (*Logische Untersuchungen, erster Teil* [1900]) haben sehr plausibel gemacht, daß die Mathematik und Logik nicht auf die Psychologie oder gar Physik reduziert werden können. Der Begriff der Zahl zum Beispiel ist eng an den abstrakten Begriff einer Menge gebunden und nicht einfach an physische Gegenstände (drei Äpfel sind nicht die Zahl drei), genauso wenig, wie Argumente, Schlüsse und Beweise naturale, faktische Vollzüge oder bloße psychische Vorgänge sind, sondern sich nach Normen wie Wahrheit, Beweisbarkeit oder Gültigkeit richten. Damit soll keineswegs gesagt werden, daß abstrakte Strukturen, Normen oder Bedeutung ontologisch ein eigenes platonisches Reich bilden (wie Frege behauptete), sondern nur, daß sie mit einer rein naturalen Beschreibungsweise nicht oder nur sehr schwer erfaßt werden können.

Hier handelt es sich um ein grundsätzliches philosophisches Problem, welches die Naturwissenschaften betrifft. Auf der einen Seite sollte nach der besten Geschichte, die uns die Physiker, Chemiker und (Evolutions-) Biologen erzählen, Bedeutung aus Wechselwirkung entstanden sein, auf der anderen Seite verfügen wir über keine akzeptierte Theorie, wie dieser Emergenzprozeß vonstatten gegangen sein soll. Wenn der Anspruch erhoben wird, daß Bedeutung, Bewußtsein etc. natural erklärt werden können, dann muß das selbstverständlich im Rahmen naturwissenschaftlicher Theorien geschehen. Die Entstehung dieser komplexen Eigenschaften muß also durch eine Art Phasenübergang oder durch Selbstorganisation beschrieben werden, da dieser Theorietyp für solche Vorgänge zuständig ist. Unter welchen Bedingungen (Anfangs- und Randbedingungen, Gesetze) spezifische Materie sagen wir: durchsichtig, stromleitend, magnetisch, gasförmig wird oder bestimmte andere Strukturen ausbildet, ist bekannt. Unter welchen Bedingungen spezifische Materie anfängt zu denken, ist unbekannt. Vielleicht irren wir uns im zuständigen Theorietypus.

Veranschaulichen wir uns das grundsätzliche Problem am Beispiel der Sprache. Jede Sprache ist etwas Ganzheitliches, einzelne Sätze gewinnen nur in einer Sprache Bedeutung, die eine potentiell unendliche Menge von Sätzen «produzieren» kann. Fünf Sätze ergeben keine Sprache; für jede Sprache muß immer eine minimalkomplexe Grammatik vorausgesetzt werden. Mit einem Wort: Es gibt keine «halbe» Sprache. Wie ist dann aber Sprache entstanden? Sollte sie eine bloße naturale biologische Eigenschaft sein, hätten Vorformen wie bei jedem Organ oder auch bei Verhaltensweisen existieren müssen. Hilfreich für das Verständnis dieses Problems mag der Aufsatz «Die Emergenz des Denkens» von Donald Davidson sein (erschienen in: *Die Erfindung des Universums?*, Hrsg. Walter Saltzer, Peter Eisenhardt, Dan Kurth und Rainer Zimmermann, Frankfurt am Main/Leipzig 1997). Fred Dretske versucht in zahlreichen Aufsätzen und Büchern, an das Problem naturalistisch heranzugehen, indem er unter anderem den Informationsbegriff hinzuzieht (kurz nachzulesen bei Fred Dretske: «Misrepresentation», in: *Belief,* Ed. Radu Bogdan, Oxford 1986; für eine Diskussion und für weitere Literatur empfehle ich völlig neutral den

Aufsatz «Natur und Repräsentation» von Jörg Becker, Peter Eisenhardt, Thomas Jäschke, Thomas Marschner und Oliver Müller, prima philosophia 7 (1994) 393. Gegen eine naturalistische Lösung spricht sich Hilary Putnam aus (*Für eine Erneuerung der Philosophie*, Stuttgart 1997, Kapitel 2 und 3). Falls Sie eine spezielle Form des Rätsels interessiert, suchen Sie (zum Beispiel im Internet) unter den Stichwörtern «Leib-Seele-Problem» und «Informationssemantik» (informational semantics).

Höchst interessante philosophische Spekulationen über den Zusammenhang des Grundzustandes des Universums mit dem Bewußtsein trägt Colin McGinn vor: «Consciousness and Space» (http://www.nyu.edu/gsas/dept/phil ...ss/papers/ConsciousnessSpace.html; auf deutsch: «Bewußtsein und Raum», in: *Bewußtsein*, Hrsg. Thomas Metzinger, Paderborn 1995; zur Ergänzung: Colin McGinn: «Consciousness and Cosmology: Hyperdualism Ventilated», in: Ed. Martin Davies and Glyn Humphreys: *Consciousness*, Oxford 1993. Seine These lautet, daß «Bewußtsein nicht konstitutiv räumlich ist» (Bewußtsein und Raum, p. 188), denn «[w]enn wir mentale Zustände an sich selbst, d. h. intrinsisch betrachten, sehen wir sie nicht als etwas an, das einen Ort hat» (p. 186). (Es geht McGinn nicht um das zerebrale Korrelat von Bewußtseinszuständen!) Daraus zieht er einen gewagten Schluß: Bewußtsein kann keinen «Ursprung in der räumlichen Welt» (p. 188) haben, sondern dieser Ursprung «bedient» sich irgendwie jener Eigenschaften des Universums, die dem Ereignis des *Big Bang* vorausgegangen sind und ihn erklären. Wenn wir eine vorräumliche Realitätsebene benötigen, um den *Big Bang* zu erklären, dann könnte es eben diese Ebene sein, die für die Hervorbringung von Bewußtsein ausgenutzt wird. Das heißt, wenn man voraussetzt, daß Überreste des Vor-*Big-Bang*-Universums fortgedauert haben, dann könnte es sein, daß diese Eigenschaften des Universums «irgendwie» an der Konstruktion des nicht-räumlichen Phänomens des Bewußtseins beteiligt sind. Falls dem so ist, würde sich Bewußtsein als älter denn Materie im Raum herausstellen, zumindest was sein Rohmaterial betrifft.» (p. 190) Dagegen läßt sich einwenden, daß der «Vorzustand» des Universums sehr wohl eine räumliche Komponente besitzen könnte, wenn auch nicht im Sinn einer metrischen Mannigfaltigkeit, sondern es würde eher eine topologische Struktur sein. Denn falls es einen «Vorzustand» gibt, muß er irgendeine Struktur besitzen, da er nicht «Nichts» ist, eine Struktur, die sehr «arm» sein würde. Abgesehen davon existieren Modelle, auf die wir gleich eingehen, die einen «vorräumlichen» Zustand des Universums ansetzen. Aber entscheidend ist, daß der Vorzustand sicher keine direkte Bedingung eines Phänomens wie des Bewußtseins sein kann, da dieses durch eine Kette lokaler und «historischer» Ereignisse entstanden ist und damit eine relative ontische Selbständigkeit entwickelt hat. Die Pointe der «Wirkung» von Zeit und

Geschichte besteht gerade in der Entkoppelung von einem Grund- oder Vorzustand. Im letzten Kapitel freilich führe ich eine metaphysische Überlegung vor, die sich mit der nicht peripheren Rolle des Bewußtseins im Universum befaßt.

163 Das Zitat von Franz Embacher findet sich in seinem empfehlenswerten halbtechnischen Internetaufsatz «Quantentheorie und Gravitation» (http://www.ap.univie.ac.at/users/fe/Quantentheorie/QG/).

Die einschlägige Arbeit von Christopher Isham, in der die «Frage nach dem Ding» (oder Objekt) gestellt wird, habe ich in den Anmerkungen zum zweiten Kapitel angeführt. Isham erwähnt übrigens Martin Heidegger: *Die Frage nach dem Ding* (Tübingen 1973) in einer englischen Übersetzung. Heidegger fragt in diesem Werk (in *Sein und Zeit* wird dies auch angesprochen) unter anderem nach dem ontologischen Stellenwert des mathematischen Entwurfs der Natur und diskutiert zum Beispiel Galilei und Newton. Nur nebenbei: Heidegger hat ein paar Semester Mathematik und Physik studiert und sich auch recht ausführlich mit der Relativitätstheorie befaßt, was sich in seiner Charakterisierung und recht ausführlichen Analyse der Relativitätstheorie als Invariantentheorie zeigt (Martin Heidegger, «Wilhelm Diltheys Forschungsarbeit und der gegenwärtige Kampf um eine historische Weltanschauung» [1925] in: Dilthey-Jahrbuch 8 [1992/3] 143 und in der Heidegger Gesamtausgabe Band 16).

Es lohnt sich auch, kurz einige prägnante Thesen Heideggers, die unser Thema betreffen, zu zitieren. «1. Das Mathematische ist, als *mente concipere* [durch den Geist erfassen], ein über die Dinge gleichsam hinwegspringender *Entwurf* ihrer Dingheit. Der Entwurf eröffnet erst einen Spielraum, darin die Dinge, d. h. die Tatsachen, sich zeigen. 2. In diesem Entwurf wird dasjenige gesetzt, wofür die Dinge eigentlich gehalten werden, als was sie und wie sie im vornehrein gewürdigt werden sollen. [...] 5. Der so im Entwurf in seinem Grundriß axiomatisch bestimmte Bereich der Natur verlangt nun auch für die in ihm vorfindbaren Körper und Korpuskeln eine *Zugangsart*, die allein den axiomatisch vorbestimmten Gegenständen angemessen ist. [...] Die Naturkörper sind nur das, als was sie sich im Bereich des Entwurfs *zeigen*. [...] Die neuzeitliche Wissenschaft ist experimentierend auf Grund des mathematischen Entwurfs. Der experimentierende Drang zu den Tatsachen ist eine notwendige Folge des vorherigen mathematischen Überspringens aller Tatsachen.» (Martin Heidegger: *Die Frage nach dem Ding*, pp. 71–72) Dieses «Überspringen» bedeutet nur, daß die Tatsachen nicht einfach als vorliegende gesammelt werden, sondern erst nach Vollzug des mathematischen Entwurfs als solche begriffen sind. Die (mathematische) Theorie bestimmt, was eine Tatsache ist. Einstein hat diesen Gedanken, wie Heisenberg berichtete, etwas vorsichtiger ausgedrückt, indem er gegen Ernst Mach argumentiert, dem Heisenberg glaubte, bei der Aufstellung seiner Version der Quantenmechanik gefolgt zu sein. Also sprach Einstein: «Aber vom prinzipiellen Standpunkt aus ist es ganz falsch, eine Theorie nur auf beobachtbare Größen gründen zu wollen. Denn es ist ja in Wirklichkeit genau umgekehrt. Erst die Theorie entscheidet darüber, was man beobachten kann.» (Werner Heisenberg: *Der Teil und das Ganze*, München 1969, Kapitel «Die Quantenmechanik und ein Gespräch mit Einstein», auch abgedruckt in: Werner Heisenberg: *Quantentheorie und Philosophie*, Stuttgart 1979, hier p. 31) Heidegger selbst geht in seinem Buch nicht auf den mathematischen Entwurf der modernen Naturwissenschaft und ihren Natur- und Dingbegriff ein. Er sagt nur: «[In der Neuzeit im Gegensatz zum Aristotelismus] wandelt sich der Begriff der Natur überhaupt. Natur ist nicht mehr das *innere* Prinzip, aus dem die Bewegung der Körper folgt, sondern Natur ist die Weise der Mannigfaltigkeit der wechselnden Lagebeziehungen der Körper, die Art, wie sie anwesend sind in Raum und Zeit, die selbst als Bereiche möglicher Stellenordnung und Ordnungsbestimmung in sich nirgends eine Auszeichnung haben.» (Martin Heidegger: *Die Frage nach dem Ding*, p. 68) Was aber folgt für den Naturbegriff, wenn es nicht mehr um Dinge in Raum und Zeit geht, sondern wenn die Raum-Zeiten selbst «überlagert» sein können und/oder eine Tiefenstruktur besitzen, die nicht raum-zeitlich beschaffen ist? Was ist dann noch ein «Ding»? Welche «Körper» oder «Korpuskeln», um an die Heideggersche Terminologie anzuschließen, «bewegen» sich nicht in Raum und Zeit? Worin verstricken wir uns?

Versuchen wir eine historische Gliederung im Anschluß an Heidegger. Als wirkungsmächtig hat sich doch folgende epochale Gliederung der Kernthemata der Physikgeschichte erwiesen, wenn wir einmal die Einzelheiten der mathematischen Astronomie außer acht lassen.

Die *alte Wissenschaft* als aristotelische Wissenschaft faßt die Natur als qualitatives inneres Prinzip und Vermögen der Wandelbarkeit und der Prozesse der Körper: des Entstehens und Vergehens, der Änderung der Qualitäten, des Wachsens und Schrumpfens, der Ortsbewegung, die schon als sehr zentral angesetzt wird. Die Körper, aus den Elementen zusammengesetzt, suchen ihren natürlichen Ort (so strebt die Erde nach «unten» und das Feuer nach «oben»). Die Bewegung ist als ein Prozeß charakterisiert, der einer Kraft als Antrieb bedarf; sie ist kein sich selbst erhaltender Zustand. Dies gilt für die Welt «unter dem Monde». Die astronomischen Körper über dem Monde, aus einem fünften Element zusammengesetzt, bewegen sich immer im Kreise, werden aber letztlich theologisch durch den äußersten Beweger angetrieben. Die physikalische Welt, der Kosmos, ist zweigeteilt. Das Wachsen der Natur wird nicht subjektiv gebrochen betrachtet; die Seele hat einen vernünftigen Teil, der in gewisser Hinsicht «von dieser Welt» ist, zumindest kein von der Welt abgetrenntes Subjekt, das die Welt erst entwirft – dieser vernünftige Teil der Seele erkennt die ontischen Prinzipien der Natur.

Die *neue Wissenschaft*, von René Descartes und Galileo Galilei mitbegründet, begreift die Natur insgesamt als Weise der Mannigfaltigkeit des raum-zeitlichen quantitativen Bewegungszusammenhangs – eine seit den antiken Atomisten vernachlässigte Tradition bricht sich Bahn: Atome oder Korpuskeln schwirren im Raum, Geruch, Farbe und Geschmack befinden sich nur im Subjekt, das ein (langsam als unendliches konzipiertes) Universum mathematisch entwirft. Bewegung ist ein Zustand und bedarf zu ihrer Aufrechterhaltung keine Kraft mehr. Die Substrukturen des Universums werden durch Wirbel von kleinen Teilchen erzeugt, die Wirkungs- oder Kraftübertragung geschieht mechanisch, Fernwirkung gerät in den Geruch, eine «magische» Qualität der alten Wissenschaft zu sein. Das Subjekt zieht sich aus der Natur zurück und schneidet die Natur wieder auseinander, garantiert aber die Sicherheit und Evidenz des Wissens über die Natur.

Und die *gegenwärtige Wissenschaft*? Sie kulminierte, indem sie die Natur als nichtlokale Verschränktheit von Potentialitäten setzt, verschärft als Quantenprozessualitäten und «Bewußtseinen», die möglichst in diesem Rahmen naturalistisch erklärt werden sollen und als Ergebnis eines naturalen Komplexifizierungsprozesses gelten. Aber der Verstrickung in die Subjektivität entrinnt die gegenwärtige Wissenschaft keineswegs. Theorie/Sprache/Bedeutung sind Ergebnis dieses Prozesses und konstruieren ihn gleichzeitig in seiner Gültigkeit und Triftigkeit. Der so angelegte Kreis, vom amerikanischen Physiker John Archibald Wheeler «Bedeutungskreislauf» genannt, scheint sich in eine Unendlichkeit wirklicher oder möglicher Welten aufzulösen und zu ontologisieren. Dies überblicken wir noch nicht. Den brandneuen, philosophisch gedeckten mathematischen Entwurf der Natur müssen wir erst in die Welt setzen.

164 Das Zitat von Carlo Rovelli stammt aus seinem Aufsatz «Strings, loops and others: a critical survey of the present approaches to quantum gravity» (1998), erhältlich in arXiv unter gr-qc/9803024, die darauffolgende Definition der Quantenkosmologie ist aus Claus Kiefer: «Quantum Gravity: General Introduction and Recent Developments» (2005; gr-qc/0508120), entnommen. Kiefer unterstreicht auch, daß die «philosophischen Konsequenzen einer solchen Theorie» (intrinsische Entstehung klassischer Eigenschaften) «bisher nicht einmal ansatzweise ausgelotet worden» sind (Claus Kiefer, «Quantengravitation», in: *Lexikon der Physik*, Heidelberg 2000, Band 4, p. 359).

172 Wenn man behauptet, daß Theorien nur in einer klassischen Welt vorkommen, macht man natürlich eine ontologische Aussage. Die Situation ist insgesamt etwas komplizierter. Man könnte auch annehmen, daß die

Quantenwelt ontologisch grundlegend ist, wir aber immer eine klassische Theorie brauchen, um die gesamte Welt beschreiben zu können, ohne daß wir Aussagen über die Ontologie dieser klassischen Theorie gelten lassen – wir benötigen nur ihr Begriffssystem. Das geht auch umgekehrt: Die klassische Welt kann als fundamental akzeptiert werden, und der Gegenstandsbereich der Quantentheorie hat nur einen instrumentellen Wert (zum Beispiel als mathematischer Formalismus, der zu Vorhersagen taugt), aber keine ontologische Dignität. Daß wir eine Theorie akzeptieren, heißt noch nicht, daß wir den Gegenstandsbereich dieser Theorie als real annehmen. So wäre es möglich, daß die Welt nur aus bestimmten fundamentalen Objekten und ihren Relationen (Wechselwirkungen) besteht (ontologischer Monismus), wir aber zur Beschreibung komplexerer Zustände der Welt Begriffe brauchen, in denen diese fundamentalen Objekte (plus Relationen) nicht vorkommen (begrifflicher Dualismus oder Pluralismus). Diesen neuen Begriffen würde aber ontologisch nichts entsprechen. Es ist sicher nicht sinnvoll, die Weltwirtschaftskrise mit einer fundamentalen Theorie der Natur zu beschreiben, aber ontologisch wäre sie nichts anderes als die ungeheure Komplexifizierung der fundamentalen Objekte (plus Relationen). Eine zusätzliche Schwierigkeit entsteht dadurch, daß das Handeln der Menschen (komplexe Objekte) (manchmal) durch rationale/normative Gründe bestimmt wird oder mittels ihrer interpretiert werden muß. Dieses Problem haben wir oben schon am (auch normativen) Begriff der Geltungsbereiche von Theorien kurz behandelt.

173 Zu der Position zwischen Monismus und Dualismus: Es fehlt in der Ontologie oder Metaphysik eine kategoriale Bestimmung, die keine Substanz, aber auch nicht nur ein Attribut oder ein Modus einer Substanz ist.

174 Zur Ungültigkeit der «Grenzfallbetrachtung» (und zur Dekohärenz) vergleiche den Aufsatz von Erich Joos: «Die Begründung klassischer Eigenschaften aus der Quantentheorie», Philosophia naturalis 27 (1990) 31. (Die von mir zitierte Stelle steht auf Seite 40.) Es existiert auch eine Website zur Dekohärenz: http://www.decoherence.de/home.html. Siehe auch den Aufsatz «Vom Quantenuniversum zur klassischen Welt» von Claus Kiefer in: *Die Erfindung des Universums?*, Hrsg. Walter Saltzer, Peter Eisenhardt, Dan Kurth und Rainer Zimmermann, Frankfurt am Main/Leipzig 1997. Das Verhältnis von Emergenz, Reduktion und Grenzfallbetrachtung auf der Theorienebene ohne ontologischen Anspruch erörtert Robert Batterman in seinem kurzen Buch *The Devil in the Details*, Oxford 2002.

178 Die Wheelersche Bestimmung der Prägeometrie findet sich in: Charles M. Patton und John Archibald Wheeler: «Is Physics legislated by Cosmogony?» (Quantum Gravity – An Oxford Symposium, eds.: Christopher J. Isham et al., Oxford 1975), p. 539

180 Paul Dirac äußert sich in seinem sehr technischen, aber wichtigen Werk *The Principles of Quantum Mechanics* (Oxford 1949; erste Auflage 1930) in Kapitel I.1 (The need for a quantum theory) zur absoluten Bedeutung des Begriffs der «Größe».

181 Was ein «Teilchen» als Objekt sein soll, muß mit Zurückhaltung behandelt werden. Teilchen sind erst einmal nichts anderes als die (lokal gemessenen) Erregungen von Feldern. Folgendes ist zu empfehlen: Erwin Schrödinger: «What is Matter?» (gekürzter Vortrag von 1952), Scientific American Special Issue 1991; Werner Heisenberg: «Was ist ein Elementarteilchen?» (Vortrag von 1975), in: Heisenberg: *Tradition in der Wissenschaft*, München 1977; Brigitte Falkenburg: «Was ist ein Teilchen?», Physikalische Blätter 49 (1993) 403; Daniele Colosi und Carlo Rovelli: «Global particles, local particles», gr-qc/0409054 (2004).

187 Den «geometrischen Turm» habe ich aus Peter Kroes: *Time: Its Structure and Role in Physical Theories*, Dordrecht 1985, p. 5 übernommen. Wer mehr über diese speziellen Strukturen wissen möchte, konsultiere Lawrence Sklar: *Space, Time and Spacetime*, Berkeley 1977, pp. 46ff. Die ergänzenden Bemerkungen sind orientiert an Christopher J. Isham: «Prima Facie Questions in Quantum Gravity» (1993), gr-qc/9310031, pp. 9–10.

188 Prägeometrien im Überblick mit ausführlichen Literaturangaben: Diego Meschini, Markku Lehto und Johanna Piilonen: «Geometry, pregeometry and beyond», Studies in History and Philosophy of Modern Physics 36 (2005) 435 (im Internet unter: www.elsevier.com/locate/shpsb); Nicholas Monk: «Conceptions of Space-Time: Problems and Possible Solutions», Studies in History and Philosophy of Modern Physics 28 (1997) 1; Phil Gibbs: «The Small Scale Structure of Space-Time: A Bibliographical Review», hep-th/9506171 (1995).

192 Der Bericht über den Planckbereich stammt aus dem Buch *Am Anfang war die Ewigkeit* von Thomas Filk und Domenico Giulini, Kapitel 12.1. Dort werden auch die zur Argumentation gehörigen Formeln angegeben. Eine kurze, klare Darstellung gibt Claus Kiefer: *Quantum Gravity*, Oxford 2004, Kap. 1.1.3. (Kap. 1 im Internet erhältlich: http://www.oup.co.uk/isbn/0-19-850687-2). Zum «Raumzeitschaum» kann John A. Wheeler, *Einsteins Vision*, Berlin 1968, eingesehen werden; etwas schwieriger sind die Aufsätze von Y. Jack Ng: «Spacetime Foam» (gr-qc/0201022; 2002) und «Spacetime Foam, Holographic Principle, and Black Hole Quantum Computers» (mit Hendrik van Dam): (gr-qc/0403057; 2004). Eine gute Übersicht liefert Phil Gibbs: «The Small Scale Structure of Space-Time: A Bibliographical Review» (hep-th/9506171; 1995).

194 Daß die spezielle Kombination der Größen h (eigentlich h durch 2 Pi), G und c (Quadratwurzel aus [(h mal G) durch c^3]) die Dimension einer Länge (gleich m [Meter]) ergibt, kann man sich durch eine einfache Rechnung klarmachen, wenn man die Größen so aufschreibt: h = Joule mal Sekunde = Kilogramm mal Meter^2 mal Sekunde^{-1}; G = Meter^3 mal Kilogramm^{-1} mal Sekunde^{-2}; c^3 = Meter^3 mal Sekunde^{-3}. Die Zahl 10^{-35} resultiert aus folgender Rechnung: h ungefähr = 10^{-34}; G ungefähr = 10^{-11}; c^3 ungefähr = 10^{25}. Rechnen Sie es aus. Ich schreibe Ihnen auch die genauen Werte auf, damit Sie wissen, was Sie berücksichtigen sollten und was Sie vernachlässigen können: h/ 2 Pi = 1, 0546 × 10^{-34} J s; G = 6, 6726 × 10^{-11} m^3 kg^{-1} s^{-2}; c = 299 792 458 (vereinfacht zu 3 × 10^8) m s^{-1} (damit wäre c^3 etwa 27 × 10^{24} [oder 2,7 × 10^{25}] m^3 s^{-3}).

195 Aristoteles' Physik habe ich zitiert in der (paraphrasienden, aber eingängigen) Übersetzung von Hans Wagner (Aristoteles: *Physikvorlesung*, Berlin 1983), p. 151 (Buch VI Kap. 1 und 2: 232a12-15 und 232b20-24). Wichtig ist auch die sogenannte pseudoaristotelische Schrift *Über unteilbare Linien*, die in verschiedenen älteren Ausgaben erhältlich ist. (Die Philologen streiten sich, ob die Schrift wirklich von Aristoteles stammt.)

196 Werner Heisenberg legt sein Gedankenexperiment zur Unbestimmtheitsrelation in seinem Buch *Die Physikalischen Prinzipien der Quantentheorie*, Stuttgart 1958, in Kapitel II, 2 a dar. Das Buch basiert auf Vorlesungen, die Heisenberg 1929 an der Universität von Chicago gehalten hat. Man vergleiche auch die Originalarbeit von Heisenberg, in welcher er die «Ungenauigkeit» von Ort und Impuls einführt: «Über den anschaulichen Gehalt der quantentheoretischen Kinematik und Mechanik», Zeitschrift für Physik 43 (1927) 172, und in: Kurt Baumann und Roman Sexl: *Die Deutungen der Quantentheorie*, Braunschweig/Wiesbaden 1987. Hier einige Kernsätze: «Im Augenblick der Ortsbestimmung, also dem Augenblick, in dem das Lichtquant vom Elektron abgebeugt wird, verändert das Elektron seinen Impuls unstetig. Diese Änderung ist um so größer, je kleiner die Wellenlänge des benutzten Lichtes, d.h. je genauer die Ortsbestimmung ist. In dem Moment, in dem der Ort des Elektrons bekannt ist, kann daher sein Impuls nur bis auf Größen, die jener unstetigen Änderung entsprechen, bekannt sein; also je genauer der Ort bestimmt ist, desto ungenauer ist der Impuls bekannt und umgekehrt; hierin erblicken wir eine direkte anschauliche Erläuterung der [Nichtvertauschungsrelation von Ort und Impuls (P.E:)].» (Original: 175; Baumann/Sexl: 56) Diese eher meßtechnische Interpretation ging in die populäre Literatur ein, während die wellentheoretische Darstellung von Niels Bohr keine so weite Verbreitung gefunden hat. (Niels Bohr: «Das Quantenpostulat und die neuere Entwicklung der Atomistik», §2 [1927]; in: Bohr: *Atomtheorie und Naturbeschreibung*, Berlin 1931) Zur genaueren Information empfehle ich den Internetartikel «The Uncertainty Principle» (mit vielen Literaturangaben) aus der *Stanford Encyclopedia of Philosophy* (http://plato.stanford.edu/entries/qt-uncertainty/).

Karl Küpfmüller hat 1924 eine Unschärferelation für Übertragungssysteme aufgestellt, die folgendermaßen lautet: «Das Produkt aus Zeitauflöung und Frequenzbandweite ist eine Konstante.» Vergleiche: Karl Küpfmüller: *Theoretische Elektrotechnik und Elektronik,* Berlin 2000, pp. 560–61.

200 Zur Webmetapher: Brian Greene wird von Ulrich Schnabel in einem Artikel aus der Wochenzeitung DIE ZEIT zitiert (Nr. 7, 10. Februar 2000, p. 43: «Kosmische Symphonie»). Der Artikel von Abhay Ashtekar, Carlo Rovelli und Lee Smolin: «Weaving a Classical metric with Quantum Threads» ist 1992 in Physical Review Letters 69(2) erschienen (pp. 237). Wheelers wohlformulierter Aufsatz «Jenseits aller Zeitlichkeit» erschien in dem Buch *Die Zeit – Dauer und Augenblick,* ohne Herausgeber, München/Zürich 1989, aus ihm stammen die Zitate.

210 Für die Darstellung des Zeitbegriffs in der Quantengravitation und Quantenkosmologie, speziell in der kanonischen Quantisierung, habe ich mich im wesentlichen von den Veröffentlichungen Claus Kiefers «inspirieren» lassen: Sehr lesbar ist der halbtechnische Aufsatz von Claus Kiefer «Der Zeitbegriff in der Quantengravitation», Philosophia naturalis 27 (1992) 43. Zur Darstellung der Raum-Zeit-Unbestimmtheitsrelation habe ich auch den Aufsatz von Jonathan Halliwell «Quantenkosmologie und die Entstehung des Universums», Spektrum der Wissenschaft 2 (1992) 50 verwendet. Außerdem empfehle ich den sehr verständlichen Aufsatz von Claus Kiefer «Vom Quantenuniversum zur klassischen Welt», in: *Die Erfindung des Universums?,* Hrsg. Walter Saltzer, Peter Eisenhardt, Dan Kurth und Rainer Zimmermann, Frankfurt am Main/Leipzig 1997. Zur Ergänzung ist der nichttechnische Artikel von Lee Smolin «Time, Structure and Evolution in Cosmology» sehr wichtig (in: *Revisiting the Foundations of Relativistic Physics,* herausgegeben von Jürgen Renn et al., Dordrecht 2003). Kurze Berechnungen zur Zeitentstehung in der kanonischen Quantisierung, die man ein wenig nachvollziehen kann, finden sich im Kapitel von Claus Kiefer des Buches: Domenico Giulini et al.: *Decoherence and the Appearance of a Classical World in Quantum Theory,* Berlin 1996, pp. 146–50; und im Aufsatz «Does Time Exist at the Most Fundamental Level?» von Kiefer in: *Time, Temporality, Now,* hrsg. von Harald Atmanspacher und Eva Ruhnau, Berlin 1997.

213 Die Literatur zum Zeitbegriff in der Quantengravitation, in der Quantenkosmologie, in fundamentalen Theorien überhaupt ist kaum überschaubar. Ich möchte hier nur einige einigermaßen verständliche Artikel angeben, die als Sprungbretter genutzt werden können. Ein etwas schwieriger, aber wichtiger Artikel, aus dem ich im Abschnitt *Die Zeit liegt vor* zitiert habe, ist: Dean Rickles: «Time and Structure in Canonical Gravity» (p. 27, 2004; aus dem Internet). Zur Einführung dienen die zwei Aufsätze von Isham, die ich schon in den Anmerkungen zu Kapitel 2 anzeigte. Der oben erwähnte nichttechnische Aufsatz von Lee Smolin klärt für den Anfang den Begriff des «Diffeomorphismus», der in meinem Text durch die

«Äquivalenzklassen» ersetzt wurde. Rickles behandelt den ebenso wichtigen Begriff der «Eichinvarianz». Eine *sehr* verständliche Einführung in die Probleme der Quantengravitation überhaupt gibt Steven Weinstein (http//plato.stanford.edu/entries/quantum-gravity/). Fast alle mathematischen und physikalischen Voraussetzungen, die ohne viele Vorkenntnisse nachvollzogen werden können, bietet Roger Penrose: *The Road to Reality*, New York 2005; man muß nur viel Zeit und Geduld aufbringen (das Buch hat 1099 Seiten!). Unbedingt lesen sollte man auch die sehr reflektierten und viele philosophischen Probleme berührenden Aufsätze von Jeremy Butterfield und Christopher J. Isham: «On the Emergence of Time in Quantum Gravity» (gr-qc/9901024; 1999 – hier geht es auch um die «zeitlose Emergenz») und «Spacetime and the Philosophical Challenge of Quantum Gravity» (gr-qc/9903072; 1999). Der erste Aufsatz ist auch in dem wichtigen Sammelband: *The Arguments of Time*, hrsg. von Jeremy Butterfield, Oxford 1999, erschienen, der zweite steht in der ebenso zentralen Aufsatzsammlung *Physics meets Philosophy at the Planck Scale*, hrsg. von Craig Callender und Nick Hugett, Cambridge 2001.

218 Das Zitat über die Charakterisierung der Prägeometrie stammt aus dem Aufsatz von Diego Meschini et al. (p. 441).

225 Das Buch *Three Roads to Quantum Gravity* von Lee Smolin (gemeint sind die Looptheorie, die Stringtheorie und die Theorie Schwarzer Löcher), New York 2001, kann bequem als Einführung dienen, wenn auch die Stringtheorie ein wenig unfair behandelt wird. Zur Ergänzung lese man den Aufsatz «Atoms of Space and Time» von Smolin in Scientific American 1 (2004) 66; technischer ist sein Überblick «An Invitation to Looptheory» (hep-th/0408048; 2005). Relativ verständlich und fair wird das Problem der Hintergrundabhängigkeit einer fundamentalen Theorie überhaupt (String- und Looptheorie einbegriffen) von Smolin in «The case for background independence» (hep-th/0507235; 2005) analysiert. Um sich über die Stringtheorie zu informieren, sollte man natürlich in Brian Greene *Das elegante Universum*, Berlin 2000, schauen. Einen etwas tieferen Einblick geben die folgende Aufsätze von Edward Witten: «Reflections on the fate of spacetime», in Callender/Huggett (oben angegeben); «Duality, Spacetime and Quantum Mechanics», Physics Today 5 (1997) 28 (im Internet); «Magic, Mystery, and Matrix», Notices of the AMS (American Mathematical Society; trotzdem verständlich) 10 (1998) 1124 (im Internet); «Universe on a String», im Internet aus: Astronomy 6 (2002) 42. Außerdem kurz und gut zu lesen: Michael J. Duff: «Neue Welttheorien: von Strings zu Membranen», Spektrum der Wissenschaft 4 (1998) 62. Zu der seltsamen Raum-Zeit der Stringtheorie habe ich Gary T. Horowitz «Spacetime in String Theory» (gr-qc/0410049; 2004) zitiert. Der konstruktivistische Ansatz der Looptheorie zeigt sich sehr klar in folgenden Arbeiten: Stuart Kauffman und Lee

Smolin: «A possible solution to the problem of time in quantum cosmolo-gy» (gr-qc903026; 1997 – aus diesem kurzen und relativ verständlichen Ar-tikel habe ich zitiert, und zwar von der Seite 10); Stuart Kauffman und Lee Smolin: «Combinatorial dynamics in quantum gravity» (hep-th/9809161; 1998); Lee Smolin: «The present moment in quantum cosmology: Challen-ges to the arguments for the elimination of time» (gr-qc/0104097; 2001). Das kosmologische Modell der Looptheorie von Martin Bojowald wird äu-ßerst instruktiv in bild der wissenschaft 4 (2004) 50 (Rüdiger Vaas: «Quan-tenkosmologie für Neugierige») behandelt. Etwas technischer ist Martin Bojowald: «Elements of Loop Quantum Cosmology» (gr-qc/0505057; 2005), aber es gibt «weiche Stellen» im Artikel. Kurz und knapp informiert Qui-rin Schiermeier: «The long-distance thinker», Nature 433 (Januar 2005) 12 über Bojowald; in Nature 436 (August 2005) 920 schrieb Bojowald einen Übersichtsartikel: «Original questions». Einer der «Urväter» der String-theorie und Schöpfer eines kosmologischen Modells derselben, Gabriele Veneziano, hat einen verständlichen Artikel in Spektrum der Wissen-schaft 8 (2004) 30 mit dem Titel «Die Zeit vor dem Urknall» verfaßt. Leider kenne ich keine andere verständliche Darstellung, sodaß ich nur einen kurzen technischen Aufsatz von Maurizio Gasperini: «Looking back in time beyond the big bang» (gr-qc/9905062; 1999) und eine sehr lange aktu-elle Übersicht von Gasperini und Veneziano «The Pre-Big bang Szenario in String Cosmology» (hep-th/0207130; 2002) anführen kann.

237 Brian Greene: *Das elegante Universum*, Berlin 2000, Kapitel 15, Abschnitt «Was sind Raum und Zeit tatsächlich, und können wir ohne sie auskom-men?» Einige interessante Überlegungen zum Verhältnis von Grundzu-stand zur Raum-Zeit, insbesondere bezüglich der Charakterisierung des Grundzustandes als «außerweltliche Substanz» und der «Zeitentstehung», finden sich in Rainer E. Zimmermann: *Die Rekonstruktion von Raum, Zeit und Materie*, Frankfurt am Main etc. 1998.

243 Norman C. Campbells statistische Theorie der Zeit steht in den Aufsät-zen: «Time and Chance», Philosophical Magazine and Journal of Science Vol. I (Seventh Series) (1926), p. 1106–1117, und: «Philosophical Founda-tions of Quantum Theory», Nature No. 3004, Vol. 119 (1927), p. 779; vgl. auch Robert Brout, Gary Horwitz und Daniel Weil: «On the Onset of Time and Temperature in Cosmology», Physics Letters 192 (1987) 318, und Alain Connes, Carlo Rovelli: «Von Neumann algebra automorphisms and time-thermodynamics realation in general covariant quantum theories», gr-qc/9406019 (1994 und 2001), sowie Henning Genz: *Wie die Zeit in die Welt kam*, Reinbek 1999, p. 41.

247 Jeremy Butterfield und Christopher Isham: «On the Emergence of Time in Quantum Gravity» (gr-qc/9901024; 1999).

250 Die «Vagheit» der Zeit diskutiert Quentin Smith in: The Monist 80(1)

(1997) 160: «The Ontological Interpretation of the Wave Function of the Universe».

251 Platon führt seine «zeitlose Bewegung» im Dialog *Timaios* ein; wichtig sind die Stellen 37d7-8; 38b6 und 52d4. Die knappe Zusammenfassung von Seneca gibt Kurt Flasch: *Was ist Zeit?* (Das elfte Buch der Bekenntnisse von Augustinus mit Kommentar), Frankfurt am Main 1993, p. 158. Von Leibniz ist der späte Aufsatz «Metaphysische Anfangsgründe der Mathematik» wichtig (Gottfried Wilhelm Leibniz: *Philosophische Schriften Band IV*, Darmstadt 1992) sowie die Monadologie (diverse Ausgaben, besonders Paragraph 10). Charles Sanders Peirce wird nach den *Collected Papers* Cambridge, Mass. 1931–1960, zitiert; für unser Problem sind die Stellen C.P. 6.200; 1.412; 6.214 von Belang. Johannes Volkelt hat in seinem Buch *Phänomenologie und Metaphysik der Zeit*, München 1925, Kapitel 19: «Das zeitlose Geschehen» als erster die Frage nach der zeitlosen Bewegung explizit behandelt; aus diesem Kapitel habe ich zitiert. Carlo Rovellis Aufsatz lautet «Analysis of the Distinct Meanings of the Notion of ‹Time›, in Different Physical Theories», Il Nuovo Cimento 110(1) (1995) 81; er lehnt sich an Ideen von Julius T. Fraser an, zum Beispiel: *Die Zeit*, München 1993 (Originalausgabe 1987). Fraser spricht auch über das «Lichtuniversum».

276 Ulrich Schnabel: «Kosmische Symphonie», DIE ZEIT Nr. 7 (10. Februar 2000), p. 43; Schnabel hat, wie schon gesagt, Brian Greene interviewt. Ted Bastin und Clive Kilmister haben ihre diskrete Theorie in: *Combinatorial Physics,* Singapure 1995 dargelegt. Die ursprüngliche Intuition von Roger Penrose steht in: *Quantum Theory and Beyond* (ed. T. Bastin), Cambridge 1971 («Angular Momentum: An Approach to Combinatorial Space-Time»).

281 Das Zitat von Ted Bastin ist einer E-Mail entnommen: Towards ANPA 2002 (E-mail an alle ANPA-Mitglieder vom 07.12.2001; aus dem Englischen). Rafael D. Sorkin habe ich paraphrasiert aus: «Finitary Substitute for Continuous Topology», International Journal of Theoretical Physics 30 (1991), p. 923, und: Ioannis Raptis und Roman R. Zapatrin: «Algebraic description of spacetime foam» (gr/qc/0102048; 2001) sowie Ioannis Raptis: «Presheaves, Sheaves and their Topoi in Quantum Gravity and Quantum Logic» (unveröffentlichtes Manuskript).

284 Daß die Natur immer in Bewegung ist, steht in: Gottfried Wilhelm Leibniz: Specimen Dynamicum, Teil II, in: *Mathematische Schriften* (ed. C.I. Gerhardt), Band VI, Hildesheim 1962, p. 252 (aus dem Lateinischen); vergleiche auch zu Leibniz: Peter Eisenhardt und Dan Kurth: «Complexity Categorified», in: *Implications* (Proceedings of the 22nd Annual International Meeting of ANPA edited by Keith Bowden), Cambridge (UK) 2001. Wir legen hier außerdem unsere Emergenztheorie dar. Zu der könnte man auch das Buch von Peter Eisenhardt, Dan Kurth und Horst Stiehl: *Wie Neues entsteht,* Reinbek 1995, lesen.

286 Daß sich im stationären (Grund)zustand nichts «bewegt», wandte Claus Kiefer gegen meine Konzeption einer zeitlosen Bewegung ein. H.-Dieter Zeh: *The Physical Basis of the Direction of Time*, Berlin 2001 (www. time-direction.de), behandelt das Problem der Statik des stationären Zustandes in Kapitel 6.2. Ich möchte noch einmal betonen, daß meines Erachtens eine zeitlose Bewegung in einer fundamentalen Theorie angenommen werden müßte. Alle bisher vorliegenden Theorien sind nur Kandidaten für eine solche Theorie. Die Diskussion der Relation von stationärem Zustand und Statik bewegt sich also im Rahmen der Vorläufigkeit. Sie können auch in meinen Aufsatz «Über den Begriff der zeitlosen Bewegung» schauen (wenn Sie das Thema vertiefen wollen), der in folgendem Buch erscheint: *Naturwissenschaftliche Raum- und Zeitbegriffe*, hrsg. von Peter Eisenhardt und Frank Linhard, Frankfurt am Main 2007. Unter anderen veröffentlichen dort auch Julian Barbour, Claus Kiefer und Thomas Görnitz.

288 Die beiden Zitate «Partonen» betreffend sind aus: Phil Gibbs, *The Cyclotron Notebooks*; Kapitel 8, p. 3 (http://adela.karlin.mff.cuni.cz/~motl/ Gibbs/knots/htm), und Phil Gibbs, «Is String Theory in Knots?», p. 6 (hep-th/9510042).

289 Die Grundidee der Selbstähnlichkeit basaler Entitäten oder Bewegungen, um dem Turm der Schildkröten ein echtes «Fundament» zu setzen, rührt von meinem Kollegen Dan Kurth her. Wir haben oft darüber diskutiert. Er prägte ebenfalls den Begriff «Informationsmonismus», der implizit im Glossar vorkommt. Dan Kurth vertritt diese Theorie, welche eine Art mathematisch-informationale Substanz des Universums annimmt. Das Hauptproblem besteht nach seiner Auffassung darin, die *spezifische* mathematische Struktur zu identifizieren.

290 Bekannte Vertreter der «Kraftzentrentheorie» waren Gottfried Wilhelm Leibniz (eher metaphysisch), Ruder Josip Boscovich, Immanuel Kant, Michael Faraday, Justus Liebig. Das Zitat von Faraday ist aus: Michael Faraday: «Eine speculative Betrachtung über elektrische Leitung und die Natur der Materie», in: *Experimental-Untersuchungen über Elektricität*, Band 2, Berlin 1890, p. 261 (Original: Philosophical Magazine 24 [1844]).

292 Das kurze Frage-Antwortspiel über die Knotenenergie stammt aus: E-Mail von Peter Eisenhardt an Jonathan Simon vom 31.01.2002 und E-Mail von Jonathan Simon an Peter Eisenhardt vom 03.02.2002.

Kapitel 6

Hochverehrte Leserschaft, der folgende Text soll als ein zusammenhängender Kommentar verstanden werden. Anmerkungen sind eher ein Ding von Herrn Eisenhardt, der damit seine Wissenschaftlichkeit beweisen muß.

Platon: *Der Staatsmann*, 266e3ff. spricht vom Menschen als nacktem Lebewesen, das eine zweibeinige Herde bildet. Das ist nicht ganz ernst gemeint. Immanuel Kant stellt die grundlegende Frage der Philosophie zum Beispiel in seiner *Logik. Ein Handbuch zu Vorlesungen*, Königsberg 1800, p. A26. Die Argumente von Aristoteles gegen die Identität von Zeit und Bewegung finden sich in seiner *Physikvorlesung* 218b9-20 (Buch 4, Kapitel 10 Ende). Zu den bewegten Uhren lesen Sie bitte: Roman Sexl und Herbert Kurt Schmidt: *Raum-Zeit-Relativität*, Braunschweig/Wiesbaden 1991, p. 39–43. Der Effekt ist deswegen schwer zu messen, weil eine Uhr in einem schwachen Gravitationsfeld (weiter von der Erdoberfläche entfernt) *schneller* geht als eine Uhr in einem starken Feld (auf der Erdoberfläche). Die Wirkungen dieses Effektes und der Zeitdehnung sind nicht nur sehr schwach, sie heben sich auch noch *fast* auf. Julian Barbour: *The End of Time*, London 1999, wurde schon erwähnt. Das bekannte Gedicht «The Hollow Men» von Thomas Stearns Eliot steht zum Beispiel in seinen *Selected Poems*, London 1982, p. 80. Es gehört zum Umfeld von «The Waste Land». Einige Kosmologen scheinen Eliotkenner zu sein. Zu Isaac Newtons Hauptwerk, aus dem ich zitierte, ist schon so gut wie alles gesagt, also nur: *Philosophiae naturalis principia mathematica* (dritte Auflage 1726), Nachdruck Cambridge (Mass.) 1972, p. 46, (aus dem Lateinischen). Die Zitate von Aristoteles sind aus seiner *Physikvorlesung* entnommen («Physik» heißt «Naturphilosophie» mit einem Schuß dessen, was wir heute «Theoretische Physik» heißen und Newton sowie seine Zeitgenossen «Philosophia Naturalis» nannten): 218b13ff. (Buch 4, Kapitel 10 Ende); 218b21-219a2 (Buch 4, Kapitel 11 Anfang); 218b27-29 (Buch 4, Kapitel 11 Anfang), (aus dem Griechischen). Henri Bergson hat die kennzeichnende Eigenschaft der Zeit als der steten Produktion des Neuen betont, übrigens auch in seiner Nachfolge der belgische Thermodynamiker und Nobelpreisträger Ilya Prigogine. Die «reine Bewegung» der Zeit ist wohl zu unterscheiden von einer notwendigen Abbildung dieser schwer zu fassenden Bewegung in den Raum. (Zum Unterschied von Zeit und Raum vergleiche auch Christof Wetterich: «Spontaneous Symmetry Breaking Origin for the Difference Between Time and Space», Physical Review Letters 94 [2005] 0011602.) Die Basis dieser reinen Bewegung – das Verschwinden der Zukunft über die Gegenwart in die Vergangenheit: der Fluß der Zeit – wurde von mir als das Streben des conatus gefaßt; Eisenhardt wäre damit wohl nicht einverstanden, da er diese Bewegung zum Subjektiven rechnet. Ganz klar ist das nicht. Es handelt sich um eines der schwierigsten Probleme der Philosophie der Zeit. Was ist der «Zeitfluß»? «Fließt» die Zeit objektiv? Storrs McCall: *A Model of the Universe*, Oxford 1994, beantwortet die Frage mit einem «Ja». Die reine Bewegung der Zeit versucht Gerold Prauss im Aufsatz «Die innere Struktur der Zeit als ein Problem für die Formale Logik» zu fassen (Zeitschrift für philosophische Forschung 47[4] [1993] 542). Eine Art vierten Hauptsatz der Thermodynamik diskutiert Lee Smolin in «Space and Time in the Quantum Universe» (*Conceptual Problems of Quantum Gravity*, hrsg. von Abhay Ashtekar und John Stachel, Boston 1991). In diesem Zusammenhang (mit Einbeziehung der Looptheorie) diskutiert Smolin die Selbstorganisation auf der fundamentalen Ebene und die Entstehung von Struktur im Universum in «Cosmology as a problem in critical phenomena» (Angabe eines Komplexitätsmaßes wie auch im vorigen Aufsatz) (gr-qc/9505022; 1995); «Self-organized criticality in quantum gravity» (mit Mohammed Ansari: hep-th/0412307, 2005; die benutzte Theorie der selbstorganisierten Kritikalität wird gut dargelegt in: Spektrum der Wissenschaft 3 [1991] 62 von der Urhebern derselben: Per Bak und Kan Chen; wichtig sind noch der zusammen mit Barbour geschriebene Aufsatz «Extremal variety as the foundation of a cosmological quantum theory [hep-th/9203041; 1992] und der Aufsatz von Julian Barbour: «On the Origin of Structure in the Universe» in: *Philosophy, Mathematics and Modern Physics*, hrsg. von Enno Rudolph und Ion-Olimpiu Stamatescu, Berlin 1994). Zum Begriff der Selbstorganisation möchte ich nur Hermann Haken und Arne Wunderlin: *Die Selbststrukturierung der Materie*, Braunschweig 1991, angeben; dortselbst weitere Literatur. Lee Smolin legt seine Theorie des sich selbst reproduzierenden Multiversums in seinem Buch *Warum gibt es die Welt?*, München 1999, dar; die technische Grundlage bietet sein Aufsatz: «Did the Universe evolve?», in: Classical and Quantum Gravity (1992) 9 (auch im Internet). Zur Bildung von Hierarchien in komplexen Systemen konsultieren Sie bitte Herbert Simon: *Models of Discovery*, Dordrecht 1977, Kap. 4.4. Die Verstärkung vorhandener Fluktuationen wird in jedem Kosmologie-Buch dargelegt. Robert Spaemanns Diktum über die Wissenschaft findet sich in seinem Buch: *Personen*, Stuttgart 1996, p. 172, und in seinem Aufsatz «Am Anfang» (http://www.welt.de/data/2004/12/31/381566.html?prx=1). Die Paradoxie des Christentums besteht gerade darin, daß es sowohl einen absoluten Geist annimmt als auch die Kontingenz der Geschichte ernst nimmt: Das Absolute ist in die Zeit gefallen und damit als endliches Individuum kontingent geworden. Hegel interpretierte diesen Fall dann so, daß sich der *logos* (Geist, Begriff) zeitlos abarbeiten muß, um er selbst zu sein. Diese zeitlose Bewegung meine ich *nicht* in meinen naturphilosophischen Überlegungen. Bei Hegel *vollendet* sich dieser logosbetonte «Prozeß» im absoluten Geist, der sich nun als ausdifferenzierter begriffen hat. Nikolaus Cusanus entwirft einen christlichen Designer, in dem Komplexität und Einfachheit zusammenfallen. Damit stehen wir auch vor einem Paradox. «Emergent Properties» behandeln Timothy O'Connor und Hong Yu Wang in: http://plato.stanford.edu/entries/properties-emergent; daraus auch das Zitat über neue Objekte von Seite 14. Einschlägig zum Problem ist: *Emergence or Reduction?*, hrsg. von Ansgar Beckermann et al., Berlin/New York 1992. Wie die Kürze der Zeit und die Einfachheit eines Ablaufes Sinn verschlingt, zeigt drastisch der berühmte Satz von Pozzo in *Warten auf Godot*: «Sie gebären rittlings über dem Grabe, der Tag erglänzt einen Augenblick und dann von neuem die Nacht.» (Samuel Beckett: *Werke*, Frankfurt am Main 1976, Band 1, p. 94; ziemlich am Schluß des Stückes) Der Satz über die Weltordnung stammt von Heraklit (Fragment B 30; leicht einzusehen in der Ausgabe von Bruno Snell: *Heraklit*, München/Zürich 1989); das Schlußzitat von Borges steht in Jorge Luis Borges: *Inquisitionen* («Neue Widerlegung der Zeit»), Frankfurt am Main 1992, Seiten 204–05.

GLOSSAR

Äquivalenzklasse Äquivalenz meint Gleichwertigkeit oder Entsprechung. Eine Ä. ist also eine Klasse gleichwertiger Elemente. Zum Beispiel kann man alle Menschen bezüglich ihres «Menschseins» als eine Ä. bezeichnen, obwohl natürlich individuelle Unterschiede bestehen, oder alle parallelen Geraden, die aber unterschiedlich lang sein können, bezüglich ihres «Parallelseins». Die Elemente einer Ä. müssen aber keine wesentlichen Eigenschaften gemeinsam haben.

Algebra Teilgebiet der Mathematik. Buchstabenrechnung, Lehre von den Gleichungen oder abstrakten Strukturen wie beispielsweise Gruppen.

Annihilation Zerstrahlung eines zusammenstoßenden Teilchen-Antiteilchen-Paares in Energie (Licht).

Antimaterie Bezeichnet aus Antiteilchen aufgebaute Atome; jedes Elementarteilchen hat ein entsprechendes Antiteilchen. Beispiele sind Proton–Antiproton, Elektron–Positron, Neutrino–Antineutrino etc., jeweils Teilchen mit entgegengesetzter Ladung, aber sonst gleichen Eigenschaften. Normale Materie und A. zerstrahlen beim Aufeinandertreffen in Energie (Annihilation); A. kann mit Beschleunigern künstlich erzeugt werden. 1995 gelang am Teilchenbeschleuniger CERN in Genf erstmals der experimentelle Nachweis eines A.-Atoms.

Aristoteles Griechischer Philosoph in Athen (384–322 v.Chr.); Lehrer Alexanders des Großen; Schüler Platons, von dessen Ideenlehre er sich durch stärkere Hinwendung zu den konkreten, aus Stoff und Form zusammengesetzten Einzeldingen zunehmend entfernte. Seine Logik, Metaphysik, Physik, Ethik, Politik, Poetik u.a. waren von großer Wirkung auf das Abendland. Das Wesen jedes Dinges oder Geschehens verwirklicht sich nach A. aus dem viele (reale) Möglichkeiten (dynamis) bergenden Stoff durch eine bewegende, formende Kraft (Entelechie: Vollendung oder Verwirklichung). Nach A. ist ein Prozeß die Verwirklichung des Möglichen als eines solchen. Das paßt gar nicht schlecht auf die sich in der Zeit entwickelnden Möglichkeiten von Quantenzuständen in der Quantentheorie, was Werner Heisenberg gesehen hat, der die Wahrscheinlichkeitsdichte der Quantenmechanik als dynamis, als eine Art Tendenz hin zur Wirklichkeit, interpretierte, als etwas «zwischen» reiner (logischer) Möglichkeit und handfester, klassischer Wirklichkeit.

Atomismus Naturphilosophie, nach der die Materie aus einer Vielzahl kleinster, aber endlich großer, unteilbarer Teilchen (Atome) besteht (Leukipp, Demokrit, Epikur). Die Materie besteht aus Atomen, die so «fest» sind, daß sie nicht mehr geteilt werden können, aber die Atome selbst bestehen keineswegs aus Materie, sondern sind in gewisser Hinsicht «geformtes Sein», existierende Form.

black box Teil eines kybernetischen Systems mit unbekannter innerer Struktur und Wirkungsweise; eindeutig bekannt und bestimmbar sind nur die auf Eingangssignale folgenden Ausgangssignale.

Chaostheorie Genauer: Nichtlineare Dynamik. Physikalisches Teilgebiet, das sich mit Systemen befaßt, die zwar durch deterministische Gesetze bestimmt sind, bei denen aber kleine Änderungen in den Anfangsbedingungen exponentiell anwachsen (deterministisches Chaos, Schmetterlingseffekt). Objekte können eine fraktale, also gebrochene Geometrie haben, die zwischen den wahrgenommenen, ganzzahligen Werten herkömmlicher Geometrien liegt. Das Verhalten derartiger Systeme führt in einem Strukturbildungsprozeß zu chaotischen Strukturen und ist langfristig nicht vorhersagbar, da man bei realen Systemen die Anfangsbedingungen nicht genau genug kennt; spätestens die Unbestimmtheitsrelation der Quantenmechanik setzt hier eine prinzipielle Grenze, aber chaotische Systeme sind meist klassisch. Häufig haben diese Systeme die Eigenschaft der Selbstähnlichkeit; das bedeutet, daß man auf unterschiedlichsten Skalen, auf den verschiedensten Ebenen der Vergrößerung, ähnliche Strukturen findet (Beispiel: Mandelbrotmenge). Die C. spielt für die Behandlung diverser naturwissenschaftlicher, technischer, wirtschaftlicher und ökologischer Probleme eine wichtige Rolle.

conatus Dynamisches Streben, Ausüben einer Kraft zur Erzeugung anderer Größen wie Raum oder Zeit. C. bezeichnet auch eine Bewegung durch einen beliebig kleinen Raum in einer beliebig kleinen Zeit.

Danaergeschenk Verderbliches Geschenk, wie etwa das Hölzerne Pferd, das Troja den Untergang brachte.

Dekohärenz Die Verwandlung von quantenmechanischen Möglichkeiten in klassische Tatsachen geschieht durch den Meßprozeß, also indem der Mensch durch eine Messung in das System eingreift. Daraus könnte man schließen, daß der Mensch benötigt wird, damit eine klassische Welt existieren kann. Das ist natürlich Unsinn, da der Mensch – wie die Erde, das Sonnensystem etc. – erst in einer klassischen Welt entstehen konnte. Die Lösung ist der Prozeß der «Selbstmessung» des natürlichen quantenmechanischen Systems. Ein quantenmechanisches System erfährt eine ständige Messung durch Wechselwirkung mit seiner Umgebung; der Mensch wird also nicht mehr als Messender benötigt. Die kohärenten Überlagerungen der Quantenmechanik werden sozusagen an die Umgebung, die selbst immer noch quantenmechanisch überlagert ist, ausgelagert, so daß das dekohärente Teilsystem bezüglich der Umgebung klassisch geworden ist. Das Gesamtsystem freilich bleibt quantenmechanisch überlagert.

Selbst im fast leeren interstellaren Raum lassen sich noch Dekohärenzzeiten berechnen, die angeben, wie lange ein quantenmechanisches System benötigt, um klassisch zu werden. Auf der Erde sind diese Zeiten durch die hohe Teilchendichte und die dadurch starke Umgebungswechselwirkung extrem kurz.

Dichotomie Logik: Bestimmung eines Begriffs durch einen ihm untergeordneten Begriff und sein ihn ergänzendes Gegenteil (zum Beispiel Seele: Bewußtes/Unbewußtes).

Differentialrechnung Teilgebiet der Mathematik, genauer der Analysis. Die D. arbeitet mit Grenzwerten von Differenzen, den Differentialen. Ihr wichtigster Begriff ist der Differentialquotient (die Ableitung) einer Funktion. Er ist der Grenzwert eines Bruchs, dessen Zähler die Differenz zweier Funktionswerte und dessen Nenner die Differenz der zugehörigen Argumente der Funktion ist. Das Berechnen dieses Grenzwerts nennt man differenzieren oder ableiten. Die Grundlagen der D. wurden von Isaac Newton und Gottfried Wilhelm Leibniz erarbeitet.

Dignität Eigentlich Würde; der Rang oder Vorrang von Objekten bezüglich bestimmter Kriterien. So könnte man die Wirklichkeit «höherrangiger» als die Möglichkeit einstufen bezüglich des ontologischen Kriteriums des Realseins.

Disjunktion Logik: Einheit zweier durch «oder» verbundener Begriffe oder Aussagen.

Diskret Durch endliche Abstände voneinander getrennt. Die Zentimeter auf einem Metermaß sind d., wenn man sie nicht weiter unterteilt. Sie sind dann Maßeinheiten, die durch einen Zählprozeß mit Hilfe der ganzen Zahlen abgezählt werden können. Teilt man die Zentimeter immer weiter auf, kommt man zu kontinuierlichen Größen, für die man Zahlen mit einem unendlichen Dezimalbruch benötigt.

Dualismus Vorstellung, nach der es zwei gegensätzliche, sich ausschließende stoffliche, geistige oder andere Grundprinzipien des Seins gibt, beispielsweise die Dualität von Leib und Seele, Materie und Bewußtsein, oder auch Form und Stoff sowie Möglichkeit und Wirklichkeit.

Dunkle Materie Vermutete Materie, die keine elektromagnetische Strahlung aussendet und die zur Gesamtmasse des Universums eventuell ca. 90 % beiträgt.

Eigenzeit In der speziellen Relativitätstheorie haben gleichberechtigte Bezugssysteme, die sich mit verschiedenen Geschwindigkeiten bewegen, jeweils eine eigene, individuelle Zeit, die sogenannte E.

Emergenz Das Auftreten neuer, nicht voraussagbarer Qualitäten oder Objekte beim komplexen Zusammenwirken mehrerer Faktoren, so daß das Ganze mehr ist als die Summe seiner Teile. Das Bewusstsein ermergiert beispielsweise aus den psychophysikalischen Gehirnprozessen. Die einzelnen Neuronen besitzen kein Bewußtsein, so wie einzelne Wasser- und Sauerstoffatome nicht naß sind und einzelne Teilchen keine Temperatur haben, erst das Gesamtsystem hat die neuen Eigenschaften. Die neuen Eigenschaften sollen aus den alten nicht vorhersagbar sein, so daß eine Mauer nicht emergent gegenüber den einzelnen Steinen etwa bezüglich der Masse wäre. Emergente Eigenschaften machen ein System meist komplexer, aber es bleibt unklar, welche Art von «Eigenständigkeit» die neuen Eigenschaften oder Objekte haben.

Empirie (Wissenschaftliche) Erfahrung; eine empirische Wissenschaft ist jede, die einen Teil ihrer Sätze auf (kontrollierter) Erfahrung basieren läßt. Der Zusammenhang von Erfahrung und Theorie ist ungeklärt. Klar ist nur, daß die Wissenschaft nicht induktiv aus Erfahrung Theorien erschließt, da aus einer endlichen Zahl von Erfahrungssätzen niemals auf eine unendliche Zahl von Sätzen geschlossen werden kann, durch die jede echte Theorie charakterisiert ist. Jede empirische Theorie ist eine «lange» Hypothese, die faktisch und letztlich an einer Art negativen Instanz scheitern *kann*, aber nicht *muß*, welche den kontingenten Verlauf der Welt, den man nicht im Griff hat, repräsentiert.

Endophysik Physik, die das zu untersuchende Objekt von innerhalb betrachtet. In diesen Bereich gehört die Kosmologie, da es für sie empirisch unmöglich ist, ihr Objekt – das Universum – von außerhalb zu betrachten. In Modellen der Quantenkosmologie gibt es eine Tendenz, das Universum oder besser das mögliche Multiversum theoretisch von außen zu beschreiben, also Exophysik zu betreiben.

Entität Philosophische Bezeichnung für ein einzelnes, abstraktes oder konkretes existierendes Objekt.

Entropie Makrophysikalische Zustandsgröße thermodynamischer Systeme; der Teil der Wärmeenergie, der wegen seiner gleichmäßigen Verteilung auf alle Moleküle des Systems nicht in mechanische Arbeit umgesetzt werden kann. E. ist darüber hinaus ein Maß für die Ordnung in einem System. Nach dem 2. Hauptsatz der Thermodynamik strebt ein abgeschlossenes System immer einen Zustand maximaler E. an, also maximaler Unordnung. Dadurch kann auch – in thermodynamischer Sicht – die Richtung des Zeitpfeils von einem früheren zu einem späteren Zustand (höhere Entropie), wenn auch nur lokal und statistisch, bestimmt werden. Fall das Universum ein geschlossenes System ist, würde es sich global zu einem Zustand höherer Entropie entwickeln, wobei lokal Zustände niedrigerer Entropie zugelassen wären. Diese Zustände können mit höherer Komplexität und Selbstorganisation verbunden sein. Der Zusammenhang von Entropie und Gravitation ist noch nicht völlig geklärt.

Erkenntnistheorie Teilgebiet der Philosophie, das sich mit Wesen, Umfang, Quellen, Tragweite und Grenzen der Erkenntnis sowie der menschlichen

Wahrnehmung beschäftigt. Sie versucht hauptsächlich die Fragen «Was heißt Wissen?» und «Was können wir wissen?» zu beantworten.

Exophysik Physik, die das zu untersuchende Objekt von außerhalb betrachtet. In diesen Bereich gehört der Großteil der physikalischen Naturwissenschaft.

Fermionen Elementarteilchen mit halbzahligem Spin (kann als abstrakte Teilcheneigenschaft betrachtet werden), die der Fermi-Dirac-Statistik unterliegen, beispielsweise Elektronen und ihre Antiteilchen [nach Enrico Fermi].

Freiheitsgrad Richtung, in die sich ein physikalisches System entwickeln kann. Ein Teilchen in einem Gas hat beispielsweise drei F., die den Raumkoordinaten entsprechen. N Teilchen haben entsprechend 3 N F.

Gravitation Eigenschaft von Massen, sich gegenseitig anzuziehen. Die G. ist die Ursache des inneren Zusammenhalts der Sterne und der Sternsysteme sowie der Sternbewegungen. In der allgemeinen Relativitätstheorie ist die Gravitation ein Feld, das äquivalent mit der Raum-Zeit durch Materie/Energie induziert wird.

Gravitonen Austauschteilchen des Gravitationsfeldes, das die Gravitationskraft vermittelt. Es ist also das Feldquant der Gravitation.

Grundzustand Zustand der Materie, in dem sich alle Hüllenelektronen eines Atoms auf der niedrigsten möglichen Bahn befinden. Gegenteil: angeregter Zustand, der durch Energiezufuhr kurzzeitig erreicht wird; dann springt das Elektron unter Aussendung eines Photons wieder in seine niederenergetische Bahn, in den G. zurück (der berühmte Quantensprung). Allgemein der Zustand geringster Energie, den ein System einnehmen kann. Wird in diesem Buch als der raum- und zeitlose Zustand interpretiert, der Universen emergieren läßt. Der G. ist minimal komplex, weil er aus eher homogenen Elementen besteht. Das zentrale Problem einer fundamentalen Theorie (Quantengravitationstheorie; Theorie der Vereinigung aller Wechselwirkunge) besteht in der genauen Charakterisierung des G. und der Erklärung, wie die Raum-Zeit und die Materie/Energie aus ihm emergierte.

Heuristik Lehre von den Methoden zum Finden neuer wissenschaftlicher Erkenntnisse.

Hintergrundstrahlung Von Arno Penzias und Robert Wilson 1965 entdeckte, sehr homogene und isotrope, im ganzen beobachtbaren Universum vorkommende Strahlung mit einer Temperatur von 2,7 K. Wird als «Echo»/Reststrahlung des Urknalls interpretiert.

Intrinsisch Von innen her kommend, durch etwas in der Sache selbst Liegendes verursacht.

Irreversibilität Die zeitliche Nichtumkehrbarkeit von Prozessen. Hängt eng mit dem Entropiebegriff der Thermodynamik zusammen (2. Hauptsatz der Thermodynamik). Beispiel: Die Mischung zweier Gase vollzieht sich unumkehrbar – sie können nicht ohne Energiezufuhr wieder voneinander getrennt werden. Die Richtung solcher Prozesse soll die Zeitrichtung festlegen (die Richtung des Zeitpfeils).

Kinematik Wissenschaft vom Gleichgewicht (Statik) und von der Bewegung der Körper (Dynamik, Kinetik). In der Kinematik wird allein die Bewegung (Lage, Geschwindigkeit, Beschleunigung) der Körper ohne Berücksichtigung der sie verursachenden Kräfte untersucht. Die Einbeziehung der Kräfte ergibt die Dynamik.

Komplexität Ontologisch ist ein System komplex, wenn es aus vielen Objekten und Relationen besteht, die sich zumindest leicht voneinander unterscheiden, also nicht völlig homogen, sondern eher heterogen sind. Viele gleichartige Teilchen sind nicht wesentlich komplexer als wenige. Ein völlig heterogenes System ist nicht komplex, sondern kompliziert, da ihm eine Ordnungsstruktur fehlt. Ein komplexes System steht also zwischen einem einfachen und einem komplizierten. Das Universum entwickelt sich am Anfang nichtlokal von einem einfachen zu einem komplexeren Zustand und bildet dann lokale komplexe Zustände aus, bis es wahrscheinlich wieder zu einem einfacheren Zustand tendiert. Denkbar sind Universen, die global immer komplexer werden.

Konstruktivismus hier: Die Lehre, daß ein Objekt nur dann wirklich existiert oder erfaßt werden kann, wenn man es durch eine endliche Anzahl von Schritten (theoretisch) erzeugen kann.

Kosmogonie Lehre von der Entstehung des Universums.

Kosmologie Lehre vom Weltall als Ganzem, Objekt der Kosmologie ist also das gesamte Universum.

Kosmologisches Prinzip Vorstellung, daß das Universum im wesentlichen überall gleich beschaffen ist, also überall die gleichen Naturgesetze gelten, die Naturkonstanten dieselben sind etc., spezieller: daß das Universum bezüglich seiner Orte und Richtungen gleichartig beschaffen ist.

Kybernetik Wissenschaft über die Gesetzmäßigkeiten von Steuerung, Regelung und Rückkopplung der Informationsübertragung und -verarbeitung in Maschinen, Organismen und Gemeinschaften sowie die Theorie und Technik der Informationsverarbeitungssysteme.

Lichtjahr Die Strecke, die das Licht innerhalb eines Jahres zurücklegt. Bei einer Lichtgeschwindigkeit von 300 000 km/sec ist das die unvorstellbare Entfernung von 9 460 800 000 000 km. Die Entfernung des äußersten Planeten des Sonnensystems beträgt beispielsweise etwa 5,5 Lichtstunden, die Entfernung von der Erde zur Sonne etwas mehr als 8 Lichtminuten.

Logos Bezeichnung aus der griechischen Philosophie: zugleich «Wort», «Rede», «Begriff», das in den Dingen erkennbare «Gesetz».

Looptheorie Quantengravitationstheorie (quantisiert die allgemeine Relativitätstheorie), die behauptet, daß der Raum aus endlich großen winzigen «Zellen» besteht, die man auch als Schlaufen interpretieren kann. Durch die endliche Größe der Zellen sollen Singularitäten vermieden werden. «In» den Zellen existiert der Raum nicht, sie sind auch nicht in eine anderen Raum eingebettet, höchstens in einen mathematischen zur Bequemlichkeit der Darstellung. Diese Zellen sind eigentlich Netzwerke, denen Spins zugeordnet sind, welche die Materie/Energie repräsentieren können. Die Spin-Netzwerke sind quantenmechanisch überlagert. Die Zeit ist die Bewegung oder Erweiterung des Netzwerkes in einzelnen Schritten. Diese Schrittfolge kann konstruktivistisch verstanden werden.

Mannigfaltigkeit Allgemeiner Ausdruck für einen Raum, der gekrümmt, gerade (euklidisch), glatt oder kontinuierlich ist. Diskrete, das heißt aus endlichen Raumatomen zusammengesetzte Räume sind meist topologisch strukturiert.

maya hier: Schein, Täuschung, Illusion, Blendwerk.

Mechanik, klassische/Newtonsche Klassische Theorie vom Gleichgewicht (Statik) und von der Bewegung der Körper (Dynamik, Kinetik) und den sie hervorrufenden Kräften, die auf nur 3 Axiomen beruht. Bis zum Ende des 19. Jahrhunderts ging man davon aus, daß sie eine vollständige Beschreibung des Naturgeschehens erlaubt. Heute geht man davon aus, daß nur die Quantenmechanik oder eine zu erstellende fundamentale Theorie eine basale Beschreibung der Natur gestattet. «Klassisch» bedeutet, daß ihr Gegenstandsbereich aus lokalen, eindeutig identifizierbaren, faktischen Objekten besteht, die man wie Legobausteine zu größeren Entitäten zusammensetzen kann, und aus Feldern (zum Beispiel dem elektromagnetischen) sowie Kräften. Der klassische Bereich ist nicht wirklich konsistent beschreibbar, er bedarf eine Fundierung und Klärung durch die Quantenmechanik. Welchen Status dann noch der klassische Bereich hat, bleibt umstritten.

Metaphysik Die Lehre von den Grundstrukturen des Seins, oft gleichbedeutend mit Ontologie gebraucht. Befaßt sich auch mit dem Sinn des Seins.

Metaphysischer Realismus Die Auffassung, daß die Wirklichkeit im allgemeinen unabhängig von aller Erkenntnis in sich strukturiert existiert.

Metrik Eigenschaft des Raums, durch die der Abstand zwischen Punkten definiert wird.

Modalontologie Die Lehre von der inneren Strukturiertheit des Seienden nach Möglichkeit, Wirklichkeit, Faktischem und Notwendigkeit. Ein wichtiges ungeklärtes Problem der M. ist die Frage nach dem Status der Möglichkeit (Wahrscheinlichkeitsdichte; Überlagerung) in der Quantenmechanik, die zwar wirklich, da nicht bloß logisch möglich oder ausgedacht, aber nicht faktisch vorliegend ist, da nicht klassisch.

Modell In der Wissenschaft verwendeter, vereinfachender Begriffszusammenhang einer Theorie, um einen ansonsten zu komplizierten Sachverhalt erfassen zu können. Bezeichnet auch den abstrakten Gegenstandsbereich einer Theorie, zum Beispiel das Universum als homogene, mit Gas «gefüllte» Raum-Zeit.

Monade Die in sich geschlossene, unteilbare, vollendete Einheit; bei Leibniz (immer in der Mehrzahl): die Substanzen der Welt, metaphysische Punkte (im Gegensatz zu den Atomen, die physische diskrete Größen sind), nur mit inneren Zuständen versehen, welche als Streben von einer Perzeption (innere Wahrnehmung) zur anderen charakterisiert sind. Die Monaden befinden sich nicht in Raum und Zeit, sondern sind deren ontologische Bedingung. Welcher Art ihre Relationen zueinander sind und wie sie zudem die Materie konstituieren, ist ein umstrittenes Problem der Leibnizinterpretation. Bewußte Wesen sind mit Monaden korreliert, die Apperzeptionen haben, also reflektierte innere Zustände.

Monismus Vorstellung, daß allem Sein ein einheitliches stoffliches oder geistiges oder sonstwie geartetes Grundprinzip (zum Beispiel Energie, Information oder reine mathematische Form) zugrunde liegt.

Multiversum Ist 1. eine Konsequenz der Quantenkosmologie: die Vorstellung nicht eines einzelnen Universums, sondern von quasi unendlich viele Paralleluniversen, die sich als sich in der Zeit entwickelnde Möglichkeiten von Quantenzuständen parallel entwickeln. Jeder Quantenzustand entspricht dabei einem vollständigen Universum. Das Universum wird dadurch zum Multiversum, das heißt einer Vielzahl von überlagerten *möglichen* Universen. 2. bezieht sich Multiversum auf eine Gesamtheit *faktisch* vorliegender Universen (in Modellen der Quantenkosmologie und Stringtheorie).

Nichtlokalität Eine Eigenschaft des Raumes, die aus der Quantentheorie folgt: Bestimmte, korreliert genannte Teilchen beeinflussen sich auch über große Entfernungen instantan, also ohne Zeitverlust; scheinbar entgegen den Erkenntnissen der speziellen Relativitätstheorie. Die N. wurde von Einstein als «spukhafte Fernwirkung» bezeichnet und abgelehnt. Die N. ist heute – beispielsweise durch die Quantenoptik – experimentell bestätigt. Gegensatz: lokal, nur die (unmittelbare) Umgebung betreffend. Die N. der Quantenmechanik bedeutet, daß ein reiner Quantenzustand von Überlagerungen sich nicht in der Raum-Zeit befindet.

Ontologie Lehre vom Wesen und von den Eigenschaften des Seienden, von den Seinsweisen und Seinsschichten, von dem, was es alles gibt und auf welche Weise es existiert.

Paradigma Musterbeispiel. Philosophisch: Erfahrungsmuster.

Phänomenologie Möglichst theoriefreie Beschreibung der Realität als mögliche Größe, deren Wesen erscheint.

Planckgrößen Bestimmte physikalische Größen wie Länge, Masse und Zeit lassen sich aus den grundlegenden Konstanten c (spezielle Relativitätstheorie) und h (Quantentheorie) sowie der Gravitationskonstanten G (allgemeine Relativitätstheorie) zu einer hypothetischen «Minimalgröße» aufbauen. Diese P. werden auch als Plancklänge, Planckmasse und Planckzeit bezeichnet (nach Max Planck, 1858−1947). Die Plancklänge beträgt etwa 10^{-35} Meter, die Planckmasse ist $5,56 \times 10^{-5}$ Gramm, die Planckzeit beträgt $3,3 \times 10^{-44}$ Sekunden.

Platonismus Vorstellung des griechischen Philosophen Platon (427−347 v. Chr.), daß ein Reich von «Ideen» die eigentliche Wirklichkeit ausmacht; die Dinge der Wirklichkeit sind nur unvollkommene Abbilder dieser Ideen. Heutzutage könnte man von «Symmetrieprinzipien» sprechen.

Primzahlen Alle natürliche Zahlen außer 1, die nur durch 1 oder durch sich selbst teilbar sind. Die Verteilung der Primzahlen in der Folge der natürlichen Zahlen ist unregelmäßig und nur «statistisch» zu erfassen. Man weiß, daß die Verteilung der Primzahlen «dünner» wird, je weiter die Folge der natürlichen Zahlen geht, aber niemals Null wird. Es gibt sogar so viele Primzahlen wie natürliche Zahlen.

Quantengravitation Vorstellung von einer quantenmechanischen Beschreibung der Gravitation, in der sich Relativitätstheorie und Quantentheorie nicht widersprechen. Eine solche Theorie gibt es noch nicht; die Looptheorie ist ein Kandidat für eine G., die Stringtheorie ebenfalls − sie bezieht freilich noch andere Wechselwirkungen als die Gravitation ein.

Quantenkosmologie Noch nicht voll entwickelte, aber in Grundzügen und Denkansätzen vorhandene Theorie vom Weltall als Ganzem, die auf der Quantentheorie beruht. Sie behandelt das Universum als Quantenobjekt, methodisch wie ein Quantenteilchen, etwa ein Elektron. Da sich Quantenteilchen überlagern, wird die Annahme vieler «Paralleluniversen» notwendig, die sich als sich in der Zeit entwickelnde Möglichkeiten von Quantenzuständen parallel entwickeln. Das Universum wird dadurch zu einem möglichen Multiversum.

Quantenmechanik Die durch Quantisierung der Orts- und Impulskoordinaten aus der klassischen Mechanik hervorgehende universale Theorie der Natur. Sie liefert unter anderem eine widerspruchsfreie, wenn auch intuitiv kaum «verständliche» Vereinigung von Wellen- und Teilchenaspekten mikrophysikalischer Erscheinungen. Ihre Grundstruktur ist statistischer Natur, so daß nur Wahrscheinlichkeitsaussagen über das Verhalten quantenmechanischer Gesamtheiten getroffen werden können. Einzelprozesse bleiben im Gegensatz zur klassischen Mechanik unvorhersehbar, aber behandelbar. Eine grundsätzliche Aussage besteht darin, daß zwei Größen, die die Dimension einer Wirkung haben (Energie × Zeit), prinzipiell nur mit endlicher Präzision bestimmt werden können (Heisenbergsches Unbestimmtheitsprinzip). Beispiel: Position-Geschwindigkeit (Impuls) eines Teilchens; Energie-Dauer eines Prozesses. In der Q. selbst gibt es keinerlei Fakten, sondern nur sich in der Zeit entwickelnde Möglichkeiten von Quantenzuständen, die man auch als «überlagert» beschreiben kann. Wesentlich ist der nichtlokale Charakter der Q., der dazu führt, daß Teilchen einander scheinbar mit Überlichtgeschwindigkeit beeinflussen können; dies steht im Widerspruch zur Relativitätstheorie. Die Q. ist – in Form der Quantenelektrodynamik – die meßtechnisch am genauesten überprüfte physikalische Theorie, die wir haben. Sie gilt für alle Objekte, nicht nur für «kleine», die den Planckgrößen entsprechen. Deswegen ist es möglich, eine Quantenkosmologie zu erstellen.

Quantisierung Mathematische Methode für den Übergang von klassischen physikalischen Theorien, auch der Relativitätstheorie, zu den entsprechenden Quantentheorien. Dabei werden klassische Größen mit kontinuierlichen Werten durch Größen mit diskreten Werten ersetzt. Bestimmte Größen, wie Ort und Impuls, sind dann nicht durch einfache Zahlenwerte charakterisiert, sondern durch komplexere Rechenvorschriften.

Quantisierung, kanonische Quantisierung der allgemeinen Relativitätstheorie durch Aufspaltung der Raum-Zeit in Raum und Zeit, um die (energetische) Entwicklung oder Konstanz von Räumen (in der Quantenkosmologie: von Universen) im Rahmen der Quantenmechanik beschreiben zu können. Die Räume sind dabei überlagert.

Quietismus Streben nach völliger Ruhe des Gemüts, Verzicht auf aktives Handeln.

Raum-Zeit Als Konsequenz aus der Relativitätstheorie sich ergebende, 4-dimensionale Struktur von Raum und Zeit. Raum und Zeit sind demnach keine getrennten, absoluten, voneinander unabhängigen Größen mehr, sondern hängen direkt voneinander ab. Sie wird als glatt oder kontinuierlich, also immer weiter teilbar, betrachtet. Erst im Grundzustand bricht die Raum-Zeit in Stücke.

Reduktionismus Die Rückführung komplexer Sachverhalte auf elementare Prinzipien oder Seinsbereiche. Dies kann beispielsweise die Vernachlässigung der Luftreibung in Newtons Bewegungsgesetzen sein oder die Reduktion der geistigen Vorgänge auf die Materie im Materialismus. Reduktionismus und Emergenz sind schwer vereinbar.

Rekombination Wiedervereinigung geladener Ionen zu neutralen Gebilden durch Aufnahme eines zuvor abgegebenen Elektrons. Prozeß, der in Dioden und Transistoren andauernd geschieht.

Relativitätstheorie Die *spezielle R.* vermittelt ein grundlegendes Verständnis von Raum und Zeit. Ein Grundprinzip der R. ist das Relativitätsprinzip der klassischen Mechanik, nach dem es unmöglich ist, zu entscheiden, ob sich ein Körper in «absoluter Ruhe» oder in gleichförmig geradliniger

Bewegung befindet. Die experimentell gesicherte Konstanz der Lichtgeschwindigkeit auch bei schnell bewegten Systemen macht es notwendig, den Ablauf der Zeit vom Bewegungszustand des Beobachters abhängig zu machen, die Zeit also als kinematische Variable zu behandeln. Eine weitere wichtige Folgerung aus der speziellen R. ist die Identität von Masse und Energie ($E = mc^2$), die zur Entwicklung von Atomwaffen und zur Nutzung von Atomkraft geführt hat (Einstein 1905). Die *allgemeine R.* behandelt zusätzlich die Zusammenhänge der Raum-Zeit-Struktur mit der Gravitation und stellt einen zuvor nicht vorhandenen «Mechanismus» ihrer Wirkungsweise zur Verfügung. Danach wird die Gravitationskraft als Krümmung der vierdimensionalen Raum-Zeit beschrieben, damit wird die Raum-Zeit eine dynamische Größe. Nach einem verallgemeinerten Relativitätsprinzip sind die Wirkungen homogener Gravitationsfelder und konstanter Beschleunigungen auf ein System gleichartig, ein Beobachter in einem abgeschlossenen Bezugssystem kann also experimentell nicht zwischen Schwerkraft und Trägheitskraft unterscheiden (Einstein 1915). Daraus ergibt sich die Identität von träger und schwerer Masse. Die R. erbrachte wegweisende Resultate für die Kosmologie.

Schrödingergleichung Die grundlegende Differentialgleichung der Wellenmechanik, einer Formulierung der Quantenmechanik durch Erwin Schrödinger (1925). Die Gleichung beschreibt zwar eine deterministische Entwicklung in der Zeit, enthält jedoch ausschließlich Wahrscheinlichkeiten für mögliche quantenmechanische Zustände. Sie beschreibt die möglichen, auch stationären Zustände von Objekten, die nicht direkt von der Zeit abhängen. Die Schrödingergleichung des Universums bezieht sich auf die möglichen Zustände des Universums; in ihrer zeitlosen Form behandelt sie dessen Grundzustand.

Schwarzes Loch Objekt von so extremer Massenkonzentration und einer daraus hervorgehenden derart starken Gravitation, daß aus Bereichen innerhalb eines kritischen Grenzradius, des sogenannten Schwarzschild-Radius, weder Materie noch Strahlung, also auch kein Licht, in die Umgebung entweichen können. Ein S. L. ist demnach unsichtbar und nur durch seine Gravitation nachweisbar; es entsteht im Endstadium massereicher Sterne von etwa dreifacher Sonnenmasse, die aufgrund ihrer Masse kollabieren. Es besteht aus einer Singularität, die nur durch eine quantenmechanische Beschreibung vermieden werden kann.

Selbstorganisation Das spontane Entstehen neuer Strukturen in dynamischen Systemen, das auf das kooperative Wirken von Teilsystemen zurückgeht. S. tritt in offenen physikalischen Systemen auf, die fern vom thermodynamischen Gleichgewicht sind und denen aus der Umgebung Energie zugeführt wird und die Entropie abführen können (zum Beispiel bei Vorgängen in der Erdatmosphäre oder bei bestimmten chemischen

Reaktionen). Es ist unklar, ob schon in frühen Zuständen des Universums oder gar im Grundzustand S. stattfindet.

Singularität Ein Punkt, in dem eine physikalische Größe unendlich wird und die bekannten, physikalischen Gesetze ihre Gültigkeit verlieren. In einem Schwarzen Loch beispielsweise wird die Krümmung der Raum-Zeit unendlich. Mathematisch wird an dieser Stelle durch Null geteilt, dadurch verlieren die stetigen physikalischen Gesetze spätestens hier ihre Gültigkeit.

Spin Grundeigenschaft von Elementarteilchen; kann in einer vereinfachten Vorstellung als Rotation des Teilchens um sich selbst betrachtet werden. Der S. ist jedoch quantisiert, er kann also – vereinfacht gesagt – nur ganzzahlige Werte annehmen, was mit diesem Bild nicht vereinbar ist.

Stehende Welle Stationäre Welle, bei der außer den ruhenden Knotenpunkten sämtliche schwingenden Teilchen eines Systems gleichzeitig die Ruhelage durchlaufen. Ein Beispiel ist die schwingende Saite eines Instruments oder eine Schallwelle zwischen zwei parallelen Wänden mit einer zum Wandabstand passenden Wellenlänge, was im Baßbereich zum Dröhnen eines Raumes führen kann, da sich die Schallwelle aufschaukelt.

Stringtheorie Quantisierte Theorie der Gravitation, des Elektromagnetismus und der schwachen und starken Wechselwirkung (der Kräfte im Atom). Der Ansatz kommt aus der Teilchenphysik, während die Looptheorie eher von der allgemeinen Relativitätstheorie herkommt und nur diese quantisiert. Die grundlegenden Objekte sind sogenannte Branen ganz verschiedener Dimension, von denen die Strings (Branen der Dimension 1, also geschlossene oder offene Saiten) der Theorie den Namen gaben. Es kommen freilich auch sogenannte Nullbranen vor, also punktförmige Teilchen, und solche höherer Dimensionen als 1. Durch die höheren Dimensionen als Null (Punkte) sollen wie in der Looptheorie Singularitäten vermieden werden. Manche Dimensionen der Raum-Zeit, in denen sich diese Branen bewegen, sind «eingeschnurrt». Die Raum-Zeit der Stringtheorie ist sehr kompliziert, sie könnte wieder aus Branen «bestehen» oder bestimmte Felder «ersetzt» werden.

Subjektiver Idealismus Die Auffassung, daß die Realität nur aus Vorstellungen besteht, die auf ein Bewußtsein bezogen sein müssen.

Suprafluidität Zustand von Quantenflüssigkeiten wie etwa HeII, die bei sehr tiefen Temperaturen wegen Quantenfluktuationen ihrer Teilchen nicht in den festen Aggregatzustand übergehen. Supraflüssigkeiten haben im Gegensatz zu normalen Flüssigkeiten eine extrem hohe Wärmeleitfähigkeit und eine absolut geringe Viskosität, aufgrund deren sie beispielsweise reibungsfrei durch enge Kapillaren fließen.

Supraleitung Physikalisches Phänomen, daß bestimmte Materialien, die Supraleiter, unterhalb einer für das Material charakteristischen, meist sehr niedrigen Übergangstemperatur in einen elektrisch widerstandsfreien Zustand übergehen, also supraleitend werden.

Teleologie Vorstellung, daß die Entwicklung der Natur zweckmäßig und zielgerichtet sei.

Transzendierung Überschreitung eines bestimmten Bereichs. So transzendiert der Mensch durch Sprache, Vernunft und die Fähigkeit zur Theorienbildung das Tierreich, ein Quantenzustand transzendiert sich selbst, wenn er klassisch wird. Theologisch bedeutet T. das Überschreiten des Endlichen zum Unendlichen, zum Absoluten oder Göttlichen.

Topologie Teilgebiet der Mathematik, das ursprünglich als «Geometrie der Lage» Eigenschaften geometrischer Gebilde behandelte, ohne eine Metrik vorauszusetzen. Die moderne T. umfaßt die Theorie topologischer Räume.

Tunneleffekt Quantenmechanischer Effekt, nach dem Teilchen eine Energiebarriere mit einer gewissen Wahrscheinlichkeit überwinden (durchtunneln) können, die eigentlich viel zu groß für diesen Prozeß ist. Klassisch betrachtet wäre dies völlig unmöglich. Wird beispielsweise bei elektronischen Bauteilen (Tunneldiode) genutzt.

Unbestimmtheitsrelation Quantentheoretisches Grundprinzip, nach dem physikalische Größen mit der Dimension einer Wirkung (Energie × Zeit) unmöglich(!) mit beliebiger Genauigkeit gemessen werden können. Ist experimentell mit großer Genauigkeit bestätigt (auch [ungenauer]: Unschärferelation).

Urknall «Punktereignis» am Anfang des Universums, durch welches das Universum entstanden sein soll. Es gehört nicht zum Universum; ob es sich wirklich um ein «Ereignis» handelt, ist zweifelhaft.

Wahrscheinlichkeitsdichte Nach der Quantentheorie läßt sich aufgrund der Unbestimmtheitsrelation beispielsweise keine exakte Aussage über den Ort eines Elektrons machen. Es kann jedoch eine Wahrscheinlichkeit für einen bestimmten Ort angegeben werden. Die W. ist die mathematische Beschreibung einer solchen Verteilung. Klassisch betrachtet wäre die W. 0 oder 1 – das Elektron ist da oder eben nicht. Die ontologische Dignität dieser Wahrscheinlichkeitsdichte ist unklar. Modalontologisch kann sie als «reale» nicht bloß logische Möglichkeit charakterisiert werden

Weißes Rauschen Ein Rauschsignal, das aus Signalen mit allen möglichen Frequenzen zusammengesetzt ist (von Null bis Unendlich). Genau wie weißes Licht auch aus einer Überlagerung von Licht unterschiedlichster Frequenzen besteht. Da ein Signal mit unendlicher Frequenz technisch nicht erzeugt werden kann, verwendet man in der Elektrotechnik als Meßsignal ein Rauschen mit nach oben begrenztem Frequenzbereich. In Analogie zu den Farben heißt es rosa Rauschen.

Welle/Teilchen-Dualismus Experimentell nachgewiesene Tatsache, daß sich sowohl das Licht als auch die Elementarteilchen je nach Versuchsanordnung entweder wie Wellen oder wie Teilchen verhalten. Der Physiker spricht vom Wellen- oder Teilchencharakter. Nach der Quantentheorie sind Wellen- und Teilchenbild komplementäre Aspekte der realen Welt.

Wissenschaftstheorie Philosophische Disziplin, die sich mit den Methoden der Bildung, Bewährung und Anwendung wissenschaftlicher Theorien, Gesetze und Begriffe beschäftigt. Die W. stellt Kriterien dafür auf, ob und unter welchen Umständen ein (Natur-)Gesetz oder eine Theorie als widerspruchsfrei, als bewiesen (verifiziert), als anerkannt oder als widerlegt (falsifiziert) gilt, und macht Aussagen über ihren Geltungsbereich.

Zirkel(schluß) (circulus vitiosus) Logik: Teufelskreis: Das, was bewiesen werden soll, steckt schon mit in der Begründung für es selbst. Dadurch wird die Argumentation natürlich ad absurdum geführt.

LITERATUR

The Arguments of Time, hrsg. von Jeremy Butterfield, Oxford 1999

Aristoteles: *Physikvorlesung*, Darmstadt 1979

Aristoteles: *Über unteilbare Linien* (diverse Ausgaben)

Abhay Ashtekar, Carlo Rovelli und Lee Smolin: «Weaving a Classical metric with Quantum Threads», Physical Review Letters 69(2) (1992) 237

Griechische Atomisten, hrsg. von Fritz Jürß et al., Leipzig 1991

Augustinus: *Bekenntnisse*; siehe: Flasch

Per Bak und Kan Chen: «Selbstorganisierte Kritikalität», Spektrum der Wissenschaft 3 (1991) 62

Jörg Becker, Peter Eisenhardt, Thomas Jäschke, Thomas Marschner und Oliver Müller: «Natur und Repräsentation», prima philosophia 7 (1994) 393

Julian Barbour: «On the Origin of Structure in the Universe», *Philosophy, Mathematics and Modern Physics*, hrsg. von Enno Rudolph und Ion-Olimpiu Stamatescu, Berlin 1994

Julian Barbour: *The End of Time*, London 2000

John Barrow: *The World within the World*, Oxford 1988

Ted Bastin und Clive Kilmister: *Combinatorial Physics*, Singapore 1995

Ted Bastin: «Towards ANPA 2002» (E-Mail an alle ANPA-Mitglieder vom 07.12.2001)

Robert Batterman: *The Devil in the Details*, Oxford 2002

Samuel Beckett: *Werke*, Frankfurt am Main 1976, Band 1 (Warten auf Godot)

Peter Bieri: *Zeit und Zeiterfahrung*, Frankfurt am Main 1972

Hans-Joachim Blome und Harald Zaun: *Der Urknall*, München 2004

Niels Bohr: «Das Quantenpostulat und die neuere Entwicklung der Atomistik» (1927); *Atomtheorie und Naturbeschreibung*, Berlin 1931

Martin Bojowald: «Elements of Loop Quantum Cosmology», gr-qc/0505057 (zum Holen des Artikels aus dem Internet diese Zeichenkombination googlen); 2005

Martin Bojowald: «Original questions», Nature 436 (August 2005) 920

Jorge Luis Borges: *Inquisitionen* («Neue Widerlegung der Zeit»), Frankfurt am Main 1992

Robert Brout, Gary Horwitz und Daniel Weil: «On the Onset of Time and Temperature in Cosmology», Physics Letters 192 (1987) 318

Jeremy Butterfield und Christopher Isham: «On the Emergence of Time in Quantum Gravity», gr-qc/9901024; 1999

Jeremy Butterfield und Christopher Isham: «Spacetime and the Philosophical Challenge of Quantum Gravity», gr-qc/9903072; 1999

Norman C. Campbell: «Time and Chance», Philosophical Magazine and Journal of Science Vol. I (Seventh Series) (1926) 1106

Norman C. Campbell: «Philosophical Foundations of Quantum Theory», Nature No. 3004, Vol. 119 (1927) 779

The Philosophy of Rudolf Carnap, hrsg. von Paul A. Schilpp, La Salle, Ill. 1963

Rudolf Carnap: *Einführung in die Philosophie der Naturwissenschaften*, München 1969

Alan F. Chalmers: *Wege der Wissenschaft*, Berlin 2001

Daniele Colosi und Carlo Rovelli: «Global particles, local particles», gr-qc/0409054; 2004

Alain Connes und Carlo Rovelli: «Von Neumann algebra automorphisms and time-thermodynamics realation in general covariant quantum theories», gr-qc/9406019; 1994

Donald Davidson: «Die Emergenz des Denkens», in: *Die Erfindung des Universums?*, hrsg. von Walter Saltzer, Peter Eisenhardt, Dan Kurth und Rainer Zimmermann, Frankfurt am Main/Leipzig 1997

Paul Davies: «That mysterious Flow», Scientific American 9 (2002) 24

Marc Davis: «Weighing the Universe», Nature 410 (März 2001) 153

Dekohärenz: http://www.decoherence.de/home.html

Demokrit: Texte zu seiner Philosophie, hrsg. von Rudolf Löbl, Amsterdam/Atlanta 1989

Paul Dirac: *The Principles of Quantum Mechanics*, Oxford 1949 (erste Auflage 1930)

Fred Dretske: «Misrepresentation», in: *Belief*, hrsg. von Radu Bogdan, Oxford 1986

Michael J. Duff: «Neue Welttheorien: von Strings zu Membranen», Spektrum der Wissenschaft 4 (1998) 62

Peter Eisenhardt und Dan Kurth: «Complexity Categorified», *Implications*, Proceedings of the 22nd Annual International Meeting of ANPA, hrsg. von Keith Bowden, Cambridge (UK) 2001

Peter Eisenhardt, Dan Kurth und Horst Stiehl: *Wie Neues entsteht*, Reinbek 1995

Thomas Stearns Eliot: «The Hollow Men», *Selected Poems*, London 1982

George F. R. Ellis: «The Unique Nature of Cosmology», in: *Revisiting the Foundations of Relativistic Physics*, hrsg. von Jürgen Renn et al., Dordrecht 2003

Franz Embacher: «Quantentheorie und Gravitation – ein Überblick über konzeptuelle Probleme», http://www.ap.univie.ac.at/users/fe/Quantentheorie/QG/

Emergence or Reduction?, hrsg. von Ansgar Beckermann et al., Berlin/New York 1992

Brigitte Falkenburg: «Was ist ein Teilchen?», Physikalische Blätter 49 (1993) 403

Michael Faraday: «Eine speculative Betrachtung über elektrische Leitung und die Natur der Materie», *Experimental-Untersuchungen über Elektricität*, Band 2, Berlin 1890 (Original: Philosophical Magazine 24 [1844])

Thomas Filk und Domenico Giulini: *Am Anfang war die Ewigkeit. Auf der Suche nach dem Ursprung der Zeit*, München 2004

Kurt Flasch: *Was ist Zeit?* (Das elfte Buch der Bekenntnisse von Augustinus mit Kommentar), Frankfurt am Main 1993

Julius T. Fraser: *Die Zeit*, München 1993 (Originalausgabe 1987)

Gottlob Frege: *Die Grundlagen der Arithmetik*, 1884 (diverse Ausgaben)

Cord Friebe: «Zur Bewegung der Galaxien und des Raumes», Philosophia naturalis 41 (2004) 245

Aleksander Friedman: «Über die Krümmung des Raumes», Zeitschrift für Physik 10 (1922) 377

Maurizio Gasperini: «Looking back in time beyond the big bang», gr-qc/9905062; 1999

Maurizio Gasperini und Gabriele Veneziano: «The Pre-Big bang Szenario in String Cosmology», hep-th/0207130; 2002

Henning Genz: *Wie die Zeit in die Welt kam*, München/Wien 1996

Phil Gibbs: «The Small Scale Structure of Space-Time: A Bibliographical Review», hep-th/9506171; 1995

Phil Gibbs: The Cyclotron Notebooks (http://adela.karlin.mff.cuni.cz/~motl/Gibbs/knots/htm)

Phil Gibbs: «Is String Theory in Knots?», hep-th/9510042; 1995

Domenico Giulini et al.: *Decoherence and the Appearance of a Classical World in Quantum Theory*, Berlin 1996

Hubert F.M. Goenner: «What Kind of Science is Cosmology?», in: *Philosophy, Mathematics and Modern Physics*, Eds.: Enno Rudolph/Ion-Olimpiu Stamatescu, Berlin 1994

Thomas Görnitz: «Der dreidimensionale Raum – eine Konsequenz der Quantentheorie?», Vortrag an der Universität Frankfurt am Main, September 2005

Thomas Görnitz und Brigitte Görnitz: *Der kreative Kosmos*, Heidelberg/Berlin 2002

Thomas Görnitz: «Zeit und Ewigkeit aus der Sicht der Physik», in: *Ewigkeit, was ist damit gemeint?*, hrsg. von Otfried Reinke, Göttingen 2004

Ronald L. Graham und Joel H. Spencer: «Ramsey-Theorie», Spektrum der Wissenschaft 9 (1990) 112

Ronald L. Graham, Bruce L. Rothschild und Joel H. Spencer: *Ramsey Theory*, New York 1990

Brian Greene: *Das elegante Universum*, Berlin 2000

Alan Guth: *Die Geburt des Kosmos aus dem Nichts*, München 1999

Edward R. Harrison: *Kosmologie*, Darmstadt 1990, und *Cosmology*, Cambridge 2000

Hermann Haken und Arne Wunderlin: *Die Selbststrukturierung der Materie*, Braunschweig 1991

Jonathan Halliwell: «Quantenkosmologie und die Entstehung des Universums», Spektrum der Wissenschaft 2 (1992) 50

Stephen Hawking: *Das Universum in der Nussschale*, Hamburg 2001

Georg Wilhelm Friedrich Hegel: *Grundlinien der Philosophie des Rechts – Naturrecht und Staatswissenschaft im Grundrisse*, Berlin 1821

Martin Heidegger: *Die Frage nach dem Ding*, Tübingen 1973

Martin Heidegger: «Wilhelm Diltheys Forschungsarbeit und der gegenwärtige Kampf um eine historische Weltanschauung» (1925), Dilthey-Jahrbuch 8 (1992/3) 143 (und in der Heidegger Gesamtausgabe Band 16)

Werner Heisenberg: *Der Teil und das Ganze*, München 1969

Werner Heisenberg: *Quantentheorie und Philosophie*, Stuttgart 1979

Werner Heisenberg: «Was ist ein Elementarteilchen?» (Vortrag von 1975), in: *Tradition in der Wissenschaft*, München 1977

Werner Heisenberg: *Die physikalischen Prinzipien der Quantentheorie*, Stuttgart 1958

Werner Heisenberg: «Über den anschaulichen Gehalt der quantentheoretischen Kinematik und Mechanik», Zeitschrift für Physik 43 (1927) 172 (und in: Kurt Baumann und Roman Sexl: *Die Deutungen der Quantentheorie*, Braunschweig/Wiesbaden 1987)

Heraklit: *Fragmente*, München/Zürich 1989

David Hilbert: «Über das Unendliche», in: David Hilbert: *Hilbertiana. Fünf Aufsätze*, Darmstadt 1964

Jan Hilgevoord und Jos Uffink: «The Uncertainty Principle», http://plato.stanford.edu/entries/qt-uncertainty/; 2001

Gary T. Horowitz: «Spacetime in String Theory», gr-qc/0410049; 2004

Edmund Husserl: *Logische Untersuchungen, erster Teil*, 1900 (diverse Ausgaben)

Christopher J. Isham: «Creation of the Universe as a Quantum Process», in: *Physics, Philosophy, and Theology: A Common Quest for Understanding*, hrsg. von Robert John Russell et al., Vatican City State 1988

Christopher J. Isham: «Quantum Theories of the Creation of the Universe», in: *Quantum Cosmology and the Laws of Nature*, hrsg. von Robert John Russell et al., Vatican City State 1994

Christopher J. Isham: «Prima Facie Questions in Quantum Gravity», gr-qc/9310031; 1993

Akihiro Ishibashi und Robert M. Wald: «Can the acceleration of our universe be explained by the effects of inhomogenities?», Classical and Quantum Gravity 23 (2006) 235

Erich Joos: «Die Begründung klassischer Eigenschaften aus der Quantentheorie», Philosophia naturalis 27 (1990) 31

Michio Kaku: *Im Paralleluniversum*, Reinbek 2005

Bernulf Kanitscheider: «Gibt es einen absoluten Nullpunkt der Zeit?», Praxis der Naturwissenschaften – Physik in der Schule 4(40) (1991) 19

Immanuel Kant: *Logik. Ein Handbuch zu Vorlesungen*, Königsberg 1800

Stuart Kauffman und Lee Smolin: «A possible solution to the problem of time in quantum cosmology», gr-qc903026; 1997

Stuart Kauffman und Lee Smolin: «Combinatorial dynamics in quantum gravity», hep-th/9809161; 1998

Claus Kiefer: «Quantum Gravity: General Introduction and Recent Developments», gr-qc/0508120; 2005

Claus Kiefer: «Quantengravitation», in: *Lexikon der Physik*, Heidelberg 2000, Band 4

Claus Kiefer: «Vom Quantenuniversum zur klassischen Welt», in: *Die Erfindung des Universums?*, hrsg. von Walter Saltzer, Peter Eisenhardt, Dan Kurth und Rainer Zimmermann, Frankfurt am Main/Leipzig 1997

Claus Kiefer: *Quantum Gravity*, Oxford 2004 (Kap. 1 im Internet erhältlich: http://www.oup.co.uk/isbn/0-19-850687-2)

Claus Kiefer: «Der Zeitbegriff in der Quantengravitation», Philosophia naturalis 27 (1992) 43

Claus Kiefer: «Does Time exist at the Most Fundamental Level?», in: *Time, Temporality, Now*, hrsg. von Harald Atmanspacher und Eva Ruhnau, Berlin 1997

Peter Kroes: *Time: Its Structure and Role in Physical Theories*, Dordrecht 1985

Franz R. Krueger, Peter Eisenhardt, Dan Kurth und Horst Stiehl: *Physik und Evolution*, Berlin/Hamburg 1984

Karl Küpfmüller: *Theoretische Elektrotechnik und Elektronik*, Berlin 2000

Dan Kurth: «Actual Existence and Factual Objectivation», http//:groups.yahoo.com/group/anpa-list; 2002

Stephen D. Landy: «Mapping the Universe», Scientific American 6 (1999) 30

Gottfried Wilhelm Leibniz: «Metaphysische Anfangsgründe der Mathematik», in: *Philosophische Schriften*, Band IV, Darmstadt 1992

Gottfried Wilhelm Leibniz: «Specimen Dynamicum», Teil II, *Mathematische Schriften*, hrsg. von C.I. Gerhardt, Band VI, Hildesheim 1962

Gottfried Wilhelm Leibniz: *Monadologie* (diverse Ausgaben)

Dirk-Ekkehard Liebscher: *Kosmologie*, Leipzig/Heidelberg 1994

Frank Linhard: *Historische Elemente einer Prinzipienphysik*, Hildesheim 2000

Ludger Lütgehaus: *Nichts*, Zürich 1999

Ernst Mach: *Die Mechanik in ihrer Entwicklung historisch-kritisch dargestellt*, Darmstadt 1976

Tim Maudlin: «Remarks on the Passing of Time», Proceedings of the Aristotelian Society 102(3) (2002) 237 (im Internet)

Mach's Principle, hrsg. von Julian Barbour und Herbert Pfister, Boston 1995

Storrs McCall: *A Model of the Universe*, Oxford 1994

Colin McGinn: «Consciousness and Space», http://www.nyu.edu/gsas/dept/phil ... ss/papers/ConsciousnessSpace.html; (und «Bewußtsein und Raum», in: *Bewußtsein*, hrsg. von Thomas Metzinger, Paderborn 1995

Colin McGinn: «Consciousness and Cosmology: Hyperdualism Ventilated», in: *Consciousness*, hrsg. von Martin Davies and Glyn Humphreys, Oxford 1993

Diego Meschini, Markku Lehto und Johanna Piilonen: «Geometry, pregeometry and beyond», Studies in History and Philosophy of Modern Physics 36 (2005) 435 (im Internet unter: www.elsevier.com/locate/shpsb)

Charles W. Misner, Kip Thorne und Archibald Wheeler: *Gravitation*, New York 1973

Charles W. Misner: «Mixmaster Universe», Physical Review Letters 22(20) (1969) 1071

Charles W. Misner: «Absolute Zero of Time», Physical Review 186(5) (1969) 1328

Peter Mittelstaedt: *Der Zeitbegriff in der Physik*, Zürich 1989

Nicholas Monk: «Conceptions of Space-Time: Problems and Possible Solutions», Studies in History and Philosophy of Modern Physics 28 (1997) 1

Naturwissenschaftliche Raum- und Zeitbegriffe, hrsg. von Peter Eisenhardt und Frank Linhard, Frankfurt am Main 2007

Isaac Newton: *Philosophiae naturalis principia mathematica* (dritte Auflage 1726), Nachdruck Cambridge (Mass.) 1972

William Newton-Smith: *The Structure of Time*, London 1980

Y. Jack Ng: «Spacetime Foam», gr-qc/0201022; 2002

Y. Jack Ng und Hendrik van Dam: «Spacetime Foam, Holographic Principle, and Black Hole Quantum Computers», gr-qc/0403057; 2004

Clear L. Y. Noyes: «Der Annihilator: Ein Instrument zur Vernichtung alles Seienden», Zeitschrift für angewandte Metaphysik 13 (2005) 666

Robert Nozik: *Philosophical Explanations*, Oxford 1981

Timothy O'Connor und Hong Yu Wang: «Emergent Properties», http//plato.stanford.edu/entries/properties-emergent

Heinz R. Pagels: *Perfect Symmetry. The Search for the Beginning of Time*, London 1992

Derek Parfit: «The puzzle of reality. Why does the Universe exist?», Time Literary Supplement July 3 (1992) 3

Charles M. Patton und John Archibald Wheeler: «Is Physics legislated by Cosmogony?», *Quantum Gravity – An Oxford Symposium*, hrsg. von Christopher J. Isham et al., Oxford 1975

David Pearce: «Why does Anything exist?» (http://www.hedweb.com/nihilism/nihilf01.htm)

Charles Sanders Peirce: *Collected Papers*, Cambridge (Mass.) 1931–1960

Roger Penrose: «Angular Momentum: An Approach to Combinatorial Space-Time», in: *Quantum Theory and Beyond*, hrsg. von Ted Bastin, Cambridge 1971

Roger Penrose: *The Road to Reality*, New York 2005

Physics meets Philosophy at the Planck Scale, hrsg. von Craig Callender und Nick Hugett, Cambridge 2001

Platon: *Der Staatsmann* (diverse Ausgaben)

Platon: *Timaios* (diverse Ausgaben)

Gerold Prauss: «Die innere Struktur der Zeit als ein Problem für die Formale Logik», Zeitschrift für philosophische Forschung 47(4) (1993) 542

Hans Primas: «Zur Quantenmechanik makroskopischer Systeme», in: *Wieviele Leben hat Schrödingers Katze?*, hrsg. von Jürgen Audretsch und Klaus Mainzer, Mannheim 1990

Hilary Putnam: *Für eine Erneuerung der Philosophie*, Stuttgart 1997

Willard Van Orman Quine: «The Scope and Language of Science», in: *The Ways of Paradox and other essays*, Cambridge (Mass.)/London 1977

Ioannis Raptis und Roman R. Zapatrin, «Algebraic description of spacetime foam», gr/qc/0102048; 2001

Ioannis Raptis, «Presheaves, Sheaves and their Topoi in Quantum Gravity and Quantum Logic» (unveröffentlichtes Manuskript)

Ulf von Rauchhaupt: «Und sie vergeht doch», Frankfurter Allgemeine Sonntagszeitung, Juni 2003, Nr. 22, p. 53

Dean Rickles: «Time and Structure in Canonical Gravity» (2004; aus dem Internet)

Carlo Rovelli: «Strings, loops and others: a critical survey of the present approaches to quantum gravity», gr-qc/9803024; 1998

Carlo Rovelli: «Analysis of the Distinct Meanings of the Notion of ‹Time›, in Different Physical Theories», Il Nuovo Cimento 110(1) (1995) 81

Quirin Schiermeier: «The long-distance thinker», Nature 433 (Januar 2005) 12

Ulrich Schnabel: «Kosmische Symphonie», DIE ZEIT Nr. 7, 10. Februar 2000

Arthur Schopenhauer: *Die Welt als Wille und Vorstellung* (diverse Ausgaben)

Erwin Schrödinger: «What is Matter?» (gekürzter Vortrag von 1952), Scientific American Special Issue 1991

Roman Sexl und Herbert Kurt Schmidt: *Raum-Zeit-Relativität,* Braunschweig/ Wiesbaden 1991

Sidney Shoemaker: «Time without Change», The Journal of Philosophy 66 (1969) .363

Herbert Simon: *Models of Discovery,* Dordrecht 1977

Peter Simons: «Alexius Meinong: Gegenstände, die es nicht gibt», in: *Grund-probleme der großen Philosophen (Philosophie der Neuzeit 4),* hrsg. von Josef Speck, Göttingen 1986

Lawrence Sklar: *Space, Time and Spacetime,* Berkeley 1977

Quentin Smith und L. Nathan Oaklander: *Time, Change and Freedom,* London/ New York 1995

Quentin Smith: «The Ontological Interpretation of the Wave Function of the Universe», The Monist 80(1) (1997) 160

Lee Smolin: «Space and Time in the Quantum Universe», in: *Conceptual Problems of Quantum Gravity,* hrsg. von Abhay Ashtekar und John Stachel, Boston 1991

Lee Smolin: «Cosmology as a problem in critical phenomena», gr-qc/9505022; 1995

Lee Smolin und Mohammed Ansari: «Self-organized criticality in quantum gravity», hep-th/0412307; 2005

Lee Smolin und Julian Barbour: «Extremal variety as the foundation of a cosmological quantum theory, hep-th/9203041; 1992

Lee Smolin: «Did the Universe evolve?», Classical and Quantum Gravity (1992) 9

Lee Smolin: *Warum gibt es die Welt?*, München 1999

Lee Smolin: «Atoms of Space and Time», Scientific American 1 (2004) 66

Lee Smolin: «An Invitation to Looptheory», hep-th/0408048; 2005

Lee Smolin: «Time, Structure and Evolution in Cosmology», in: *Revisiting the Foundations of Relativistic Physics*, hrsg. von Jürgen Renn et al., Dordrecht 2003

Lee Smolin: «The case for background independence», hep-th/0507235; 2005

Lee Smolin: «The present moment in quantum cosmology: Challenges to the arguments for the elimination of time», gr-qc/0104097; 2001

Lee Smolin: *Three Roads to Quantum Gravity*, New York 2001

Rafael D. Sorkin: «Finitary Substitute for Continuous Topology», International Journal of Theoretical Physics 30 (1991) 923

Robert Spaemann: *Personen*, Stuttgart 1996

Robert Spaemann: «Am Anfang», http//www.welt.de/data/2004/12/31/381566.html?prx=1

Wolfgang Stegmüller: *Hauptströmungen der Gegenwartsphilosophie Band 2*, Stuttgart 1979

Wolfgang Stegmüller: *Rationale Rekonstruktion von Wissenschaft und ihrem Wandel*, Stuttgart 1979

William R. Stoeger, George F.R. Ellis und Ulrich Kirchner: «Multiverses and Cosmology: Philosophical Issues», astro-ph/0407329

Richard Swinburne: «The Beginning of the Universe and of Time», Canadian Journal of Philosophy 26 (1996) 169

Edward Tryon: «Is the Universe a Vacuum Fluctuation?», Nature 246 (1973) 396

Rüdiger Vaas: «Quantenkosmologie für Neugierige», bild der wissenschaft 4 (2004) 50

Gabriele Veneziano: «Die Zeit vor dem Urknall», Spektrum der Wissenschaft 8 (2004) 30

Johannes Volkelt: *Phänomenologie und Metaphysik der Zeit,* München 1925

Steven Weinstein: «Quantum Gravity», http//plato.stanford.edu/entries/ quantum-gravity/; 2005

Christof Wetterich: «Spontaneous Symmetry Breaking Origin for the Difference Between Time and Space», Physical Review Letters 94 (2005) 011602-1-4 (im Internet)

John A. Wheeler: *Einsteins Vision*, Berlin 1968

John A. Wheeler: «Jenseits aller Zeitlichkeit», in: *Die Zeit – Dauer und Augenblick*, ohne Herausgeber, München/Zürich 1989

Edward Witten: «Reflections on the fate of spacetime», in: *Physics meets Philosophy at the Planck Scale,* hrsg. von Craig Callender und Nick Huggett, Cambridge (UK) 2001

Edward Witten: «Duality, Spacetime and Quantum Mechanics», Physics Today 5 (1997) 28 (im Internet)

Edward Witten: «Magic, Mystery, and Matrix», Notices of the AMS (American Mathemathical Society) 10 (1998) 1124 (im Internet)

Edward Witten: «Universe on a String», Astronomy 6 (2002) 42 (im Internet)

H.-Dieter Zeh: The Physical Basis of the Direction of Time, Berlin 2001 (www. time-direction.de)

Rainer E. Zimmermann: *Die Rekonstruktion von Raum, Zeit und Materie,* Frankfurt am Main 1998

ReGISTeR